江苏省第十四批科技镇长团（沛县）全体团员向沛县人民献礼

江苏沛县常见资源植物彩色图鉴

倪士峰　巩　江　主编

U0423869

西北大学出版社
·西安·

图书在版编目（CIP）数据

江苏沛县常见资源植物彩色图鉴 / 倪士峰，巩江主编. —西安：西北大学出版社，2023.11
ISBN 978-7-5604-5257-9

Ⅰ. ①江… Ⅱ. ①倪… ②巩… Ⅲ. ①植物资源—沛县—图集 Ⅳ. ①Q948.525.34-64

中国国家版本馆 CIP 数据核字（2023）第 224003 号

江苏沛县常见资源植物彩色图鉴

JIANGSU PEIXIAN CHANGJIAN ZIYUAN ZHIWU CAISE TUJIAN

倪士峰　巩　江　主编

出版发行　西北大学出版社
（西北大学内　邮编：710069　电话：029－88303059）

经　销　全国新华书店
印　刷　西安奇良海德印刷有限公司
开　本　889 毫米×1230 毫米　1/16
印　张　17.5

版　次　2023 年 11 月第 1 版
印　次　2023 年 11 月第 1 次印刷
字　数　532 千字

书　号　ISBN 978-7-5604-5257-9
定　价　190.00 元

本版图书如有印装质量问题，请拨打 029－88302966 予以调换。

保护自然资源
建设生态家园

史志诚
二〇一八年六月

史志诚先生为本书题词

发掘自然资源
助力乡村振兴

任少波

任少波先生为本书题词

编委会

主　编

倪士峰　巩　江

顾　问（以姓氏拼音为顺序）

付爱根　傅承新　华栋　潘远江　谭仁祥　邬小撑　岳　明

编　委（以姓氏拼音为顺序）

陈　静（沛县文体广电和旅游局）
党学德（陕西盘龙药业集团股份有限公司）
杜勇军（西安植物园）
段引军（西北大学附属小学）
高　岭（江苏省沛县魏庙镇）
高志勇（渭南师范学院）
巩　江（西藏民族大学）
顾顺清（中国化学工程集团城投公司）
侯恩太（北京生命科学园生物科技研究院有限公司）
华　洪（西北大学）
黄亚明（江苏省沛县安国镇）
李俊熙（西北大学）
李智选（西北大学）
梁　振（江苏省沛县鹿楼镇）
凌　彤（牛背梁国家级自然保护区）
刘沛然（海南大学）
卢爱刚（渭南师范学院）
吕高群（江苏省沛县龙固镇）
马丕秀（江苏省沛县安国镇）
倪道理（江苏省沛县栖山镇）
倪士峰（西北大学）
倪士银（陕西省长安区郭杜街道）
倪义德（西北大学）
倪义琳（西北大学）
史繁华（江苏省沛县县委组织部）
王国臻（国家知识产权局）
王延华（江苏省沛县财政局）
吴玉华（江苏省沛县纪检监察委员会）
肖　斌（西安利君制药有限责任公司）
辛厚勤（江苏省沛县安国镇）
闫　羽（聊城市国家工程实验室、成无己学术研究会）
应诗家（江苏省农业科学院）
张道安（江苏省沛县公安局）
张　婧（江苏省沛县科技局）
朱　成（江苏省沛县人民政府）
朱　伟（江苏省农业科学院）

主编简介

倪士峰（1974—）

男，汉族，江苏省徐州市沛县人，中共党员。浙江大学硕士、博士，南京大学博士后，西北大学第二站博士后，西北大学生命科学学院中药系副研究员，硕士研究生导师。在国内外发表学术论文300余篇。担任国内外数百家学术期刊的审稿人或者编委。社会兼职：中国药学会会员、药理学会会员、毒理学会会员（毒物学史料专业委员会委员）；中国植物学会会员、动物学会会员、生物化学与分子生物学学会会员；浙江大学校友总会乡村振兴理事，浙江大学徐州校友会常务副会长。主持出版了《林皋湖国家湿地公园常见资源植物彩色图鉴》《江苏丰县常见资源植物彩色图鉴》《关中乡土植物识别与应用》《中国蝉文化》《安国湖国家湿地公园常见植物图集》《汉皇故里沛县首届湿地文化摄影集》；参编《中国七药》《世界毒物全史》及《沛县野生鸟类摄影图集》。主持或者参与各类科研项目10余项。参与专利6项。挂职江苏省科技镇长团5年，曾任职乡镇、卫健委和文体局。

巩　江（1975—）

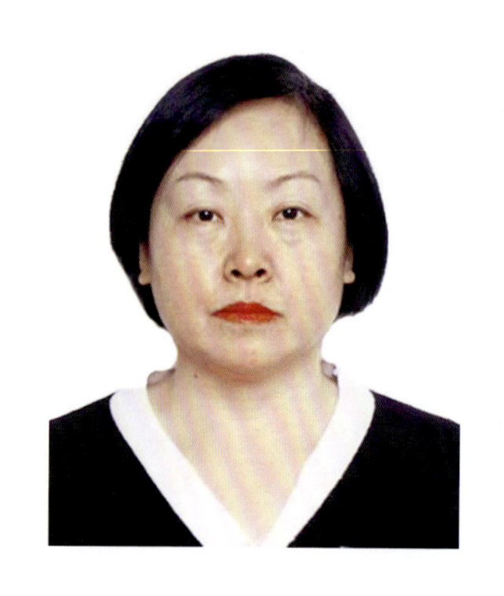

女，汉族，九三学社社员，甘肃兰州人。西南大学学士、陕西师范大学硕士，现为西藏民族大学高级实验师。主要从事中药及民族药用植物资源学、细胞及分子生物学研究；担任国内外若干学术期刊的审稿人或者编委，中国细胞学会会员；发表学术论文近300篇，参编《研究生实验动物学》等。

前　言

在全国上下越来越强调环境和生态质量的今天，广大相关管理人员、专业人士和普通人民群众都迫切需要了解本地区的植物资源分布情况，以便对本地区的“家底”做到“心中有数”，进而为更好地进行本地区的物种保护及可持续利用、旅游和生态农业等产业的科学规划打下基础。

本书为县域植物志系列丛书的沛县分册。

本书的出版将为沛县的绿色农业、环境保护、畜牧业、花卉、林业、医药卫生事业、旅游等相关产业的健康发展、保护、管理和建设提供非常有力的参考。

搞野外调查的个中辛苦，如鱼饮水，冷暖自知。本书图片较为精美，装帧也较为漂亮，内容较为翔实，是一本植物资源调查方面较为完备的信息库和工具书。它对于本地区资源植物的开发利用，以及相关科学研究和科普工作，都有着一定的参考价值。

每种植物都是大自然的“精灵”，都是人类在地球上健康可持续生存的“伴侣”。希望能以此书为契机，唤起江苏省人民乃至全国人民爱护、利用乡土植物的意识，共同呵护这难得的一方碧水蓝天！

在此，衷心地感谢江苏省沛县科技镇长团、沛县县委组织部人才办、4个街道（沛城街道、大屯街道、汉兴街道、汉源街道）、13个镇级单位（龙固镇、杨屯镇、胡寨镇、魏庙镇、五段镇、张庄镇、张寨镇、敬安镇、河口镇、栖山镇、鹿楼镇、朱寨镇、安国镇）、沛县县委党史工作委员会、沛县文体广电和旅游局等有关部门以及其他有关朋友的大力支持、关心和关注……

书中大部分图片均为编者所摄，个别图片由他人提供，已在书中注明拍摄者姓名。书中所列中草药的用途仅供参考，临床使用时需在专业医生指导下进行。

本书很荣幸地得到了汪钟鸣先生（著名书法家）为本书封面题字，同时得到了史志诚先生（陕西省原农业厅厅长）和任少波先生（浙江大学党委书记）的关注和题词，在此谨致谢枕！

大风起兮云飞扬！愿我的故乡——沛县，再乘时代之长风，破万里之巨浪，为实现“强富美高”的宏伟目标，高歌阔步，逐梦前行！

水平有限，书中的缺点错误恳请各位才家巨子不吝指正。是幸！

倪士峰

2023年11月25日

于西北大学长安校区

目　录

第一章 沛县自然环境、科技镇长团简介

1 自然环境简介

沛县位于江苏省西北部，徐州西北部，处于苏鲁豫皖四省交界之地，其东与山东省微山县毗连，西北与山东省鱼台县接壤，西邻丰县，南界徐州市铜山区。面积 1 806 平方千米。地处北纬 34°28′～34°59′，东经 116°41′～117°9′。

沛县地处黄淮平原中部，地势西南高东北低，为典型的冲积平原地形。沛县境内除了栖山镇有座“栖山”外无其他山脉，全部为冲积平原，海拔由西南部的 41 米到东北部降至 31.5 米左右。由于黄河冲决泛滥，流经县内 600 余年，因此其地层上部覆盖着深厚的黄泛冲积物，全县土壤即以此冲积物为母质发育而成。由于受“紧沙慢淤”冲积规律的影响，因此分区分布特性明显，由西向东依次为飞泡沙土、沙土、两合土、淤土，盐碱土则夹杂在两合土之间。中华人民共和国成立后，通过灌溉和土壤改良，上述各种土壤发生了不同程度的变化。

沛县属暖温带半湿润季风气候，四季分明。冬季寒冷干燥，秋季天高气爽，夏季高温多雨，春季天干多变。年平均日照 2 307.9 小时，年平均气温 14.2 摄氏度，年日照率为 54%，平均年无霜期约 201 天，一般年平均降水量 816.4 毫米，年均湿度 72%，空气质量指数 92。沛县光照充裕，具有典型的南北气候过渡带特性。但是，沛县天气多变，干旱、暴雨以及冰雹等气象灾害较多。

沛县境内的水系属淮河流域泗水水系中的南四湖水系。县域东临微山湖，京杭大运河穿境而过，大沙河等多条骨干河道分布境内；地下水储量也相对丰富，储量约 22.19 亿立方米。各条河流主要补给水源为大气降水，河流的水位和流量随季节和年际变化较大。东西走向的主要河道有杨屯河、沿河、鹿口河等，南北流向的主要河道有大沙河、姚楼河、龙口河、徐沛河、苏北堤河及顺堤河等。

沛县域内深厚的土壤、较为丰富的水资源、适合的气候，使其植物多样性较为丰富。

2 科技镇长团简介

2.1 江苏省科技镇长团的发展历史

2008 年 9 月，新制度出炉——江苏省委、省政府部署“科技镇长团”试点。是年 10 月，15 名来自省内高校的教授、博士，组成首个“科技镇长团”奔赴常熟，团长任副市长，其余 14 人任乡镇或开发区党政副职。一年后，试点扩大至苏锡常 8 个县（市、区），选派人数增加到 69 人。其中，12 人来自省外 8 所知名高校。推动政府科技管理工作重心下移，打通科教资源与县域经济发展的“隔膜”，全面提升企业自主创新能力和产业竞争力，是催生这一新制度的直接动因。随着这一制度的推行，其社会效益、经济效益都比较好，也具有一定的累积效益，此制度遂被推广到全省，并被周边兄弟省份所模仿。

2.2 沛县科技镇长团的发展历史、取得的业绩

2021 年，沛县科技镇长团严格按照省、市、县的部署要求，紧紧围绕县经济转型和产业发展大局，通过一年的工作，为沛县企业引进了一批技术及相关人才，促进了县域企业的科技创新和产业转型。

一是促进政产学研深度合作。积极牵线搭桥，组织徐州沛县矿大科技产业园有限公司、江苏沃凯氟精密智造有限公司、米耐思新材料（江苏）有限公司与西安交通大学、山东理工大学、华中科技大学等高校专家进行深入对接合作。组织开展“天津大学-沛县校地合作对接会”，初步构建其“校-地”联络通道，明确双方合作意向。联系江苏大学，促成“高效低振动噪声光伏灌

排泵研发”等3个项目成功签约。筹备开展“沛县灌排产业论坛”，邀请江苏大学知名专家讲授全国水泵行业现状及下一步的行业发展方向，为沛县灌排产业的高质量发展出谋划策、建言献计。

二是打造人才活动沛县品牌。结合沛县产业发展需要，创新开展“智汇沛县”系列活动。先后举办了“智汇沛县——新材料专场”以及“智汇沛县——天津大学专场”等活动。协助举办了“中关村沛县行”“高层次人才走进沛县”等活动，累计邀请了各高校院所150余名专家对沛县产业发展“把脉问诊”，助推县域经济科学发展。

三是协助引进高层次人才、项目。协助组织部人才办靶向发力省级重点人才工程，帮助县内符合条件的企业申报省“双创计划”。助力江苏盛玛特新材料科技有限公司郝世杰团队、江苏珀然股份有限公司赵千川团队入选江苏省“双创团队”，江苏盛玛特新材料科技有限公司郝世杰、江苏稼润农业开发有限公司袁旭峰入选江苏省“双创人才”。协助引进高层次人才55名，其中B类人才达10人，创历年新高。

2022年，沛县科技镇长团聚焦“两个争做”总体目标，深入实施创新驱动发展战略，以开展政产学研交流合作活动为载体，深入实施重大高新科技成果转化、新兴产业企业培育、高端创新人才培育引进等工程，继续助力县域经济转型发展。

一是完善科技创新机制，提升创新能力。进一步加大各级人才、科技政策的宣传力度，积极引导各镇区（街道）落实相关人才、科技政策，着力构建科技镇长团与政府职能部门之间的合作平台，推动建立人才培训中心、技术创新联盟等资源信息共享载体，有效促进资源整合，增强企业创新能力。

二是抓好政产学研合作，激发内在潜力。进一步梳理校地、校企合作的切入点和着力点，每位团员“一人一企”针对帮扶，以具体的项目实施为支撑，更加广泛地开展与知名高校、科研机构的对接，深入推进政产学研合作，将各校和科研机构的科技成果转化为现实生产力，努力实现校地、校企合作项目“质”与“量”的双提升，推动沛县产业快速发展。

三是加快载体平台建设，促进科技成果转化。继续以营造创新环境、集聚创新要素、提升创新服务能力为主线，以孵化器、创业园等的建设为重点，促进科技创业载体和平台建设。紧紧围绕沛县企业发展需求，分组分批次赴省内外相关科研院所开展对接，依托高校对关键核心技术开展联合攻关，不断完善技术产业链条。积极帮助企业申报省级以上企业研发机构，努力实现重大科技成果转化，推动校企、校地合作载体建设，做好校企联盟建立工作。

四是做好招才引智工作，构筑人才集聚地。协助人才办做好企业孵化器、博士后科研工作站、企业技术研发中心等科研平台的建设，通过科研、创业载体的优化和提升，积极为优秀人才干事创业搭建平台。积极引荐一批带项目、带技术的高层次创新创业人才，推进人才尽快落户、项目尽快落地。协助做好招才引智活动，力争引进高层次领军人才在沛县创新创业。

扎根基层，求真务实，努力扎扎实实地促进校地对接和产学研成果转化，是沛县科技镇长团的一贯风格，将继续使沛县人民受益。

第二章 蕨类植物

001 槐叶苹

拉丁学名：Salvinia natans（L.）All.；槐叶苹科槐叶苹属。别名：槐叶萍、蜈蚣萍、山椒藻。

形态特征：一年生浮水草本。茎细长，横走，无根，密被褐色节状短毛。叶3片轮生，2片漂浮水面，1片细裂如丝，在水中形成假根，密生有节的粗毛。水面叶在茎两侧紧密排列，形如槐叶，叶片长圆形或椭圆形，长8～13毫米，宽5～8毫米，先端圆钝头，基部圆形或略呈心形；中脉明显，侧脉约20对，脉间有5～9个突起，突起上生一簇粗短毛，全缘，上面绿色，下面灰褐色，生有节的粗短毛；叶柄长约2毫米。孢子果4～8枚聚生于水下叶的基部，有大小之分，大孢子果小，生少数有短柄的大孢子囊，各含大孢子1个；小孢子果略大，生多数具长柄的小孢子囊，各有64个小孢子。花果期为6—10月。

主要利用形式：为池塘水面装饰植物，亦可盆栽观赏。全草可入药，具清热解毒和消肿止痛之功效。还可作饲料，沤制绿肥。

002 节节草

拉丁学名：Equisetum ramosissimum Desf.；木贼科木贼属。别名：土木贼、锁眉草、笔杆草、土麻黄、草麻黄、木贼草。

形态特征：多年生草本。根茎细长，入土深，黑褐色。茎细弱，绿色，基部多分枝，上部少分枝或不分枝，粗糙具条棱；叶鳞片状，轮生，基部联合成鞘状。孢子囊长圆形，有小尖头；孢子叶六角形，中央凹入。以根茎或孢子繁殖。3月发芽，4—7月产孢子囊穗，成熟后散落，萌发。花果期为8—11月。

主要利用形式：常见农田杂草。全草有毒，入药性味甘微苦，性平，可疏风散热、解肌退热；临床可用于治疗尖锐湿疣及牛皮癣。

槐叶苹

节节草

第三章　裸子植物

001　白皮松

拉丁学名： Pinus bungeana Zucc. ex Endl.；松科松属。别名：白骨松、三针松、白果松、虎皮松、蟠龙松、美人松。

形态特征： 乔木，高达30米，胸径可达3米。有明显的主干，或从树干近基部分成数干；枝较细长，斜展，形成宽塔形至伞形树冠；幼树树皮光滑，灰绿色，长大后树皮裂成不规则的薄块片脱落，露出淡黄绿色的新皮，老树树皮呈淡褐灰色或灰白色，裂成不规则的鳞状块片脱落，脱落后近光滑，露出粉白色的内皮，白褐相间呈斑鳞状；一年生枝灰绿色，无毛；冬芽红褐色，卵圆形，无树脂。球果通常单生，初直立，后下垂，成熟前淡绿色，熟时淡黄褐色，卵圆形或圆锥状卵圆形，有短梗或几无梗；种鳞矩圆状宽楔形，先端厚，鳞盾近菱形，有横脊，鳞脐生于鳞盾的中央，明显，三角状，顶端有刺，刺之尖头向下反曲，稀尖头不明显；种子灰褐色，近倒卵圆形，种翅短，赤褐色，有关节易脱落；子叶9～11枚，针形，初生叶窄条形，上下面均有气孔线，边缘有细锯齿。花期为4—5月，球果于第二年10—11月成熟。

主要利用形式： 常绿园林树，树姿优美，树皮白色或褐白相间，极为美观。木材可作为建筑、家具及文具等细木工用材。果实味苦，性温，具有镇咳、祛痰、平喘的功效，对嗓子经常不舒服（尤其是咳嗽有痰）的人有很好疗效。种子可食。

白皮松

002　侧柏

拉丁学名： Platycladus orientalis （L.） Franco；柏科侧柏属。别名：黄柏、香柏、扁柏、扁桧、香树、香柯树。

形态特征： 乔木。幼树树冠卵状尖塔形，老树广圆形；生鳞叶的小枝细，向上直展或斜展，扁平，排成一平面。叶鳞形，先端微钝，小枝中央的叶的露出部分呈

侧柏　尹云

倒卵状菱形或斜方形，背面中间有条状腺槽；两侧的叶船形，先端微内曲，背部有钝脊，尖头的下方有腺点。雄球花黄色，卵圆形；雌球花近球形，蓝绿色，被白粉。种子卵圆形或近椭圆形，顶端微尖，灰褐色或紫褐色，稍有棱脊，无翅或有极窄之翅。花期为3—4月，果熟期为9—10月。

主要利用形式：园林绿化植物，耐贫瘠土壤。木材可作为建筑、器具、家具、农具及文具等用材。枝叶用于治疗肾热病、炭疽病、体虚、疮疖疔痈，球果用于治疗肝病、脾病、骨蒸、淋病及热毒（《藏本草》）。鳞叶治吐血、衄血、尿血、便血、暴崩下血、血热脱发、须发早白；种子治惊悸、失眠、遗精、盗汗、便秘；树枝治风痹、历节风、齿匿肿痛；树干燃烧后分泌的树脂汁治疥癣、癞疮、秃疮、黄水疮、丹毒，解毒杀虫，止痛，生肌；根皮治烧烫伤，促进长毛发（《滇省志》）。

003 池杉

拉丁学名：Taxodium ascendens Brongn；杉科落羽杉属。别名：池柏、沼落羽松。

形态特征：乔木，在原产地高达25米。树干基部膨大，通常有屈膝状的呼吸根（在低湿地生长的尤为显著）；树皮褐色，纵裂，成长条片脱落；枝条向上伸展，树冠较窄，呈尖塔形；当年生小枝绿色，细长，通常微向下弯垂，二年生小枝呈褐红色。叶钻形，微内曲，在枝上呈螺旋状伸展，上部微向外伸展或近直展，下部通常贴近小枝，基部下延，长4～10毫米，基部宽约1毫米，向上渐窄，先端有渐尖的锐尖头，下面有棱脊，上面中脉微隆起，每边有2～4条气孔线。球果圆球形或矩圆状球形，有短梗，向下斜垂，熟时褐黄色，长2～4厘米，径1.8～3厘米；种鳞木质，盾形，中部种鳞高1.5～2厘米；种子不规则三角形，微扁，红褐色，长1.3～1.8厘米，宽0.5～1.1厘米，边缘有锐脊。花期为3—4月，球果10月成熟。

主要利用形式：长江流域重要的造树和园林树种，耐腐蚀，是造船和建筑用的好材料。树形婆娑，枝叶秀丽，秋叶棕褐色，是观赏价值很高的园林树种，适生于水滨湿地条件，特别适合在水边湿地成片栽植、孤植或丛植为园景树。果实入药，可清热解毒、消肿止痛及抗菌消炎。

池杉

004 刺柏

拉丁学名：Juniperus formosana Hayata；柏科刺柏属。别名：山刺柏（《中国树木分类学》）、台桧（《中国裸子植物志》）、山杉（福建）、矮柏木（湖北兴山）、刺松（安徽）、台湾柏（《北京植物志》）。

形态特征：乔木，高达12米。树皮褐色，纵裂成长条薄片脱落；枝条斜展或直展，树冠塔形或圆柱形；小枝下垂，三棱形。叶三片轮生，条状披针形或条状刺形，长1.2～2厘米，最长达3.2厘米（很少），宽1.2～2毫米，先端渐尖具锐尖头，上面稍凹，中脉微隆起，绿色，两侧各有1条白色（少数呈紫色或淡绿色）的气孔带，气孔带较绿色边带稍宽，在叶的先端汇合为1条，

刺柏

红豆杉

下面绿色，有光泽，具纵钝脊，横切面新月形。雄球花圆球形或椭圆形，长4～6毫米，药隔先端渐尖，背有纵脊。球果近球形或宽卵圆形，熟时淡红褐色，被白粉或白粉脱落，间或顶部微张开；种子半月圆形，具3～4条棱脊，顶端尖，近基部有3～4个树脂槽。花期为4月，果需要2年成熟。

主要利用形式：材质坚硬，可作为船底、桥柱、桩木、工艺品、文具及家具等用材。小枝下垂，树形美观，在长江流域各大城市多栽培用作庭园树，也可作为水土保持的造林树种。

005　红豆杉

拉丁学名：Taxus chinensis (Pilger) Rehd.；红豆杉科红豆杉属。别名：扁柏、红豆树、紫杉。

形态特征：常绿乔木或灌木。小枝不规则互生，基部有多数或少数宿存的芽鳞，稀全部脱落；冬芽芽鳞呈覆瓦状排列，背部纵脊明显或不明显。叶条形，螺旋状着生，基部扭转排成二列，直或镰状，下延生长，上面中脉隆起，下面有两条淡灰色、灰绿色或淡黄色的气孔带，叶内无树脂道。雌雄异株，球花单生叶腋；雄球花圆球形，有梗，基部具覆瓦状排列的苞片，雄蕊6～14枚，盾状，花药4～9，辐射排列；雌球花几无梗，基部有多数覆瓦状排列的苞片，上端2～3对苞片交叉对生，胚珠直立，单生于总花轴上部侧生短轴之顶端的苞腋，基部托以圆盘状的珠托，受精后珠托发育成肉质、杯状、红色的假种皮。种子坚果状，当年成熟，生于杯状肉质的假种皮中，稀生于近膜质盘状的种托（未发育成肉质假种皮的珠托）之上，种脐明显，成熟时肉质假种皮红色，有短梗或几无梗。子叶2枚，发芽时出土。花期为4—5月，结实期为6—11月。

主要利用形式：一级珍稀濒危保护植物。从红豆杉的树皮和树叶中提炼出来的紫杉醇对多种晚期癌症疗效突出，被称为“治疗癌症的最后一道防线”。叶可以加工成茶叶，可利尿消肿，治疗肾脏病、糖尿病、高血压、冠心病、肾炎浮肿、小便不利、淋病等；可温肾通经，治疗月经不调、产后瘀血以及痛经等。

006　罗汉松

拉丁学名：Podocarpus macrophyllus (Thunb.) D. Don；罗汉松科罗汉松属。别名：土杉、罗汉杉、长青罗汉杉、金钱松、仙柏、罗汉柏、江南柏。

形态特征：常绿针叶乔木，高达20米，胸径达60

罗汉松

厘米。树皮灰色或灰褐色，浅纵裂，成薄片状脱落；枝开展或斜展，较密。叶螺旋状着生，条状披针形，微弯。雄球花穗状，腋生，基部有数枚三角状苞片；雌球花单生叶腋，有梗，基部有少数苞片。种子卵圆形，先端圆，熟时肉质假种皮紫黑色，有白粉，种托肉质圆柱形，红色或紫红色。花期为 4—5 月，种子 8—9 月成熟。

主要利用形式：园林树。材质细致均匀，易加工，可作为家具、器具、文具及农具等用材。根皮及球果可入药。根四季可采，秋季采球果。果能益气补中，用于治疗心胃气痛及血虚面色萎黄。根皮能活血止痛、杀虫，用于治疗跌打损伤和癣症。

007　日本五针松

拉丁学名：Pinus parviflora Siebold & Zuccarini；松科松属。别名：五钗松、日本五须松、五针松。

形态特征：在原产地高 10～30 米，胸径 0.6～1.5 米。幼树树皮淡灰色，平滑，大树树皮暗灰色，裂成鳞状块片脱落；枝平展，树冠圆锥形；一年生枝幼嫩时绿色，后呈黄褐色，密生淡黄色柔毛；冬芽卵圆形，无树脂。针叶 5 针一束，微弯曲，长 3.5～5.5 厘米，径不及 1 毫米，边缘具细锯齿，背面暗绿色，无气孔线，腹面每侧有 3～6 条灰白色气孔线；横切面呈三角形，单层皮下层细胞，背面有 2 个边生树脂道，腹面 1 个中生或无树脂道；叶鞘早落。球果卵圆形或卵状椭圆形，几无梗，熟时种鳞张开，长 4～7.5 厘米，径 3.5～4.5 厘米；中部种鳞宽倒卵状斜方形或长方状倒卵形，长 2～3 厘米，宽 1.8～2 厘米，鳞盾淡褐色或暗灰褐色，近斜方形，先端圆，鳞脐凹下，微内曲，边缘薄，两侧边向外弯，下部底边宽楔形；种子为不规则倒卵圆形，近褐色，具黑色斑纹，长 8～10 毫米，径约 7 毫米，种翅宽 6～8 毫米，连同种子长 1.8～2 厘米。花期为 5 月中旬，果熟期为翌年 10 月。

日本五针松　高昌忠

主要利用形式：该树姿态苍劲秀丽，叶葱郁纤秀，富有诗情画意，是名贵的观赏树种。孤植配奇峰怪石，整形后可在公园、庭院、宾馆用作点景树，适宜与各种古典或现代的建筑配植。松针入药，可美容养颜、抗衰老和减肥。

008　水杉

拉丁学名：Metasequoia glyptostroboides Hu & W. C. Cheng；杉科水杉属。别名：活化石、梳子杉、水桫树。

形态特征：落叶乔木。小枝对生，下垂。叶线形，交互对生，假二列成羽状复叶状，长 1～1.7 厘米，下面两侧有 4～8 条气孔线。雌雄同株。球果下垂，近球形，微具 4 棱，长 1.8～2.5 厘米，有长柄；种鳞木

水杉

质，盾形，每种鳞具 5～9 种子，种子扁平，周围具窄翅。花期为 2 月下旬，球果 11 月成熟。

主要利用形式：树姿优美，为庭园观赏的“活化石”。其边材白色，心材褐红色，材质轻软，纹理直，结构稍粗，早晚材硬度区别大，不耐水湿，可作为建筑、板料、造纸、器具、模型及室内装饰用材。水杉对二氧化硫有一定的抵抗能力，是工矿区绿化的优良树种。其假果入药，可祛痰止咳、利尿消肿、清热解毒、祛风除湿及抗菌消炎。

009 苏铁

拉丁学名：Cycas revoluta Thunb.；苏铁科苏铁属。别名：铁树、凤尾铁、凤尾蕉、凤尾松、辟火蕉、凤尾草。

形态特征：常绿乔木，树干高约 2 米，稀达 8 米或更高。羽状叶从茎的顶部生出，下层的向下弯，上层的向斜上伸展，整个羽状叶的轮廓呈倒卵状狭披针形，长 75～200 厘米，叶轴横切面四方状圆形，柄略呈四角形，两侧有齿状刺，水平或略向斜上伸展，刺长 2～3 毫米；羽状裂片达 100 对以上，条形，厚革质，坚硬，长 9～18 厘米，宽 4～6 毫米，向上斜展微成“V”字形，边缘显著地向下反卷，上部微渐窄，先端有刺状尖头，基部窄，两侧不对称，下侧下延生长，上面深绿色有光泽，中央微凹，凹槽内有稍隆起的中脉，下面浅绿色，中脉显著隆起，两侧有疏柔毛或无毛。雄球花圆柱形，长 30～70 厘米，径 8～15 厘米，有短梗；小孢子飞叶窄楔形，长 3.5～6 厘米，顶端宽平，其两角近圆形，宽 1.7～2.5 厘米，有急尖头，尖头长约 5 毫米，直立，下部渐窄，上面近于龙骨状，下面中肋及顶端密生黄褐色或灰黄色长茸毛，花药通常 3 个聚生；大孢子叶长 14～22 厘米，密生淡黄色或淡灰黄色茸毛，上部的顶片卵形至长卵形，边缘羽状分裂，裂片 12～18 对，条状钻形，长 2.5～6 厘米，先端有刺状尖头，胚珠 2～6 枚，生于大孢子叶柄的两侧，有茸毛。种子红褐色或橘红色，倒卵圆形或卵圆形，稍扁，长 2～4 厘米，径 1.5～3 厘米，密生灰黄色短茸毛，后渐脱落；中种皮木质，两侧有两条棱脊，上端无棱脊或棱脊不显著，顶端有尖头。花期为 6—8 月，种子 10 月成熟。

主要利用形式：园林常用。茎内含淀粉，可供食用。种子含油和丰富的淀粉，微有毒，供食用和药用，有治痢疾、止咳和止血之效。

010 雪松

拉丁学名：Cedrus deodara (Roxb.) G. Don；松科雪松属。别名：香柏、宝塔松、番柏、喜马拉雅山雪松。

形态特征：乔木，高达 30 米左右，胸径可达 3 米。树皮深灰色，裂成不规则的鳞状片；枝平展、微斜展或微下垂，基部宿存芽鳞向外反曲；小枝常下垂，一年生长枝淡灰黄色，密生短茸毛，微有白粉，二、三年生枝呈灰色、淡褐灰色或深灰色。叶在长枝上辐射伸展，短枝之叶呈簇生状（每年生出新叶 15～20 枚），针形，坚硬，淡绿色或深绿色，上部较宽，先端锐尖，下部渐窄，常呈三棱形，稀背脊明显，叶之腹面两侧各有 2～3 条气孔线，背面 4～6 条，幼时气孔线有白粉。雄球花长卵圆形或椭圆状卵圆形，雌球花卵圆形。球果成熟前淡绿色，微有白粉，熟时红褐色，卵圆形或宽椭圆形，

苏铁

雪松

顶端圆钝，有短梗；中部种鳞扇状倒三角形，上部宽圆，边缘内曲，中部楔状，下部耳形，基部爪状，鳞背密生短茸毛；苞鳞短小；种子近三角状，种翅宽大，较种子为长，连同种子长 2.2～3.7 厘米。花期为 10—11 月，果实第二年 10 月成熟。

主要利用形式：著名庭园观赏树种，具有较强的防尘、减噪与杀菌能力，也适宜用作工矿企业绿化树种。在原产地（亚洲西部、喜马拉雅山西部、非洲、地中海沿岸）是一种重要的建筑用材，具树脂，不易受潮。雪松油具有抗脂漏、防腐、杀菌、补虚、收敛、利尿、调经、祛痰、杀虫及镇静等功效。古埃及人曾将雪松油添加在化妆品中用来美容，也当作驱虫剂使用。雪松精油也可治疗头皮屑及皮疹。

011 银杏

拉丁学名：Ginkgo biloba L.；银杏科银杏属。别名：白果、公孙树、鸭脚树、蒲扇。

形态特征：落叶大乔木。幼树树皮近平滑，浅灰色，大树之皮灰褐色，不规则纵裂，粗糙。幼年及壮年树冠圆锥形，老则广卵形；一年生的长枝淡褐黄色，二年生以上变为灰色，并有细纵裂纹；短枝密被叶痕，黑灰色，短枝上亦可长出长枝；冬芽黄褐色，常为卵圆形，先端钝尖。种子具长梗，下垂，常为椭圆形、长倒卵形、卵圆形或近圆球形，假种皮骨质，白色，常具 2（稀 3）纵棱；外种皮肉质，熟时黄色或橙黄色，外被白粉，有臭叶；中种皮白色，骨质；内种皮膜质，淡红褐色；胚乳肉质，味甘略苦；子叶 2 枚，稀 3 枚，发芽时不出土，初生叶 2～5 片，宽条形，长约 5 毫米，宽约 2 毫米，先端微凹，第 4 或第 5 片起之后生叶扇形，先端具一深裂且不规则的波状缺刻，叶柄长 0.9～2.5 厘米；有主根。花期为 5 月，果期为 10 月。

银杏

主要利用形式：古老的“活化石”植物，具有很高的园林、食用和药用价值。银杏果可以抑菌杀菌、祛疾止咳、抗痨抑虫、止带浊和降低血清胆固醇。果肉为生物农药的原料，叶子为提取银杏总黄酮的原料。银杏树可以净化空气，具抗污染、耐烟火及抗尘埃等功能。

012 油松

拉丁学名：Pinus tabulaeformis Carr.；松科松属。别名：短叶松、短叶马尾松、红皮松、东北黑松。

形态特征：乔木，高达 25 米，胸径可达 1 米以上。树皮灰褐色或褐灰色，裂成不规则较厚的鳞状块片，裂缝及上部树皮红褐色；枝平展或向下斜展，老树树冠平顶，小枝较粗，褐黄色，无毛，幼时微被白粉；冬芽矩圆形，顶端尖，微具树脂，芽鳞红褐色，边缘有丝状缺裂。花期为 4—5 月，果熟期为 10 月。

主要利用形式：心材淡黄红褐色，边材淡黄白色，纹理直，结构较细密，材质较硬，耐久用，可作建筑、电杆、矿柱、造船、器具、家具及木纤维工业等用材。其花粉可收敛止血、燥湿敛疮。

油松

013 圆柏

拉丁学名：Sabina chinensis (L.) Ant.；柏科圆柏属。别名：刺柏、柏树、桧、桧柏。

形态特征：常绿乔木，高达 15 米。树皮红褐色至灰褐色，幼时呈片状剥落，老龄浅纵裂。树冠幼时尖塔形，老时变广圆形；小枝初绿色，后变红褐色至紫褐色。叶二型，通常幼时全为刺形，后渐为刺形与鳞形并存，壮龄后皆为鳞形叶，刺叶长 0.6～1.2 厘米，披针形，三叶交叉轮生，稀对生，先端渐尖，基部下延，上面稍凹，具 2 气孔带，显白绿色，下面绿色；鳞叶小，长 1.5～2 毫米，先端钝，菱状卵形，交叉对生，叶背中部具椭圆形微凹腺体。雌雄异株。花期为 4 月，果期为翌年 11 月。

主要利用形式：古老园林树种，较耐烟尘，适用于工矿区绿化。木材是优良的建筑、器具、工艺及室内装饰用材。种子可榨油。枝、叶及树皮味苦辛，性温，归肺经，能祛风散寒、活血消肿、解毒利尿，主治风寒感冒、肺结核、尿路感染、风湿关节痛、小便淋痛、瘾疹、荨麻疹以及类风湿关节炎。

第四章　双子叶植物

001　阿拉伯婆婆纳

拉丁学名： Veronica persica Poir.；玄参科婆婆纳属。别名：波斯婆婆纳（《江苏南部种子植物手册》）、卵子草、石补钉、肾子草、双铜锤、双肾草、桑肾子、灯笼草、灯笼婆婆纳。

形态特征： 铺散多分枝草本。茎密生两列多细胞柔毛。叶2～4对，具短柄，卵形或圆形，长6～20毫米，宽5～18毫米，基部浅心形，平截或浑圆，边缘具钝齿，两面疏生柔毛。总状花序很长；苞片互生，与叶同形且几乎等大；花梗比苞片长，有的超过1倍；花萼在花期长仅3～5毫米，在果期增大达8毫米，裂片卵状披针形，有睫毛，三出脉；花冠蓝色、紫色或蓝紫色，长4～6毫米，裂片卵形至圆形，喉部疏被毛；雄蕊短于花冠。蒴果肾形，长约5毫米，宽约7毫米，被腺毛，成熟后几乎无毛，网脉明显，凹口角度超过90度，裂片钝，宿存的花柱长约2.5毫米，超出凹口。种子背面具深的横纹，长约1.6毫米。花期为3—5月。

主要利用形式： 为夏熟作物田间常见杂草，具园艺价值。全草味辛苦咸，性平，可祛风除湿、壮腰及截疟。

阿拉伯婆婆纳

002　艾

拉丁学名： Artemisia argyi Lévl. & Van.；菊科蒿属。别名：冰台、遏草、香艾、蕲艾、艾蒿、艾草、灸草、医草、黄草等。

形态特征： 多年生草本或略成半灌木状植物，植株有浓烈香气。主根明显，略粗长，直径达1.5厘米，侧根多；常有横卧地下根状茎及营养枝。茎单生或少数，高80～150（～250）厘米，有明显纵棱，褐色或灰黄褐色，基部稍木质化，上部草质，并有少数短分枝，枝长3～5厘米；茎、枝均被灰色蛛丝状柔毛。叶厚纸质，

艾

上面被灰白色短柔毛，并有白色腺点与小凹点，背面密被灰白色蛛丝状密茸毛；基生叶具长柄，花期萎谢；茎下部叶近圆形或宽卵形，羽状深裂；中部叶卵形、三角状卵形或近菱形，长5~8厘米，宽4~7厘米，一（至二）回羽状深裂至半裂，叶基部宽楔形渐狭成短柄，叶脉明显，在背面凸起，干时锈色，叶柄长0.2~0.5厘米，基部通常无假托叶或仅有极小的假托叶；上部叶与苞片叶羽状半裂、浅裂，或3深裂，或3浅裂，或不分裂，而为椭圆形、长椭圆状披针形、披针形或线状披针形。头状花序椭圆形，直径2.5~3（~3.5）毫米，无梗或近无梗，每数枚至10余枚在分枝上排成小型的穗状花序或复穗状花序，并在茎上通常再组成狭窄、尖塔形的圆锥花序，花后头状花序下倾；总苞片3~4层，覆瓦状排列，外层总苞片小，草质，卵形或狭卵形，背面密被灰白色蛛丝状绵毛，边缘膜质，中层总苞片较外层长，长卵形，背面被蛛丝状绵毛，内层总苞片质薄，背面近无毛；花序托小；雌花6~10朵，花冠狭管状，檐部具2裂齿，紫色。瘦果长卵形或长圆形。花果期为7—10月。

主要利用形式：全草入药，有温经、祛湿、散寒、止血、消炎、平喘、止咳、安胎及抗过敏等作用。艾草也是很好的野菜，冬春季鲜嫩的叶子和芽可作蔬菜食用。艾绒为艾灸的原料。

003 八宝景天

拉丁学名：Hylotelephium erythrostictum (Miq.) H. Ohba；景天科八宝属。别名：华丽景天、长药八宝、大叶景天、八宝、活血三七、对叶景天、白花蝎子草。

八宝景天

形态特征：多年生肉质草本，株高30~50厘米。地下茎肥厚，地上茎簇生，粗壮而直立，全株略被白粉，呈灰绿色。叶轮生或对生，倒卵形，肉质，具波状齿。伞房花序密集如平头状，花序径10~13厘米，花淡粉红色，常见栽培的还有白色、紫红色、玫红色品种。花期为7—10月。

主要利用形式：全草入药，能祛风利湿、活血散瘀、止血止痛，用于治疗喉炎、荨麻疹、吐血、小儿丹毒、乳腺炎，外用治疗疮痈肿、跌打损伤、鸡眼、烧烫伤、毒虫毒蛇咬伤、带状疱疹和脚癣。

004 八角金盘

拉丁学名：Fatsia japonica (Thunb.) Decne. & Planch.；五加科八角金盘属。别名：八金盘、八手、手树、金刚纂。

形态特征：常绿灌木或小乔木，高可达5米。茎光滑无刺。叶柄长10~30厘米；叶片大，革质，近圆形，

八角金盘

直径 12～30 厘米，掌状 7～9 深裂，裂片长椭圆状卵形，先端短渐尖，基部心形，边缘有疏离粗锯齿，上表面暗亮绿色，下面色较浅，有粒状突起，边缘有时呈金黄色；侧脉搏在两面隆起，网脉在下面稍显著。圆锥花序顶生，长 20～40 厘米；伞形花序直径 3～5 厘米，花序轴被褐色茸毛；花萼近全缘，无毛；花瓣 5，卵状三角形，长 2.5～3 毫米，黄白色，无毛；雄蕊 5，花丝与花瓣等长；子房下位，5 室，每室有 1 胚球；花柱 5，分离；花盘凸起呈半圆形。果实近球形，直径 5 毫米，熟时黑色。花期为 10—11 月，果熟期为次年 4 月。

主要利用形式：其性耐荫，对二氧化硫抗性较强，还能作为观叶植物用于室内、厅堂及会场陈设。叶或根皮入药，性温，味辛、苦，具有化痰止咳、散风除湿、化瘀止痛之功效，常用于治疗咳喘、风湿痹痛、痛风及跌打损伤。

005 白菜

拉丁学名：Brassica pekinensis（Lour.）Rupr.；十字花科芸薹属。别名：菘、大白菜、黄芽白、绍菜。

形态特征：二年生草本，高 40～60 厘米。基生叶多数，大形，倒卵状长圆形至宽倒卵形，顶端圆钝，边缘皱缩，波状，有时具不显明齿牙，中脉白色，很宽，有多数粗壮侧脉；叶柄白色，扁平，边缘有具缺刻的宽薄翅；上部茎生叶长圆状卵形、长圆披针形至长披针形，顶端圆钝至短急尖，全缘或有裂齿，有柄或抱茎，有粉霜。花鲜黄色；萼片长圆形或卵状披针形，直立，淡绿色至黄色；花瓣倒卵形，基部渐窄成爪。长角果较粗短，两侧压扁，直立，顶端圆；果梗开展或上升，较粗。种子球形，棕色。花期为 5 月，果期为 6 月。

白菜

主要利用形式：为东北及华北冬、春季主要蔬菜，生食、炒食、盐腌、酱渍均可；外层脱落的叶可用作饲料。白菜性味甘平，有清热除烦、解渴利尿及通利肠胃的功效。常吃白菜可预防维生素 C 缺乏症（坏血病）。

006 白车轴草

拉丁学名：Trifolium repens L.；豆科车轴草属。别名：白花车轴草、白花苜蓿、金花草、菽草翘摇。

形态特征：多年生草本。茎匍匐，无毛。复叶有 3 小叶，小叶倒卵形或倒心形，顶端圆或微凹，基部宽楔形，边缘有细齿，表面无毛，背面微有毛；托叶椭圆形，顶端尖，抱茎。花序头状，有长总花梗，高出于叶；萼筒状，萼齿三角形，较萼筒短；花冠白色或淡红色。荚果倒卵状椭圆形，有 3～4 粒种子；种子细小，近圆形，黄褐色。

主要利用形式：为地被、水土保持、牧草以及绿肥植物。种子含油约 11%。全草供药用，有清热凉血及宁心功效。

白车轴草

007 白杜

拉丁学名：Euonymus maackii Rupr.；卫矛科卫矛属。别名：丝棉木、明开夜合、华北卫矛、桃叶卫矛。

形态特征：小乔木，高达 6 米。叶卵状椭圆形、卵圆形或窄椭圆形，长 4～8 厘米，宽 2～5 厘米，先端长渐尖，基部阔楔形或近圆形，边缘具细锯齿，有时极深

白杜

而锐利；叶柄通常细长，长为叶片的 1/4~1/3，但有时较短。聚伞花序 3 至多花，花序梗略扁，长 1~2 厘米；花 4 数，淡白绿色或黄绿色，直径约 8 毫米；小花梗长 2.5~4 毫米；雄蕊花药紫红色，花丝细长，长 1~2 毫米。蒴果倒圆心状，4 浅裂，长 6~8 毫米，直径 9~10 毫米，成熟后果皮粉红色；种子长椭圆状，长 5~6 毫米，直径约 4 毫米，种皮棕黄色，假种皮橙红色，全包种子，成熟后顶端常有小口。花期为 5—6 月，果期为 9 月。

主要利用形式：园林树种。木材可供器具及细工雕刻用。树皮含硬橡胶。种子含油率达 40%以上，可作为工业用油。叶可代茶。花果可作为中药“合欢”的代用品。根、茎皮及枝叶入药。根和茎皮可活血通络、祛风湿、补肾、止痛，用于治疗膝关节痛。枝叶可解毒，外用治漆疮。

008　白花曼陀罗

拉丁学名：Datura metel L.；茄科曼陀罗属。别名：洋金花、蔓陀罗花、闹洋花、千叶蔓陀罗花、层台蔓陀罗花、山茄花、押不芦、胡茄花、大闹杨花、马兰花、凤茄花、风茄花、曼陀罗花、佛花、天茄弥陀花、洋大麻子花、关东大麻子花、虎茄花、风麻花、酒醉花、羊惊花、枫茄花、广东闹羊花、大喇叭花。

形态特征：一年生直立草本，呈半灌木状，茎基部稍木质化。叶卵形或广卵形，顶端渐尖，基部不对称圆形、截形或楔形，边缘有不规则的短齿或浅裂，或者全缘波状，侧脉每边 4~6 条。花单生于枝杈间或叶腋，花梗长约 1 厘米；花萼筒状，裂片狭三角形或披针形，结果时宿存部分增大呈浅盘状；花冠长漏斗状，筒中部

白花曼陀罗

之下较细，向上扩大呈喇叭状，裂片顶端有小尖头，白色、黄色或浅紫色，单瓣，在栽培类型中有 2 重瓣或 3 重瓣；雄蕊 5，在重瓣类型中常变态成 15 枚左右；子房疏生短刺毛。蒴果近球状或扁球状，疏生粗短刺，直径约 3 厘米，裂成不规则 4 瓣。种子淡褐色，宽约 3 毫米。花果期为 3—12 月。

主要利用形式：杂草，耐干旱。花为中药“洋金花”，作麻醉剂。花味辛，性温，有毒，归肺、肝经，能平喘止咳、麻醉止痛、解痉止搐，主治哮喘咳嗽、脘腹冷痛、风湿痹痛、癫痫和惊风。

009　白蜡树

拉丁学名：Fraxinus chinensis Roxb.；木樨科白蜡树属。别名：中国蜡、虫蜡、川蜡、黄蜡、蜂蜡、青榔木、白荆树、白蜡。

形态特征：落叶乔木，高 10~12 米。树皮灰褐色，纵裂。芽阔卵形或圆锥形，被棕色柔毛或腺毛；小枝黄

褐色，粗糙，无毛或疏被长柔毛，旋即秃净，皮孔小，不明显。羽状复叶长 15～25 厘米；叶柄长 4～6 厘米，基部不增厚；叶轴挺直，上面具浅沟，初时疏被柔毛，旋即秃净；小叶 5～7 枚，硬纸质，卵形、倒卵状长圆形至披针形，顶生小叶与侧生小叶近等大或稍大，先端锐尖至渐尖，基部钝圆或楔形，叶缘具整齐锯齿，上面无毛，下面无毛或有时沿中脉两侧被白色长柔毛，中脉在上面平坦，侧脉 8～10 对，下面凸起，细脉在两面凸起，明显网结；小叶柄长 3～5 毫米。圆锥花序顶生或腋生枝梢；花序梗长 2～4 厘米，无毛或被细柔毛，光滑，无皮孔；花雌雄异株；雄花密集，花萼小，钟状，无花冠，花药与花丝近等长；雌花疏离，花萼大，筒状；宿存萼紧贴于坚果基部，常在一侧开口深裂。花期为 4—5 月，果期为 7—9 月。

主要利用形式：为良好的固沙树种。其主要经济用途为放养白蜡虫生产白蜡。木材坚韧，可以作为家具、农具、车辆、胶合板等用材，其较细的树干经过剥皮整理后可作为武术棍子。树皮称“秦皮”，中医学上用作清热药。

白蜡树

010 白梨

拉丁学名：Pyrus bretschneideri Rehd.；蔷薇科梨属。别名：快果、果宗、梨。

形态特征：乔木，高达 5～8 米。树冠开展；小枝粗壮，圆柱形，微屈曲，嫩时密被柔毛，不久脱落，二年生枝紫褐色，具稀疏皮孔；冬芽卵形，先端圆钝或急尖，鳞片边缘及先端有柔毛，暗紫色。叶片卵形或椭圆形，长 5～11 厘米，宽 3.5～6 厘米，先端渐尖稀急尖，基部宽楔形，稀近圆形，边缘有尖锐锯齿，齿尖有刺芒，微向内合拢，嫩时紫红绿色，两面均有茸毛，不久脱落，老叶无毛；叶柄长 2.5～7 厘米，嫩时密被茸毛，不久脱落；托叶膜质，线形至线状披针形，先端渐尖，边缘具有腺齿，长 1～1.3 厘米，外面有稀疏柔毛，内面较密，早落。伞形总状花序，有花 7～10 朵，直径 4～7 厘米，总花梗和花梗嫩时有茸毛，不久脱落，花梗长 1.5～3 厘米；苞片膜质，线形，长 1～1.5 厘米，先端渐尖，全缘，内面密被褐色长茸毛；花直径 2～3.5 厘米；萼片三角形，先端渐尖，边缘有腺齿，外面无毛，内面密被褐色茸毛；花瓣卵形，长 1.2～1.4 厘米，宽 1～1.2 厘米，先端常呈啮齿状，基部具有短爪；雄蕊 20，长约等于花瓣之半；花柱 5 或 4，与雄蕊近等长，无毛。果实卵形或近球形，长 2.5～3 厘米，直径 2～2.5 厘米，先端萼片脱落，基部具肥厚果梗，黄色，有细密斑点，4～5 室；种子倒卵形，微扁，长 6～7 毫米，褐色。花期为 4 月，果期为 8—9 月。

主要利用形式：常见果树和风景树，有许多品种。

白梨

木材质优，是雕刻、家具及装饰的良材。其果实生食具有生津、止渴、润肺、宽肠、强心、利尿等医疗作用；还可制成梨膏，能清火润肺。

011 白睡莲

拉丁学名： Nymphaea alba L.；睡莲科睡莲属。别名：欧洲白睡莲。

形态特征： 多年水生草本。根状茎匍匐。叶纸质，近圆形，直径 10～25 厘米，基部具深弯缺，裂片尖锐，近平行或开展，全缘或波状，两面无毛，有小点；叶柄长达 50 厘米。花直径 10～20 厘米，芳香；花梗略和叶柄等长；萼片披针形，长 3～5 厘米，脱落或于花期后腐烂；花瓣 20～25，白色，卵状矩圆形，长 3～5.5 厘米，外轮比萼片稍长；花托圆柱形；花药先端不延长，花粉粒皱缩，具乳突；柱头具 14～20 辐射线，扁平。浆果扁平至半球形，长 2.5～3 厘米；种子椭圆形，长 2～3 厘米。花期为 6—8 月，果期为 8—10 月。

主要利用形式： 为园林水生植物，汉代的私家园林中就有栽培。其根能吸收水中的汞、铅、苯酚等有毒物质，还能过滤水中的微生物，是难得的净化水体的植物。其根茎富含淀粉，可食用或酿酒。全草宜作绿肥，其根状茎可食用或药用。根茎还可入药，用作强壮剂、收敛剂，可用于治疗肾炎。

白睡莲

012 白英

拉丁学名： Solanum lyratum Thunb.；茄科茄属。别名：山甜菜、白草、白幕、排风、排风草、天灯笼、和尚头草。

白英

形态特征： 草质藤本，长 0.5～1 米。茎及小枝均密被具节长柔毛。叶互生，多数为琴形，长 3.5～5.5 厘米，宽 2.5～4.8 厘米，基部常具 3～5 深裂，裂片全缘，侧裂片愈近基部的愈小，端钝，中裂片较大，通常呈卵形，先端渐尖，两面均被白色发亮的长柔毛，中脉明显，侧脉在下面较清晰，通常每边 5～7 条；少数在小枝上部的为心脏形，小，长 1～2 厘米；叶柄长 1～3 厘米，被有与茎枝相同的毛被。聚伞花序顶生或腋外生，疏花，总花梗长 2～2.5 厘米，被具节的长柔毛，花梗长 0.8～1.5 厘米，无毛，顶端稍膨大，基部具关节；萼环状，直径约 3 毫米，无毛，萼齿 5 枚，圆形，顶端具短尖头；花冠蓝紫色或白色，直径约 1.1 厘米，花冠筒隐于萼内，长约 1 毫米，冠檐长约 6.5 毫米，裂片椭圆状披针形，长约 4.5 毫米，先端被微柔毛；花丝长约 1 毫米，花药长圆形，长约 3 毫米，顶孔略向上；子房卵形，直径不及 1 毫米；花柱丝状，长约 6 毫米，柱头小，头状。浆果球状，成熟时红黑色，直径约 8 毫米；种子近盘状，扁平，直径约 1.5 毫米。花期为夏秋，果熟期为秋末。

主要利用形式： 以全草及根入药，在《神农本草经》中被列为上品，其味苦，性微寒，入肝、胆经，具有清热利湿、解毒消肿、抗癌等功能，主治感冒发热、黄疸型肝炎、胆囊炎、胆石症、子宫糜烂、淋病、胆囊炎、风湿性关节炎、肾炎水肿及多种癌症（尤其对子宫颈癌、肺癌、声带癌等有一定疗效）。果实（鬼目）性味酸平，能明目，用于治疗目赤和牙痛。

013 白榆

拉丁学名：Ulmus pumila L.；榆科榆属。别名：榆、榆树、家榆、钻天榆、钱榆、长叶家榆、黄药家榆等。

形态特征：落叶乔木，高达25米，胸径1米，在干瘠之地常呈灌木状。幼树树皮平滑，灰褐色或浅灰色，大树之皮暗灰色，不规则深纵裂，粗糙；小枝无毛或有毛，淡黄灰色、淡褐灰色或灰色，稀淡褐黄色或黄色，有散生皮孔，无膨大的木栓层及凸起的木栓翅；冬芽近球形或卵圆形，芽鳞背面无毛，内层芽鳞的边缘具白色长柔毛。叶椭圆状卵形、长卵形、椭圆状披针形或卵状披针形，长2~8厘米，宽1.2~3.5厘米，先端渐尖或长渐尖，基部偏斜或近对称，一侧楔形至圆，另一侧圆至半心脏形，叶面平滑无毛，叶背幼时有短柔毛，后变无毛或部分脉腋有簇生毛，边缘具重锯齿或单锯齿，侧脉每边9~16条，叶柄长4~10毫米，通常仅上面有短柔毛。花先叶开放，在去年生枝的叶腋呈簇生状。翅果近圆形，稀倒卵状圆形，长1.2~2厘米，除顶端缺口柱头面被毛外，余处无毛，果核部分位于翅果的中部，上端不接近或接近缺口，成熟前后其色与果翅相同，初淡绿色，后白黄色，宿存花被无毛，4浅裂，裂片边缘有毛，果梗较花被为短，长1~2毫米，被（或稀无）短柔毛。花果期为3—6月（东北较晚）。

主要利用形式：阳性乡土树，抗城市污染能力强，尤其对氟化氢及烟尘有较强抗性。白榆木材耐磨、耐腐，是造船、建筑、室内装修地板及家具的优良用材。树皮纤维强韧，可用作人造棉和造纸原料。叶含淀粉及蛋白质，可作饲料。皮、叶、果可入药，种子可榨油，是医药和化工原料。果实为“榆钱”，为优良野菜。

白榆

014 百日菊

拉丁学名：Zinnia elegans Jacq.；菊科百日菊属。别名：百日草、步步高、火球花、对叶菊、秋罗、步步登高、不等高。

形态特征：一年生草本。茎直立，被糙毛或长硬毛。叶宽卵圆形或长圆状椭圆形，宽2.5~5厘米，基部稍心形抱茎，两面粗糙，下面被密的短糙毛，基出三脉。头状花序单生枝端，无中空肥厚的花序梗。总苞宽钟状；总苞片多层，宽卵形或卵状椭圆形，边缘黑色。托片上端有延伸的附片；附片紫红色，流苏状三角形。舌状花深红色、玫瑰色、紫堇色或白色，舌片倒卵圆形，先端2~3齿裂或全缘，上面被短毛，下面被长柔毛。管状花黄色或橙色，先端裂片卵状披针形，上面被黄褐色密茸毛。雌花瘦果倒卵圆形，扁平，腹面正中和两侧边缘各有1棱，顶端截形，基部狭窄，被密毛；管状花瘦果倒卵状楔形，极扁，被疏毛，顶端有短齿。花期为6—9月，果期为7—10月。

百日菊

主要利用形式：常见花卉，可根据高矮分别用于花坛、花境、花带，也常用于盆栽。【彝药】罗波施巴：全草治上感发热、口腔炎、风火牙痛（《滇药录》）。落波师耙：全株治痢疾、淋症、乳头痛、感冒发热、口腔炎及风火牙痛（《滇省志》）。

015 斑地锦

拉丁学名：Euphorbia maculata L.；大戟科大戟属。别名：血筋草（浙江天目山）。

形态特征：一年生草本。根纤细，长4～7厘米，直径约2毫米。茎匍匐，长10～17厘米，直径约1毫米，被白色疏柔毛。叶对生，长椭圆形至肾状长圆形，长6～12毫米，宽2～4毫米，先端钝，基部偏斜，不对称，略呈渐圆形，边缘中部以下全缘，中部以上常具细小疏锯齿；叶面绿色，中部常具有一个长圆形的紫色斑点，叶背淡绿色或灰绿色，新鲜时可见紫色斑，干时不清楚，两面无毛；叶柄极短，长约1毫米；托叶钻状，不分裂，边缘具睫毛。花序单生于叶腋，基部具短柄，柄长1～2毫米；总苞狭杯状，高0.7～1毫米，直径约0.5毫米，外部具白色疏柔毛，边缘5裂，裂片三角状圆形；腺体4，黄绿色，横椭圆形，边缘具白色附属物。雄花4～5，微伸出总苞外；雌花1，子房柄伸出总苞外，且被柔毛；子房被疏柔毛；花柱短，近基部合生；柱头2裂。蒴果三角状卵形，长约2毫米，直径约2毫米，被稀疏柔毛，成熟时易分裂为3个分果爿。种子卵状四棱形，长约1毫米，直径约0.7毫米，灰色或灰棕色，每个棱面具5条横沟，无种阜。花果期为4—9月。

主要利用形式：在北美大陆被列为农田中最常见和最不易刈除的杂草。在我国为花生等旱作物田间杂草，还常见于苗圃和草坪中，若不及时拔除，容易蔓延。全株有毒。全草入药，性味辛平，能止血、清湿热、通乳，主治黄疸、泄泻、疳积、血痢、尿血、血崩、外伤出血、乳汁不多及痈肿疮毒。

斑地锦

016 薄荷

拉丁学名：Mentha haplocalyx Briq.；唇形科薄荷属。别名：银丹草、夜息香、蕃荷菜、菝蔺、吴菝蔺、南薄荷、猫儿薄苛、野薄荷、升阳菜薄苛、蔢荷、夜息药、仁丹草、见肿消、水益母、接骨草、土薄荷、鱼香草、香薷草。

形态特征：多年生草本。茎直立，高30～60厘米，锐四棱形，具四槽，上部被倒向微柔毛，下部仅沿棱上被微柔毛，多分枝。叶片长圆状披针形、披针形、椭圆形或卵状披针形，稀长圆形，长3～5（～7）厘米，宽0.8～3厘米，先端锐尖，基部楔形至近圆形，边缘在基部以上疏生粗大的牙齿状锯齿，侧脉约5～6对，与中肋在上面微凹陷，下面显著，上面绿色；叶柄长2～10毫米，腹凹背凸，被微柔毛。轮伞花序腋生，轮廓球形，花时径约18毫米，具梗或无梗，具梗时梗可长达3毫米，被微柔毛；花梗纤细，长2.5毫米，被微柔毛或近于无毛。花萼管状钟形，长约2.5毫米，外被微柔毛及腺点，内面无毛，10脉，不明显，萼齿5，狭三角状钻形，先端长锐尖，长1毫米。花冠淡紫色，长4毫米，外面略被微柔毛，内面在喉部以下被微柔毛，冠檐4裂，上裂片先端2裂，较大，其余3裂片近等大，长圆形，先端钝。雄蕊4，前对较长，长约5毫米，均伸

薄荷

出于花冠之外，花丝丝状，花药卵圆形，2室，室平行。花柱略超出雄蕊，先端近相等2浅裂，裂片钻形。花盘平顶。小坚果卵珠形，黄褐色，具小腺窝。花期为7—9月，果期为10月。

主要利用形式：野生或者栽培。全草可入药，治感冒发热、喉痛、头痛、目赤痛、皮肤风疹瘙痒、麻疹不透等症，对痈、疽、疥、癣和漆疮亦有效。全草可提取精油——薄荷油，常被用于驱赶蚊虫、缓解身体疲劳。其主要食用部位为茎和叶，也可榨汁服，可作调味剂、香料、配酒，亦可冲茶。

017　抱茎苦荬菜

拉丁学名：lxeris sonchifolia Hance；菊科小苦荬属。别名：苦碟子、抱茎小苦荬、黄瓜菜、苦荬菜。

形态特征：多年生草本，具白色乳汁，光滑。根细圆锥状，长约10厘米，淡黄色。茎高30~60厘米，上部多分枝。基部叶具短柄，倒长圆形，长3~7厘米，宽1.5~2厘米，先端钝圆或急尖，基部楔形下延，边缘具齿或不整齐羽状深裂，叶脉羽状；中部叶无柄，中下部叶线状披针形，上部叶卵状长圆形，长3~6厘米，宽0.6~2厘米，先端渐狭成长尾尖，基部变宽成耳形抱茎，全缘，具齿或羽状深裂。头状花序组成伞房状圆锥花序；总花序梗纤细，长0.5~1.2厘米；总苞圆筒形，长5~6毫米，宽2~3毫米；外层总苞片5，长约0.8毫米，内层8，披针形，长5~6毫米，宽约1毫米，先端钝。舌状花多数，黄色，舌片长5~6毫米，宽约1毫米，筒部长1~2毫米；雄蕊5，花药黄色；花柱长约6毫米，上端具细茸毛，柱头裂瓣细长，卷曲。果实长约2毫米，黑色，具细纵棱，两侧纵棱上部具刺状小突起，喙细，长约0.5毫米，浅棕色；冠毛白色，1层，长约3毫米，刚毛状。花期为4—5月，果期为5—6月。

抱茎苦荬菜

主要利用形式：具有饲用价值和药用价值。嫩茎叶可食用，也可作为鸡鸭饲料，全株可为猪饲料。全草味苦辛，性微寒，能清热解毒、消肿止痛，用于治头痛、牙痛、吐血、衄血、痢疾、泄泻、肠痈、胸腹痛、痈疮肿毒及外伤肿痛。蒙药治虫积和音哑。

018　北马兜铃

拉丁学名：Aristolochia contorta Bunge；马兜铃科马兜铃属。别名：马斗铃、铁扁担、臭瓜篓、茶叶包、河沟精、天仙藤、万丈龙、臭罐罐。

形态特征：草质藤本。茎长达2米以上，无毛，干后有纵槽纹。叶纸质，卵状心形或三角状心形，长3~13厘米，宽3~10厘米，两侧裂片圆形，长约1.5厘米，边全缘，两面均无毛；基出脉5~7条；叶柄柔弱，长2~7厘米。总状花序有花2~8朵或有时仅1朵生于叶腋；花序梗和花序轴极短或近无；花梗长1~2厘米，无毛，基部有小苞片；小苞片卵形，长约1.5厘米，宽约1厘米，具长柄；花被长2~3厘米，基部膨大呈球形，直径达6毫米，向上收狭呈一长管，管长约1.4厘米，内面具腺体状毛，管口扩大呈漏斗状；檐部一侧极短，有时边缘下翻或稍2裂，另一侧渐扩大成舌片；舌片卵状披针形，顶端长渐尖具延伸成1~3厘米线形而弯扭的尾尖，常具紫色纵脉和网纹；花药长圆形，贴生

于合蕊柱近基部，并单个与其裂片对生；子房圆柱形，长6~8毫米，6棱；合蕊柱顶端6裂，裂片渐尖，向下延伸成波状圆环。蒴果宽倒卵形或椭圆状倒卵形，长3~6.5厘米，直径2.5~4厘米，顶端圆形而微凹，6棱，平滑无毛；果梗下垂，长2.5厘米，随果开裂；种子三角状心形，灰褐色，长、宽均3~5毫米，扁平，具小疣点，具宽2~4毫米浅褐色膜质翅。花期为5—7月，果期为8—10月。

主要利用形式：药用植物。茎叶称天仙藤，有行气止血、止痛和利尿之效。果称马兜铃，有清热降气、止咳平喘之效。根称青木香，有小毒，具健胃、理气止痛和降压之效。

019 蓖麻

拉丁学名：Ricinus communis L.；大戟科蓖麻属。别名：大麻子、老麻了、草麻。

形态特征：一年生或多年生草本植物，热带或南方地区常成多年生灌木或小乔木。单叶互生，叶片盾

状圆形。掌状分裂至叶片的一半以下，圆锥花序与叶对生及顶生，下部生雄花，上部生雌花；花瓣性同株，无花瓣；雄蕊多数，花丝多分枝；花柱深红色。蒴果球形，有软刺，成熟时开裂。花期为5—8月，果期为7—10月。

主要利用形式：油料作物。种子可榨油，油黏度高，凝固点低，既耐严寒又耐高温，在零下8摄氏度至零下10摄氏度不冰冻，在500摄氏度至600摄氏度不凝固和变性，为化工、轻工、冶金、机电、纺织、印刷、染料等工业和医药的重要原料。根及叶入药。叶性味甘辛平，有小毒，能消肿拔毒、止痒，鲜叶捣烂外敷可治疮疡肿毒，煎水外洗可治湿疹瘙痒，并可灭蛆及杀孑孓。根性味淡微辛平，能祛风活血、止痛镇静，用于治疗风湿关节痛、破伤风、癫痫及精神分裂症。蓖麻子中含蓖麻毒蛋白及蓖麻碱，可致中毒。

020 萹蓄

拉丁学名：Polygonum aviculare L.；蓼科蓼属。别名：扁蓄、蓄辩、萹蔓、扁猪牙、扁竹草、扁节草、道生草、萹竹、地萹蓄、编竹、粉节草、萹蓄蓼、百节草、铁绵草、大蓄片、野铁扫把、路柳、斑鸠台。

形态特征：一年生草本。茎平卧、上升或直立，自基部多分枝，具纵棱。叶椭圆形、狭椭圆形或披针形，顶端钝圆或急尖，基部楔形，边缘全缘，两面无毛，下面侧脉明显；叶柄短或近无柄，基部具关节；托叶鞘膜质，下部褐色，上部白色，撕裂脉明显。花单生或数朵簇生于叶腋，遍布于植株；苞片薄膜质；花梗细，顶部具关节；花被5深裂，花被片椭圆形，长2~2.5毫米，

萹蓄

绿色，边缘白色或淡红色；雄蕊 8，花丝基部扩展；花柱 3，柱头头状。瘦果卵形，具 3 棱，长 2.5～3 毫米，黑褐色，密被由小点组成的细条纹，无光泽，与宿存花被近等长或稍超过。花期为 5—7 月，果期为 6—8 月。

主要利用形式：常见杂草。全草入药，能利尿通淋、杀虫、止痒及降血糖。嫩时也可作为野菜。

021　扁豆

拉丁学名：Lablab purpureus (L.) Sweet；豆科扁豆属。别名：眉豆、火镰扁豆、膨皮豆、藤豆、沿篱豆、鹊豆、皮扁豆、白扁豆。

形态特征：一年生缠绕草本，高 20～40 厘米。三出复叶，顶生小叶卵状菱形，两侧小叶斜卵形，先端短尖，边全缘或近全缘。总状花序腋生；花 2～4 朵丛生于花序轴的节上；萼上部 2 齿几完全合生，其余 3 齿近相等；花冠白色或紫红色，旗瓣基部两侧有 2 附属体；子房有绢毛，基部有腺体，花柱近顶端有白色髯毛。荚果扁，镰刀形或半椭圆形，长 5～7 厘米；种子 3～5 颗，扁，长圆形，白色或紫黑色。花果期为 7—10 月。

主要利用形式：常见蔬菜和垂直绿化植物。种子味甘，性微温，能健脾除湿，用于治疗体倦乏力、少食便溏、水肿、妇女脾虚带下、暑湿为患、脾胃不和及呕吐腹泻。李时珍称“此豆可菜、可果、可谷，备用最好，乃豆中之上品”。患寒热病者、患冷气者、患疟者及气滞便结者应慎食。

022　菠菜

拉丁学名：Spinacia oleracea L.；藜科菠菜属。别名：菠薐、菠薐菜、波棱菜、红根菜、赤根菜、波斯草、鹦鹉菜、鼠根菜、角菜、甜茶、拉筋菜、敏菜、飞薐菜、飞龙菜。

形态特征：一年生草本，高可达 1 米，无粉。根圆锥状，带红色，较少为白色。茎直立，中空，脆弱多汁，不分枝或有少数分枝。叶戟形至卵形，鲜绿色，柔嫩多汁，稍有光泽，全缘或有少数牙齿状裂片。雄花集成球形团伞花序，再于枝和茎的上部排列成有间断的穗状圆锥花序；花被片通常有 4，花丝丝形，扁平，花药不具附属物；雌花团集于叶腋；小苞片两侧稍扁，顶端残留 2 小齿，背面通常各具 1 棘状附属物；子房球形，柱头 4 或 5，外伸。胞果卵形或近圆形，直径约 2.5 毫米，两侧扁；果皮褐色。花期为 4 月，果熟期为 6 月。

主要利用形式：常见蔬菜。全草味甘，性平，归肝、胃、大肠、小肠经，能解热毒、通血脉、利肠胃，主治头痛、目眩、目赤、夜盲症、消渴、便秘和痔疮。

扁豆

菠菜

023 播娘蒿

拉丁学名： Descurainia sophia (L.) Webb. ex Prantl；十字花科播娘蒿属。别名：大蒜芥、米米蒿、麦蒿。

形态特征： 一年或二年生草本，高 20～80 厘米，全株呈灰白色。茎直立，上部分枝，具纵棱槽，密被分枝状短柔毛。叶轮廓为矩圆形或矩圆状披针形，长 3～7 厘米，宽 1～2（～4）厘米，二至三回羽状全裂或深裂，最终裂片条形或条状矩圆形，长 2～5 毫米，宽 1.5 毫米，先端钝，全缘，两面被分枝短柔毛；茎下部叶有柄，向上叶柄逐渐缩短或近于无柄。总状花序顶生，具多数花；具花梗；萼片 4，条状矩圆形，先端钝，边缘膜质，背面具分枝细柔毛；花瓣 4，黄色，匙形，与萼片近等长；雄蕊比花瓣长。长角果狭条形，长 2～3 厘米，宽约 1 毫米，淡黄绿色，无毛。种子 1 行，黄棕色，矩圆形，长约 1 毫米，宽约 0.5 毫米，稍扁，表面有细纹，潮湿后有胶黏物质。花果期为 6—9 月。

主要利用形式： 麦田常见杂草，也是牲畜良好的饲料。其种子可药用，味辛苦，性大寒，可泻肺定喘、祛痰止咳、行水消肿，治痰饮喘咳、面目浮肿、胸腹积水、水肿、小便不利及肺源性心脏病。

024 簸箕柳

拉丁学名： Salix suchowensis W. C. Cheng ex G. Zhu；杨柳科柳属。别名：杞柳、白柳、柳条、绵柳、笆斗柳、红皮柳。

形态特征： 灌木。小枝淡黄绿色或淡紫红色；无毛，当年生枝初有疏茸毛，后仅芽附近有茸毛。叶披针形，长 7～11 厘米，宽约 1.5 厘米，先端短渐尖，基部楔形，边缘具细腺齿，上面暗绿色，下面苍白色，中脉淡褐色，侧脉呈钝角或直角开展，两面无毛，幼叶有短茸毛；叶柄长约 5 毫米，上面常有短茸毛；托叶线形至披针形，长 1～1.5 厘米，边缘有疏腺齿。花先叶开放，花序长 3～4 厘米，无梗或近无梗，基部具鳞片，轴密被灰茸毛；苞片长倒卵形，褐色，先端钝圆，色较暗，

播娘蒿

簸箕柳

外面有长柔毛；腺体 1，腹生；雄蕊 2，花丝合生，花药黄色；子房圆锥形，密被灰茸毛，子房柄很短至无柄；花柱明显，柱头 2 裂。蒴果有毛。花期为 3 月，果期为 4—5 月。

主要利用形式：为河岸固沙防风常见植物。枝条强韧，剥去皮后，色白光滑，可编制柳条箱、筐篮、农具、条箱、方筐、圆筐、条斗及簸箕等用具，是一种有发展前途的经济及生态植物。

025 菜豆

拉丁学名：Phaseolus vulgaris L.；豆科菜豆属。别名：四季豆、架豆、芸豆、刀豆、扁豆。

形态特征：一年生草本。幼茎因品种不同而有差异，呈绿色、暗紫色和淡紫红色；成株的茎多为绿色，少数为深紫红色；茎可分为无限生长型、有限生长型，也可分为蔓生、半蔓生或矮生。初生第 1 对真叶为对生单叶，近心脏形，第 3 片叶及以后的真叶为三出复叶，互生；小叶 3，顶生小叶阔卵形或菱状卵形，长 4～16 厘米，宽 3～11 厘米，先端急尖，基部圆形或宽楔形，两面沿叶脉有疏柔毛，侧生小叶偏斜。总状花序腋生，比叶短，花生于总花梗的顶端；小苞片斜卵形，较萼长；萼钟形，萼齿 4，有疏短柔毛；花冠白色、黄色，后变为淡紫红色，长 1.5～2 厘米；花梗自叶腋抽生，蝶形花。荚果条形，略膨胀，长 10～15 厘米，宽约 1 厘米，无毛；豆荚背腹两边沿有缝线，先端有尖长的喙，形状有宽或窄扁条形和长短圆棍形，或中间型，荚直生或弯曲；种子球形或矩圆形，白色、褐色、蓝黑或绛红色，光亮，有花斑，长约 1.5 厘米，着生在豆荚内靠近腹缝线的胎座上。花期为 4—5 月，果熟期为 6 月。

菜豆 李莉

主要利用形式：常见蔬菜。嫩果实食用可调和脏腑、安养精神、益气健脾、消暑化湿和利水消肿。成熟种子主治脾虚兼湿、食少便溏、湿浊下注、妇女带下过多，还可用于治疗暑湿伤中、吐泻转筋等症，也有抗乙肝病毒的作用。鲜嫩荚可作蔬菜食用，也可脱水或制罐头；食用有益于心脏，强壮骨骼，补铁，防感染，尤其适合糖尿病患者。

026 蚕豆

拉丁学名：Vicia faba L.；豆科野豌豆属。别名：南豆、胡豆、竖豆、佛豆。

形态特征：一年生草本。主根短粗，多须根，根瘤粉红色，密集。茎粗壮，直立，具四棱，中空、无毛。偶数羽状复叶，叶轴顶端卷须短缩为短尖头；托叶戟头形或近三角状卵形，略有锯齿，具深紫色密腺点；小叶通常 1～3 对，互生，上部小叶可达 4～5 对，基部较少，小叶椭圆形、长圆形或倒卵形，稀圆形。总

蚕豆

状花序腋生，花梗近无；花萼钟形，萼齿披针形，下萼齿较长；具花2~4（~6）朵呈丛状着生于叶腋，花冠白色，具紫色脉纹及黑色斑晕，旗瓣中部缢缩，基部渐狭，翼瓣短于旗瓣，长于龙骨瓣；雄蕊2体(9+1)；子房线形无柄，胚珠2~4（~6）；花柱密被白柔毛，顶端远轴面有一束髯毛。荚果肥厚，表皮绿色被茸毛，内有白色海绵状横膈膜，成熟后表皮变为黑色。种子2~4（~6），长方圆形，近长方形，中间内凹，种皮革质，青绿色、灰绿色至棕褐色，稀紫色或黑色；种脐线形，黑色，位于种子一端。花期为4—5月，果期为5—6月。

主要利用形式：杂粮作物。营养丰富，含8种必需氨基酸，碳水化合物含量为47%~60%，为粮食、蔬菜和饲料、绿肥兼用作物。中焦虚寒者不宜食用，发生过蚕豆过敏者一定不要再吃；有遗传性血红细胞缺陷症者，患有痔疮出血、消化不良、慢性结肠炎、尿毒症等的患者不宜进食；患有蚕豆病的儿童禁食。

027 苍耳

拉丁学名：Xanthium sibiricum Patrin ex Widder；菊科苍耳属。别名：卷耳、葹、苓耳、胡菜、地葵、枲耳、葈耳、白胡荽、常枲、爵耳。

形态特征：一年生草本，高可达1米。叶卵状三角形，长6~10厘米，宽5~10厘米，顶端尖，基部浅心形至阔楔形，边缘有不规则的锯齿或常成不明显的3浅裂，两面有贴生糙伏毛；叶柄长3.5~10厘米，密被细毛。种子壶体状无柄，长椭圆形或卵形，长10~18毫米，宽6~12毫米，表面具钩刺和密生细毛，钩刺长1.5~2毫米，顶端喙长1.5~2毫米。花期为8—9月。

主要利用形式：常见杂草。茎皮制成的纤维可用于制作麻袋、麻绳。其油是一种高级香料的原料，悬浮液可防治蚜虫，可作猪的精饲料。根用于治疗疔疮、痈疽、缠喉风、丹毒、高血压症、痢疾。茎、叶可祛风散热、解毒杀虫。花用于治疗白癞顽癣及白痢。果实可散风湿、通鼻窍、止痛杀虫，用于治疗风寒头痛、鼻塞流涕、齿痛、风寒湿痹、四肢挛痛、疥癣及瘙痒。

苍耳

028 草莓

拉丁学名：Fragaria × ananassa Duch.；蔷薇科草莓属。别名：洋莓、地莓、地果、红莓、士多啤梨、凤梨草莓。

形态特征：多年生草本，高10~40厘米。茎低于叶或近相等，密被开展黄色柔毛。叶三出，小叶具短柄，质地较厚，倒卵形或菱形，稀几圆形，长3~7厘米，宽2~6厘米，顶端圆钝，基部阔楔形，侧生小叶基部偏斜，边缘具缺刻状锯齿，锯齿急尖，上面深绿色，几无毛，下面淡白绿色，疏生毛，沿脉较密；叶柄长2~10厘米，密被开展黄色柔毛。聚伞花序，有花5~15朵，花序下面具一短柄的小叶；花两性，直径1.5~2厘米；萼片卵形，比副萼片稍长，副萼片椭圆披针形，全缘，稀深2裂，结果时扩大；花瓣白色，近圆形或倒卵椭圆形，基部具不显的爪；雄蕊20枚，不等长；雌蕊极多。聚合果大，直径达3厘米，鲜红色，

宿存萼片直立，紧贴于果实；瘦果尖卵形，光滑。花期为4—5月，果期为6—7月。

主要利用形式：常见水果，也可盆栽以观赏。果可直接食用，也可作果酱或罐头。聚合果气清香，味甜酸，能清凉止渴、健胃消食、保护视力、助消化、防便秘，主治口渴、食欲不振及消化不良。

029　草木樨

拉丁学名：Melilotus officinalis Ledeb.（L.）Desr.；豆科草木樨属。别名：铁扫把、省头草、辟汗草、野苜蓿。

形态特征：二年生或一年生草本。主根深达2米以下。茎直立，多分枝，高50～120厘米，最高可达2米以上。羽状三出复叶，小叶椭圆形或倒披针形，长1～1.5厘米，宽3～6毫米，先端钝，基部楔形，叶缘有疏齿；托叶条形。总状花序腋生或顶生，长而纤细，花小，长3～4毫米；花萼钟状，具5齿；花冠蝶形，黄色；旗瓣长于翼瓣。荚果卵形或近球形，长约3.5毫米，成熟时近黑色，具网纹，含种子1粒。

主要利用形式：杂草。药用有清热解毒、消炎的功效，用于治疗脾脏病、绞肠痧、白喉及乳蛾等。

030　长春花

拉丁学名：Catharanthus roseus（L.）G. Don；夹竹桃科长春花属。别名：日日春、日日草、日日新、三万花、四时春、时钟花、雁来红。

形态特征：半灌木，略有分枝，高达60厘米，有水液，全株无毛或仅有微毛。茎近方形，有条纹，灰绿色，节间长1～3.5厘米。叶膜质，倒卵状长圆形，长3～4厘米，宽1.5～2.5厘米，先端浑圆，有短尖头，基部广楔形至楔形，渐狭而成叶柄；叶脉在叶面扁平，在叶背略隆起，侧脉约8对。聚伞花序腋生或顶生，有花2～3朵；花萼5深裂，内面无腺体或腺体不明显，萼片披针形或钻状渐尖，长约3毫米；花冠红色，高脚碟状；花冠筒圆筒状，长约2.6厘米，内面具疏柔毛，喉部紧缩，具刚毛；花冠裂片宽倒卵形，长和宽均约1.5厘米；雄蕊着生于花冠筒的上半部，但花药隐藏于花喉之内，与柱头离生；子房和花盘与属的特征相同。蓇葖双生，直立，平行或略叉开，长约2.5厘米，直径3毫米；外果皮厚纸质，有条纹，被柔毛；种子黑色，长圆状圆筒形，两端截形，具有颗粒状小瘤。花果期几乎为全年。

主要利用形式：常见园林植物。植株含长春花碱，有降低血压之效，国外用来治白血病、淋巴肿瘤、肺癌、绒毛膜上皮癌、血癌和子宫癌等。

031 长豇豆

拉丁学名：Vigna unguiculata （L.） Walp. subsp. sesquipedalis （L.） Verdc.；豆科豇豆属。别名：豆角、长角豆、角豆、姜豆、带豆、挂豆角。

形态特征：一年生缠绕、草质藤本或近直立草本，有时顶端呈缠绕状。茎近无毛。羽状复叶具3小叶；托叶披针形，长约1厘米，着生处下延成一短距，有线纹；小叶卵状菱形，长5～15厘米，宽4～6厘米，先端急尖，边全缘或近全缘，有时淡紫色，无毛。总状花序腋生，具长梗；花2～6朵聚生于花序的顶端，花梗间常有肉质密腺；花萼浅绿色，钟状，长6～10毫米，裂齿披针形；花冠黄白色而略带青紫，长约2厘米，各瓣均具瓣柄，旗瓣扁圆形，宽约2厘米，顶端微凹，基部稍有耳，翼瓣略呈三角形，龙骨瓣稍弯；子房线形，被毛。荚果下垂，直立或斜展，线形，长7.5～70（～90）厘米，宽6～10毫米，稍肉质而膨胀或坚实，有种子多颗；种子长椭圆形或圆柱形或稍肾形，长6～12毫米，黄白色、暗红色或其他颜色。花期为5—8月，果期为8—9月。

主要利用形式：常见蔬菜，品种很多。有健脾和胃、理中益气、补肾健胃、和五脏、调营卫及生精髓等功效。

长豇豆　王延华

032 长寿花

拉丁学名：Narcissus jonquilla L.；景天科伽蓝菜属。别名：圣诞长寿花、矮生伽蓝菜、寿星花、家乐花、伽蓝花。

形态特征：多年生肉质草本，高10～30厘米。鳞茎球形，直径2.5～3.5厘米。叶2～4枚，狭线形，横断面呈半圆形，长20～30厘米，宽3～6毫米，钝头，深绿色。花茎细长；伞形花序有花2～6朵，花平展或稍下垂；佛焰苞状总苞长3～4厘米；花梗长短不一，有的长达4厘米以上；花被管纤细，圆筒状，长2～2.5厘米；花被裂片倒卵形，长约10毫米，宽约7毫米，黄色，芳香；副花冠短小，长不及花被的一半。花期为春季。

主要利用形式：我国引种栽培供观赏，因为花期临近元旦，而且花期长，因此常作为“节日用花”。此花可赏花赏叶，是非常理想的室内盆栽花卉。由于俗名为“长寿”，因此在节日赠送亲朋好友，寓意大吉大利和长命百岁。药用可清热解毒、理气补肾，并可养心。

长寿花

033 长叶车前

拉丁学名：Plantago lanceolata L.；车前科车前属。别名：窄叶车前、欧车前、披针叶车前。

形态特征：多年生草本。根茎粗短，不分枝或分枝。叶基生呈莲座状，无毛或散生柔毛；叶片纸质，线状披

长叶车前

针形、披针形或椭圆状披针形，长 6~20 厘米，宽 0.5~4.5 厘米，先端渐尖至急尖，边缘全缘或具极疏的小齿，基部狭楔形，下延，脉（3~）5（~7）条；叶柄细，长 2~10 厘米，基部略扩大成鞘状，有长柔毛。花序 3~15 个；花序梗直立或弓曲上升，长 10~60 厘米，有明显的纵沟槽，棱上多少贴生柔毛；穗状花序幼时通常呈圆锥状卵形，成长后变短圆柱状或头状，长 1~5（~8）厘米，紧密；苞片卵形或椭圆形，长 2.5~5 毫米，先端膜质，尾状，龙骨突匙形，密被长粗毛；花萼长 2~3.5 毫米，萼片龙骨突不达顶端，背面常有长粗毛，膜质侧片宽，前对萼片至近顶端合生，宽倒卵圆形，边缘有疏毛，两条龙骨突较细，不联合，后对萼片分生，宽卵形，龙骨突成扁平的脊；花冠白色，无毛，冠筒约与萼片等长或稍长，裂片披针形或卵状披针形，长 1.5~3 毫米，先端尾状急尖，中脉明显，干后淡褐色，花后反折；雄蕊着生于冠筒内面中部，与花柱明显外伸，花药椭圆形，长 2.5~3 毫米，先端有卵状三角形小尖头，白色至淡黄色；胚珠 2~3。蒴果狭卵球形，长 3~4 毫米，于基部上方周裂；种子 1~2，狭椭圆形至长卵形，长 2~2.6 毫米，淡褐色至黑褐色，有光泽，腹面内凹成船形；子叶左右向排列。花期为 5—6 月，果期为 6—7 月。

主要利用形式：良好的园林地被植物。叶质肥厚、细嫩多汁，是早春重要的牧草。种子具有清热明目、利尿止泻、降血压及镇咳祛痰等功效。种子油是工业用油。

034　常春藤

拉丁学名：Hedera nepalensis K. Koch var. sinensis (Tobl.) Rehd.；五加科常春藤属。别名：爬墙虎、土鼓藤、钻天风、三角风、散骨风、枫荷梨藤、洋常春藤。

形态特征：常绿攀缘灌木。茎长 3~20 米，灰棕色或黑棕色，有气生根；一年生枝疏生锈色鳞片，鳞片通常有 10~20 条辐射肋。叶片革质，在不育枝上通常为三角状卵形或三角状长圆形，稀三角形或箭形，长 5~12 厘米，宽 3~10 厘米，先端短渐尖，基部截形，稀心形，边缘全缘或 3 裂；花枝上的叶片通常为椭圆状卵形至椭圆状披针形，略歪斜而成菱形，稀卵形或披针形，极稀为阔卵形、圆卵形或箭形，长 5~16 厘米，宽 1.5~10.5 厘米，先端渐尖或长渐尖，基部楔形或阔楔形，稀圆形，全缘或有 1~3 浅裂，上面深绿色，有光泽，下面淡绿色或淡黄绿色，无毛或疏生鳞片，侧脉和网脉两面均明显；叶柄细长，长 2~9 厘米，有鳞片，无托叶。伞形花序单个顶生，或 2~7 个总状排列或伞房状排列成圆锥花序，直径 1.5~2.5 厘米，有花 5~40 朵；总花梗长 1~3.5 厘米，通常有鳞片；苞片小，三

常春藤

角形，长1～2毫米；花梗长0.4～1.2厘米；花淡黄白色或淡绿白色，芳香；萼密生棕色鳞片，长2毫米，边缘近全缘；花瓣5，三角状卵形，长3～3.5毫米，外面有鳞片；雄蕊5，花丝长2～3毫米，花药紫色；子房5室；花盘隆起，黄色；花柱全部合生成柱状。果实球形,红色或黄色,直径7～13毫米;宿存花柱长1～1.5毫米。花期为9—11月，果期为次年3—5月。

主要利用形式：垂直绿化代表种类。茎叶含鞣酸，可提制栲胶。全株入药，味苦辛，性温，能祛风利湿、活血消肿、平肝、解毒，用于治疗风湿关节痛、腰痛、跌打损伤、肝炎、头晕、口眼㖞斜、衄血、目翳、急性结膜炎、肾炎水肿、闭经、痈疽肿毒、荨麻疹及湿疹。

035　朝天委陵菜

拉丁学名：Potentilla supina L.；蔷薇科委陵菜属。别名：伏委陵菜、仰卧委陵菜、铺地委陵菜、老鹤筋、老鸹金、老鸹筋、鸡毛草。

形态特征：一年生或二年生草本。主根细长，并有稀疏侧根。茎平展，上升或直立，叉状分枝，长20～50厘米，被疏柔毛或脱落几无毛。基生叶为羽状复叶，有小叶2～5对，间隔0.8～1.2厘米，连同叶柄长4～15厘米，叶柄被疏柔毛或脱落几无毛；小叶互生或对生，无柄，最上面1～2对小叶基部下延与叶轴合生，小叶片长圆形或倒卵状长圆形，通常长1～2.5厘米，宽0.5～1.5厘米，顶端圆钝或急尖，基部楔形或宽楔形，边缘有圆钝或缺刻状锯齿，两面绿色，被稀疏柔毛或脱落几无毛；茎生叶与基生叶相似，向上小叶对数逐渐减少；基生叶的托叶膜质，褐色，外面被疏柔毛或几无毛，茎生叶的托叶草质，绿色，全缘，有齿或分裂。花茎上多叶，下部花自叶腋生，顶端呈伞房状聚伞花序；花梗长0.8～1.5厘米，常密被短柔毛；花直径0.6～0.8厘米；萼片三角卵形，顶端急尖，副萼片长椭圆形或椭圆披针形，顶端急尖，比萼片稍长或近等长；花瓣黄色，倒卵形，顶端微凹，与萼片近等长或较短；花柱近顶生，基部乳头状膨大，花柱扩大。瘦果长圆形，先端尖，表面具脉纹，腹部鼓胀若翅或有时不明显。花果期为3—10月。

朝天委陵菜

主要利用形式：杂草。3—6月时的嫩茎叶可食用；秋季或早春采挖块根煮稀饭，味香甜。全草晾干药用，性味苦寒，归肝、大肠经，能清热解毒、凉血、止痢，主治感冒发热、肠炎、热毒泻痢、痢疾、血热及各种出血。鲜时外用可治疮毒痈肿及蛇虫咬伤。

036　柽柳

拉丁学名：Tamarix chinensis Lour.；柽柳科柽柳

柽柳

属。别名：三春柳、西湖杨、观音柳、红筋条、红荆条。

形态特征：乔木或灌木。老枝直立，暗褐红色，光亮；幼枝稠密细弱，常开展而下垂，红紫色或暗紫红色，有光泽；嫩枝繁密纤细，悬垂。叶鲜绿色，从去年生木质化生长枝上生出的绿色营养枝上的叶长圆状披针形或长卵形，稍开展，先端尖，基部背面有龙骨状隆起，常呈薄膜质；上部绿色营养枝上的叶钻形或卵状披针形，半贴生，先端渐尖而内弯，基部变窄，背面有龙骨状突起。每年开花二至三次。春季开花：总状花序侧生在去年生木质化的小枝上，花大而少，较稀疏而纤弱点垂，小枝亦下倾；有短总花梗，或近无梗，梗上生有少数苞叶或无；苞片线状长圆形或长圆形，渐尖，与花梗等长或稍长；花梗纤细，较萼短；花5出；萼片5，狭长卵形，具短尖头，略全缘，外面2片，背面具隆脊，较花瓣略短；花瓣5，粉红色，通常为卵状椭圆形或椭圆状倒卵形，稀倒卵形，较花萼微长，结果时宿存；花盘5裂，裂片先端圆或微凹，紫红色，肉质；雄蕊5，花丝着生在花盘裂片间，自其下方近边缘处生出；子房圆锥状瓶形，花柱3，棍棒状。蒴果圆锥形。夏、秋季开花：总状花序较春生者细，生于当年生幼枝顶端，组成顶生大圆锥花序，疏松而通常下弯；花5出，较春季者略小，密生；苞片绿色，草质，较春季花的苞片狭细，较花梗长，线形至线状锥形或狭三角形，渐尖，向下变狭，基部背面有隆起，全缘；花萼三角状卵形；花瓣粉红色，直而略外斜；花盘5裂，或每一裂片再二裂成10裂片状；雄蕊5；花药钝；花丝着生在花盘主裂片间，自其边缘和略下方生出；花柱棍棒状。花期为4—9月。

主要利用形式：旱生型庭园观赏植物，是能在干旱沙漠和滨海盐土生存、防风固沙、改造盐碱地及绿化环境的优良树种。可作薪炭柴，亦可作农具用材。其枝多用来编筐，亦可编耱和农具柄把。多栽于庭院、公园等处作观赏用。干燥细枝嫩叶味甘辛，性平，归肺、胃、心经，能疏风解表、透疹解毒，主治风热感冒、麻疹初起、疹出不透、风湿痹痛及皮肤瘙痒。

037 齿果酸模

拉丁学名：Rumex dentatus L.；蓼科酸模属。别名：牛舌草、羊蹄、齿果羊蹄、羊蹄大黄、土大黄、牛舌棵子、野甜菜、土王根、牛舌头棵、牛耳大黄。

齿果酸模

形态特征：一年生草本。茎直立，高30～70厘米，自基部分枝，枝斜上，具浅沟槽。茎下部叶长圆形或长椭圆形，长4～12厘米，宽1.5～3厘米，顶端圆钝或急尖，基部圆形或近心形，边缘浅波状，茎生叶较小；叶柄长1.5～5厘米。总状花序顶生或腋生，具叶由数个再组成圆锥状花序，长达35厘米，多花，轮状排列，花轮间断；花梗中下部具关节；外花被片椭圆形，长约2毫米；内花被片结果时增大，三角状卵形，长3.5～4毫米，宽2～2.5毫米，顶端急尖，基部近圆形，网纹明显，全部具小瘤，小瘤长1.5～2毫米，边缘每侧具2～4个刺状齿，齿长1.5～2毫米。瘦果卵形，具3锐棱，长2～2.5毫米，两端尖，黄褐色，有光泽。花期为5—6月，果期为6—7月。

主要利用形式：杂草，可作饲草，其嫩叶可食用。根叶可入药，有去毒、清热、杀虫及治癣等功效。

038 赤豆

拉丁学名：Vigna angularis (Willd.) Ohwi & Ohashi；豆科豇豆属。别名：赤小豆、红赤小豆、红豆、红赤豆、红小豆、小豆。

形态特征：一年生直立或缠绕草本，高 30~90 厘米，植株被疏长毛。羽状复叶具 3 小叶；托叶盾状着生，箭头形；小叶卵形至菱状卵形，先端宽三角形或近圆形，侧生的偏斜，全缘或浅 3 裂，两面均稍被疏长毛。花黄色，约 5 或 6 朵生于短的总花梗顶端；花梗极短；小苞片披针形；花萼钟状；花冠长约 9 毫米，旗瓣扁圆形或近肾形，常稍歪斜，顶端凹，翼瓣比龙骨瓣宽，具短瓣柄及耳，龙骨瓣顶端弯曲近半圈，其中一片的中下部有一角状突起，基部有瓣柄；子房线形，花柱弯曲，近先端有毛。荚果圆柱状，平展或下弯，无毛；种子通常暗红色或其他颜色，长圆形，两头截平或近浑圆，种脐不凹陷。花期为夏季，果期为 9—10 月。

主要利用形式：小杂粮作物。种子供食用，煮粥和制豆沙均可。种子性平，味甘酸，能利水消肿、解毒排脓，用于治疗水肿胀满、脚气、泻痢、脚气浮肿、黄疸尿赤、风湿热痹、痈肿疮毒、肠痈腹痛；浸水后捣烂外敷，可治各种肿毒。对金黄色葡萄球菌、福氏痢疾杆菌及伤寒杆菌均有明显的抑制作用。

赤豆

039 臭椿

拉丁学名：Ailanthus altissima (Mill.) Swingle；苦木科臭椿属。别名：臭椿皮、大果臭椿。

形态特征：落叶乔木，高达 20 余米。树皮平滑而有直纹；嫩枝有髓，幼时被黄色或黄褐色柔毛，后脱

臭椿

落。叶为奇数羽状复叶，长 40~60 厘米，叶柄长 7~13 厘米，有小叶 13~27；小叶对生或近对生，纸质，卵状披针形，基部偏斜，截形或稍圆；两侧各具 1 或 2 个粗锯齿，齿背有腺体 1 个，叶面深绿色，背面灰绿色，揉碎后有臭味。圆锥花序长 10~30 厘米；花淡绿色，花梗长 1~2.5 毫米；萼片 5，覆瓦状排列，裂片长 0.5~1 毫米；花瓣 5，长 2~2.5 毫米，基部两侧被硬粗毛；雄蕊 10，花丝基部密被硬粗毛，雄花中的花丝长于花瓣，雌花中的花丝短于花瓣；花药长圆形，长约 1 毫米；心皮 5，花柱黏合，柱头 5 裂。翅果长椭圆形，长 3~4.5 厘米，宽 1~1.2 厘米；种子位于翅的中间，扁圆形。花期为 4—5 月，果期为 8—10 月。

主要利用形式：乡土树种。中药文献记载，臭椿有“小毒”，只供煎汤外洗使用。臭椿叶不能食用，民间有人冒充香椿芽销售。果实名“凤眼草”，具有清热燥湿、止痢、止血之功效，用于治疗痢疾、白浊、带下、便血、尿血及崩漏。

040　臭牡丹

拉丁学名： Clerodendrum bungei Steud.；马鞭草科大青属。别名：臭脑壳、丑牡丹。

形态特征： 小灌木，高 1～2 米，外形酷似牡丹，植株有臭味。花序轴、叶柄密被褐色、黄褐色或紫色脱落性的柔毛；小枝近圆形，皮孔显著。叶片纸质，宽卵形或卵形，顶端尖或渐尖，基部宽楔形、截形或心形，边缘具粗或细锯齿，侧脉 4～6 对，表面散生短柔毛，背面疏生短柔毛或无毛，并有散生腺点，基部脉腋有数个盘状腺体；叶柄长 4～17 厘米。伞房状聚伞花序顶生，密集；苞片叶状，披针形或卵状披针形，长约 3 厘米，早落或花时不落，早落后在花序梗上残留凸起的痕迹，小苞片披针形；花萼钟状，被短柔毛及少数盘状腺体，萼齿三角形或狭三角形；花冠淡红色、红色或紫红色，花冠管长 2～3 厘米，裂片倒卵形，长 5～8 毫米；雄蕊及花柱均突出花冠外；花柱短于、等于或稍长于雄蕊；柱头 2 裂，子房 4 室。核果近球形，成熟时蓝黑色。花果期为 5—11 月。

主要利用形式： 叶色浓绿，花朵优美，花期长，是一种非常美丽的园林花卉。根、茎、叶入药，有祛风解毒及消肿止痛之效，还用于治疗子宫脱垂。

臭牡丹

041　雏菊

拉丁学名： Bellis perennis L.；菊科雏菊属。别名：马兰头花、延命菊、春菊、太阳菊、干菊、白菊。

形态特征： 多年生或一年生葶状草本，高 10 厘米左右。叶基生，匙形，顶端圆钝，基部渐狭成柄，上半部边缘有疏钝齿或波状齿。头状花序单生，直径 2.5～3.5 厘米，花葶被毛；总苞半球形或宽钟形；总苞片近 2 层，稍不等长，长椭圆形，顶端钝，外面被柔毛；舌状花 1 层，雌性，舌片白色带粉红色，开展，全缘或有 2～3 齿；管状花多数，两性，均能结实。瘦果倒卵形，扁平，有边脉，被细毛，无冠毛。

雏菊

主要利用形式： 我国各地庭园栽培为花坛观赏植物。药用价值也非常高。它含有挥发油、氨基酸和多种微量元素。花入药，可清热解毒、明目及预防心血管疾病。

042　垂柳

拉丁学名： Salix babylonica L.；杨柳科柳属。别名：水柳、垂丝柳、清明柳、柳树、吊杨柳、线柳、倒垂柳、青龙须。

形态特征： 乔木，高达 12～18 米。树冠开展而疏散。树皮灰黑色，不规则开裂；枝细，下垂，淡褐黄色、淡褐色或带紫色，无毛；芽线形，先端急尖。叶狭披针形或线状披针形，先端长渐尖，基部楔形，两面无毛或微有毛，上面绿色，下面色较淡，锯齿缘；叶柄长（3～）5～10 毫米，有短柔毛；托叶仅生在萌发枝上，斜披针形或卵圆形，边缘有齿牙。花序先叶开放，或与叶同时开放；雄花序长 1.5～2（～3）厘米，有短梗，轴有毛；雄蕊 2，花丝与苞片近等长或较长，基部多少有长毛，花药红黄色；苞片披针形，外面有毛；腺体 2；雌花序长 2～3（～5）厘米，有梗，基部有 3～4 小叶，轴有毛；子房椭圆形，无毛或下部稍有毛，无柄或近无柄，花柱短，柱头 2～4 深裂；苞片披

垂柳

针形，长 1.8～2（～2.5）毫米，外面有毛；腺体 1。蒴果长 3～4 毫米，带绿黄褐色。花期为 3—4 月，果期为 4—5 月。

主要利用形式：河边、池塘绿化树种。木材可供制作家具；枝条可编筐；树皮含鞣质，可提制栲胶；叶可作为羊饲料。枝、叶、树皮、根皮及须根等入药。枝、叶夏季采，须根、根皮及树皮四季可采。叶用于治疗慢性气管炎、尿道炎、膀胱炎、膀胱结石、高血压；外用治关节肿痛、痈疽肿毒、皮肤瘙痒，灭蛆，杀孑孓。枝、根皮用于治疗白带、风湿性关节炎，外用治烧烫伤。须根用于治疗风湿拘挛、筋骨疼痛、湿热带下及牙龈肿痛。树皮外用治黄水疮。

043　垂盆草

拉丁学名：Sedum sarmentosum Bunge；景天科景天属。别名：豆瓣菜、狗牙瓣、石头菜、佛甲草、爬景天、卧茎景天、火连草、豆瓣子菜、金钱挂、水马齿苋、野马齿苋、匍行景天、狗牙草。

形态特征：多年生草本。不育枝及花茎细，匍匐而节上生根，直到花序之下，长 10～25 厘米。3 叶轮生，叶倒披针形至长圆形，长 15～28 毫米，宽 3～7 毫米，先端近急尖，基部急狭，有距。聚伞花序，有 3～5 分枝，花少，宽 5～6 厘米；花无梗；萼片 5，披针形至长圆形，长 3.5～5 毫米，先端钝，基部无距；花瓣 5，黄色，披针形至长圆形，长 5～8 毫米，先端有稍长的短尖；雄蕊 10，较花瓣短；鳞片 10，楔状四方形，长 0.5 毫米，先端稍有微缺；心皮 5，长圆形，长 5～6 毫米，略叉开，有长花柱。种子卵形，长 0.5 毫米。花期为 5—7 月，果期为 8 月。

主要利用形式：本种耐粗放管理，在屋顶绿化、地被、护坡、花坛及吊篮等城市景观工程中应用广泛。全草药用，能清热解毒，也可食用。

垂盆草

044　垂丝海棠

拉丁学名： Malus halliana Koehne；蔷薇科苹果属。别名：垂枝海棠、有肠花、思乡草。

形态特征： 乔木，高达 5 米。树冠开展。小枝细弱，微弯曲，圆柱形，最初有毛，不久脱落，紫色或紫褐色；冬芽卵形，先端渐尖，无毛或仅在鳞片边缘具柔毛，紫色。叶片卵形或椭圆形至长椭卵形，长 3.5～8 厘米，宽 2.5～4.5 厘米，先端长渐尖，基部楔形至近圆形，边缘有圆钝细锯齿，中脉有时具短柔毛，其余部分均无毛，上面深绿色，有光泽并常带紫晕；叶柄长 5～25 毫米，幼时被稀疏柔毛，老时近于无毛；托叶小，膜质，披针形，内面有毛，早落。伞房花序，具花 4～6 朵，花梗细弱，长 2～4 厘米，下垂，有稀疏柔毛，紫色；花直径 3～3.5 厘米；萼筒外面无毛；萼片三角卵形，长 3～5 毫米，先端钝，全缘，外面无毛，内面密被茸毛，与萼筒等长或稍短；花瓣倒卵形，长约 1.5 厘米，基部有短爪，粉红色，常在 5 数以上；雄蕊 20～25，花丝长短不齐，约等于花瓣之半；花柱 4 或 5，较雄蕊为长，基部有长茸毛，顶花有时缺少雌蕊。果实梨形或倒卵形，直径 6～8 毫米，略带紫色，成熟很迟，萼片脱落；果梗长 2～5 厘米。花期为 3—4 月，果期为 9—10 月。

主要利用形式： 常见庭园木本花卉，果实酸甜可制蜜饯。花可入药，味微苦涩，性平，归肝经，能调经和血，主治血崩。孕妇忌服。

垂丝海棠

045　刺儿菜

拉丁学名： Cirsium setosum（Willd.）MB.；菊科蓟属。别名：小蓟草、小蓟、萋萋菜、萋萋芽、枪刀菜。

刺儿菜

形态特征： 多年生草本，地下部分常大于地上部分，有长根茎。茎直立，幼茎被白色蛛丝状毛，有棱，高 30～80（～120）厘米，基部直径 3～5 毫米，有时可达 1 厘米，上部有分枝，花序分枝无毛或有薄茸毛。叶互生，基生叶花时凋落，下部和中部叶椭圆形或椭圆状披针形，长 7～10 厘米，宽 1.5～2.2 厘米，表面绿色，背面淡绿色，两面有疏密不等的白色蛛丝状毛，顶端短尖或钝，基部窄狭或钝圆，近全缘或有疏锯齿，无叶柄。花果期为 5—9 月。

主要利用形式： 黄土区常见杂草。秋季采根，除去茎叶，洗净鲜用或晒干切段用；春、夏季采幼嫩的全株，洗净鲜用。秋季新萌生的越冬幼苗也鲜嫩可口。陕西渭南地区的“刺角面”就是以本种为主要原料。为秋季蜜源植物。带花全草或根茎均为药材，性味甘苦凉，归心、肝经，能凉血止血、祛瘀消肿，可用于治疗衄血、吐血、尿血、便血、崩漏下血、外伤出血及痈肿疮毒。

046 刺槐

拉丁学名：Robinia pseudoacacia L.；豆科刺槐属。别名：洋槐、刺儿槐、刺槐花、德国槐、胡藤。

形态特征：落叶乔木，高 10～25 米。树皮灰褐色至黑褐色，浅裂至深纵裂。小枝灰褐色，幼时有棱脊，具托叶刺，长达 2 厘米；冬芽小，被毛。羽状复叶长 10～25（～40）厘米；叶轴上面具沟槽；小叶 2～12 对，常对生，椭圆形、长椭圆形或卵形，长 2～5 厘米，宽 1.5～2.2 厘米，先端圆，微凹，具小尖头，基部圆形至阔楔形，全缘，上面绿色，下面灰绿色。总状花序腋生，长 10～20 厘米，下垂，花多数，芳香；苞片早落；花梗长 7～8 毫米；花萼斜钟状，长 7～9 毫米，萼齿 5，三角形至卵状三角形，密被柔毛；花冠白色，各瓣均具瓣柄，旗瓣近圆形，翼瓣斜倒卵形，与旗瓣几等长，长约 16 毫米，基部一侧具圆耳，龙骨瓣镰状三角形，与翼瓣等长或稍短，前缘合生，先端钝尖；雄蕊二体，对旗瓣的 1 枚分离；子房线形，长约 1.2 厘米，无毛，柄长 2～3 毫米，花柱钻形，长约 8 毫米，上弯，顶端具毛，柱头顶生。荚果褐色或具红褐色斑纹，线状长圆形，长 5～12 厘米，宽 1～1.3（～1.7）厘米，扁平，先端上弯，具尖头，果颈短，沿腹缝线具狭翅；花萼宿存，有种子 2～15 粒；种子褐色至黑褐色，微具光泽，有时具斑纹，近肾形，长 5～6 毫米，宽约 3 毫米；种脐圆形，偏于一端。花期为 4—6 月，果期为 8—9 月。

主要利用形式：根系浅而发达，易随风倒伏，适应性强，为优良的固沙保土树种和行道树。对二氧化硫、氯气、光化学烟雾等的抗性都较强，还有较强的吸收铅的能力，为工矿区绿化及荒山荒地绿化的先锋树种。叶含粗蛋白，可作饲料；花是优良的蜜源；种子榨油供做肥皂及油漆。幼芽及幼叶可作为副食品，可因机体过敏，或烹调不当，或食用过多及食后再经日光照射等因素会发生中毒。花主治大肠下血、咯血、吐血及妇女红崩。在食品工业上，豆胶常与其他食用胶复配用作增稠剂、持水剂、黏合剂及胶凝剂等。

047 刺苋

拉丁学名：Amaranthus spinosus L.；苋科苋属。别名：苋菜、勒苋菜。

形态特征：一年生草本。茎直立，圆柱形或钝棱形，多分枝，有纵条纹，绿色或带紫色，无毛或稍有柔毛。叶片菱状卵形或卵状披针形，顶端圆钝，具微突头，基部楔形，全缘，无毛或幼时沿叶脉稍有柔毛。圆锥花序腋生及顶生，下部顶生花穗常全部为雄花；苞片在腋生花簇及顶生花穗的基部者变成尖锐直刺，在顶生花穗的上部者呈狭披针形，顶端急尖，具突尖，中脉绿色；小苞片狭披针形，花被片绿色，顶端急尖，具突尖，边缘透明，中脉绿色或带紫色，在雄花者矩圆形，在雌花者矩圆状匙形；雄蕊花丝略和花被片等长或较短；柱头 3，有时 2。胞果矩圆形。花果期为 7—11 月。

主要利用形式：杂草。嫩茎叶可食用。全草味甘淡，性凉，入肺、肝经，能清热利湿、解毒消肿、凉血止血，用于治疗痢疾、肠炎、胃及十二指肠溃疡出血、痔疮便血，外用治毒蛇咬伤、皮肤湿疹及疖肿脓疡。

刺槐

刺苋

048 簇生卷耳

拉丁学名：Cerastium fontanum Baumg. subsp. triviale (Link) Jalas；石竹科卷耳属。别名：卷耳、曾青、小儿惊风药、高脚鼠耳草、婆婆指甲草、破花絮草、鹅秧菜。

形态特征：多年生或一二年生草本，高15~30厘米。茎单生或丛生，近直立，被白色短柔毛和腺毛。基生叶叶片近匙形或倒卵状披针形，基部渐狭呈柄状，两面被短柔毛；茎生叶近无柄，叶片卵形、狭卵状长圆形或披针形，长1~3（~4）厘米，宽3~10（~12）毫米，顶端急尖或钝尖，两面均被短柔毛，边缘具缘毛。聚伞花序顶生；苞片草质；花梗细，长5~25毫米，密被长腺毛，花后弯垂；萼片5，长圆状披针形，长5.5~6.5毫米，外面密被长腺毛，边缘中部以上膜质；花瓣5，白色，倒卵状长圆形，等长或微短于萼片，顶端2浅裂，基部渐狭，无毛；雄蕊短于花瓣，花丝扁线形，无毛；花柱5，短线形。蒴果圆柱形，长8~10毫米，长为宿存萼的2倍，顶端10齿裂；种子褐色，具瘤状突起。花期为5—6月，果期为6—7月。

主要利用形式：全草入药，性味苦微寒，能清热解毒、消肿止痛，主治感冒、乳痈初起及疔疽肿痛。

簇生卷耳

049 翠菊

拉丁学名：Callistephus chinensis (L.) Nees；菊科翠菊属。别名：江西腊、七月菊、格桑花。

形态特征：一年生或二年生草本，高(15~)30~100厘米。茎直立，单生，有纵棱，被白色糙毛，基部直径

翠菊

6~7毫米，或纤细达1毫米，分枝斜伸或不分枝。下部茎叶花期脱落或生存；中部茎叶卵形、菱状卵形或匙形或近圆形，长2.5~6厘米，宽2~4厘米，顶端渐尖，基部截形、楔形或圆形，边缘有不规则的粗锯齿，两面被稀疏的短硬毛，叶柄长2~4厘米，被白色短硬毛，有狭翼；上部的茎叶渐小，菱状披针形、长椭圆形或倒披针形，边缘有1~2个锯齿，或线形而全缘。头状花序单生于茎枝顶端，直径6~8厘米，有长花序梗；总苞半球形，宽2~5厘米；总苞片3层，近等长，外层长椭圆状披针形或匙形，叶质，长1~2.4厘米，宽2~4毫米，顶端钝，边缘有白色长睫毛，中层匙形，较短，质地较薄，染紫色，内层苞片长椭圆形，膜质，半透明，顶端钝；雌花1层，在园艺栽培中可为多层，红色、淡红色、蓝色、黄色或淡蓝紫色，舌状长2.5~3.5厘米，宽2~7毫米，有长2~3毫米的短管部；两性花的花冠黄色，檐部长4~7毫米，管部长1~1.5毫米。瘦果长椭圆状倒披针形，稍扁，长3~3.5毫米，中部以上被柔毛。外层冠毛宿存，内层冠毛雪白色，不等长，长3~4.5

毫米，顶端渐尖，易脱落。花果期为5—10月。

主要利用形式： 用于盆栽和庭园观赏较多，为重要的盆栽花卉之一。花、叶均可入药，能清热凉血，可治疗感冒及红眼病等症。

050　打碗花

拉丁学名： Calystegia hederacea Wall. ex. Roxb.；旋花科打碗花属。别名：燕覆子、蒲（铺）地参、盘肠参、兔耳草、富苗秧、傅斯劳草、兔儿苗、扶七秧子、扶秧、走丝牡丹、面根藤、钩耳藤、喇叭花、狗耳丸、狗耳苗、小旋花、狗儿秧、扶苗、扶子苗、旋花苦蔓、老母猪草。

形态特征： 一年生草本，全体不被毛，植株通常矮小。常自基部分枝，具细长白色的根。茎细，平卧，有细棱。基部叶片长圆形，上部叶片3裂，中裂片长圆形或长圆状披针形，侧裂片近三角形，全缘或2~3裂。花腋生，1朵，花梗长于叶柄，有细棱；苞片宽卵形，顶端钝或锐尖至渐尖；萼片长圆形，顶端钝，具小短尖头，内萼片稍短；花冠淡紫色或淡红色，钟状，冠檐近截形或微裂；雄蕊近等长，花丝基部扩大，贴生花冠管基部，被小鳞毛；子房无毛，柱头2裂，裂片长圆形，扁平。蒴果卵球形，宿存萼片与之近等长或稍短；种子黑褐色，表面有小疣。花期为5—6月，果期为8—10月。

主要利用形式： 杂草。以根状茎及花入药，性平，味甘淡，根状茎能健脾益气、利尿、调经、止带，用于治疗脾虚消化不良、月经不调、白带及乳汁稀少；花能止痛，外用止牙痛。

打碗花

051　大车前

拉丁学名： Plantago major L.；车前科车前属。别名：钱贯草、大猪耳朵草。

形态特征： 二年生或多年生草本。须根多数。根茎粗短。叶基生，先端钝尖或急尖，边缘波状、疏生不规则牙齿或近全缘，两面疏生短柔毛或近无毛，少数被较密的柔毛；叶柄基部鞘状，常被毛。花序1至数个；花序梗直立或弓曲上伸，有纵条纹，被短柔毛或柔毛；穗

大车前

状花序细圆柱状，基部常间断；苞片宽卵状三角形，宽与长约相等或略超过，无毛或先端疏生短毛，龙骨突宽厚。花无梗；萼片先端圆形，无毛或疏生短缘毛，边缘膜质，龙骨突不达顶端，前对萼片椭圆形至宽椭圆形，后对萼片宽椭圆形至近圆形；花冠白色，无毛，冠筒等长或略长于萼片，裂片披针形至狭卵形，于花后反折；雄蕊着生于冠筒内面近基部，与花柱明显外伸；花药椭圆形，通常初为淡紫色，稀白色。蒴果椭圆形，种子8～15，少数至18，棕色或棕褐色。花期为6—8月，果期为7—9月。

主要利用形式：幼苗和嫩茎可食用。全草味甘，性寒，归肝、肾、肺、小肠经，具有清热利尿、祛痰、凉血解毒的功能，用于治疗水肿、尿少、热淋涩痛、暑湿泻痢、痰热咳嗽、吐血及痈肿疮毒。

052　大豆

拉丁学名：Glycine max（L.）Merr.；豆科大豆属。别名：菽、黄豆、毛豆、泥豆、马料豆、秣食豆。

形态特征：一年生草本，高30～90厘米。茎粗壮，直立，或上部近缠绕状，上部多少具棱，密被褐色长硬毛。叶通常具3小叶；托叶宽卵形，渐尖，长3～7毫米，具脉纹，被黄色柔毛；叶柄长2～20厘米，幼嫩时散生疏柔毛或具棱并被长硬毛；小叶纸质，宽卵形，近圆形或椭圆状披针形；小托叶披针形，长1～2毫米；小叶柄长1.5～4毫米，被黄褐色长硬毛。总状花序短的少花，顶生一枚较大，长5～12毫米，长的多花；苞片披针形，长2～3毫米，被糙伏毛；小苞片披针形，长2～3毫米，被伏贴的刚毛；花萼长4～6毫米，密被长硬毛或糙伏毛，常深裂成二唇形，花紫色、淡紫色或白色，长4.5～8（～10）毫米，旗瓣倒卵状近圆形，先端微凹并通常外翻，基部具瓣柄，翼瓣蓖状，基部狭，具瓣柄和耳，龙骨瓣斜倒卵形，具短瓣柄；雄蕊二体；子房基部有不发达的腺体，被毛。荚果肥大，长圆形，稍弯，下垂，黄绿色，长4～7.5厘米，宽8～15毫米，密被褐黄色长毛；种子2～5颗，椭圆形或近球形，卵圆形至长圆形，长约1厘米，宽约5～8毫米；种皮光滑，淡绿、黄、褐和黑色等多样，因品种而异；种脐明显，椭圆形。花期为6—7月，果期为7—9月。

大豆

主要利用形式：常见油料作物。大豆除供直接食用外，还可做酱、酱油、豆腐、豆浆、腐竹、腐乳、豆豉、纳豆等各种豆制食品；茎、叶、豆粕及粗豆粉可作为肥料和优良的牲畜饲料。大豆还可以提炼大豆异黄酮。淡豆豉味苦辛，性凉，能解表、除烦、宣发郁热，用于治疗感冒、寒热头痛、烦躁胸闷及虚烦不眠。

053　大花六道木

拉丁学名：Abelia×grandiflora（André）Rehd.；忍冬科六道木属。别名：降龙木、六道木、金叶六道木、六道子。

形态特征：本种是六道木、糯米条和蓪梗花的一个杂交种。常绿矮生灌木。幼枝红褐色，有短柔毛。叶片倒卵形，长2～4厘米，墨绿有光泽。花粉白色，钟形，长约2厘米，有香味，花小，花型优美，似漏斗，5裂；数朵着生于叶腋或花枝顶端，呈圆锥花序或聚伞花序单生；花冠钟状；花萼4～5枚，大而宿存，粉红色。花

大花六道木

期特长，5—11 月持续开花。

主要利用形式： 花很美丽，树叶弯垂，花期从春季至秋季络绎不绝，适宜园林，适合片植于空旷地块、水边、岩石缝中、建筑物旁或林中树下。其开花量大、花期长、清香宜人，并具有杀菌、“招蜂引蝶”的独特功用，是典型的优良花灌木树种。

054 大花马齿苋

拉丁学名： Portulaca grandiflora Hook.；马齿苋科马齿苋属。别名：半支莲、松叶牡丹、龙须牡丹、金丝杜鹃、洋马齿苋、午时花、太阳花。

大花马齿苋

形态特征： 一年生草本，高 10～30 厘米。茎平卧或斜伸，紫红色，多分枝，节上丛生毛。叶密集于枝端，较下的叶分开，不规则互生，叶片细圆柱形，无毛。花单生或数朵簇生于枝端，直径 2.5～4 厘米，日开夜闭；总苞 8～9 片，叶状，轮生，具白色长柔毛；花瓣 5 或重瓣，倒卵形，顶端微凹，长 12～30 毫米，红色、紫色或黄白色。蒴果近椭圆形，盖裂；种子细小，多数，圆肾形，直径不及 1 毫米。花期为 6—9 月，果期为 8—11 月。

主要利用形式： 常见草花，品种较多，耐干旱。全草可供药用，有散瘀止痛、清热、解毒消肿的功效，用于治疗咽喉肿痛、烫伤、跌打损伤及疮疖肿毒。

055 大丽菊

拉丁学名： Dahlia pinnata Cav.；菊科大丽花属。别名：大理花、天竺牡丹、东洋菊、西番莲、地瓜花。

形态特征： 多年生草本，有巨大棒状块根。茎直立，多分枝，高 1.5～2 米，粗壮。叶 1～3 回羽状全

大丽菊

裂，上部叶有时不分裂，裂片卵形或长圆状卵形，下面灰绿色，两面无毛。头状花序大，有长花序梗，常下垂，宽6~12厘米。总苞片外层约5个，卵状椭圆形，叶质，内层膜质，椭圆状披针形。舌状花1层，白色、红色或紫色，常为卵形，顶端有不明显的3齿，或全缘；管状花黄色；有时全部为舌状花。瘦果长圆形，长9~12毫米，宽3~4毫米，黑色，扁平，有2个不明显的齿。花期为6—12月，果期为9—10月。

主要利用形式：品种已超过3万个，是世界上品种较多的花卉之一。其花色花形誉名繁多，丰富多彩，是世界名花之一。花可活血散瘀，有一定的药用价值。根味甘微苦，性凉，可清热解毒、消肿，彝药用于治疗风疹湿疹、皮肤瘙痒，中医用于治疗头风、脾虚食滞、痄腮及龋齿牙痛。

056　大吴风草

拉丁学名：Farfugium japonicum（L. f.）Kitam.；菊科大吴风草属。别名：八角乌、活血莲、金钵盂、独角莲、一叶莲、大马蹄香、大马蹄、铁冬苋、马蹄当归。

大吴风草

形态特征：多年生葶状草本。根茎粗壮。叶全部基生，莲座状，有长柄，基部扩大，呈短鞘状，抱茎，鞘内被密毛，叶片肾形，全缘或有小齿至掌状浅裂，叶质厚，近革质，两面幼时被灰色柔毛，后脱落，上面绿色，下面淡绿色；茎生叶1~3，苞叶状，长圆形或线状披针形。头状花序辐射状，2~7个，排列成伞房状花序；花序梗被毛；总苞钟形或宽陀螺形，总苞片12~14，2层，长圆形，背部被毛，内层边缘褐色，宽，膜质；舌状花8~12，黄色，舌片长圆形或匙状长圆形，先端圆形或急尖；管状花多数，花药基部有尾，冠毛白色与花冠等长。瘦果圆柱形，有纵肋，被成行的短毛。花果期为8月至翌年3月。

主要利用形式：常用作地被花卉。根入药，主治咳嗽、咯血、便血、月经不调、跌打损伤及乳腺炎。叶用于杀虫。

057　大叶黄杨

拉丁学名：Buxus megistophylla Lévl.；黄杨科黄杨属。别名：冬青卫矛、四季青。

形态特征：灌木或小乔木，常绿植物，高0.6~2米，胸径5厘米。小枝四棱形（在末梢的小枝丫圆柱形，具钝棱和纵沟），光滑、无毛。叶革质或薄革质，卵形、椭圆状或长圆状披针形至披针形，长4~8厘米，宽1.5~3厘米（稀披针形，长达9厘米；或菱状卵形，宽达4厘米），先端渐尖，顶部钝或锐，基部楔形或急尖，边缘下曲，叶面光亮，中脉在两面均突出，侧脉多条，与中脉成40~50度角，通常两面均明显，仅叶面

大叶黄杨

中脉基部及叶柄被微细毛，其余均无毛；叶柄长 2～3 毫米。花序腋生，花序轴长 5～7 毫米，有短柔毛或近无毛；苞片阔卵形，先端急尖，背面基部被毛，边缘狭干膜质；雄花 8～10 朵，花梗长约 0.8 毫米，外萼片阔卵形，长约 2 毫米，内萼片圆形，长 2～2.5 毫米，背面均无毛，雄蕊连同花药长约 6 毫米，不育雌蕊高约 1 毫米；雌花萼片卵状椭圆形，长约 3 毫米，无毛；子房长 2～2.5 毫米，花柱直立，长约 2.5 毫米，先端微弯曲，柱头倒心形，下延达花柱的 1/3 处。蒴果近球形，长 6～7 毫米，宿存花柱长约 5 毫米，斜向挺出。花期为 3—4 月，果期为 6—7 月。

主要利用形式： 园林绿化树种。其木材细腻质坚，色泽洁白，不易断裂，是制作筷子或棋子的上等木料。根、叶入药，味苦辛，性平，可祛风除湿、行气活血，用于治疗风湿关节痛、痢疾、胃痛、疝痛、腹胀、牙痛、跌打损伤及疮疡肿毒。叶有毒，人和动物中毒后的主要症状是腹痛、腹泻、步态不稳、痉挛，严重者可因呼吸和循环障碍而死亡。

058 丹参

拉丁学名： Salvia miltiorrhiza Bunge；唇形科鼠尾草属。别名：赤参、逐乌、山参、郁蝉草、木羊乳、奔马草、血参根、野苏子根、红根、大红袍、血参根。

形态特征： 多年生直立草本。根肥厚，外面朱红色，内面白色，长 5～15 厘米，直径 4～14 毫米，疏生支根。茎直立，高 40～80 厘米，四棱形，具槽，密被长柔毛，多分枝。叶常为奇数羽状复叶，叶柄长 1.3～7.5 厘米，密被向下长柔毛，小叶 3～5（～7），长 1.5～8 厘米，宽 1～4 厘米，卵圆形或椭圆状卵圆形或宽披针形，边缘具圆齿，草质，两面被疏柔毛，小叶柄长 2～14 毫米。轮伞花序 6 花或多花，组成长 4.5～17 厘米具长梗的顶生或腋生总状花序；苞片披针形，全缘；花梗长 3～4 毫米；花萼钟形，带紫色，长约 1.1 厘米，花后稍增大，具 11 脉，二唇形；花冠紫蓝色，长 2～2.7 厘米，外被具腺短柔毛，尤以上唇为密，冠筒外伸，比冠檐短，基部宽 2 毫米，向上渐宽，至喉部宽达 8 毫米，冠檐二唇形，上唇长 12～15 毫米，镰刀状，向上竖立，先端微缺，下唇短于上唇，3 裂，中裂片长 5 毫米，宽达 10 毫米，先端 2 裂，顶端圆形，宽约 3 毫米；能育雄蕊 2，伸至上唇片，花丝长 3.5～4 毫米，药隔长 17～20 毫米，中部关节处略被小疏柔毛，上臂十分伸长，长 14～17 毫米，药室不育，顶端联合；退化雄蕊线形，长约 4 毫米；花柱外伸，长达 40 毫米，先端不相等 2 裂，后裂片极短，前裂片线形。小坚果黑色，椭圆形，长约 3.2 厘米，直径 1.5 毫米。花期为 4—8 月，花后见果。

丹参

主要利用形式： 根入药，含丹参酮。干燥根和茎有活血化瘀、通经止痛、清心除烦、凉血消痈之功效，用于治疗胸痹心痛、脘腹胁痛、症瘕积聚、热痹疼痛、心烦不眠、月经不调、痛经经闭及疮疡肿痛。

059 地肤

拉丁学名： Kochia scoparia（L.）Schrad.；藜科地肤属。别名：地麦、落帚、扫帚苗、扫帚菜、孔雀松。

形态特征： 一年生草本，高 50～100 厘米。根略呈纺锤形。茎直立，圆柱状，淡绿色或带紫红色，有多数条棱，稍有短柔毛或下部几无毛；分枝稀疏，斜上。叶

为平面叶，披针形或条状披针形，无毛或稍有毛，先端短渐尖，基部渐狭入短柄，通常有3条明显的主脉，边缘有疏生的锈色绢状缘毛；茎上部叶较小，无柄，1脉。花两性或雌性，通常1~3个生于上部叶腋，构成疏穗状圆锥状花序，花下有时有锈色长柔毛；花被近球形，淡绿色，花被裂片近三角形，无毛或先端稍有毛；翅端附属物三角形至倒卵形，有时近扇形，膜质，边缘微波状或具缺刻；花丝丝状，花药淡黄色；柱头2，丝状，紫褐色，花柱极短。胞果扁球形，果皮膜质，与种子离生；种子卵形，黑褐色，长1.5~2毫米，稍有光泽；胚环形，胚乳块状。花期为6—9月，果期为7—10月。

主要利用形式： 幼苗可食用。果实称“地肤子”，为常用中药，能清湿热、利尿，治尿痛、尿急、小便不利及荨麻疹，外用治皮肤癣及阴囊湿疹。

060　地黄

拉丁学名： Rehmannia glutinosa（Gaert.）Libosch. ex Fisch. & Mey.；玄参科地黄属。别名：生地、怀庆地黄、小鸡喝酒、地髓、原生地、干地黄、苄、芑、牛奶子、婆婆奶。

形态特征： 多年生草本，高可达30厘米。根茎肉质，鲜时黄色，在栽培条件下，茎紫红色，直径可达5.5厘米。叶片卵形至长椭圆形，叶脉在上面凹陷。花在茎顶部略排列成总状花序；花冠外紫红色，内黄紫色；药室矩圆形。蒴果卵形至长卵形。花果期为4—7月。

主要利用形式： 其根部为传统中药。依照炮制方法不同分为鲜地黄、干地黄与熟地黄，同时其药性和功效也有较大的差异。按照《中华本草》的功效分类：鲜地黄为清热凉血药，熟地黄为补益药。地黄初夏开花，花大数朵，淡红紫色，具有较好观赏性。

061　地锦

拉丁学名： Parthenocissus tricuspidata（S. & Z.）Planch.；葡萄科地锦属。别名：爬墙虎、爬山虎、飞天

蜈蚣、假葡萄藤、捆石龙、枫藤、小虫儿卧草、红丝草、红葛、趴山虎、红葡萄藤、土鼓藤。

形态特征：多年生大型落叶木质藤本植物，其形态与野葡萄藤相似，藤茎可长达18米。表皮有皮孔，髓白色。枝条粗壮，老枝灰褐色，幼枝紫红色；枝上有卷须，卷须短，多分枝，卷须顶端及尖端有黏性吸盘，遇到物体便吸附在上面，无论是岩石、墙壁或是树木，均能吸附。叶互生，小叶肥厚，基部楔形，变异很大，边缘有粗锯齿，叶片及叶脉对称；花枝上的叶宽卵形，长8～18厘米，宽6～16厘米，常3裂，或下部枝上的叶分裂成3小叶，基部心形；叶绿色，无毛，背面被白粉，叶背叶脉处有柔毛，秋季变为鲜红色；幼枝上的叶较小，常不分裂。花小，成簇不显，黄绿色，与叶对生；花多为两性，雌雄同株，聚伞花序常着生于两叶间的短枝上，长4～8厘米，较叶柄短；花5数；萼全缘；花瓣顶端反折，子房2室，每室有2胚珠。浆果小球形，熟时蓝黑色，被白粉，鸟喜食。花期为6月，果期为9—10月。

主要利用形式：为垂直绿化植物。果实可酿酒。其根、茎可入药，性温，味甘涩，有破血、活筋止血、消肿毒、祛风通络、活血解毒之功效，外用治疗跌打损伤、痈疖肿毒和风湿关节痛。

062　地锦草

拉丁学名：Euphorbia humifusa Willd. ex Schlecht.；大戟科大戟属。别名：血见愁、红丝草、奶浆草。

形态特征：一年生匍匐草本。根细小。茎细，分枝呈叉状，表面带紫红色，光滑无毛或疏生白色细柔毛；质脆，易折断，断面黄白色，中空。单叶对生，具淡红色短柄或几无柄；叶片多皱缩或已脱落，展平后呈长椭圆形，绿色或带紫红色，通常无毛或疏生细柔毛，先端钝圆，基部偏斜，边缘具小锯齿或呈微波状。杯状聚伞花序腋生，细小。蒴果三棱状球形，表面光滑；种子细小，卵形，褐色。花果期为5—10月。

主要利用形式：杂草。干燥全草性味辛平，有清热解毒、凉血止血、利湿退黄之功效，用于治疗痢疾、泄泻、咯血、尿血、便血、崩漏、疮疖痈肿及湿热黄疸。

063　地梢瓜

拉丁学名：Cynanchum thesioides (Freyn) K. Schum.；萝藦科鹅绒藤属。别名：地梢花、女菁、蒿瓜、地瓜飘、蒿瓜子。

形态特征：秋季开黄白色小花，伞形花序腋生，梗短，花冠钟状，内面光滑无毛；花药顶部有一膜质体，

地梢瓜

花粉块在每一花药内有2个，下垂；柱头短。蓇葖果纺锤形，两端短尖，中部宽大，长约4厘米，宽约2厘米。种子棕褐色，扁平，先端有束白毛。花期为5—8月，果期为8—10月。

主要利用形式：杂草。营养全面，生长旺盛，病虫害较少，因此被视作绿色食品和营养蔬菜，可生食，也可凉拌。全草及果实入药，主治体虚、乳汁不下，外用治瘊子及赘疣。

064 地笋

拉丁学名：Lycopus lucidus Turcz.；唇形科地笋属。别名：提娄、地参、地笋子、地蚕子、地藕、泽兰根、地瓜儿、地瓜、野三七、水三七、旱藕。

形态特征：多年生草本，高0.6～1.7米。根茎横走，具节，节上密生须根，先端肥大，呈圆柱形，此时于节上具鳞叶及少数须根，或侧生有肥大的具鳞叶的地下枝。茎直立，通常不分枝，四棱形，具槽，绿色，常于节上多少带紫红色，无毛，或在节上疏生小硬毛。叶具极短柄或近无柄，长圆状披针形，多少有弧弯，通常长4～8厘米，宽1.2～2.5厘米，先端渐尖，基部渐狭，两面或上面具光泽，亮绿色，侧脉6～7对，与中脉在上面不显著，下面突出。轮伞花序无梗，轮廓圆球形，花时径1.2～1.5厘米，多花密集，其下承以小苞片；小苞片卵圆形至披针形，先端刺尖，位于外侧者超过花萼，长达5毫米，具3脉，位于内侧者，长2～3毫米，短于或等于花萼，具1脉，边缘均具小纤毛；花萼钟形，长3毫米，两面无毛，外面具腺点；萼齿5，披针状三角形，长2毫米，具刺尖头，边缘具小缘毛；花冠

地笋

白色，长5毫米，冠筒长约3毫米，冠檐呈不明显二唇形，上唇近圆形，下唇3裂，中裂片较大；雄蕊仅前对能育，超出于花冠，先端略下弯，花丝丝状，无毛，花药卵圆形，2室，室略叉开；花柱伸出花冠，先端相等2浅裂，裂片线形；花盘平顶。小坚果倒卵圆状四边形，基部略狭，长1.6毫米，宽1.2毫米，褐色。花期为6—9月，果期为8—11月。

主要利用形式：春、夏季可采摘嫩茎叶凉拌、炒食、做汤。根茎入药，具有降血脂、通九窍、利关节及养气血等功能。茎味甘辛，性平，能化瘀止血、益气利水，主治衄血、吐血、产后腹痛、黄疸、水肿带下及气虚乏力。

065 棣棠花

拉丁学名：Kerria japonica（L.）DC.；蔷薇科棣棠花属。别名：棣棠、地棠、蜂棠花、黄榆叶梅、黄度梅、山吹、麻叶棣棠、黄花榆叶梅、金棣棠梅、金棣棠、鸡蛋花、地团花、金钱花、小通花、清明花、金旦

棣棠花

丁香蓼

子花、三月花、青通花、通花条、黄榆梅。

形态特征：落叶灌木。小枝绿色，圆柱形，无毛，常拱垂，嫩枝有棱角。叶互生，三角状卵形或卵圆形，顶端长渐尖，基部圆形、截形或微心形，边缘有尖锐重锯齿，两面绿色，上面无毛或有稀疏柔毛，下面沿脉或脉腋有柔毛；叶柄长 5～10 毫米，无毛；托叶膜质，带状披针形，有缘毛，早落。单花，着生在当年生侧枝顶端，花梗无毛，花直径 2.5～6 厘米；萼片卵状椭圆形，顶端急尖，有小尖头，全缘，无毛，结果时宿存；花瓣黄色，宽椭圆形，顶端下凹，比萼片长 1～4 倍。瘦果倒卵形至半球形，褐色或黑褐色，表面无毛，有皱褶。花期为 4—6 月，果期为 6—8 月。

主要利用形式：常见花灌木。花入药，归肺、胃、脾经，能化痰止咳、利尿消肿，主治咳嗽、风湿痹痛、产后劳伤痛、水肿、小便不利、消化不良、痈疽肿毒、湿疹及荨麻疹。根和嫩枝叶与花同功效，但药力较弱。

066　丁香蓼

拉丁学名：Ludwigia prostrata Roxb.；柳叶菜科丁香蓼属。别名：小石榴树、小石榴叶、小疗药。

形态特征：一年生直立草本。茎高 25～60 厘米，粗 2.5～4.5 毫米，下部圆柱状，上部四棱形，常为淡红色，近无毛，多分枝，小枝近水平开展。叶狭椭圆形，长 3～9 厘米，宽 1.2～2.8 厘米，先端锐尖或稍钝，基部狭楔形，在下部骤变窄，侧脉每侧 5～11 条，至近边缘渐消失，两面近无毛或幼时脉上疏生微柔毛；叶柄长 5～18 毫米，稍具翅；托叶几乎全退化。萼片 4，三角状卵形至披针形，长 1.5～3 毫米，宽 0.8～1.2 毫米，疏被微柔毛或近无毛；花瓣黄色，匙形，长 1.2～2 毫米，宽 0.4～0.8 毫米，先端近圆形，基部楔形；雄蕊 4，花丝长 0.8～1.2 毫米；花药扁圆形，宽 0.4～0.5 毫米，开花时以四合花粉直接授在柱头上；花柱长约 1 毫米，柱头近卵状或球状，径约 0.6 毫米；花盘围在花柱基部，稍隆起，无毛。蒴果四棱形，长 1.2～2.3 厘米，粗 1.5～2 毫米，淡褐色，无毛，熟时迅速不规则室背开裂；果梗长 3～5 毫米。种子呈一列横卧于每室内，里生，卵状，长 0.5～0.6 毫米，径约 0.3 毫米，顶端稍偏斜，具小尖头，表面有横条排成的棕褐色纵横条纹；种脊线形，长约 0.4 毫米。花期为 6—7 月，果期为 8—9 月。

主要利用形式：生于稻田、渠边及沼泽地，部分水稻田生长较多，水稻受危害较重。全株入药，治红白痢疾、咳嗽、目翳、蛇虫咬伤、血崩等症，外洗治疮毒。

067　东京樱花

拉丁学名：Cerasus yedoensis（Mats.）Yü & Li；蔷薇科樱属。别名：日本樱花、樱花、江户樱花。

形态特征：乔木，高 4～16 米。树皮灰色。小枝淡紫褐色，无毛；嫩枝绿色，被疏柔毛；冬芽卵圆形，无毛。叶片椭圆卵形或倒卵形，长 5～12 厘米，宽 2.5～7 厘米，先端渐尖或骤尾尖，基部圆形，稀楔形，边有尖锐重锯齿，齿端渐尖，有小腺体，上面深绿色，无毛，下面淡绿色，沿脉被稀疏柔毛，有侧脉 7～10 对；叶柄长 1.3～1.5 厘米，密被柔毛，顶端有 1～2 个腺体或无腺体；托叶披针形，有羽裂腺齿，被柔毛，早落。花序伞形总状，总梗极短，有花 3～4 朵，先叶开放；总苞片褐色，椭圆卵形，长 6～7 毫米，宽 4～5 毫米，两面

被疏柔毛；苞片褐色，匙状长圆形，长约5毫米，宽2～3毫米，边有腺体；花梗长2～2.5厘米，被短柔毛；萼筒管状，长7～8毫米，宽约3毫米，被疏柔毛；萼片三角状长卵形，长约5毫米，先端渐尖，边有腺齿；花瓣白色或粉红色，椭圆卵形，先端下凹，全缘2裂；雄蕊约32枚，短于花瓣；花柱基部有疏柔毛。核果近球形，直径0.7～1厘米，黑色，核表面略具棱纹。花期为4月，果期为5月。

主要利用形式：园艺品种很多，为日本国花，供观赏用。木质坚硬，为良好的硬木材料。树叶可泡茶。药用可消炎止痛、抗氧化、调节肝脏功能及美容等。

068 冬瓜

拉丁学名：Benincasa hispida（Thunb.）Cogn.；葫芦科冬瓜属。别名：白瓜、白东瓜皮、白冬瓜、白瓜皮、白瓜子、地芝、东瓜。

形态特征：一年生蔓生或架生草本。茎被黄褐色硬毛及长柔毛，有棱沟。叶柄粗壮，长5～20厘米，被黄

褐色的硬毛和长柔毛；叶片肾状近圆形，宽15～30厘米，5～7浅裂或有时中裂，裂片宽三角形或卵形，先端急尖，边缘有小齿，基部深心形，弯缺张开，近圆形，深、宽均为2.5～3.5厘米，表面深绿色，稍粗糙，有疏柔毛，老后渐脱落，变近无毛；背面粗糙，灰白色，有粗硬毛，叶脉在叶背面稍隆起，密被毛。卷须2～3歧，被粗硬毛和长柔毛。雌雄同株；花单生。雄花梗长5～15厘米，密被黄褐色短刚毛和长柔毛，常在花梗的基部具一苞片，苞片卵形或宽长圆形，长6～10毫米，先端急尖，有短柔毛；花萼筒宽钟形，宽12～15毫米，密生刚毛状长柔毛，裂片披针形，长8～12毫米，有锯齿，反折；花冠黄色，辐状，裂片宽倒卵形，长3～6厘米，宽2.5～3.5厘米，两面有稀疏的柔毛，先端钝圆，具5脉；雄蕊3，离生，花丝长2～3毫米，基部膨大，被毛，花药长5毫米，宽7～10毫米，药室3回折曲。雌花梗长不及5厘米，密生黄褐色硬毛和长柔毛；子房卵形或圆筒形，密生黄褐色茸毛状硬毛，长2～4厘米；花柱长2～3毫米，柱头3，长12～15毫米，2裂。果实长圆柱状或近球状，大型，有硬毛和白霜，长25～60厘米，径10～25厘米；种子卵形，白色或淡黄色，压扁，有边缘，长10～11毫米，宽5～7毫米，厚2毫米。花期为5—6月，果期为6—8月。

主要利用形式：果实除作为蔬菜外，还可浸渍为各种糖果。果皮药用，有消炎、利尿及消肿的功效。肉及瓤有利尿、清热、化痰及解渴等功效，亦可治疗水肿、痰喘、暑热及痔疮等症。冬瓜如带皮煮汤喝，可达到消肿利尿、清热解暑的作用。冬瓜子有清肺化痰的功效。冬瓜藤水煎液对于脱肛症有独到之效。冬瓜藤鲜汁用于洗面、洗澡，可增白皮肤，使皮肤有光泽。冬瓜性寒，脾胃气虚、腹泻便溏、胃寒疼痛者，月经来潮期间和寒性痛经者忌食。

069 豆梨

拉丁学名：Pyrus calleryana Decne.；蔷薇科梨属。别名：野梨、台湾野梨、山梨、鹿梨、刺仔、鸟梨、阳檖、赤梨、酱梨。

形态特征：乔木，高5～8米。小枝粗壮，圆柱形，在幼嫩时有茸毛，不久脱落，二年生枝条灰褐色；冬芽

三角卵形，先端短渐尖，微具茸毛。叶片宽卵形至卵形，稀长椭卵形，长4～8厘米，宽3.5～6厘米，先端渐尖，稀短尖，基部圆形至宽楔形，边缘有钝锯齿，两面无毛；叶柄长2～4厘米，无毛；托叶叶质，线状披针形，长4～7毫米，无毛。伞形总状花序，具花6～12朵，直径4～6毫米，总花梗和花梗均无毛，花梗长1.5～3厘米；苞片膜质，线状披针形，长8～13毫米，内面具茸毛；花直径2～2.5厘米；萼筒无毛；萼片披针形，先端渐尖，全缘，长约5毫米，外面无毛，内面具茸毛，边缘较密；花瓣卵形，长约13毫米，宽约10毫米，基部具短爪，白色；雄蕊20，稍短于花瓣；花柱2，稀3，基部无毛。梨果球形，直径约1厘米，黑褐色，有斑点，萼片脱落，2～3室，有细长果梗。花期为4月，果期为8—9月。

主要利用形式： 乡土树种，常用作其他果树的砧木。根、叶能润肺止咳、清热解毒，主治肺燥咳嗽和急性眼结膜炎。果实入药有健胃、消食、止痢及止咳功效。

070 毒莴苣

拉丁学名： Lactuca serriola L.；菊科莴苣属。别名：指南草、野莴苣、刺莴苣。

形态特征： 一年生草本，高50～200厘米。茎单生，直立，无毛或有时有白色茎刺，上部圆锥状花序分枝或自基部分枝。中下部茎叶倒披针形或长椭圆形，长3～7.5厘米，宽1～4.5厘米，倒向羽状或羽状浅裂、半裂或深裂，有时茎叶不裂，宽线形，无柄，基部箭头状抱茎，顶裂片与侧裂片等大，三角状卵形或菱形，或

侧裂片集中在叶的下部或基部而顶裂片较长，宽线形，侧裂片3～6对，镰刀形、三角状镰刀形或卵状镰刀形，最下部茎叶及接圆锥花序下部的叶与中下部茎叶同形或呈披针形、线状披针形或线形，全部叶或裂片边缘有细齿或刺齿或细刺或全缘，下面沿中脉有刺毛，刺毛黄色。头状花序多数，在茎枝顶端排成圆锥状花序。总苞果期卵球形，长1.2厘米，宽约6毫米；总苞片约5层，外层及最外层小，长1～2毫米，宽1毫米或不足1毫米，中内层披针形，长7～12毫米，宽至2毫米，全部总苞片顶端急尖，外面无毛。舌状小花15～25枚，黄色。瘦果倒披针形，长3.5毫米，宽1.3毫米，压扁，浅褐色，上部有稀疏的上指的短糙毛，每面有8～10条高起的细肋，顶端急尖成细丝状的喙，喙长5毫米。冠毛白色，微锯齿状，长6毫米。花果期为6—8月。

主要利用形式： 一年生恶性生态入侵杂草，其植株繁茂，影响蔬菜、牧草、大田作物等，很难防治。其地上部分多刺且有怪味，动物也不喜食。药用可清热解毒、利尿消肿、止血散瘀。

071　杜仲

拉丁学名：Eucommia ulmoides Oliver；杜仲科杜仲属。别名：丝楝树皮、丝棉皮、棉树皮、胶树。

形态特征：落叶乔木，高达20米，胸径约50厘米。树皮灰褐色，粗糙，内含橡胶，折断拉开有多数细丝。芽体卵圆形，外面发亮，红褐色，有鳞片6~8片，边缘有微毛。叶椭圆形、卵形或矩圆形，薄革质，长6~15厘米，宽3.5~6.5厘米；基部圆形或阔楔形，先端渐尖；上面暗绿色，初时有褐色柔毛，不久变秃净，老叶略有皱纹，下面淡绿，初时有褐毛，以后仅在脉上有毛；侧脉6~9对，与网脉在上面下陷，在下面稍凸起；边缘有锯齿；叶柄长1~2厘米，上面有槽，被散生长毛。花生于当年枝的基部，雄花无花被；花梗长约3毫米，无毛；苞片倒卵状匙形，长6~8毫米，顶端圆形，边缘有睫毛，早落；雄蕊长约1厘米，无毛，花丝长约1毫米，药隔突出，花粉囊细长，无退化雌蕊。雌花单生，苞片倒卵形，花梗长8毫米，子房无毛，1室，扁而长，先端2裂，子房柄极短。翅果扁平，长椭圆形，长3~3.5厘米，宽1~1.3厘米，先端2裂，基部楔形，周围具薄翅；坚果位于中央，稍凸起，子房柄长2~3毫米，与果梗相接处有关节；种子扁平，线形，长1.4~1.5厘米，宽3毫米，两端圆形。早春开花，秋后果实成熟。

主要利用形式：树皮药用，作为强壮剂及降血压剂，并能医治腰膝痛、风湿及习惯性流产等。树皮分泌的硬橡胶可作为工业原料及绝缘材料，抗酸、碱及化学试剂的腐蚀。种子含油率达27%。木材供建筑及制家具用。

杜仲

072　鹅肠菜

拉丁学名：Stellaria aquatica (L.) Scop.；石竹科繁缕属。别名：鹅儿肠、滋草、石灰菜、大鹅儿肠、牛繁缕。

形态特征：全株光滑，仅花序上有白色短软毛。茎多分枝，柔弱，常伏生地面。叶卵形或宽卵形，长2~5.5厘米，宽1~3厘米，顶端渐尖，基部心形，全缘或波状，上部叶无柄，基部略包茎，下部叶有柄。花梗细长，花后下垂；苔片5，宿存，果期增大，外面有短柔毛；花瓣5，白色，2深裂几达基部。蒴果卵形，5瓣裂，每瓣端再2裂。花期为4—5月，果期为5—6月。

主要利用形式：杂草。可食用、药用，也可作饲料。全草性味甘淡平，能清热解毒、活血消肿，主治肺炎、痢疾、高血压、月经不调及痈疽痔疮等。新鲜苗捣汁服用有催乳的作用。

鹅肠菜

073　鹅绒藤

拉丁学名：Cynanchum chinense R. Br.；萝藦科鹅绒藤属。别名：祖子花、羊奶角角、牛皮消、软毛牛皮消、祖马花、趋姐姐叶、老牛肿。

形态特征：多年生缠绕草本。主根圆柱状，干后灰黄色；全株被短柔毛。叶对生，薄纸质，宽三角状心形，顶端锐尖，基部心形，叶面深绿色，叶背苍白色，两面均被短柔毛，脉上较密；在叶背略微隆起。伞形聚伞花序腋生，两歧，花萼外面被柔毛；花冠白色，裂片长圆状披针形；副花冠二形，杯状，分为两轮，外轮约与花冠裂片等长，内轮略短；下垂；花柱头略为凸起，蓇葖双生或仅有1个发育，细圆柱状，向端部

鹅绒藤

渐尖。种子长圆形，种毛白色绢质。花期为6—8月，果期为8—10月。

主要利用形式：全草可作祛风剂。茎中的白色浆乳汁及根具有清热解毒、消积健胃及利水消肿之功效，常用于治疗小儿食积、疳积、胃炎、十二指肠溃疡、肾炎水肿及寻常疣。

074 鹅掌楸

拉丁学名：Liriodendron chinense（Hemsl.）Sarg.；木兰科鹅掌楸属。别名：马褂木、双飘树、马褂树。

形态特征：乔木，高达40米，胸径1米以上。小枝灰色或灰褐色。叶马褂状，长4～12（～18）厘米，近基部每边具1侧裂片，先端具2浅裂，下面苍白色，叶柄长4～8（～16）厘米。花杯状，花被片9，外轮3片，绿色，萼片状，向外弯垂，内两轮6片，直立；花瓣倒卵形，长3～4厘米，绿色，具黄色纵条纹；花药长10～16毫米，花丝长5～6毫米，花期时雌蕊群超出花被之上，心皮黄绿色。聚合果长7～9厘米，具翅的小坚果长约6毫米，顶端钝或钝尖，具种子1～2颗。花期为5月，果期为9—10月。

鹅掌楸

主要利用形式：树叶形状奇特，花大而美丽，为珍贵园林树种。对有害气体的抵抗性较强，也是工矿区绿化的优良树种。本种为建筑、造船、家具、细木工的优良用材，亦可制胶合板。根和树皮具有祛风除湿、止咳、强筋骨之功效，常用于治疗风湿关节痛、肌肉痿软及风寒咳嗽。

075 番茄

拉丁学名：Lycopersicon esculentum Mill.；茄科番茄属。别名：六月柿、西红柿、洋柿子、毛秀才、爱情果、情人果。

形态特征：一年生或多年生草本，高0.6～2米，全体生黏质腺毛，有强烈气味。叶呈羽状复叶或有羽状深裂，小叶极不规则，大小不等，常为5～9枚，卵形或矩圆形，边缘有不规则锯齿或裂片。花梗长1～1.5

番茄

厘米；花萼辐状，裂片披针形，结果时宿存；花冠辐状，黄色。浆果扁球状或近球状，肉质而多汁液，橘黄色或鲜红色，光滑；种子黄色。花果期为夏秋季。

主要利用形式：常见蔬菜。果实具药用及食用价值，有止血、降压、利尿、健胃消食、生津止渴、清热解毒及凉血平肝的功效。番茄中维生素 A、维生素 C 的比例合适，所以常吃可增强小血管的功能，预防血管老化。番茄中的类黄酮既有降低毛细血管的通透性和防止其破裂的作用，还有预防血管硬化的特殊功效，可以预防宫颈癌、膀胱癌和胰腺癌等疾病。番茄红素也可抗衰老。

076 番薯

拉丁学名：Ipomoea batatas（L.）Lamarck；旋花科番薯属。别名：甜薯、白薯、红薯、红芋、甘薯、蕃薯、肥大米（广东）、山药（河北）、番芋、山芋、地瓜（北方）、红苕、线苕、金薯、朱薯、枕薯、番葛、白芋、茴芋等。

形态特征：一年生草本，长 2 米以上，平卧地面斜向上。具地下块根，块根纺锤形，外皮土黄色或紫红色。地下块茎顶部分枝末端膨大成卵球形的块茎，外皮淡黄色，光滑。茎左旋，基部有刺，被丁字形柔毛。块根是贮藏养分的器官，也是供食用的部分，分布在 5～25 厘米深的土层中，先伸长后长粗，其形状、大小、皮肉颜色等因品种、土壤和栽培条件不同而有差异。叶片通常为宽卵形，长 4～13 厘米，宽 3～13 厘米。花冠粉红色、白色、淡紫色或紫色，钟状或漏斗状，长 3～4 厘米。蒴果卵形或扁圆形，有假隔膜，分为 4 室。花果期为初夏。

主要利用形式：重要的农作物，可作食品、饲料，也可作酿酒及制作淀粉的原料，同时具有食疗保健价值，有“长寿食品”之誉。其块茎含糖量达到 15%～20%，有抗癌、保护心脏、预防肺气肿、预防糖尿病和减肥等功效。其叶可预防心脑血管疾病、促进乳汁分泌、改善便秘、强化视力、美容养颜和预防贫血。

077 繁缕

拉丁学名：Stellaria media（L.）Cyr.；石竹科繁缕属。别名：鹅肠菜、鹅耳伸筋、鸡儿肠。

形态特征：一年生或二年生草本，高 10～30 厘米。茎俯仰或上伸，基部多少分枝，常带淡紫红色，被 1～2 列毛。叶片宽卵形或卵形，长 1.5～2.5 厘米，宽 1～1.5 厘米，顶端渐尖或急尖，基部渐狭或近心形，全缘；基生叶具长柄，上部叶常无柄或具短柄。疏聚伞花序顶生；花梗细弱，具 1 列短毛，花后伸长，下垂，长 7～14 毫米；萼片 5，卵状披针形，长约 4 毫米，顶端稍钝或近圆形，边缘宽膜质，外面被短腺毛；花瓣白色，长椭圆形，比萼片短，2 深裂达基部，裂片近线形；雄蕊 3～5，短于花瓣；花柱 3，线形。蒴果卵形，稍长于宿存萼，顶端 6 裂，具多数种子；种子卵圆形至近圆形，稍扁，红褐色，直径 1～1.2 毫米，表面具半球形瘤状突起，脊较显著。花期为 6—7 月，果期为 7—8 月。

主要利用形式：杂草。茎、叶及种子供药用，嫩苗可食。据《东北草本植物志》记载为有毒植物，家畜食用过量会引起中毒及死亡。

番薯

繁缕

078 繁穗苋

拉丁学名： Amaranthus paniculatus L.；苋科苋属。别名：天雪米、鸦谷、老鸦谷。

形态特征： 一年生草本，高 20～80 厘米，有时达 1.3 米。茎直立，粗壮，淡绿色，有时具带紫色条纹，稍具钝棱。叶片菱状卵形或椭圆状卵形，长 5～12 厘米，宽 2～5 厘米，先端锐尖或尖凹，有小突尖，基部楔形，有柔毛。圆锥花序顶生及腋生，直立，或以后下垂，直径 2～4 厘米，由多数穗状花序形成，顶生花穗较侧生者长；苞片及小苞片钻形，长 4～6 毫米，白色，先端具芒尖；花被片白色，有 1 淡绿色细中脉，先端急尖或尖凹，具小突尖。胞果扁卵形，环状横裂，包裹在宿存花被片内；种子近球形，直径 1 毫米，棕色或黑色。花期为 6—7 月，果期为 9—10 月。

主要利用形式： 栽培植物供观赏。茎叶可作蔬菜；种子为粮食作物，可食用或酿酒。本种也是一种产量高、适口性好的优良猪饲料。全草具有清热解毒、消炎止痛的功效；钙、铁元素含量较高，能促进血红蛋白的生成，还具有清肠、排毒及抗癌等保健功效。

079 反枝苋

拉丁学名： Amaranthus retroflexus L.；苋科苋属。别名：西风谷、苋菜、野苋菜。

形态特征： 一年生草本，高 20～80 厘米，有时达 1 米多。茎直立，粗壮，单生或分枝，淡绿色，有时具带紫色条纹，稍具钝棱，密生短柔毛。叶片菱状卵形或椭圆状卵形，长 5～12 厘米，宽 2～5 厘米，顶端锐尖或尖凹，有小突尖，基部楔形，全缘或波状缘，两面及边缘有柔毛，下面毛较密；叶柄长 1.5～5.5 厘米，淡绿色，有时为淡紫色，有柔毛。圆锥花序顶生及腋生，直立，直径 2～4 厘米，由多数穗状花序形成，顶生花穗较侧生者长；苞片及小苞片钻形，长 4～6 毫米，白色，背面有 1 龙骨状突起，伸出顶端成白色尖芒；花被片矩圆形或矩圆状倒卵形，长 2～2.5 毫米，薄膜质，

繁穗苋

反枝苋

白色，有1淡绿色细中脉，顶端急尖或尖凹，具突尖；雄蕊比花被片稍长；柱头3，有时2。胞果扁卵形，长约1.5毫米，环状横裂，薄膜质，淡绿色，包裹在宿存花被片内；种子近球形，直径1毫米，棕色或黑色，边缘钝。花期为7—8月，果期为8—9月。

主要利用形式：常见杂草。嫩茎叶可食用，全草也可作家畜饲料。全草药用，主治腹泻、痢疾及痔疮肿痛出血等症。

080 费菜

拉丁学名：Sedum aizoon L.；景天科景天属。别名：土三七、四季还阳、景天三七、六月淋、收丹皮、石菜兰、九莲花、长生景天、乳毛土三七、多花景天三七、还阳草、金不换、豆包还阳、豆瓣还阳、田三七、六月还阳、养心草，倒山黑豆（《福建民间草药》），马三七、白三七，胡椒七（《湖南药物志》），七叶草（《闽东本草》），回生草（《福建中草药》），血草（福建晋江《中草药手册》）。

形态特征：多年生草本。根状茎短，粗茎高20～50厘米，有1～3条茎，直立，不分枝。叶互生，狭披针形、椭圆状披针形至卵状倒披针形，先端渐尖，基部楔形，边缘有不整齐的锯齿；叶坚实，近革质。聚伞花序有多花，水平分枝，平展，下托以苞叶；萼片5，线形，肉质；花瓣5，黄色，长圆形至椭圆状披针形，有短尖；雄蕊10，较花瓣短；鳞片5，近正方形；心皮5，卵状长圆形，基部合生，腹面突出；花柱长钻形。蓇葖星芒状排列；种子椭圆形。花期为6—7月，果期为8—9月。

主要利用形式：根或全草可药用，也可作蔬菜。全草性味酸平，入心、肝、脾三经，能活血散瘀、止血、宁心、利湿、消肿、解毒，治跌打损伤、咳血、吐血、便血、心悸及痈肿。

费菜

081 粉花月见草

拉丁学名：Oenothera rosea L' Héritier ex Aiton；柳叶菜科月见草属。别名：夜来香、待霄草、粉晚樱草、美丽月见草。

形态特征：多年生草本。具粗大主根；茎常丛生，上伸，多分枝，被曲柔毛，上部幼时密生，有时混生长柔毛，下部常为紫红色。基生叶紧贴地面，倒披针形，先端锐尖或钝圆，自中部渐狭或骤狭，有不规则羽状深裂下延至柄；叶柄淡紫红色，开花时基生叶枯萎；茎生叶灰绿色，披针形（轮廓）或长圆状卵形，先端下部的钝状锐尖，中上部的锐尖至渐尖，基部宽楔形并骤缩下延至柄，边缘具齿突，基部有细羽状裂，侧脉6～8对，两面被曲柔毛。花蕾绿色，锥状圆柱形，顶端萼齿紧缩

粉花月见草

成喙；花管淡红色，被曲柔毛，萼片绿色，带红色，披针形，先端萼齿长 1～1.5 毫米，背面被曲柔毛，开花时反折再向上翻；花瓣粉红至紫红色，宽倒卵形，先端钝圆，具 4～5 对羽状脉。花单生于枝端叶腑，排成疏穗状，萼管细长，先端 4 裂，裂片反折；花瓣 4，黄色，雄蕊 8，4 枚与花瓣对生，雌蕊 1，柱头裂。蒴果圆筒形，先端尖，外端尖，外被白色长毛，成熟后自然开裂；种子小，棕褐色，呈不规则三棱状。花期为 6—9 月。

主要利用形式：适于点缀夜景，用于园林、庭院、观赏价值。本种还有较高的经济价值和药用价值，根入药有消炎和降压功效。

082 枫香树

拉丁学名：Liquidambar formosana Hance；金缕梅科枫香树属。别名：枫香、枫树、路路通。

形态特征：落叶乔木，高达 30 米，胸径最大可达 1 米。树皮灰褐色，方块状剥落；小枝干后灰色，被柔毛，略有皮孔；芽体卵形，略被微毛，鳞状苞片敷有树脂，干后棕黑色，有光泽。叶薄革质，阔卵形，掌状 3 裂，中央裂片较长，先端尾状渐尖；两侧裂片平展；基部心形。雄性短穗状花序常多个排成总状，雄蕊多数，花丝不等长，花药比花丝略短。雌性头状花序有花 24～43 朵，花序柄长 3～6 厘米，偶有皮孔，无腺体；萼齿 4～7 个，针形，子房下半部藏在头状花序轴内，上半部游离，有柔毛，花柱长 6～10 毫米，先端常卷曲。头状果序圆球形，木质，直径 3～4 厘米；蒴果下半部藏于花序轴内，有宿存花柱及针刺状萼齿；种子多数，褐色，多角形或有窄翅。花期为 3—4 月，果熟期为 10 月。

枫香树

主要利用形式：常见行道树。木材稍坚硬，可制家具及贵重商品的装箱。树脂供药用，能解毒止痛、止血生肌；根、叶及果实亦可入药，有祛风除湿及通络活血的功效。

083 枫杨

拉丁学名：Pterocarya stenoptera C. DC.；胡桃科枫杨属。别名：枰柳、麻柳、麻柳树、小鸡树、枫柳、平杨柳、枰伦树、水麻柳、蜈蚣柳。

形态特征：大乔木，高达 30 米，胸径达 1 米。幼树树皮平滑，浅灰色，老时则有深纵裂；小枝灰色至暗褐色，具灰黄色皮孔；芽具柄，密被锈褐色盾状着生的腺体。叶多为偶数或稀奇数羽状复叶，长 8～16 厘米（稀达 25 厘米），叶柄长 2～5 厘米，叶轴具翅或翅不甚发达，与叶柄一样被疏或密的短毛；小叶 10～16 枚（稀 6～25 枚），无小叶柄，对生或稀近对生，长椭圆形至

枫杨

长椭圆状披针形，长 8～12 厘米，宽 2～3 厘米，顶端常钝圆或稀急尖，基部歪斜，上方一侧楔形至阔楔形，下方一侧圆形，边缘有向内弯的细锯齿，上面被有细小的浅色疣状突起，沿中脉及侧脉被有极短的星芒状毛，下面幼时被有散生的短柔毛，成长后脱落而仅留有极稀疏的腺体及侧脉腋内留有一丛星芒状毛。雄性柔荑花序长 6～10 厘米，单独生于去年生枝条上的叶痕腋内，花序轴常有稀疏的星芒状毛；雄花常具 1（稀 2 或 3）枚发育的花被片，雄蕊 5～12 枚。雌性柔荑花序顶生，长 10～15 厘米，具 2 枚长达 5 毫米的不孕性苞片；雌花几无梗，苞片及小苞片基部常有细小的星芒状毛，并密被腺体。果序长 20～45 厘米，果序轴常被有宿存的毛；果实长椭圆形，长 6～7 毫米，基部常有宿存的星芒状毛；果翅狭，条形或阔条形，长 12～20 毫米，宽 3～6 毫米，具近于平行的脉。花期为 4—5 月，果熟期为 8—9 月。

主要利用形式：本种树冠宽广，枝叶茂密，生长迅速，为常见的庭荫树。树皮和枝皮含鞣质，可提取栲胶，亦可作纤维原料；果实可作饲料和用来酿酒，种子还可用来榨油。树皮味辛苦，性温，有小毒，能杀虫止痒和利尿消肿。叶治疗血吸虫病，外用治黄癣及脚癣。枝、叶捣烂可杀蛆虫和孑孓。

084 凤仙花

拉丁学名：Impatiens balsamina L.；凤仙花科凤仙花属。别名：女儿花、指甲花、急性子、金凤花、桃红、凤仙透骨草、染指甲花、小桃红。

凤仙花

形态特征：一年生草本，高 60～100 厘米。茎粗壮，肉质，直立，不分枝或有分枝，无毛或幼时被疏柔毛，基部直径可达 8 毫米，具多数纤维状根，下部节常膨大。叶互生，最下部叶有时对生；叶片披针形、狭椭圆形或倒披针形，先端尖或渐尖，基部楔形，边缘有锐锯齿，向基部一侧常有数对无柄的黑色腺体，两面无毛或被疏柔毛，侧脉 4～7 对；叶柄长 1～3 厘米，上面有浅沟，两侧具数对具柄的腺体。花单生或 2～3 朵簇生于叶腋，无总花梗，单瓣或重瓣；花梗长 2～2.5 厘米，密被柔毛；苞片线形，位于花梗的基部；侧生萼片 2，卵形或卵状披针形，长 2～3 毫米，唇瓣深舟状，长 13～19 毫米，宽 4～8 毫米，被柔毛，基部急尖成长 1～2.5 厘米内弯的距；旗瓣圆形，兜状，先端微凹，背面中肋具狭龙骨状突起，顶端具小尖，翼瓣具短柄，长 23～35 毫米，2 裂，下部裂片小，倒卵状长圆形，上部裂片近圆形，先端 2 浅裂，外缘近基部具小耳；雄蕊 5，花丝线形，花药卵球形，顶端钝；子房纺锤形，密被柔毛。蒴果宽纺锤形，长 10～20 毫米，两端尖，密被柔毛；种子多数，圆球形，直径 1.5～3 毫米，黑褐色。花期为 7—10 月。

主要利用形式：常见草花，民间常用其花及叶染指甲。茎及种子入药，用于治风湿性关节痛、屈伸不利；种子用于治噎膈、骨鲠咽喉、腹部肿块及闭经。

085 佛甲草

拉丁学名：Sedum lineare Thunb.；景天科景天属。别名：豆瓣菜、狗牙瓣、石头菜、垂盆草、爬景天、卧茎景天、火连草、豆瓣子菜、金钱挂、水马齿苋、野马齿苋、匍行景天、狗牙草。

形态特征：多年生草本。不育枝及花茎细，匍匐而节上生根，直到花序之下，长 10～25 厘米。3 叶轮生，叶倒披针形至长圆形，长 15～28 毫米，宽 3～7 毫米，先端近急尖，基部急狭，有距。聚伞花序，有 3～5 分枝，花少，宽 5～6 厘米；花无梗；萼片 5，披针形至长圆形，长 3.5～5 毫米，先端钝，基部无距；花瓣 5，黄色，披针形至长圆形，长 5～8 毫米，先端有稍长的短尖；雄蕊 10，较花瓣短；鳞片 10，楔状四方形，长 0.5 毫米，先端稍有微缺；心皮 5，长圆形，长 5～6 毫

佛甲草

米，略叉开，有长花柱。种子卵形，长 0.5 毫米。花期为 5—7 月，果期为 8 月。

主要利用形式：本种耐粗放管理，在屋顶绿化、地被、护坡、花坛、吊篮等城市景观工程中应用广泛。全草药用，能清热解毒。也可作野菜。

086 扶芳藤

拉丁学名：Euonymus fortunei (Turcz.) Hand. -Mazz.；卫矛科卫矛属。别名：金线风、九牛造、靠墙风、络石藤、爬墙草、爬墙风、爬墙虎。

形态特征：常绿藤本灌木。小枝方棱不明显。叶薄革质，椭圆形、长方椭圆形或长倒卵形，宽窄变异较大，可窄至近披针形，侧脉细微，小脉不明显。聚伞花序 3～4 次分枝；花序梗长 1.5～3 厘米，第一次分枝长 5～10 毫米，第二次分枝 5 毫米以下，最终小聚伞花密集，有花 4～7 朵，分枝中央有单花；花白绿色，4 数；花盘方形；花丝细长，花药圆心形；子房三角锥状，四棱，粗壮明显。蒴果粉红色，果皮光滑，近球状；种子长方椭圆状，棕褐色，假种皮鲜红色，全包种子。花期为 6 月，果期为 10 月。

主要利用形式：本种生长旺盛，终年常绿，是庭园中常见的地面覆盖植物。带叶茎枝味苦，性温，无毒，能舒筋活络、止血消瘀，治腰肌劳损、风湿痹痛、咯血、血崩、月经不调、跌打骨折及创伤出血。

扶芳藤

087 附地菜

拉丁学名：Trigonotis peduncularis (Trev.) Benth. ex Baker & Moore；紫草科附地菜属。别名：鸡肠、鸡肠草、地胡椒、雀扑拉。

形态特征：一年生或二年生草本。茎通常多条丛生，稀单一，密集，散铺，高 5～30 厘米，基部多分枝，被短糙伏毛。基生叶呈莲座状，有叶柄，叶片匙

附地菜

形，长 2～5 厘米，先端圆钝，基部楔形或渐狭，两面被糙伏毛；茎上部叶长圆形或椭圆形，无叶柄或具短柄。花序生茎顶，幼时卷曲，后渐次伸长，长 5～20 厘米，通常占全茎的 1/2～4/5，只在基部具 2～3 个叶状苞片，其余部分无苞片；花梗短，花后伸长，长 3～5 毫米，顶端与花萼连接部分变粗成棒状；花萼裂片卵形，长 1～3 毫米，先端急尖；花冠淡蓝色或粉色，筒部甚短，檐部直径 1.5～2.5 毫米，裂片平展，倒卵形，先端圆钝，喉部附属 5，白色或带黄色；花药卵形，长 0.3 毫米，先端具短尖。小坚果 4，斜三棱锥状四面体形，长 0.8～1 毫米，有短毛或平滑无毛，背面三角状卵形，具 3 锐棱，腹面的 2 个侧面近等大而基底面略小，凸起，具短柄，柄长约 1 毫米，向一侧弯曲。早春开花，花期甚长。

主要利用形式：全草入药，夏秋采集，晒干备用。其性温，味甘辛，能温中健胃、消肿止痛、止血，用于治疗胃痛、吐酸、吐血，外用治跌打损伤及骨折。嫩叶可供食用。全草可作为草花。

088 复羽叶栾树

复羽叶栾树

拉丁学名：Koelreuteria bipinnata Franch.；无患子科栾树属。

形态特征：乔木，高可达 20 余米。皮孔圆形至椭圆形；枝具小疣点。叶平展，二回羽状复叶，长 45～70 厘米；叶轴和叶柄向轴面常有一纵行皱曲的短柔毛；小叶 9～17 片，互生，很少对生，纸质或近革质，斜卵形，长 3.5～7 厘米，宽 2～3.5 厘米，顶端短尖至短渐尖，基部阔楔形或圆形，略偏斜，边缘有内弯的小锯齿，两面无毛或上面中脉上被微柔毛，下面密被短柔毛，有时杂以皱曲的毛；小叶柄长约 3 毫米或近无柄。圆锥花序大型，长 35～70 厘米，分枝广展，与花梗同被短柔毛；萼 5 裂达中部，裂片阔卵状三角形或长圆形，有短而硬的缘毛及流苏状腺体，边缘呈啮蚀状；花瓣 4，长圆状披针形，瓣片长 6～9 毫米，宽 1.5～3 毫米，顶端钝或短尖，瓣爪长 1.5～3 毫米，被长柔毛，鳞片 2 深裂；雄蕊 8 枚，长 4～7 毫米，花丝被白色、开展的长柔毛，下半部毛较多，花药有短疏毛；子房三棱状长圆形，被柔毛。蒴果椭圆形或近球形，具 3 棱，淡紫红色，老熟时褐色，长 4～7 厘米，宽 3.5～5 厘米，顶端钝或圆；有小突尖，果瓣椭圆形至近圆形，外面具网状脉纹，内面有光泽；种子近球形，直径 5～6 毫米。花期为 7—9 月，果期为 8—10 月。

主要利用形式：栾树树冠为圆球形，树形端正，枝叶茂密而秀丽，对二氧化硫及烟尘污染有较强抗性，宜作庭荫树、行道树及风景林，也可用作防护林、荒山绿化以及厂矿绿化美化。木材较脆，易加工，可制作板料、器具等。叶含大量的单宁，可提取栲胶。花金黄色，可作黄色染料。种子含油率达 35%，可榨油，供制肥皂及润滑油等。根入药，有消肿、止痛、活血及驱蛔之功，亦治风热咳嗽。花能清肝明目和清热止咳。

089 杠板归

拉丁学名：Polygonum perfoliatum L.；蓼科蓼属。别名：刺犁头、老虎利、老虎刺、三角盐酸、贯叶蓼、犁壁刺。

杠板归

形态特征：一年生草本。茎攀缘，多分枝，长1～2米，具纵棱，沿棱具稀疏的倒生皮刺。叶三角形，长3～7厘米，宽2～5厘米，顶端钝或微尖，基部截形或微心形，薄纸质，上面无毛，下面沿叶脉疏生皮刺；叶柄与叶片近等长，具倒生皮刺，盾状着生于叶片的近基部；托叶鞘叶状，草质，绿色，圆形或近圆形，穿叶，直径1.5～3厘米。总状花序呈短穗状，不分枝顶生或腋生，长1～3厘米；苞片卵圆形，每苞片内具花2～4朵；花被5深裂，白色或淡红色，花被片椭圆形，长约3毫米，结果时增大，肉质，深蓝色；雄蕊8，略短于花被；花柱3，中上部合生，柱头头状。瘦果球形，直径3～4毫米，黑色，有光泽，包于宿存花被内。花期为6—8月，果期为7—10月。

主要利用形式：可食用，也可作畜禽饲料，有利于人畜健康。全草可以入药，主要含黄酮苷、蒽苷、强心苷、酚类、氨基酸、有机酸、鞣质和糖类。杠板归具有利水消肿、清热、活血、解毒等功效，用于治疗水肿、疟疾、痢疾、湿疹、疱疹、疥癣及毒蛇咬伤等症。

090　枸骨

拉丁学名：Ilex cornuta Lindl. & Paxt.；冬青科冬青属。别名：猫儿刺、老虎刺、八角刺、乌不宿、狗骨刺、猫儿香、老鼠树、圣诞树。

形态特征：常绿灌木或小乔木，高（0.6～）1～3米。树皮灰白色。幼枝具纵脊及沟，二年生枝褐色，三年生枝灰白色，无皮孔。叶片厚革质，二型，四角状长圆形或卵形，先端具3枚尖硬刺齿，中央刺齿常反曲，基部圆形或近截形，两侧各具1～2枚刺齿，有时全缘（此情况常出现在卵形叶）；托叶胼胝质，宽三角形。花序簇生于二年生枝的叶腋内，基部宿存鳞片近圆形，被柔毛，具缘毛；苞片卵形，先端钝或具短尖头，被短柔毛和缘毛；花淡黄色，4基数。雄花：花梗长5～6毫米，无毛，基部具1～2枚阔三角形的小苞片；花萼盘状；直径约2.5毫米，裂片膜质，阔三角形，长约0.7毫米，宽约1.5毫米，疏被微柔毛，具缘毛；花冠辐状，直径约7毫米，花瓣长圆状卵形，长3～4毫米，反折，基部合生；雄蕊与花瓣近等长或稍长，花药长圆状卵形，长约1毫米；退化子房近球形，先端钝或圆形，不明显4裂。雌花：花梗长8～9毫米，果期长达13～14毫米，无毛，基部具2枚小的阔三角形苞片；花萼与花瓣像雄花；退化雄蕊长为花瓣的4/5，略长于子房，败育花药卵状箭头形；子房长圆状卵球形，长3～4毫米，直径2毫米；柱头盘状，4浅裂。果球形，直径8～10毫米，成熟时鲜红色，基部具四角形宿存花萼，顶端宿存柱头盘状，明显4裂；果梗长8～14毫米；分

枸骨

核4，内果皮骨质。花期为4—5月，果期为10—12月。

主要利用形式：本种叶形奇特，碧绿光亮，四季常青，入秋后红果满枝，经冬不凋，艳丽可爱，是优良的观叶和观果树种。根有滋补强壮、活络、清风热、祛风湿、治疗黄疸肝炎之功效；枝叶用于治疗肺痨咳嗽、咯血、劳伤失血、腰膝痿弱、风湿痹痛；果实用于治疗阴虚内热、白带过多、慢性腹泻、淋浊、崩带及筋骨疼痛等症。

091 枸杞

拉丁学名：Lycium chinense Mill.；茄科枸杞属。别名：苟起子、枸杞红实、甜菜子、西枸杞、狗奶子、红青椒、枸蹄子、枸杞果、地骨子、枸茄茄、红耳坠、血枸子、枸地芽子、枸杞豆、血杞子、津枸杞。

形态特征：多分枝灌木，高0.5～1米，栽培时可达2米多。枝条细弱，弓状弯曲或俯垂，淡灰色，有纵条纹，棘刺长0.5～2厘米，生叶和花的棘刺较长，小枝顶端锐尖成棘刺状。叶纸质，栽培者质稍厚，单叶互生或2～4枚簇生，卵形、卵状菱形、长椭圆形、卵状披针形，顶端急尖，基部楔形，长1.5～5厘米，宽0.5～2.5厘米，栽培者较大，可长达10厘米以上，宽达4厘米；叶柄长0.4～1厘米。花在长枝上单生或双生于叶腋，在短枝上则同叶簇生；花梗长1～2厘米，向顶端渐增粗；花萼长3～4毫米，通常3中裂或有4～5齿裂，裂片多少有缘毛；花冠漏斗状，长9～12毫米，淡紫色，筒部向上骤然扩大，稍短于或近等于檐部裂片，5深裂，裂片卵形，顶端圆钝，平展或稍向外反曲，边缘有缘毛，基部耳显著；雄蕊较花冠稍短，或因花冠裂片外展而伸出花冠，花丝在近基部处密生一圈茸毛并交织成椭圆状的毛丛，与毛丛等高处的花冠筒内壁亦密生一环茸毛；花柱稍伸出雄蕊，上端弓弯，柱头绿色。浆果红色，卵状，栽培者可呈长矩圆状或长椭圆状，顶端尖或钝，长7～15毫米，栽培者长可达22毫米，直径5～8毫米；种子扁肾脏形，长2.5～3毫米，黄色。花果期为6—11月。

主要利用形式：本种广布，嫩叶可作蔬菜食用或绿化栽培。根皮（中药称地骨皮）有解热止咳之效用。其果实味道不佳，不堪食用，区别于宁夏枸杞。叶性味苦甘凉，能补虚益精、清热明目。

枸杞

092 构树

拉丁学名：Broussonetia papyrifera (L.) L'Hér. ex Vent.；桑科构属。别名：构桃树、构乳树、楮树、楮实子、沙纸树、谷木、谷浆树、假杨梅。

形态特征：乔木，高10～20米。树皮暗灰色；小枝密生柔毛。叶螺旋状排列，广卵形至长椭圆状卵形，长6～18厘米，宽5～9厘米，先端渐尖，基部心形，两侧常不相等，边缘具粗锯齿，不分裂或3～5裂，小树之叶常有明显分裂，表面粗糙，疏生糙毛，背面密被茸毛，基生叶脉三出，侧脉6～7对；叶柄长2.5～8厘米，密被糙毛；托叶大，卵形，狭渐尖，长1.5～2厘米，宽0.8～1厘米。花雌雄异株。雄花序为柔荑花序，粗壮，长3～8厘米；苞片披针形，被毛；花被4裂，裂片三角状卵形，被毛；雄蕊4；花药近球形；退化雌蕊小。雌花序球形头状；苞片棍棒状，顶端被毛；花被管状，顶端与花柱紧贴；子房卵圆形；柱头线形，被

构树

毛。聚花果直径 1.5～3 厘米，成熟时橙红色，肉质；瘦果表面有小瘤，龙骨双层，外果皮壳质。花期为 4—5 月，果期为 6—7 月。

主要利用形式：构树能抗二氧化硫、氟化氢和氯气等有毒气体，可用作荒滩、偏僻地带及污染严重的工厂区的绿化树种。韧皮纤维可作造纸材料；叶蛋白营养成分非常丰富，可用于生产全价畜禽饲料。果为楮实子，与根共入药，能补肾、利尿、强筋骨，用于治疗腰膝酸软、肾虚目昏、阳痿和水肿。叶可清热、凉血、利湿、杀虫，用于治疗鼻衄、肠炎和痢疾。皮可利尿消肿、祛风湿，用于治疗水肿、筋骨酸痛；外用治神经性皮炎及癣症。乳可利水消肿解毒，治水肿癣疾，蛇、虫、蜂、蝎或狗咬。

093 栝楼

拉丁学名：Trichosanthes kirilowii Maxim.；葫芦科栝楼属。别名：瓜蒌、瓜楼、药瓜、果裸、王菩、地楼、泽巨、泽冶、王白、天瓜、瓜葵、泽姑、黄瓜、天圆子、柿瓜、野苦瓜、杜瓜、大肚瓜、药瓜、鸭屎瓜。

形态特征：攀缘藤本，长达 10 米。块根圆柱状，粗大肥厚，富含淀粉，淡黄褐色。茎较粗，多分枝，具纵棱及槽，被白色伸展柔毛。叶片纸质，轮廓近圆形，长、宽均为 5～20 厘米，常具 3～5（～7）浅裂至中裂，稀深裂或不分裂而仅有不等大的粗齿，裂片菱状倒卵形、长圆形，先端钝，急尖，边缘常再浅裂，叶基心形，弯缺深 2～4 厘米，上表面深绿色，粗糙，背面淡绿色，基出掌状脉 5 条，细脉网状；叶柄长 3～10 厘米，具纵条纹，被长柔毛；卷须 3～7 歧，被柔毛。花雌雄异株。雄花总状花序，长 10～20 厘米，粗壮，具纵棱与槽，被微柔毛，顶端有花 5～8 朵，总花梗长约 15 厘米，单花花梗长约 3 毫米，小苞片倒卵形或阔卵形，长 1.5～2.5（～3）厘米，宽 1～2 厘米，中上部具粗齿，基部具柄，被短柔毛；花萼筒筒状，长 2～4 厘米，顶端扩大，径约 10 毫米，中、下部径约 5 毫米，被短柔毛，裂片披针形，长 10～15 毫米，宽 3～5 毫米，全缘；花冠白色，裂片倒卵形，长 20 毫米，宽 18 毫米，顶端中央具 1 绿色尖头，两侧具丝状流苏，被柔毛；花药靠合，长约 6 毫米，径约 4 毫米，花丝分离，粗壮，被长柔毛。雌花单生，花梗长 7.5 厘米，被短柔毛；花萼筒圆筒形，长 2.5 厘米，径 1.2 厘米，裂片和花冠同雄花；子房椭圆形，绿色，长 2 厘米，径 1 厘米，花柱长 2 厘米，柱头 3。果梗粗壮，长 4～11 厘米；果实椭圆形或圆形，长 7～10.5 厘米，成熟时黄褐色或橙黄色；种子卵状椭圆形，压扁，长 11～16 毫米，宽 7～12 毫米，淡黄褐色，近边缘处具棱线。花期为 5—8 月，果期为 8—10 月。

主要利用形式：根、果实、果皮和种子分别为传统中药天花粉、栝楼、栝楼皮和栝楼子（瓜蒌仁）。果实具有抗菌、抗癌、泻下、保护心血管系统、抗溃疡以及延缓衰老等药理作用。

094 观赏辣椒

拉丁学名：Capsicum frutescens L. var. fasciculatum Irish；茄科辣椒属。别名：朝天椒、五色椒、佛手椒、樱桃椒、圣诞辣椒。

形态特征：根系发达。茎直立，茎部木质化，分枝

栝楼

观赏辣椒

能力强，分枝习性为双叉分枝和三叉分枝。小果类型的植株高大，分枝多，大果类型的则相反。单叶互生，全缘，卵圆形，叶片大小、色泽与青果的大小、色泽有相关性。花小，有白色、绿白色、浅紫色和紫色。按果实的颜色分，有红、黄、紫、橙、黑、白、绿色等类型；按果实的形状分，有线形、羊角形、樱桃形、风铃形、蛇形、枣形、指天形、灯笼形、火箭形等类型。

主要利用形式：观赏型蔬菜。本种除了保持辣椒辛、热特性的食用价值外，还具有体态娇小、株形优雅、好栽易养、椒果奇特、果色多变、色彩艳丽及观赏价值极高等特点。

095 贯月忍冬

拉丁学名：Lonicera sempervirens L.；忍冬科忍冬属。

形态特征：常绿藤本，全体近无毛。幼枝、花序梗和萼筒常有白粉。叶宽椭圆形、卵形至矩圆形，长 3～7 厘米，顶端钝或圆而常具短尖头，基部通常为楔形，下面粉白色，有时被短柔伏毛，小枝顶端的 1～2 对基部相连成盘状；叶柄短或几不存在。花轮生，每轮通常 6 朵，2 至数轮组成顶生穗状花序；花冠近整齐，细长漏斗形，外面橘红色，内面黄色，长 3.5～5 厘米，筒细，中部向上逐渐扩张，中部以下一侧略肿大，长为裂片的 5～6 倍，裂片直立，卵形，近等大；雄蕊和花柱稍伸出，花药远比花丝短。果实红色，直径约 6 毫米。花期为 4—8 月。

主要利用形式：温室栽培观赏植物，花形美丽，园林利用周期极长，连续性好，是很好的园林垂直绿化材料。

贯月忍冬

096 广布野豌豆

拉丁学名：Vicia cracca L.；豆科野豌豆属。别名：草藤、落豆秧。

形态特征：多年生草本，高 40～150 厘米。根细长，多分支。茎攀缘或蔓生，有棱，被柔毛。偶数羽状复叶，叶轴顶端卷须有 2～3 分支；托叶半箭头形或戟形，上部 2 深裂；小叶 5～12 对互生，线形、长圆形或披针状线形，长 1.1～3 厘米，宽 0.2～0.4 厘米，先端锐尖或圆形，具短尖头，基部近圆或近楔形，全缘；叶脉稀疏，呈三出脉状，不甚清晰。总状花序与叶轴近等长，花多数，10～40 密集一面向着生于总花序轴上部；花萼钟状，萼齿 5，近三角状披针形；花冠紫色、蓝紫色或紫红色，长 0.8～1.5 厘米；旗瓣长圆形，中部缢缩成提琴形，先端微缺，瓣柄与瓣片近等长；翼瓣与旗瓣近等长，明显长于龙骨瓣，先端钝；子房有柄，胚珠 4～7，花柱弯与子房连接处呈大于 90°夹角，上部四周被毛。荚果长圆形或长圆菱形，长 2～2.5 厘米，宽约 0.5 厘米，先端有喙，果梗长约 0.3 厘米；种子 3～6，扁圆球形，直径约 0.2 厘米，种皮黑褐色，种脐长相当于种子周长的 1/3。花果期为 5—9 月。

主要利用形式：农田广布杂草。嫩时为牛羊等牲畜喜食饲料，花期为早春蜜源植物。药用可补肾调经、祛痰止咳，主治肾虚腰痛和疔疮。

广布野豌豆

097 广州蔊菜

拉丁学名：Rorippa cantoniensis（Lour.）Ohwi；十字花科蔊菜属。别名：微子蔊菜、细子蔊菜、包蔊菜、广东葶苈、沙地菜。

形态特征：二年生草本。幼苗全株光滑无毛，成株植株光滑无毛，高 10～25 厘米。茎直立或呈散铺状分枝，有时带紫红色。基生叶有柄，羽状深裂或浅裂，裂片 4～6 对，边缘具钝齿，顶端裂片较大；茎生叶无柄，羽状浅裂，基部略呈耳状抱茎，边缘有不整齐锯齿。花和籽实总状花序顶生。花黄色，近无梗，单生于叶状苞片腋部；萼片宽披针形；花瓣倒卵形，稍长于萼片；雄蕊 6 枚，柱头短。短角果圆柱形，裂瓣无脉，平滑，果柄极短；种子数量极多，细小，扁卵形，红褐色，表面具网纹。花期为 3—4 月，果期为 4—6 月。

主要利用形式：为夏收作物田常见杂草，能危害麦类、油菜及蔬菜等农作物。春季未开花的幼苗可食用，亦可作优质饲料。全草入药，可清热解毒、润肺止咳、理气止痛。

098 鬼针草

拉丁学名：Bidens pilosa L.；菊科鬼针草属。别名：

虾钳草、蟹钳草、对叉草、粘人草、粘连子、一包针、引线包、豆渣草、豆渣菜、细毛鬼针草、盲肠草、三叶鬼针草。

形态特征：一年生草本。茎直立，高 30～100 厘米，钝四棱形，无毛或上部被极稀疏的柔毛，基部直径可达 6 毫米。茎下部叶较小，3 裂或不分裂，通常在开花前枯萎；中部叶具长 1.5～5 厘米无翅的柄，三出，小叶 3 枚，很少为具 5～7 小叶的羽状复叶；两侧小叶椭圆形或卵状椭圆形，长 2～4.5 厘米，宽 1.5～2.5 厘米，先端锐尖，基部近圆形或阔楔形，有时偏斜，不对称，具短柄，边缘有锯齿；顶生小叶较大，长椭圆形或卵状长圆形，长 3.5～7 厘米，先端渐尖，基部渐狭或近圆形，具长 1～2 厘米的柄，边缘有锯齿；上部叶小，3 裂或不分裂，条状披针形。头状花序直径 8～9 毫米，有长 1～6（结果时长 3～10）厘米的花序梗；总苞基部被短柔毛，苞片 7～8 枚，条状匙形，上部稍宽，开花时长 3～4 毫米，结果时长增至 5 毫米，草质，边缘疏被短柔毛或几无毛；外层托片披针形，结果时长 5～6 毫米，干膜质，背面褐色，具黄色边缘，内层较狭，条状披针形；无舌状花，盘花筒状，长约 4.5 毫米，冠檐 5 齿裂。瘦果黑色，条形，略扁，具棱，长 7～13 毫米，宽约 1 毫米；顶端芒刺 3～4 枚，长 1.5～2.5 毫米，具倒刺毛。

主要利用形式：杂草。全草具有解毒消肿、清热镇痛、活血散瘀、调气消积之功效，常用于治疗胃肠炎、中暑腹痛、细菌性痢疾、感冒发热、急性喉炎、淋证、白浊、再生障碍性贫血、痔疮、脱肛、大小便出血、糖尿病、蛇咬伤、肩周炎、跌打损伤、关节炎、白血病等；也能抗多种病原真菌。

099 海桐

拉丁学名：Pittosporum tobira (Thunb.) Ait.；海桐花科海桐花属。别名：海桐花、山矾、七里香、宝珠香、山瑞香。

形态特征：常绿灌木或小乔木，高达 6 米。嫩枝被褐色柔毛，有皮孔。叶聚生于枝顶，二年生，革质，嫩时上下两面有柔毛，以后变秃净，倒卵形或倒卵状披针形，长 4～9 厘米，宽 1.5～4 厘米，上面深绿色，发

海桐

亮，干后暗晦无光，先端圆形或钝，常微凹入或为微心形，基部窄楔形，侧脉6~8对，在靠近边缘处相结合，有时因侧脉间的支脉较明显而呈多脉状，网脉稍明显，网眼细小，全缘，干后反卷；叶柄长达2厘米。伞形花序或伞房状伞形花序顶生或近顶生，密被黄褐色柔毛，花梗长1~2厘米；苞片披针形，长4~5毫米；小苞片长2~3毫米，均被褐色柔毛；花白色，有芳香，后变黄色；萼片卵形，长3~4毫米，被柔毛；花瓣倒披针形，长1~1.2厘米，离生；雄蕊二型，退化雄蕊的花丝长2~3毫米，花药近于不育；正常雄蕊的花丝长5~6毫米，花药长圆形，长2毫米，黄色；子房长卵形，密被柔毛，侧膜胎座3个，胚珠多数，2列着生于胎座中段。蒴果圆球形，有棱或呈三角形，直径12毫米，多少有毛，子房柄长1~2毫米，3片裂开，果片木质，厚1.5毫米，内侧黄褐色，有光泽，具横格；种子多数，长4毫米，多角形，红色，种柄长约2毫米。花期为3—9月，果熟期为9—10月。

主要利用形式：常见的花坛造景树和造园绿化树种，对二氧化硫抗性强。树皮性味苦平，无毒，主治腰膝痛、风瘫及风虫牙痛。

100 含羞草

拉丁学名：Mimosa pudica L.；豆科含羞草属。别名：感应草、知羞草、呼喝草、怕丑草。

形态特征：披散、亚灌木状草本，高可达1米。茎圆柱状，具分枝，有散生、下弯的钩刺及倒生刺毛。托叶披针形，有刚毛；羽片和小叶触之即闭合而下垂，羽片通常2对，指状排列于总叶柄之顶端；小叶10~20

含羞草

对，线状长圆形，先端急尖，边缘具刚毛。头状花序圆球形，直径约1厘米，具长总花梗，单生或2~3个簇生于叶腋；花小，淡红色，多数；苞片线形；花萼极小；花冠钟状，裂片4，外面被短柔毛；雄蕊4枚，伸出于花冠之外；子房有短柄，无毛；胚珠3~4颗；花柱丝状，柱头小。荚果长圆形，扁平，稍弯曲，荚缘波状，具刺毛，成熟时荚节脱落，荚缘宿存；种子卵形。花期为3—10月，果期为5—11月。

主要利用形式：全草味甘涩，性凉，可宁心安神、清热解毒，用于治疗吐泻、失眠、小儿疳积、目赤肿痛、深部脓肿及带状疱疹。根味涩微苦，有毒，可止咳化痰、利湿通络、和胃、消积，用于治疗咳嗽痰喘、风湿关节痛及小儿消化不良。本种含有有毒糖苷类，尽量不要在室内种植。

101 蔊菜

拉丁学名：Rorippa indica（L.）Hiern.；十字花科蔊菜属。别名：印度蔊菜、塘葛菜、葶苈、江剪刀草、

蔊菜

香荠菜、野油菜、干油菜、野菜子、天菜子、辣米菜、绿豆草。

形态特征：一年生或二年生直立草本，植株较粗壮，无毛或具疏毛。茎单一或分枝，表面具纵沟。叶互生，基生叶及茎下部叶具长柄，叶形多变化，通常为大头羽状分裂，顶端裂片大，卵状披针形，边缘具不整齐牙齿，侧裂片 1～5 对；茎上部叶片宽披针形或匙形，边缘具疏齿，具短柄或基部耳状抱茎。总状花序顶生或侧生，花小，多数，具细花梗；萼片 4，卵状长圆形；花瓣 4，黄色，匙形，基部渐狭成短爪；雄蕊 6，2 枚稍短。长角果线状圆柱形，短而粗，直立或稍内弯，成熟时果瓣隆起；果梗纤细，斜伸或近水平开展；种子每室 2 行，多数，细小，卵圆形而扁，一端微凹，表面褐色，具细网纹；子叶缘倚胚根。花期为 4—6 月，果期为 6—8 月。

主要利用形式：杂草，野菜。全草入药，夏秋采收，性味甘淡凉，能清热解毒、镇咳、利尿，用于治疗感冒发热、咽喉肿痛、肺热咳嗽、慢性气管炎、急性风湿性关节炎、肝炎、小便不利，外用治漆疮、蛇咬伤、疔疮痈肿及烧烫伤。

102 旱金莲

拉丁学名：Tropaeolum majus L.；旱金莲科旱金莲属。别名：旱荷、寒荷、金莲花、旱莲花、金钱莲、寒金莲、大红雀。

形态特征：一年生肉质草本，蔓生，无毛或被疏毛。叶互生；叶柄长 6～31 厘米，向上扭曲，盾状，着生于叶片的近中心处；叶片圆形，直径 3～10 厘米，有

旱金莲

主脉 9 条，由叶柄着生处向四面放射，边缘为波浪形的浅缺刻，背面通常被疏毛或有乳突点。单花腋生，花柄长 6～13 厘米；花黄色、紫色、橘红色或杂色，直径 2.5～6 厘米；花托杯状；萼片 5，长椭圆状披针形，长 1.5～2 厘米，宽 5～7 毫米，基部合生，边缘膜质，其中一片延长成一长距，距长 2.5～3.5 厘米，渐尖；花瓣 5，通常为圆形，边缘有缺刻，上部 2 片通常全缘，长 2.5～5 厘米，宽 1～1.8 厘米，着生在距的开口处，下部 3 片基部狭窄成爪，近爪处边缘具睫毛；雄蕊 8，长短互间，分离；子房 3 室，花柱 1 枚，柱头 3 裂，线形。果扁球形，成熟时分裂成 3 个具 1 粒种子的瘦果。花期为 6—10 月，果期为 7—11 月。

主要利用形式：观赏草花。全草入药，多鲜用，性味辛凉，能清热解毒，用于治疗眼结膜炎和痈疖肿毒。旱金莲花茶金黄璀璨，口感清爽，具有清热解毒、滋阴降火、养阴清热和消火杀菌的作用，长期饮用可清咽润喉，尤其对慢性咽炎、喉炎、扁桃体炎和声音嘶哑者有消炎、预防和治疗的作用，对从事播音、声乐、教育和通信等语音职业者有特殊的保健治疗作用。其嫩梢、花蕾及新鲜种子可作辛辣的香辛料。

103 旱柳

拉丁学名： Salix matsudana Koidz.；杨柳科柳属。别名：柳树、河柳、江柳、立柳、直柳。

形态特征： 落叶乔木，高可达20米，胸径达80厘米。大枝斜向上，树冠广圆形；树皮暗灰黑色，有裂沟。枝细长，直立或斜展，浅褐黄色或带绿色，后变褐色，无毛，幼枝有毛；芽微有短柔毛。叶披针形，长5～10厘米，宽1～1.5厘米，先端长渐尖，基部窄圆形或楔形，上面绿色，无毛，有光泽，下面苍白色或带白色，有细腺锯齿缘，幼叶有丝状柔毛；叶柄短，长5～8毫米，上面有长柔毛；托叶披针形或缺，边缘有细腺锯齿。花序与叶同时开放。雄花序圆柱形，长1.5～2.5（～3）厘米，粗6～8毫米，多少有花序梗，轴有长毛；雄蕊2，花丝基部有长毛，花药卵形，黄色；苞片卵形，黄绿色，先端钝，基部多少有短柔毛；腺体2。雌花序较雄花序短，长达2厘米，粗4毫米，有3～5枚小叶生于短花序梗上，轴有长毛；子房长椭圆形，近无柄，无毛，无花柱或很短，柱头卵形，近圆裂；苞片同雄花；腺体2，背生和腹生。果序长达2～2.5厘米。花期为4月，果期为4—5月。

主要利用形式： 常见乡土树种。树皮含鞣质3.06%～7.49%。其根、枝、皮、叶均可入药，味微苦，性寒，能散风、祛湿、清湿热，主治急性膀胱炎、小便不利、关节炎、黄水疮、疮毒和牙痛。

旱柳

104 合欢

拉丁学名： Albizia julibrissin Durazz.；豆科合欢属。别名：马缨花、绒花树、夜合欢、蓉花树、野广木。

合欢

形态特征： 落叶乔木，高可达16米。树冠开展。小枝有棱角，嫩枝、花序和叶轴被茸毛或短柔毛。托叶线状披针形，较小叶小，早落；二回羽状复叶，总叶柄近基部及最顶部一对羽片着生处各有1枚腺体；羽片4～12对，栽培的有时达20对；小叶10～30对，线形至长圆形，长6～12毫米，宽1～4毫米，向上偏斜，先端有小尖头，有缘毛，有时在下面或仅中脉上有短柔毛；中脉紧靠上边缘。头状花序于枝顶排成圆锥花序，花粉红色；花萼管状，长3毫米，花冠长8毫米，裂片三角形，长1.5毫米，花萼、花冠外均被短柔毛，花丝长2.5厘米。荚果带状，长9～15厘米，宽1.5～2.5厘米，嫩荚有柔毛，老荚无毛。花期为6—7月，果期为8—10月。

主要利用形式： 常见行道树和观赏树。心材黄灰褐色，边材黄白色，耐久，多用于制家具；嫩叶可食，老叶可以洗衣服。树皮能解郁、和血、宁心、消痈肿，治疗心神不安、忧郁失眠、肺痈、痈肿、瘰疬、筋骨折伤，也可驱虫。

105 何首乌

拉丁学名： Fallopia multiflora (Thunb.) Harald.；蓼科何首乌属。别名：多花蓼、紫乌藤、夜交藤。

形态特征： 多年生草本。块根肥厚，长椭圆形，黑褐色。茎缠绕，长2～4米，多分枝，具纵棱，无毛，微粗糙，下部木质化。叶卵形或长卵形，长3～7厘米，宽2～5厘米，顶端渐尖，基部心形或近心形，两面粗糙，边缘全缘；叶柄长1.5～3厘米；托叶鞘膜质，偏

何首乌

斜，无毛，长 3~5 毫米。花序圆锥状，顶生或腋生，长 10~20 厘米，分枝开展，具细纵棱，沿棱密被小突起；苞片三角状卵形，具小突起，顶端尖，每苞内具 2~4 朵花；花梗细弱，长 2~3 毫米，下部具关节，结果时延长；花被 5 深裂，白色或淡绿色，花被片椭圆形，大小不相等，外面 3 片较大且背部具翅，结果时增大，结果时花被外形近圆形，直径 6~7 毫米；雄蕊 8，花丝下部较宽；花柱 3，极短，柱头头状。瘦果卵形，具 3 棱，长 2.5~3 毫米，黑褐色，有光泽，包于宿存花被内。花期为 8—9 月，果期为 9—10 月。

主要利用形式：常见垂直绿化植物，也为常见中药材，块根入药，可安神、养血及活络。

106　荷花

拉丁学名：Nelumbo SP.；睡莲科莲属。别名：莲花、莲、水芙蓉、藕花、芙蕖、水芝、水华、泽芝、中国莲、鞭蓉、水芸、水旦、溪客、玉环。

形态特征：多年生水生草本。根状茎横生，肥厚，节间膨大，内有多数纵向通气孔道，节部缢缩，上生黑色鳞叶，下生须状不定根。叶圆形，盾状，表面深绿色，被蜡质白粉，背面灰绿色，全缘稍呈波状，上面光滑，具白粉，下面叶脉从中央射出，有 1~2 叉状分枝；叶柄粗壮，圆柱形，中空，外面散生小刺。花梗和叶柄等长或稍长，也散生小刺；花单生于花梗顶端，高托水面之上，有单瓣、复瓣、重瓣及重台等花型；花色有白、粉、深红、淡紫色、黄色或间色等变化；荷叶矩圆状椭圆形至倒卵形，由外向内渐小，有时变成雄蕊，先端圆钝或微尖，雄蕊多数；雌蕊离生，埋藏于倒圆锥状海绵质花托内，花托表面具多数散生蜂窝状孔洞，受精后逐渐膨大称为莲蓬，每一孔洞内生一小坚果（莲子）；花药条形，花丝细长，着生在花托之下；花柱极短，柱头顶生。坚果椭圆形或卵形，果皮革质，坚硬，熟时黑褐色；种子（莲子）卵形或椭圆形，种皮红色或白色。花果期为 6—9 月。

荷花

主要利用形式：荷花种类很多，分观赏和食用两大类。藕节可止血、散瘀；叶可清暑利湿、升发清阳、止血；梗可清热解暑、通气行暑；叶蒂可清暑祛湿、和血安胎；花可活血止血、祛湿消风；房可消瘀、止血、祛湿；须可清心、益肾、涩精、止血；子可养心、益肾、补脾、涩肠，以湖南的“湘莲子”最为著名；衣能敛、佐参补脾阴；子心可清心去热、止血涩精。

107　荷花玉兰

拉丁学名：Magnolia grandiflora L.；木兰科木兰属。别名：泽玉兰、洋玉兰、广玉兰、木莲花。

形态特征：常绿灌木或乔木。树皮淡褐色或灰色，薄鳞片状开裂；小枝粗壮，具横隔的髓心。小枝、芽、叶下面、叶柄均密被褐色或灰褐色短茸毛（幼树的叶下面无毛）。叶厚革质，椭圆形、长圆状椭圆形或倒卵状椭圆形，先端钝或短钝尖，基部楔形，叶面深绿色，有光泽；侧脉每边 8~10 条；叶柄无托叶痕，具深沟。花白色，有芳香；花被片 9~12，厚肉质，倒卵形；雄蕊长，花丝扁平，紫色，花药向内，药隔伸出成短尖；雌蕊群椭圆体形，密被长茸毛；心皮卵形；花柱呈卷曲状。聚合果圆柱状长圆形或卵圆形，密被褐色或淡灰黄色茸毛；蓇葖背裂，背面圆，顶端外侧具长喙；种子近

荷花玉兰

红车轴草

卵圆形或卵形，外种皮红色，除去外种皮的种子，顶端延长成短颈。花期为5—6月，果期为9—10月。

主要利用形式：品种很多，对二氧化硫、氯气、氟化氢等有毒气体抗性较强，也耐烟尘。木材黄白色，材质坚重，可作装饰材料用。叶、幼枝和花可提取芳香油；花制浸膏用；种子榨油，含油率为42.5%。叶入药治高血压。其花性味辛温，能祛风散寒、止痛，用于治疗外感风寒及鼻塞头痛。树皮能燥湿、行气止痛，用于治疗湿阻和气滞胃痛。

108 红车轴草

拉丁学名：Trifolium pratense L.；豆科车轴草属。别名：红花车轴草、红三叶、红荷兰翘摇、红菽草。

形态特征：多年生草本。茎高30～80厘米，有疏毛。叶具3小叶；小叶椭圆状卵形至宽椭圆形，长2.5～4厘米，宽1～2厘米，先端钝圆，基部圆楔形，叶脉在边缘多少突出成不明显的细齿，下面有长毛；小叶无柄；托叶卵形，先端锐尖。花序腋生，头状，具大型总苞，总苞卵圆形，具纵脉；花萼筒状，萼齿条状披针形，最下面的一枚萼齿较长，有长毛；花冠紫色或淡紫红色。荚果包于宿存的萼内，倒卵形，长约2毫米，果实膜质，具纵脉，含种子1粒。

主要利用形式：为良好饲用、观赏植物，也可用于园林绿化。茎、叶含有芳香油，主要成分为香豆素，可用作调和香精原料。其提取物被广泛用于保健食品中。它的嫩叶富含蛋白质，长期食用安全；其中的芒柄花素经过消化代谢后还可转化为染料木素，能提高血液中活性异黄酮的水平。全草为良好的绿肥，花是夏季蜜蜂的花蜜来源。该物种为中国植物图谱数据库收录的有毒植物，其毒性为全草有小毒。牛、马等牲畜中毒后出现三叶草病典型症状（大量流涎、皮肤起水泡、步态僵硬、腹泻等，有的还出现眼组织坏死、失明、黄疸、奶量减少和流产等）。国外民间也有用其花序煎成汤剂祛痰、治感冒和肺结核、利尿消炎，外敷治脓肿、烧伤和眼疾等，并曾有用其花、种子、植株及根部制膏、糊剂、煎剂和泡茶饮用的记载。

109 红花刺槐

拉丁学名：Robinia hisqida L.；豆科刺槐属。别名：江南槐、毛刺槐、红花槐、粉花刺槐、粉花洋槐、红毛洋槐、紫雀花。

形态特征：落叶灌木或小乔木，高1～3米。幼枝绿色，密被紫红色硬腺毛及白色曲柔毛，二年生枝深灰褐色，密被褐色刚毛，毛长2～5毫米。羽状复叶长15～30厘米；叶轴被刚毛及白色短曲柔毛，上面有沟槽；小叶5～7（～8）对，椭圆形、卵形、阔卵形至近圆形，长1.8～5厘米，宽1.5～3.5厘米，通常叶轴下部1对小叶最小，两端圆，先端芒尖，幼嫩时上面暗红色，后变绿色，无毛，下面灰绿色，中脉疏被毛；小叶柄被白色柔毛；小托叶芒状，宿存。总状花序腋生，除花冠外，均被紫红色腺毛及白色细柔毛，花3～8朵；总花梗长4～8.5厘米；苞片卵状披针形，长5～6毫米，有时上部3裂，先端渐尾尖，早落；花萼紫红色，斜钟形，萼筒长约5毫米，萼齿卵状三角形，长3～6毫米，先端尾尖至钻状；花冠红色至玫瑰红色，花瓣具柄，旗瓣近肾形，长约2厘米，宽约3厘米，先端凹缺，翼瓣

红花刺槐

红花酢浆草

镰形，长约 2 厘米，龙骨瓣近三角形，长约 1.5 厘米，先端圆，前缘合生，与翼瓣均具耳；雄蕊二体，相对旗瓣的 1 枚分离；花药椭圆形；子房近圆柱形，长约 1.5 厘米，密布腺状突起，沿缝线微被柔毛，柱头顶生，胚珠多数。荚果线形，具腺状刺毛，长 5~8 厘米，宽 8~12 毫米，扁平，密被腺刚毛，先端急尖，果颈短，有种子 3~5 粒。花期为 5—6 月，果期为 7—10 月。

主要利用形式：庭荫树、行道树、防护林及城乡绿化先锋速生用材树种。本种可作枕木、建筑、车辆、矿柱及薪炭用材。树皮可造纸及人造棉；种子含油约 12%，可作肥皂及油漆原料；嫩叶和花可食。茎皮、根、叶药用，有利尿止血的功效。本种有小毒，其毒性部位为茎皮、叶、豆荚和种子。

110 红花酢浆草

拉丁学名：Oxalis corymbosa DC.；酢浆草科酢浆草属。别名：大酸味草、铜锤草、南天七、紫花酢浆草、多花酢浆草。

形态特征：多年生直立草本。无地上茎，地下部分有球状鳞茎，外层鳞片膜质，褐色，背具 3 条肋状纵脉，被长缘毛；内层鳞片呈三角形，无毛。叶基生；叶柄长 5~30 厘米或更长，被毛；小叶 3，扁圆状倒心形，长 1~4 厘米，宽 1.5~6 厘米，顶端凹入，两侧角圆形，基部宽楔形，表面绿色，被毛或近无毛，背面浅绿色，通常两面或有时仅边缘有干后呈棕黑色的小腺体，背面尤甚并被疏毛；托叶长圆形，顶部狭尖，与叶柄基部合生。总花梗基生，二歧聚伞花序，通常排列成伞形花序式，总花梗长 10~40 厘米或更长，被毛；花梗、苞片、萼片均被毛；花梗长 5~25 毫米，每花梗有披针形干膜质苞片 2 枚；萼片 5，披针形，先端有暗红色长圆形的小腺体 2 枚，顶部腹面被疏柔毛；花瓣 5，倒心形，淡紫色至紫红色，基部颜色较深；雄蕊 10 枚，长的 5 枚超出花柱，另 5 枚长至子房中部，花丝被长柔毛；子房 5 室，花柱 5，被锈色长柔毛，柱头 2 浅裂。花果期为 3—12 月。

主要利用形式：地被草花。全草入药，味酸，性寒，入肝、小肠经，具有散瘀消肿、清热利湿和解毒的功效，主治跌打损伤、月经不调、咽喉肿痛、水泻、痢疾、水肿、白带、淋浊、痔疮、痈肿疮疖及烧烫伤等症。

111 红瑞木

拉丁学名：Swida alba Opiz；山茱萸科梾木属。别名：凉子木、红瑞山茱萸。

形态特征：灌木。树皮紫红色。幼枝有淡白色短柔毛，后即秃净而被蜡状白粉，老枝红白色；冬芽卵状披针形，被灰白色或淡褐色短柔毛。叶对生，纸质，椭圆形，稀卵圆形，边缘全缘或波状反卷，上面暗绿色，有极少的白色平贴短柔毛，下面粉绿色，被白色贴生短柔毛，中脉在上面微凹陷，下面凸起，侧脉（4~）5（~6）对，弓形内弯，在上面微凹，下面突出，细脉在两面微显明。伞房状聚伞花序顶生，较密，被白色短柔毛；总花梗圆柱形，被淡白色短柔毛；花小，白色或淡黄白色，花萼裂片 4，尖三角形，短于花盘，外侧有疏生短柔毛；花瓣 4，卵状椭圆形，上面无

红瑞木

毛，下面疏生贴生短柔毛；雄蕊 4，着生于花盘外侧，花丝线形，微扁，无毛，花药淡黄色，2 室，卵状椭圆形，丁字形着生；花盘垫状；花柱圆柱形，近于无毛，柱头盘状，宽于花柱，子房下位，花托倒卵形，被贴生灰白色短柔毛；花梗纤细，被淡白色短柔毛，与子房交接处有关节。核果长圆形，微扁，成熟时乳白色或蓝白色，花柱宿存；核棱形，侧扁，两端稍尖成喙状，每侧有脉纹 3 条；果梗细圆柱形，有疏生短柔毛。花期为 6—7 月；果期为 8—10 月。

主要利用形式：常引种栽培作庭园观赏植物。种子含油量约为 30%，可供工业用。 茎、枝味苦微涩，性寒，能清热解毒、止痢止血，主治湿热痢疾、肾炎、风湿关节痛、目赤肿痛、中耳炎、咯血和便血。

112 红叶石楠

拉丁学名：Photinia × fraseri Dress；蔷薇科石楠属。别名：火焰红、千年红、红罗宾、红唇、酸叶石楠、酸叶树。

形态特征：常绿小乔木或灌木，小乔木高可达 12 米，灌木高 1~2 米，株形紧凑。茎直立，下部绿色，上部紫色或红色，多有分枝。叶片革质，长椭圆形至倒卵状披针形，下部叶绿色或带紫色，上部嫩叶鲜红色或紫红色。春季和秋季新叶亮红色。梨果红色，能延续至冬季。花期为 4—5 月，果期为 10 月。

主要利用形式：园林绿化彩叶植物，多修剪成造型球，对二氧化硫、氯气耐性较强，具有隔音功能，适用于街坊及厂矿绿化。叶片入药，可用于治疗头风头痛、感冒、腰膝无力以及风湿筋骨疼痛。

红叶石楠

113 荭蓼

拉丁学名：Polygonum orientale L.；蓼科蓼属。别名：荭草、红蓼、东方蓼、狗尾巴花、水荭子、荭草实、河蓼子、川蓼子、水红子。

形态特征：一年生草本。茎直立，粗壮，高 1~2 米，上部多分枝，密被开展的长柔毛。叶宽卵形、宽椭圆形或卵状披针形，长 10~20 厘米，宽 5~12 厘米，顶端渐尖，基部圆形或近心形，微下延，边缘全缘，密生缘毛，两面密生短柔毛，叶脉上密生长柔毛；叶柄长 2~10 厘米，具开展的长柔毛；托叶鞘筒状，膜质，长 1~2 厘米，被长柔毛，具长缘毛，通常沿顶端具草质、绿色的翅。总状花序呈穗状，顶生或腋生，长 3~7 厘米，花紧密，微下垂，通常数个再组成圆锥状；苞片宽漏斗状，长 3~5 毫米，草质，绿色，被短柔毛，边缘具长缘毛，每苞内具 3~5 朵花；花梗比苞片长；花被 5 深裂，淡红色或白色；花被片椭圆形，长 3~4 毫米；

红蓼

雄蕊 7，比花被长；花盘明显；花柱 2，中下部合生，比花被长，柱头头状。瘦果近圆形，双凹，直径 3～3.5 毫米，黑褐色，有光泽，包于宿存花被内。花期为 6—9 月，果期为 8—10 月。

主要利用形式：果实入药，名“水红花子”，有活血、止痛、消积和利尿的功效。

114　厚皮菜

厚皮菜

拉丁学名：Beta vulgaris L. var. cicla L.；藜科甜菜属。别名：根达菜、牛皮菜、莙达菜、忝菜、甜菜、冬葵、葵菜、达菜、厚合菜、恭菜。

形态特征：二年生草本。根圆锥状至纺锤状，多汁，不肥大，有分枝。茎直立，多少有分枝，具条棱及色条。基生叶矩圆形，长 20～30 厘米，宽 10～15 厘米，具长叶柄，上面皱缩不平，略有光泽，下面有粗壮突出的叶脉，全缘或略呈波状，先端钝，基部楔形、截形或略呈心形；叶柄粗壮，下面凸，上面平或具槽；茎生叶互生，较小，卵形或披针状矩圆形，先端渐尖，基部渐狭入短柄。花 2～3 朵团集，结果时花被基底部彼此合生；花被裂片条形或狭矩圆形，结果时变为革质并向内拱曲。胞果下部陷在硬化的花被内，上部稍肉质；种子双凸镜形，直径 2～3 毫米，红褐色，有光泽；胚环形，苍白色；胚乳粉状，白色。花期为 5—6 月，果期为 7 月。

主要利用形式：一般用作青饲料，也是我国北方夏季常见的食用叶菜，鲜嫩多汁，适口性好。叶甘寒，无毒，归肺、脾经，具有清热解毒和行瘀止血的功效。

115　狐尾藻

拉丁学名：Myriophyllum verticillatum L.；小二仙草科狐尾藻属。别名：轮叶狐尾藻、布拉狐尾、粉绿狐尾藻、凤凰草。

形态特征：多年生粗壮沉水草本。根状茎发达，在水底泥中蔓延，节部生根。茎圆柱形，多分枝。叶通常 4 片轮生，或 3～5 片轮生，水中叶较长，丝状全裂，无叶柄；裂片互生；水上叶互生，披针形，较强壮，鲜绿色，裂片较宽；秋季于叶腋中生出棍棒状冬芽而越冬；苞片羽状篦齿状分裂。花单性，雌雄同株或杂性、单生于水上叶腋内，每轮具 4 朵花，花无柄，比叶片短。雌花生于水上茎下部叶腋中，萼片与子房合生，顶端 4 裂，裂片较小，卵状三角形；花瓣 4，舟状，早落；雌蕊 1，子房广卵形，4 室，柱头 4 裂，裂片三角形；花瓣 4，椭圆形，早落。雄花雄蕊 8，花药椭圆形，淡黄色，花丝丝状，开花后伸出花冠外。果实广卵形，具 4 条浅槽，顶端具残存的萼片及花柱。

狐尾藻 高昌忠

主要利用形式：对富营养化水中的氮、磷均有较好的净化作用，对天气温度变化的耐受性好，因此在湖泊等生态修复工程中作为净水工具种和植被恢复先锋物种，也适合室内水体绿化。还可作为观赏植物。全草为养猪和养鸭的饲料。

116 胡萝卜

拉丁学名：Daucus carota L. var. sativa Hoffm.；伞形科胡萝卜属。别名：黄萝卜、番萝卜、丁香萝卜、小人参。

形态特征：二年生草本。茎单生，全体有白色粗硬毛。基生叶薄膜质，长圆形，二至三回羽状全裂，末回裂片线形或披针形，顶端尖锐，有小尖头，光滑或有糙硬毛；叶柄长3～12厘米；茎生叶近无柄，有叶鞘，末回裂片小或细长。复伞形花序，有糙硬毛；总苞有多数苞片，呈叶状，羽状分裂，少有不裂的，裂片线形，长3～30毫米；伞辐多数，长2～7.5厘米，结果时外缘的伞辐向内弯曲；小总苞片5～7枚，线形，不分裂或2～3裂，边缘膜质，具纤毛；花通常为白色，有时带淡红色；花柄不等长。果实圆卵形，棱上有白色刺毛。花期为5—7月。

胡萝卜

主要利用形式：常见蔬菜。根可药用，可健脾消食、润肠通便、杀虫、行气化滞、补肝明目、清热解毒等，能治疗食欲不振、腹胀、腹泻、咳喘痰多、视物不明、小儿营养不良、麻疹、夜盲症、便秘、高血压、肠胃不适及饱闷气胀等。

117 胡桃

拉丁学名：Juglans regia L.；胡桃科胡桃属。别名：核桃、英国胡桃、波斯胡桃。

形态特征：乔木，高达20～25米。树干较别的种类矮，树冠广阔；树皮幼时灰绿色，老时灰白色并有纵向浅裂。小枝无毛，具光泽，被盾状着生的腺体，灰绿色，后来带褐色。奇数羽状复叶长25～30厘米，叶柄及叶轴幼时被有极短腺毛及腺体；小叶通常有5～9枚，稀3枚，椭圆状卵形至长椭圆形，长6～15厘米，宽3～6厘米，顶端钝圆或急尖、短渐尖，基部歪斜、近于圆形，边缘全缘或在幼树上者具稀疏细锯齿，上面深绿色，无毛，下面淡绿色，侧脉11～15对，腋内具簇生短柔毛，侧生小叶具极短的小叶柄或近无柄，生于下端者较小，顶生小叶常具长3～6厘米的小叶柄。雄性柔荑花序下垂，长5～10厘米，稀达15厘米；雄花的苞片、小苞片及花被片均被腺毛；雄蕊6～30枚，花药黄色，无毛；雌性穗状花序通常具1～3（～4）朵雌花；雌花的总苞被极短腺毛，柱头浅绿色。果序短，杞俯垂，具1～3枚果实；果实近于球状，直径4～6厘米，无毛；果核稍具皱曲，有2条纵棱，顶端具短尖头；隔膜较薄，内里无空隙；果皮内壁具不规则的空隙或无空隙而仅具皱曲。花期为5月，果期为10月。

主要利用形式：叶大荫浓，且有清香，可用作庭荫树及行道树。它与扁桃、腰果、榛子一起，并列被称为世界“四大干果”。种仁含油量高，可生食，亦可榨油食用。木材坚实，是很好的硬木材料。核桃仁入肝经，可破血祛瘀、活血调经、生新、润燥滑肠，用于治疗血

胡桃

滞经闭、血瘀腹痛、咳嗽、蓄血发狂、跌打瘀伤及肠燥便秘。腹泻、阴虚火旺者不宜服用，痰热咳嗽、便溏腹泻、素有内热盛及痰湿重者也不宜服用。

118 蝴蝶戏珠花

拉丁学名： Viburnum plicatum Thunb. var. tomentosum (Thunb.) Miq.；忍冬科荚蒾属。别名：蝴蝶荚蒾、蝴蝶花、蝴蝶木、蝴蝶树、蝴蝶戏球花、苦酸汤、绣球花。

形态特征： 落叶灌木，高达3米。当年生小枝浅黄褐色。叶较狭，宽卵形或矩圆状卵形，有时也呈椭圆状倒卵形，两端有时渐尖，下面常带绿白色，侧脉10～17对。花序直径4～10厘米，外围有4～6朵白色、木型的不孕花，具长花梗，花冠直径达4厘米，不整齐4～5裂；中央可孕花直径约3毫米，萼筒长约15毫米，花冠辐状，黄白色，裂片宽卵形，长约等于筒，雄蕊高出花冠，花药近圆形。果实先红色后变黑色，宽卵圆形或倒卵圆形，长5～6毫米，直径约4毫米；核扁，两端钝形，有1条上宽下窄的腹沟，背面中下部还有1条短的隆起之脊。花期为4—5月，果熟期为8—9月。

蝴蝶戏珠花

主要利用形式： 适宜庭园配植，春夏赏花，秋冬观果。根及茎供药用，有清热解毒、健脾消积之效；茎治小儿疳积；根和茎烧火时所产生的烟炱外搽可治淋巴结炎。

119 虎杖

拉丁学名： Reynoutria japonica Houtt.；蓼科虎杖属。别名：酸汤梗、五三、花斑竹、酸筒杆。

形态特征： 多年生草本。根状茎粗壮，横走。茎直立，粗壮，空心，具明显的纵棱，具小突起，无毛，散生红色或紫红斑点。叶宽卵形或卵状椭圆形，近革质，顶端渐尖，基部宽楔形、截形或近圆形，边缘全缘，疏生小突起，两面无毛，沿叶脉具小突起；托叶鞘膜质，偏斜，褐色，具纵脉，无毛，顶端截形，无缘毛，常破裂，早落。花单性，雌雄异株，花序圆锥状，腋生；苞片漏斗状，顶端渐尖，无缘毛，每苞内具2～4朵花；

虎杖

花被5深裂，淡绿色，雄花花被片具绿色中脉，无翅，雄蕊8，比花被长；雌花花被片外面3片背部具翅，结果时增大，翅扩展下延，花柱3，柱头流苏状。瘦果卵形，具3棱，黑褐色，有光泽，包于宿存花被内。花期为8—9月，果期为9—10月。

主要利用形式：常见中药，也可园林观赏。根状茎供药用，有活血、散瘀、通经及镇咳等功效。

120 花红

拉丁学名：Malus asiatica Nakai；蔷薇科苹果属。别名：小苹果、沙果、文林郎果、智慧果、林檎。

形态特征：小乔木，高4~6米。小枝粗壮，圆柱形，嫩枝密被柔毛，老枝暗紫褐色，无毛，有稀疏浅色皮孔；冬芽卵形，先端急尖，初时密被柔毛，后逐渐脱落，灰红色。叶片卵形或椭圆形，长5~11厘米，宽4~5.5厘米，先端急尖或渐尖，基部圆形或宽楔形，边缘有细锐锯齿，上面有短柔毛，后逐渐脱落，下面密被短柔毛；叶柄长1.5~5厘米，具短柔毛；托叶小，膜质，披针形，早落。伞房花序，具花4~7朵，集生在小枝顶端；花梗长1.5~2厘米，密被柔毛；花直径3~4厘米；萼筒钟状，外面密被柔毛；萼片三角披针形，长4~5毫米，先端渐尖，全缘，内外两面密被柔毛，萼片比萼筒稍长；花瓣倒卵形或长圆状倒卵形，长8~13毫米，宽4~7毫米，基部有短爪，淡粉色；雄蕊17~20，花丝长短不等，比花瓣短；花柱4~5，基部具长茸毛，比雄蕊较长。果实卵形或近球形，直径4~5厘米，黄色或红色，先端渐狭，不具隆起，基部陷入，宿存萼肥厚隆起。花期为4—5月，果期为8—9月。

主要利用形式：果可鲜食，也可加工制成果干、果丹皮或用于酿酒。花红春花灿烂如霞，夏末秋初果色或橙黄或脂红，让人赏心悦目。与竹子、桂花等中国传统的常绿花木相结合组景，有疏透适度、浓淡相宜之美。室内观果要放在有阳光的窗前或阳台。花红树姿优雅，花、果均十分美丽，适宜在庭园少量栽种，也可以在山区土壤深厚的地方栽种，以吸引鸟类和啮齿类野生动物。

花红

121 花椒

拉丁学名：Zanthoxylum bungeanum Maxim.；芸香科花椒属。别名：大椒、秦椒、川椒、山椒。

形态特征：落叶小乔木，高3~7米。叶有小叶5~13片，叶轴常有甚狭窄的叶翼，小叶对生，无柄，卵形、椭圆形，稀披针形，位于叶轴顶部的较大，近基部的有时为圆形，长2~7厘米，宽1~3.5厘米，叶缘有细裂齿，齿缝有油点，其余无或散生肉眼可见的油点，叶背基部中脉两侧有丛毛或小叶两面均被柔毛，中脉在叶面微凹陷，叶背干后常有红褐色斑纹。花序顶生或生于侧枝之顶，花被片6~8片，黄绿色，形状及大小大致相同；雄花的花蕊5枚或多至8枚；退化雌蕊顶端叉状浅裂；雌花很少有发育雄蕊，有心皮3或2个，间有4个，花柱斜向背弯。果紫红色，单个分果瓣径4~5毫米，散生微凸起的油点，顶端有甚短的芒尖或无；种子长3.5~4.5毫米。花期为4—5月，果期为8—10月。

主要利用形式：常见调味植物，也可作绿篱。其果壳可除各种肉类的腥气、促进唾液分泌、增加食欲、扩

花椒

张血管及降血压，孕妇及阴虚火旺者忌食。其外皮是一种常用的香料。果实成熟时叫椒红，种子叫椒目，都是中药材。嫩叶可凉拌食用。

122　花椰菜

拉丁学名： Brassica oleracea L. var. botrytis L.；十字花科芸薹属。别名：花菜、菜花、椰菜花。

形态特征： 二年生草本，高 60～90 厘米，被粉霜。茎直立，粗壮，有分枝。基生叶及下部叶长圆形至椭圆形，长 2～3.5 厘米，灰绿色，顶端圆形，开展，不卷心，全缘或具细齿，叶片有时下延，具数个小裂片，并成翅状；叶柄长 2～3 厘米；茎中上部叶较小且无柄，长圆形至披针形，抱茎。茎顶端有 1 个由总花梗、花梗和未发育的花芽密集成的乳白色肉质头状体；总状花序顶生及腋生；花淡黄色，后变成白色。长角果圆柱形，长 3～4 厘米，有 1 中脉，喙下部粗上部细，长 10～12 毫米；种子宽椭圆形，长近 2 毫米，棕色。花期为 4 月，果期为 5 月。

花椰菜

主要利用形式： 常见蔬菜。花序有抗癌防癌、预防内出血及痔疮、减少生理期大量出血、促进血液正常凝固及保护肝脏的作用。

123　花叶滇苦菜

拉丁学名： Sonchus asper（L.）Hill.；菊科苦苣菜属。别名：续断菊。

形态特征： 一年生草本。根倒圆锥状，褐色，垂直直伸。茎单生或少数茎成簇生；茎直立，高 20～50 厘米，有纵纹或纵棱，上部长或短总状或伞房状花序分枝，或花序分枝极短缩，全部茎枝光滑无毛或上部及花梗被头状具柄的腺毛。基生叶与茎生叶同型，但较小；中下部茎叶长椭圆形、倒卵形、匙状或匙状椭圆形，包括渐狭的翼柄长 7～13 厘米，宽 2～5 厘米，顶端渐尖、急尖或钝，基部渐狭成短或较长的翼柄，柄基耳状抱茎或基部无柄，耳状抱茎；上部茎叶披针形，不裂，基部扩大，圆耳状抱茎，或下部叶或全部茎叶

花叶滇苦菜

羽状浅裂、半裂或深裂，侧裂片 4～5 对，椭圆形、三角形、宽镰刀形或半圆形。全部叶及裂片与抱茎的圆耳边缘有尖齿刺，两面光滑无毛，质地薄。头状花序少数（5 个）或较多（10 个），在茎枝顶端排成稠密的伞房花序；总苞宽钟状，长约 1.5 厘米，宽 1 厘米；总苞片 3～4 层，向内层渐长，覆瓦状排列，绿色，草质，外层长披针形或长三角形，长 3 毫米，宽不足 1 毫米，中内层长椭圆状披针形至宽线形，长达 1.5 厘米，宽 1.5～2 毫米；全部苞片顶端急尖，外面光滑无毛；舌状小花黄色。瘦果倒披针状，褐色，长 3 毫米，宽 1.1 毫米，压扁，两面各有 3 条细纵肋，肋间无横皱纹；冠毛白色，长达 7 毫米，柔软，彼此纠缠，基部连合成环。花果期为 5—10 月。

主要利用形式：杂草，野菜。根和全草都可以入药，具有止血止痛的功效。作为野菜食用时，对预防和治疗贫血病、维持人体正常的生理活动、促进生长发育和消暑保健都有较好的作用。

124　花叶青木

拉丁学名：Aucuba japonica Thunb. var. variegata D′ombr.；山茱萸科桃叶珊瑚属。别名：洒金珊瑚。

形态特征：常绿灌木，高 1～1.5 米。枝、叶对生。叶革质，长椭圆形、卵状长椭圆形，稀阔披针形，长 8～20 厘米，宽 5～12 厘米，先端渐尖，基部近于圆形或阔楔形，上面亮绿色，下面淡绿色，叶片上有大小不等的黄色或淡黄色斑点，边缘上段具 2～4（～6）对疏锯齿或近于全缘。圆锥花序顶生，雄花序长 7～10 厘米，总梗被毛，小花梗长 3～5 毫米，被毛；花瓣近于卵形或卵状披针形，长 3.5～4.5 毫米，宽 2～2.5 毫米，暗紫色，先端具 0.5 毫米的短尖头，雄蕊长 1.25 毫米；雌花序长（1～）2～3 厘米，小花梗长 2～3 毫米，被毛，具 2 枚小苞片，子房被疏柔毛，花柱粗壮，柱头偏斜。果卵圆形，暗紫色或黑色，长 2 厘米，直径 5～7 毫米，具种子 1 枚。花期为 3—4 月，果期至翌年 4 月。

主要利用形式：中国各大、中城市公园及庭园中栽培作耐荫观赏植物，对空气污染物吸收很好。植株挥发物可抗病毒。

125　华北珍珠梅

拉丁学名：Sorbaria kirilowii（Regel）Maxim.；蔷薇科珍珠梅属。别名：吉氏珍珠梅、珍珠树、干狼柴、米帘子、鱼子花。

形态特征：灌木，高达 3 米，枝条开展。小枝圆柱形，稍有弯曲，光滑无毛，幼时绿色，老时红褐色；冬芽卵形，先端急尖，无毛或近于无毛，红褐色。羽状复叶，具小叶片 13～21，小叶片对生，披针形至长圆状披针形，先端渐尖，稀尾尖，基部圆形至宽楔形，边缘有尖锐重锯齿，上下两面均无毛或在脉腋间具短柔毛，羽状网脉，侧脉 15～23 对近平行，下面显著；小叶柄短或近于无柄，无毛；托叶膜质，线状披针形，长 8～15 毫米，先端钝或尖，全缘或顶端稍有锯齿，无毛或近于无毛。顶生大型密集的圆锥花序，分枝斜出或稍直立，苞片线状披针形，先端渐尖，全缘，萼筒浅钟状，内外两面均无毛；萼片长圆形，先端圆钝或截形，全缘，萼片与萼筒约近等长；花瓣倒卵形或宽卵形，先端圆钝，基部宽楔形，长 4～5 毫米，白色；雄蕊 20，与花瓣等

花叶青木

华北珍珠梅

长或稍短于花瓣，着生在花盘边缘；花盘圆杯状；心皮5，无毛，花柱稍短于雄蕊。蓇葖果长圆柱形，花柱稍侧生，向外弯曲；萼片宿存，反折，稀开展；果梗直立。花期为6—7月，果期为9—10月。

主要利用形式：华北各地常见栽培供观赏物种。对烟尘、二氧化硫、硫化氢等有害气体有不同程度的吸收和抗性。本种能散发出挥发性的植物杀菌素，对金黄色葡萄球菌和绿脓杆菌的杀菌效果较好，对于结核杆菌致病力最强的牛型和一般的土壤型抗酸结核杆菌也都具有非常突出的杀伤作用，而且效果稳定。

126 槐

拉丁学名：Sophora japonica L.；豆科槐属。别名：国槐、槐树、槐蕊、豆槐、白槐、细叶槐、金药材、护房树、家槐。

形态特征：落叶乔木，高6～25米。干皮暗灰色，小枝绿色，皮孔明显。羽状复叶长15～25厘米；叶轴有毛，基部膨大；小叶9～15片，卵状长圆形，长2.5～7.5厘米，宽1.5～5厘米，顶端渐尖而有细尖突，基部阔楔形，下面灰白色，疏生短柔毛。圆锥花序顶生；萼钟状，有5小齿；花冠乳白色，旗瓣阔心形，有短爪，并有紫脉，翼瓣、龙骨瓣边缘稍带紫色；雄蕊10条，不等长。荚果肉质，串珠状，长2.5～20厘米，无毛，不裂；种子1～15颗，肾形。花果期为6—11月。

主要利用形式：乡土树种。本种树冠优美，花芳香，是行道树和优良的蜜源植物。木材供建筑用。花和荚果入药，有清凉收敛、止血降压的作用；叶和根皮有清热解毒的作用，可治疗疮毒。

槐

127 黄鹌菜

拉丁学名：Youngia japonica (L.) DC.；菊科黄鹌菜属。别名：还阳草、毛连连、野芥菜（福建）、黄花枝香草、野青菜。

形态特征：一年生草本，高10～100厘米。根垂直直伸，生多数须根。茎直立，单生或少数茎成簇生，粗壮或细，顶端有伞房花序状分枝或下部有长分枝，下部被稀疏的皱波状长或短毛。基生叶全形倒披针形、椭圆形、长椭圆形或宽线形，长2.5～13厘米，宽1～4.5厘米，大头羽状深裂或全裂，极少有不裂的，叶柄长1～7厘米，顶裂片卵形、倒卵形或卵状披针形，顶端圆形或急尖，边缘有锯齿或几全缘，侧裂片3～7对，椭圆形，向下渐小，最下方的侧裂片耳状，全部侧裂片边缘有锯齿或细锯齿，或边缘有小尖头，极少边缘全缘；无茎叶或极少有1～2枚茎生叶，且与基生叶同形并等样分裂；全部叶及叶柄被皱波状长或短柔毛。头状花序含10～20枚舌状小花，少数或多数在茎枝顶端排成伞房花序，花

黄鹌菜

序梗细；总苞圆柱状，长4～5毫米，极少长3.5～4毫米；总苞片4层，外层及最外层极短，宽卵形或宽形，长宽不足0.6毫米，顶端急尖，内层及最内层长，长4～5毫米，极少长3.5～4毫米，宽1～1.3毫米，披针形，顶端急尖，边缘白色宽膜质，内面有贴伏的短糙毛，全部总苞片外面无毛；舌状小花黄色，花冠管外面有短柔毛。瘦果纺锤形，压扁，褐色或红褐色，长1.5～2毫米，向顶端有收缢，顶端无喙，有11～13条粗细不等的纵肋，肋上有小刺毛；冠毛长2.5～3.5毫米，糙毛状。花果期为4—10月。

主要利用形式：常见杂草。鲜草捣敷或捣汁含漱，可消肿、抗菌及消炎。全草或根之干品可清热、解毒、消肿、止痛，用于治疗感冒、咽痛、乳腺炎、结膜炎、疮疖、尿路感染、白带及风湿关节炎。

128 黄瓜

拉丁学名：Cucumis sativus L.；葫芦科黄瓜属。别名：胡瓜、刺瓜、王瓜、勤瓜、青瓜、唐瓜、吊瓜。

黄瓜

形态特征：一年生蔓生或攀缘草本。茎、枝伸长，有棱沟，被白色的糙硬毛；卷须细，不分歧，具白色柔毛。叶柄稍粗糙，有糙硬毛；叶片宽卵状心形，膜质，长、宽均为7～20厘米，两面甚粗糙，被糙硬毛，3～5个角或浅裂，裂片三角形，有齿，有时边缘有缘毛，先端急尖或渐尖，基部弯缺半圆形，有时基部向后靠合。雌雄同株。雄花：常数朵在叶腋簇生；花梗纤细，被微柔毛；花萼筒狭钟状或近圆筒状，密被白色的长柔毛，花萼裂片钻形，开展，与花萼筒近等长；花冠黄白色，长约2厘米，花冠裂片长圆状披针形，急尖；雄蕊3，花丝近无，花药长3～4毫米，药隔伸出，长约1毫米。雌花：单生或稀簇生；花梗粗壮，被柔毛；子房纺锤形，粗糙，有小刺状突起。果实长圆形或圆柱形，熟时黄绿色，表面粗糙，有具刺尖的瘤状突起，极稀近于平滑；种子小，狭卵形，白色，无边缘，两端近急尖。花果期为夏季。

主要利用形式：常见水果和蔬菜。果实具有除热、利水利尿、清热解毒的功效，主治烦渴、咽喉肿痛、火眼、火烫伤，还可减肥。

129 黄花蒿

拉丁学名：Artemisia annua L.；菊科蒿属。别名：草蒿、青蒿，臭蒿（《日华本草》），犼蒿（《蜀本草》），黄蒿（俗称），臭黄蒿（内蒙古），茼蒿（山西），黄香蒿、野茼蒿（江苏），秋蒿、香苦草、野苦草（上海），鸡虱草（江西），黄色土因呈（湖南），假香菜、香丝草、酒饼草（广东、海南），苦蒿（四川、云南）。

形态特征：一年生草本，植株有浓烈的挥发性香气。根单生，垂直，狭纺锤形。茎单生，有纵棱，幼时绿色，后变褐色或红褐色，多分枝。茎、枝、叶两面及总苞片背面无毛或初时背面微有极稀疏短柔毛，后脱落无毛。叶纸质，绿色；茎下部叶宽卵形或三角状卵形，绿色，稀少为细短狭线形，具短柄；上部叶与苞片叶一（至二）回栉齿状羽状深裂，近无柄。头状花序球形，多数，有短梗，下垂或倾斜，基部有线形的小苞叶，在分枝上排成总状或复总状花序，并在茎上组成开展、尖塔形的圆锥花序；总苞片3～4层，内、外层近等长，外层总苞片长卵形或狭长椭圆形，中层、内层总苞片宽

黄花蒿

卵形或卵形，花序托凸起，半球形；花深黄色，雌花10~18朵，花冠狭管状，花柱线形，伸出花冠外；两性花10~30朵，花冠管状，花药线形，上端附属物尖，长三角形，基部具短尖头，花柱近与花冠等长，先端2叉，叉端截形，有短睫毛。瘦果小，椭圆状卵形，略扁。花果期为8—11月。

主要利用形式：杂草。全草含“青蒿素”，有抗疟、清热、解暑、截疟、凉血、利尿、健胃、止盗汗的作用；此外，还可作外用药。南方民间取枝叶制酒饼或用作制酱的香料。牧区作牲畜饲料。

130 黄花酢浆草

拉丁学名：Oxalis pes-caprae L.；酢浆草科酢浆草属。别名：酢浆草、酸味草、鸠酸、酸醋酱。

形态特征：草本，全株被柔毛。根茎稍肥厚。茎细弱，多分枝，直立或匍匐，匍匐茎节上生根。叶基生或茎上互生；托叶小，长圆形或卵形，边缘被稠密长柔毛，基部与叶柄合生，或同一植株下部托叶明显而上部托叶不明显；叶柄长1~13厘米，基部具关节；小叶3，无柄，倒心形，先端凹入，基部宽楔形，两面被柔毛或表面无毛，沿脉被毛较密，边缘具贴伏缘毛。花单生或数朵集为伞形花序状，腋生，总花梗淡红色，与叶近等长；花梗长4~15毫米，果后延伸；小苞片2，披针形，膜质；萼片5，披针形或长圆状披针形，背面和边缘被柔毛，宿存；花瓣5，黄色，长圆状倒卵形；雄蕊10，花丝白色半透明，有时被疏短柔毛，基部合生，长、短互间，长者花药较大且早熟；子房长圆形，5室，被短伏毛，花柱5，柱头头状。蒴果长圆柱形，5棱；种子长卵形，褐色或红棕色，具横向肋状网纹。花果期为2—9月。

主要利用形式：杂草。全草入药，能解热利尿、消肿散瘀；茎叶含草酸，可用以磨镜或擦铜器，使其具有光泽。

黄花酢浆草

131 黄荆

拉丁学名：Vitex negundo L.；马鞭草科牡荆属。别名：荆条棵、荆条、五指柑、五指风、布荆、黄荆柴、黄金子、秧青。

形态特征：灌木或小乔木。小枝四棱形，密生灰白色茸毛。掌状复叶，小叶5，少有3；小叶片长圆状披针形至披针形，顶端渐尖，基部楔形，小叶片边缘有缺刻状锯齿，浅裂至深裂，背面密被灰白色茸毛；中间小叶长4~13厘米，宽1~4厘米，两侧小叶依次渐小，若具5小叶时，中间3片小叶有柄，最外侧的2片小叶

黄荆

无柄或近于无柄。聚伞花序排成圆锥花序式，顶生，长10～27厘米，花序梗密生灰白色茸毛；花萼钟状，顶端有5裂齿，外有灰白色茸毛；花冠淡紫色，外有微柔毛，顶端5裂，二唇形；雄蕊伸出花冠管外；子房近无毛。核果近球形，径约2毫米；宿萼接近果实的长度。花期为4—6月，果期为7—10月。

主要利用形式：本种有较高的观赏价值。果实牡荆子具有调节激素水平、解热镇痛、抗炎、抗肿瘤、保肝利胆、降血压、降血脂、平喘、抗菌、抗氧化等多种作用，可治疗脂肪肝。叶捣汁调酒可治七窍流血、小便尿血。茎用火灼烤而流出的液汁称“牡荆沥”，具有除风热、化痰涎、通经络、行气血之功效，用于治疗中风口噤、痰热惊痫、头晕目眩、喉痹、热痢或火眼。

132 黄栌

拉丁学名：Cotinus coggygria Scop.；漆树科黄栌属。别名：黄栌木、红叶、红叶黄栌、黄道栌、黄溜

黄栌

子、黄龙头、黄栌材、黄栌柴、黄栌会、黄栌树、黄栌台、摩林罗、黄杨木、乌牙木、烟树。

形态特征：灌木，高3～5米。叶倒卵形或卵圆形，长3～8厘米，宽2.5～6厘米，先端圆形或微凹，基部圆形或阔楔形，全缘，两面或叶背显著被灰色柔毛，侧脉6～11对，先端常叉开；叶柄短。圆锥花序被柔毛；花杂性，径约3毫米；花梗长7～10毫米；花萼无毛，裂片卵状三角形，长约1.2毫米，宽约0.8毫米；花瓣卵形或卵状披针形，长2～2.5毫米，宽约1毫米，无毛；雄蕊5，长约1.5毫米，花药卵形，与花丝等长，花盘5裂，紫褐色，子房近球形，径约0.5毫米，花柱3，分离，不等长。果肾形，长约4.5毫米，宽约2.5毫米，无毛。花期为5—6月，果期为7—8月。

主要利用形式：叶片秋季变红，是重要的观赏红叶树种。木材黄色，古代用之制作黄色染料。树皮和叶可提栲胶。叶含芳香油，为调香原料。嫩芽可炸食。根、茎可用于治疗急性黄疸型肝炎、慢性肝炎（迁延性肝炎）、无黄疸肝炎及麻疹不出。枝、叶能清湿热、镇疼痛、活血化瘀，可抗凝血、溶血栓、抗疲劳、抗菌消炎及退热消肿等，能治疗感冒、齿龈炎、高血压等病症，对黄疸型肝炎具有不错的疗效，也可用于治疗丹毒和漆疮。

133 黄蜀葵

拉丁学名：Abelmoschus manihot (L.) Medicus；锦葵科秋葵属。别名：咖啡黄葵、秋葵、棉花葵、假阳桃、野芙蓉、黄芙蓉、黄花莲、鸡爪莲、疽疮药、追风药、豹子眼睛花、荞面花。

形态特征：一年生或多年生草本，高1~2米。叶掌状，具5~9深裂，裂片长圆状披针形，具粗钝锯齿，两面疏被长硬毛；叶柄长6~18厘米，疏被长硬毛；托叶披针形。花单生于枝端叶腋；小苞片4~5，卵状披针形，疏被长硬毛；萼佛焰苞状，5裂，近全缘，较长于小苞片，被柔毛，结果时脱落；花大，淡黄色，内面基部紫色；雄蕊柱长1.5~2厘米，花药近无柄，柱头紫黑色，匙状盘形。蒴果卵状椭圆形，被硬毛；种子多数，肾形，被柔毛组成的条纹多条。花期为8—10月。

主要利用形式：本种花果期长，花大而艳丽，花色有黄色、白色、紫色，因此可供园林观赏。根含黏质，可作造纸糊料。叶、芽、花营养丰富，可食用。种子能提取油脂和蛋白质，具有特殊的香味，可榨油，又可作为咖啡的添加剂或代用品；种子油脂含少量棉籽酚，微有毒，经高温处理后可食用或供工业用。根可止咳。树皮可通经，用于治疗月经不调。种子可催乳，用于治疗乳汁不足。全株可清热解毒、润燥滑肠。

黄蜀葵

134 黄檀

拉丁学名：Dalbergia hupeana Hance；豆科黄檀属。别名：不知春、望水檀、檀树、檀木、白檀。

形态特征：乔木，高10~20米。树皮暗灰色，呈薄片状剥落。幼枝淡绿色，无毛。羽状复叶长15~25厘米；小叶3~5对，近革质，椭圆形至长圆状椭圆形，先端钝或稍凹入，基部圆形或阔楔形，两面无毛，细脉隆起，上面有光泽。圆锥花序顶生或生于最上部的叶腋间，连同总花梗长15~20厘米，径10~20厘米，疏被

锈色短柔毛；花密集；花梗长约5毫米，与花萼同疏被锈色柔毛；基生和副萼状小苞片卵形，被柔毛，后脱落；花萼钟状，长2~3毫米，萼齿5，上方2枚阔圆形，近合生，侧方的卵形，最下1枚披针形，长为其余4枚之2倍；花冠白色或淡紫色，长为花萼的2倍，各瓣均具柄，旗瓣圆形，先端微缺，翼瓣倒卵形，龙骨瓣关月形，与翼瓣内侧均具耳；雄蕊10，成5+5的二体；子房具短柄，除基部与子房柄外，无毛，胚珠2~3粒，花柱纤细，柱头小，头状。荚果长圆形或阔舌状，顶端急尖，基部渐狭成果颈，果瓣薄革质，对种子部分有网纹，有1~2（~3）粒种子；种子肾形。花期为5—7月。

主要利用形式：木材黄色或白色，生长缓慢，材质坚密，能耐强力冲撞，常用作车轴、榨油机轴心、枪托及各种工具柄等。根药用可治疮。

135 黄杨

拉丁学名：Buxus sinica (Rehder & E. H. Wilson) M. Cheng；黄杨科黄杨属。别名：黄杨木、瓜子黄杨、锦熟黄杨。

形态特征：灌木或小乔木，高1～6米。枝圆柱形，有纵棱，灰白色；小枝四棱形，全面被短柔毛或外方相对两侧面无毛，节间长0.5～2厘米。叶革质，阔椭圆形、阔倒卵形、卵状椭圆形或长圆形，大多数长1.5～3.5厘米，宽0.8～2厘米，先端圆或钝，常有小凹口，不尖锐，基部圆或急尖或楔形，叶面光亮，中脉突出，下半段常有微细毛，侧脉明显，叶背中脉平坦或稍突出，中脉上常密被白色短线状钟乳体，无侧脉；叶柄长1～2毫米，上面被毛。花序腋生，头状，花密集，花序轴长3～4毫米，被毛，苞片阔卵形，长2～2.5毫米，背部多少有毛；雄花约10朵，无花梗，外萼片卵状椭圆形，内萼片近圆形，长2.5～3毫米，无毛，雄蕊连同花药长4毫米，不育雌蕊有棒状柄，末端膨大，高2毫米左右（高度约为萼片长度的2/3或和萼片几等长）；雌花萼片长3毫米，子房较花柱稍长，无毛，花柱粗扁，柱头倒心形，下延达花柱中部。蒴果近球形，长6～8（～10）毫米，宿存花柱长2～3毫米。花期为3月，果期为5—6月。

主要利用形式：主要用于盆景种植、园林装饰，以及作木雕材料。根、叶入药，可祛风除湿、行气活血，用于治疗风湿关节痛、痢疾、胃痛、疝痛、腹胀、牙痛、跌打损伤及疮疡肿毒。

黄杨

136 灰绿藜

拉丁学名：Chenopodium glaucum L.；藜科藜属。别名：盐灰菜、黄瓜菜、山芥菜、山菘菠、山根龙。

形态特征：一年生小草本，高10～35厘米。茎自基部分枝；分枝平卧或上伸，有绿色或紫红色条纹。叶矩圆状卵形至披针形，长2～4厘米，宽6～20毫米，

灰绿藜

先端急尖或钝，基部渐狭，边缘有波状齿，上面深绿色，下面灰白色或淡紫色，密生粉粒。花序穗状或复穗状，顶生或腋生；花两性和雌性；花被片3或4，肥厚，基部合生；雄蕊1～2。胞果伸出花被外，果皮薄，黄白色；种子横生，稀斜生，直径约0.7毫米，赤黑色或暗黑色。花期为6—8月，果期为8—10月。

主要利用形式：嫩苗、嫩茎叶可食用。幼嫩植株可作猪饲料。全草入中、蒙药，具有清热祛湿、解毒消肿、杀虫止痒之功效，常用于治疗发热、咳嗽、痢疾、腹泻、腹痛、疝气、龋齿痛、湿疹、疥癣、白癜风、疮疡肿痛及毒蛇咬伤。

137 茴茴蒜

拉丁学名：Ranunculus chinensis Bunge；毛茛科毛茛属。别名：石龙芮、土细辛、小虎掌草、野桑椹、鸭脚板、水辣椒。

形态特征：一年生草本，高15～50厘米。茎直立，与叶柄均有伸展的淡黄色糙毛。叶为三出复叶，小叶再分裂，基生叶和下部叶具长柄；叶片宽卵形。瘦果喙极短，多数着生于圆柱形密生短毛的花托上。花果期为5—9月。

主要利用形式：杂草、毒草。全草入药，有消炎、止痛、截疟、杀虫等功效，主治肝炎、肝硬化、疟疾、胃炎、溃疡、哮喘、疮癞、牛皮癣、风湿关节痛及腰痛等。内服需久煎，外用可用鲜草捣汁或煎水洗。全草有毒，误食后会致口腔灼热、恶心、呕吐、腹部剧痛，严重者可因呼吸衰竭而致死亡。

138 茴香

拉丁学名：Foeniculum vulgare Mill.；伞形科茴香属。别名：谷茴、怀香、香丝菜。

形态特征：草本，高 0.4～2 米。茎直立，光滑，灰绿色或苍白色，多分枝。较下部的茎生叶柄长 5～15 厘米，中部或上部的叶柄部分或全部呈鞘状，叶鞘边缘膜质；叶片轮廓为阔三角形，长 4～30 厘米，宽 5～40 厘米，4～5 回羽状全裂，末回裂片线形，长 1～6 厘米，宽约 1 毫米。复伞形花序顶生与侧生，花序梗长 2～25 厘米；伞辐 6～29，不等长，长 1.5～10 厘米；小伞形花序有花 14～39 朵；花柄纤细，不等长；无萼齿；花瓣黄色，倒卵形或近倒卵圆形，长约 1 毫米，先端有内折的小舌片，中脉 1 条；花丝略长于花瓣，花药卵圆形，淡黄色；花柱基部圆锥形，花柱极短，向外叉开或贴伏在花柱基部上。果实长圆形，长 4～6 毫米，宽 1.5～2.2 毫米，主棱 5 条，尖锐，每棱槽内有油管 1，合生面油管 2，胚乳腹面近平直或微凹。花期为 5—6 月，果期为 7—9 月。

主要利用形式：调味植物。嫩叶可食用或作调味用。果实可作调味用，也可入药，有祛风祛痰、散寒、健胃和止痛之效。

139 火棘

拉丁学名：Pyracantha fortuneana (Maxim.) Li；蔷薇科火棘属。别名：赤阳子、豆金娘、水搓子、火把果、救兵粮（云南土名）、救军粮（贵州、四川、湖北土名）、救命粮（陕西土名）、红子（贵州、湖北土名）。

形态特征：常绿灌木，高达 3 米。侧枝短，先端呈刺状，嫩枝外被锈色短柔毛，老枝暗褐色，无毛；芽小，外被短柔毛。叶片倒卵形或倒卵状长圆形，长 1.5～6 厘米，宽 0.5～2 厘米，先端圆钝或微凹，有时具短尖头，基部楔形，下延连于叶柄，边缘有钝锯齿，齿尖向内弯，近基部全缘，两面皆无毛；叶柄短，无毛或嫩时有柔毛。花集成复伞房花序，直径 3～4 厘米，花梗和总花梗近于无毛，花梗长约 1 厘米；花直径约 1 厘米；萼筒钟状，无毛；萼片三角卵形，先端钝；花瓣白色，近圆形，长约 4 毫米，宽约 3 毫米；雄蕊 20，花丝长 3～4 毫米，花药黄色；花柱 5，离生，与雄蕊等长，子房上部密生白色柔毛。果实近球形，直径约 5 毫米，橘红色或深红色。花期为 3—5 月，果期为 8—11 月。

主要利用形式：常见绿篱观果植物。果实磨粉可食用。果可消积止痢、活血止血，用于治疗消化不良、肠炎、痢疾、小儿疳积、崩漏、白带及产后腹痛。根可清热凉血，用于治疗虚痨骨蒸潮热、肝炎、跌打损伤、筋骨疼痛、腰痛、崩漏、白带、月经不调、吐血及便血。

火棘

叶可清热解毒，外敷治疮疡肿毒。

140　火炬树

拉丁学名： Rhus typhina Nutt；漆树科盐肤木属。别名：鹿角漆、火炬漆、加拿大盐肤木、红蜻蜓。

形态特征： 落叶小乔木，高达 12 米。柄下生芽；小枝密生灰色茸毛。奇数羽状复叶，小叶（11～）19～23（～31）枚，长椭圆状至披针形，长 5～13 厘米，边缘有锯齿，先端长渐尖，基部圆形或宽楔形，上面深绿色，下面苍白色，两面有茸毛，老时脱落，叶轴无翅。圆锥花序顶生、密生茸毛，花淡绿色，雌花花柱有红色刺毛。核果深红色，密生茸毛，花柱宿存、密集成火炬形。花期为 6—7 月，果期为 8—9 月。

主要利用形式： 主要用于荒山绿化，兼作盐碱荒地风景林树种。它对土壤适应性强，是良好的护坡、固堤、固沙的水土保持和薪炭林树种。其树叶繁茂，表面有茸毛，能大量吸附大气中的浮尘及有害物质，牛羊不食其叶片，不受病虫危害。雌花序、果序以及树皮、叶含有单宁，是制取鞣酸的原料；果实含有柠檬酸和维生素 C，可作饮料；种子含油蜡，可制肥皂和蜡烛；木材黄色，纹理致密美观，可雕刻、旋制工艺品；根皮可药用。本种生长快，枝干含水量高，油脂少，不易被燃烧，为耐火树种。

141　火龙果

拉丁学名： Hylocereus undatus 'Foo-Lon'；仙人掌科量天尺属。别名：仙蜜果、红龙果、青龙果、玉龙果。

形态特征： 多年生攀缘肉质灌木。无主根，侧根大量分布在浅表土层，同时有很多气生根，可攀缘生长。根茎深绿色，粗壮，具 3 棱，棱扁，边缘波浪状，茎节处生长攀缘根，可攀附其他植物生长，肋多为 3 条，每段茎节凹陷处具小刺。花白色，巨大子房下位，花萼管状，宽约 3 厘米，带绿色（有时为淡紫色）的裂片；具长 3～8 厘米的鳞片；花瓣宽阔，纯白色，直立，倒披针形，全缘；雄蕊多而细长，多达 700～960 条，与花柱等长或较短；花药乳黄色，花丝白色；花柱粗，乳黄色；雌蕊柱头裂片多达 24 枚。果实长圆形或卵圆形，表皮红色，肉质，具卵状而顶端急尖的鳞片，果皮厚，有蜡质。果肉白色或红色。花期为 5—10 月，果期为花凋谢后一个月。

主要利用形式： 其分枝扦插容易成活，常作嫁接蟹爪属、仙人棒属和多种仙人球的砧木。果实汁多味清甜，除鲜食外，还可酿酒，制罐头及果酱等。果实入药可用于防止血管硬化、排毒护胃、美白减肥、预防贫

火炬树

火龙果　马敬

血。火龙果属凉性，含糖量较高，糖尿病患者，女性体质虚冷者，有脸色苍白、四肢乏力、经常腹泻等症状的寒性体质者不宜多食；女性在月经期间也不宜食用火龙果。花可干制成菜。

142 藿香

拉丁学名： Agastache rugosa（Fisch. & Mey.）O. Ktze.；唇形科藿香属。别名：合香、苍告、山茴香、土藿香。

形态特征： 多年生草本。茎直立，高 0.5～1.5 米，四棱形，上部被极短的细毛，下部无毛，在上部具能育的分枝。叶心状卵形至长圆状披针形，向上渐小，先端尾状长渐尖，基部心形，稀截形，边缘具粗齿，纸质，上面橄榄绿色，近无毛，下面略淡，被微柔毛及点状腺体；叶柄长 1.5～3.5 厘米。轮伞花序多花，在主茎或侧枝上组成顶生密集的圆筒形穗状花序，穗状花序长 2.5～12 厘米；花序基部的苞叶长不超过 5 毫米，披针状线形，长渐尖，苞片形状与之相似，较小；轮伞花序具短梗，总梗长约 3 毫米，被腺微柔毛。花萼管状倒圆锥形，被腺微柔毛及黄色小腺体，多少染成浅紫色或紫红色，喉部微斜，萼齿三角状披针形，后 3 齿长约 2.2 毫米，前 2 齿稍短。花冠淡紫蓝色，外被微柔毛，冠筒基部宽约 1.2 毫米，微超出于萼，向上渐宽，至喉部宽约 3 毫米，冠檐二唇形，上唇直伸，先端微缺，下唇 3 裂，中裂片较宽大，平展，边缘波状，基部宽，侧裂片半圆形。雄蕊伸出花冠，花丝细，扁平，无毛。花柱与雄蕊近等长，丝状，先端相等的 2 裂；花盘厚环状；子房裂片顶部具茸毛。成熟小坚果卵状长圆形，腹面具棱，先端具短硬毛，褐色。花期为 6—9 月，果期为 9—11 月。

藿香

主要利用形式： 本种全体芳香，绿化上多用于花径、池畔和庭园成片栽植。全草入药，有止呕吐、治霍乱腹痛、驱逐肠胃充气及清暑等效。果可作香料。叶及茎均富含挥发性芳香油。嫩茎叶可凉拌、炒食、炸食，也可做粥。其地上部分性味辛微温，归脾、胃、肺经，能芳香化浊、和中止呕、发表解暑，用于治疗湿浊中阻、脘痞呕吐、暑湿表证、湿温初起、发热倦怠、胸闷不舒、寒湿闭暑、腹痛吐泻及鼻渊头痛。

143 鸡冠花

拉丁学名： Celosia cristata L.；苋科青葙属。别名：鸡髻花、老来红、芦花鸡冠、笔鸡冠、小头鸡冠、凤尾鸡冠、大鸡公花、鸡角根、红鸡冠。

鸡冠花

形态特征：一年生草本。叶片卵形、卵状披针形或披针形，宽 2～6 厘米。花多数，极密生，成扁平肉质鸡冠状、卷冠状或羽毛状的穗状花序，一个大花序下面有数个较小的分枝，圆锥状矩圆形，表面羽毛状；花被片红色、紫色、黄色、橙色或红色黄色相间，呈鸡冠状。花果期为 7—9 月。

主要利用形式：药用、观赏和园林价值兼具。品种很多，株型有高、中、矮 3 种，形状有鸡冠状、火炬状、绒球状、羽毛状、扇面状等，花色有鲜红色、橙黄色、暗红色、紫色、白色、红黄相杂色等，叶色有深红色、翠绿色、黄绿色及红绿色等。它为夏秋季常用的花坛用花。花和种子供药用，为收敛剂，有止血、凉血及止泻的功效。

144　鸡矢藤

拉丁学名：Paederia scandens（Lour.）Merr.；茜草科鸡矢藤属。别名：鸡屎藤、牛皮冻、臭藤、斑鸠饭、女青、主屎藤、却节。

鸡矢藤

形态特征：多年生草质藤本。茎呈扁圆柱形，稍扭曲，无毛或近无毛，老茎灰棕色，栓皮常脱落，有纵皱纹及叶柄断痕，易折断，断面平坦，灰黄色；嫩茎黑褐色，质韧，不易折断，断面纤维性，灰白色或浅绿色。叶对生，多皱缩或破碎，完整者展平后呈宽卵形或披针形，先端尖，基部楔形、圆形或浅心形，全缘，绿褐色，两面无柔毛或近无毛；叶柄长 1.5～7 厘米，无毛或有毛。聚伞花序顶生或腋生，前者多带叶，后者疏散少花，花序轴及花均被疏柔毛，花淡紫色。花期为 7—8 月，果期为 9—10 月。

主要利用形式：恶性杂草。全草及根性平，味甘微苦，能祛风活血、止痛解毒、消食导滞、除湿消肿，主治风湿疼痛、腹泻痢疾、脘腹疼痛、气虚浮肿、头昏食少、肝脾肿大、瘰疬、肠痈、无名肿毒及跌打损伤。

145　蒺藜

拉丁学名：Tribulus terrestris L.；蒺藜科蒺藜属。别名：白蒺藜、名茨、旁通、屈人、止行、休羽、升推。

形态特征：一年生草本。茎平卧，无毛，被长柔毛或长硬毛。枝长 20～60 厘米。偶数羽状复叶，长 1.5～5 厘米；小叶对生，3～8 对，矩圆形或斜短圆形，长 5～10 毫米，宽 2～5 毫米，先端锐尖或钝，基部稍扁，被柔毛，全缘。花腋生，花梗短于叶，花黄色；萼片 5，宿存；花瓣 5；雄蕊 10，生于花盘基部，基部有鳞片状腺体，子房 5 棱，柱头 5 裂，每室 3～4 粒胚珠。果有分果瓣 5，硬，长 4～6 毫米，无毛或被毛，中部边缘有锐刺 2 枚，下部常有小锐刺 2 枚，其余部位常有小瘤

蒺藜

体。花期为5—8月，果期为6—9月。

主要利用形式： 旱地常见杂草。其果实可平肝解郁，活血祛风、明目、止痒，用于治疗头痛眩晕、胸胁胀痛、乳闭乳痈、目赤翳障及风疹瘙痒。

146 蕺菜

拉丁学名： Houttuynia cordata Thunb；三白草科蕺菜属。别名：鱼腥草、狗贴耳、侧耳根、折耳根。

形态特征： 腥臭草本，高30~60厘米。茎下部伏地，节上轮生小根，上部直立，无毛或节上被毛，有时带紫红色。叶薄纸质，有腺点，背面尤甚，卵形或阔卵形，顶端短渐尖，基部心形，两面有时除叶脉被毛外余均无毛，背面常呈紫红色；叶脉5~7条，全部基出或最内1对离基约5毫米从中脉发出，如为7脉时，则最外1对很纤细或不明显；托叶膜质，顶端钝，下部与叶柄合生而成鞘，常有缘毛，基部扩大，略抱茎。总花梗无毛；总苞片长圆形或倒卵形，顶端钝圆；雄蕊长于子房，花丝长为花药的3倍。蒴果顶端有宿存的花柱。花期为4—7月。

主要利用形式： 本种植株叶茂花繁，生性强健，为乡土地被植物，可带状丛植于溪沟旁，或群植于潮湿的疏林下。嫩根茎可食用。全株入药，味辛，性温，有小毒，有清热解毒、利水消肿之效，主治肠炎、痢疾、肾炎水肿、乳腺炎及中耳炎等。

蕺菜

147 荠菜

拉丁学名： Capsella bursa-pastoris（L.）Medic.；十字花科荠属。别名：荠、扁锅铲菜、荠荠菜、地丁菜、地菜、靡草、花花菜、菱角菜等。

形态特征： 一年生或二年生草本，高（7～）10～50厘米，无毛、有单毛或有分叉毛。茎直立，单一或从下部分枝。基生叶丛生呈莲座状，大头羽状分裂，长可达12厘米，宽可达2.5厘米，顶裂片卵形至长圆形，长5～30毫米，宽2～20毫米，侧裂片3～8对，长圆形至卵形，长5～15毫米，顶端渐尖，浅裂或有不规则粗锯齿或近全缘，叶柄长5～40毫米；茎生叶窄披针形或披针形，长5～6.5毫米，宽2～15毫米，基部箭形，抱茎，边缘有缺刻或锯齿。总状花序顶生及腋生，果期可长达20厘米；花梗长3～8毫米；萼片长圆形，长1.5～2毫米；花瓣白色，卵形，长2～3毫米，有短爪。短角果倒三角形或倒心状三角形，长5～8毫米，宽4～7毫米，扁平，无毛，顶端微凹，裂瓣具网脉；花柱长约0.5毫米；果梗长5～15毫米；种子2行，长椭圆形，长约1毫米，浅褐色。花果期为4—6月。

主要利用形式： 杂草，野菜。全草性味甘平，具有和脾、利水、止血、明目的功效，用于治疗痢疾、水肿、淋病、乳糜尿、吐血、便血、血崩、月经过多及目赤肿疼等。全草含二硫酚硫酮，具有抗癌作用。

荠菜

148 加拿大一枝黄花

拉丁学名：Solidago canadensis L.；菊科一枝黄花属。别名：黄莺、麒麟草。

形态特征：多年生草本，高 1.5~3 米。有长根状茎，茎直立，高达 2.5 米。叶披针形或线状披针形，长 5~12 厘米，互生，顶渐尖，基部楔形，近无柄，大多呈三出脉，边缘具锯齿。头状花序很小，长 4~6 毫米，在花序分枝上单面着生，多数弯曲的花序分枝与单面着生的头状花序形成开展的圆锥状花序；总苞片线状披针形，长 3~4 毫米；边缘舌状花很短。花果期为 10—11 月。

主要利用形式：恶性生态入侵杂草，原产于北美，1935 年作为观赏植物引入中国供观赏。全草可入药，有散热祛湿、消积解毒的功效，可治肾炎、膀胱炎、食管癌。另外，可用其研制天然营养霜和具止痒作用的沐浴露。其主要生长在河滩、荒地、公路两旁、农田边、农村住宅四周。根状茎发达，繁殖力极强，传播速度快，生长优势明显，生态适应性广阔，与周围植物争阳光、争肥料，直至其他植物死亡，从而对生物多样性构成了严重威胁。其被列入《中国外来入侵物种名单》(第二批)。

加拿大一枝黄花

149 夹竹桃

拉丁学名：Nerium indicum Mill.；夹竹桃科夹竹桃属。别名：白羊桃、水甘草、柳叶树、洋桃梅、枸那、柳叶桃树、洋桃、大节肿、柳叶桃、叫出冬、红花夹竹桃。

形态特征：常绿小乔木或灌木，高达 5 米。枝条灰绿色，含水液；嫩枝条具棱，被微毛，老时毛脱落。叶

夹竹桃

3~4 枚轮生，下枝为对生，窄披针形，顶端急尖，基部楔形，叶缘反卷，长 11~15 厘米，宽 2~2.5 厘米，叶面深绿，无毛，叶背浅绿色，有多数洼点，幼时被疏微毛，老时毛渐脱落；中脉在叶面陷入，在叶背凸起，侧脉两面扁平，纤细，密生而平行，每边达 120 条，直达叶缘。聚伞花序顶生，花冠漏斗状，5 裂，花径 3~5 厘米，粉红、深红、红、白等色；单瓣或重瓣，有特殊香气。果实长角状；种子长圆形，底部较窄，顶端钝，褐色。花期为 6—10 月，果熟期为 12 月至翌年 1 月。

主要利用形式：园林有毒灌木，能抗烟雾、抗灰尘、抗毒物（二氧化硫、二氧化碳、氟化氢、氯气），能净化空气。花大、艳丽，花期长，常用于观赏。用插条、压条繁殖，极易成活。茎皮纤维为优良混纺原料；种子含油量约为 58.5%，可榨油供制润滑油。叶、树皮、根、花、种子均含有多种苷元，毒性极强，人、畜误食能致死。叶性味辛苦涩温，有毒，能强心利尿、祛痰杀虫，用于治疗心力衰竭、癫痫；外用可治疗甲沟炎、斑秃，还可杀蝇。

150 豇豆

拉丁学名：Vigna unguiculata (L.) Walp.；豆科豇豆属。别名：角豆、羊角、姜豆、饭豆、腰豆、浆豆。

形态特征：一年生缠绕、草质藤本或近直立草本，有时顶端呈缠绕状。茎近无毛。羽状复叶具 3 小叶；托叶披针形，长约 1 厘米，着生处下延成一短距，有线纹；小叶卵状菱形，长 5~15 厘米，宽 4~6 厘米，先端急尖，边全缘或近全缘，有时淡紫色，无毛。总状花序腋生，具长梗；花 2~6 朵聚生于花序的顶端，花梗

豇豆

间常有肉质密腺；花萼浅绿色，钟状，长6～10毫米，裂齿披针形；花冠黄白色而略带青紫，长约2厘米，各瓣均具瓣柄，旗瓣扁圆形，宽约2厘米，顶端微凹，基部稍有耳，翼瓣略呈三角形，龙骨瓣稍弯；子房线形，被毛。荚果下垂硬直，直立或斜展，线形，长不足30厘米，宽6～10毫米，稍肉质而膨胀或坚实，有种子多颗；种子长椭圆形或圆柱形或稍肾形，长6～12毫米，黄白色、暗红色或其他颜色。花期为5—8月。

主要利用形式： 小杂粮作物。秋季采收成熟的荚果，除去荚壳，收集种子备用。种子性平，味甘咸，归脾、胃、肾经，具有理中益气、健胃补肾、和五脏、调颜养身、生精髓、止消渴、解毒的功效，主治呕吐、痢疾、脾胃虚弱、泻痢、吐逆、消渴、遗精、白带、白浊及尿频等症。叶子能清热解毒。

151 结球甘蓝

拉丁学名： Brassica oleracea L. var. capitata L.；十字花科芸薹属。别名：甘蓝、洋白菜、圆白菜、包菜、疙瘩白、包心菜、莲花白、卷心菜。

形态特征： 草本植物。根系主要分布在30厘米以内的土层中。茎短缩，又分内、外短缩茎，外短缩茎着生于莲座叶，内短缩茎着生于球叶。叶片包括子叶、基生叶、幼苗叶、莲座叶和球叶，叶片深绿至绿色，叶面光滑，叶肉肥厚，叶面有粉状蜡质。花为总状花序，异花授粉。果实为长角果，种子圆球形，红褐或黑褐色，千粒重4克左右。花期为4月，果期为5月。

主要利用形式： 常见蔬菜。其富含维生素C、维生

结球甘蓝

素B_1、叶酸和钾。希腊人和罗马人将它视为万能药。其性平，味甘，归脾、胃经，可补骨髓、润脏腑、益心力、壮筋骨、利脏器、祛结气、清热止痛，主治睡眠不佳、多梦易醒、耳目不聪、关节屈伸不利及胃脘疼痛等病症。

152 结香

拉丁学名： Edgeworthia chrysantha Lindl.；瑞香科结香属。别名：黄瑞香、打结花、雪里开、梦花、雪花皮、山棉皮、蒙花、三叉树、三桠皮、岩泽兰、金腰带。

形态特征： 小灌木。小枝粗壮，褐色，常作三叉分枝，幼枝常被短柔毛，韧皮极坚韧，叶痕大，直径约5毫米。叶在花前凋落，长圆形、披针形至倒披针形，先端短尖，基部楔形或渐狭，长8～20厘米，宽2.5～5.5厘米，两面均被银灰色绢状毛，下面较多。头状花序顶生或侧生，具花30～50朵成绒球状，外围以10枚左右被长毛而早落的总苞；花序梗长1～2厘米，被灰白色长硬毛；花芳香，无梗，花萼长1.3～2厘米，宽4～5毫米，外面密被白色丝状毛，内面无毛，黄色，顶端4裂，裂片卵形，长约3.5毫米，宽约3毫米；雄蕊8，2列，上列4枚与花萼裂片对生，下列4枚与花萼裂片互生，花丝短，花药近卵形，长约2毫米；子房卵形，长约4毫米，直径约2毫米，顶端被丝状毛，花柱线形，长约2毫米，无毛柱头棒状，长约3毫米，具乳突，花盘浅杯状，膜质，边缘不整齐。果椭圆形，绿色，长约8毫米，直径约3.5毫米，顶端被毛。花期为冬末春初，果期为春夏间。

主要利用形式： 枝条极柔韧，可栽培供观赏。茎皮

结香

纤维可作为高级纸及人造棉原料。全株入药，能舒筋活络、消炎止痛，可治跌打损伤、风湿痛；也可作兽药，治牛跌打损伤。

153 芥菜

拉丁学名： Brassica juncea （L.） Czern. & Coss.；十字花科芸薹属。别名：大头菜、雪菜。

形态特征： 一年生草本，高 30～150 厘米，常无毛，有时幼茎及叶具刺毛，带粉霜，有辣味。茎直立，有分枝。基生叶宽卵形至倒卵形，长 15～35 厘米，顶端圆钝，基部楔形，大头羽裂，具 2～3 对裂片，或不裂，边缘均有缺刻或牙齿，叶柄长 3～9 厘米，具小裂片；茎下部叶较小，边缘有缺刻或牙齿，有时具圆钝锯齿，不抱茎；茎上部叶窄披针形，长 2.5～5 厘米，宽 4～9 毫米，边缘具不明显疏齿或全缘。总状花序顶生，花后延长；花黄色，直径 7～10 毫米；花梗长 4～9 毫米；萼片淡黄色，长圆状椭圆形，长 4～5 毫米，直立开展；花瓣倒卵形，长 8～10 毫米，宽 4～5 毫米。长角果线形，长 3～5.5 厘米，宽 2～3.5 毫米，果瓣具 1 突出中脉，喙长 6～12 毫米，果梗长 5～15 毫米；种子球形，直径约 1 毫米，紫褐色。花期为 3—5 月，果期为 5—6 月。

芥菜

主要利用形式： 常见蔬菜。种子磨粉称芥末，为调味料；榨出的油称芥子油。种子及全草供药用，能化痰平喘、消肿止痛。

154 金边瑞香

拉丁学名： Daphne odora Thunb. var. "Aureomarginata"；瑞香科瑞香属。别名：蓬莱花、风流树、千里香。

形态特征： 常绿小灌木。肉质根系。叶片密集轮生，椭圆形，长 5～6 厘米，宽 2～3 厘米，叶面光滑而厚，革质，两面均无毛，表面深绿色，叶背淡绿色，叶缘金黄色，叶柄粗短。呈顶生头状花序，花被筒状，上端 4 裂，径约 1.5 厘米，每朵花由数十个小花组成，由外向内开放。花期两个多月，盛花期为春节期间，花色紫红鲜艳，香味浓郁。

金边瑞香

主要利用形式：我国传统名花，也是世界名花。在近代园艺史上，它与长春和尚君子兰和日本五针松被推崇为园艺三宝。根、茎、叶、花均可入药，性甘，无毒，有清热解毒、消炎止痛、活血化瘀、散结之功效，已收入《中药大辞典》。民间常用鲜叶捣烂治咽喉肿痛、齿痛、血疔热疖，也用于治疗各种无名肿毒及各种皮肤病。

155 金丝桃

拉丁学名：Hypericum monogynum L.；金丝桃科金丝桃属。别名：狗胡花、金线蝴蝶、过路黄、金丝海棠、金丝莲。

形态特征：灌木，高 0.5～1.3 米。丛状，通常有疏生的开展枝条。茎红色，幼时具 2～4 纵线棱，两侧压扁，很快变为圆柱形；皮层橙褐色。叶对生，无柄或具短柄，柄长达 1.5 毫米；叶片倒披针形或椭圆形至长圆形，或较稀为披针形至卵状三角形或卵形，长 2～11.2 厘米，宽 1～4.1 厘米，先端锐尖至圆形，通常具细小尖突，基部楔形至圆形或上部有时为截形至心形，边缘平坦，坚纸质，上面绿色，下面淡绿色，主侧脉 4～6 对，分枝，常与中脉分枝不分明。花序具 1～15（～30）朵花，自茎端第 1 节生出，疏松的近伞房状，有时亦自茎端 1～3 节生出，稀有 1～2 对次生分枝；花梗长 0.8～2.8（～5）厘米；苞片小，线状披针形，早落。花直径 3～6.5 厘米，星状；花蕾卵珠形，先端近锐尖至钝形。萼片宽或狭椭圆形或长圆形至披针形或倒披针形，先端锐尖至圆形，边缘全缘，中脉分明，细脉不明显，有或多或少的腺体，在基部的呈线形至条纹状，顶端的呈点状。花瓣金黄色至柠檬黄色，无红晕，开展，三角状倒卵形，长 2～3.4 厘米，宽 1～2 厘米，长为萼片的 2.5～4.5 倍，边缘全缘，无腺体，有侧生的小尖突，小尖突先端锐尖至圆形或消失。雄蕊 5 束，每束有雄蕊 25～35 枚，最长者长 1.8～3.2 厘米，与花瓣几等长，花药黄色至暗橙色。子房卵珠形或卵珠状圆锥形至近球形，长 2.5～5 毫米，宽 2.5～3 毫米；花柱长 1.2～2 厘米，长为子房的 3.5～5 倍；柱头小。蒴果宽卵珠形或稀为卵珠状圆锥形至近球形，长 6～10 毫米，宽 4～7 毫米；种子深红褐色，圆柱形，长约 2 毫米，有狭窄的龙骨状突起，有浅的线状网纹至线状蜂窝纹。花期为 5—8 月，果期为 8—9 月。

主要利用形式：常见赏花灌木。果实及根供药用；果作连翘代用品；根能祛风、止咳、下乳、调经、补血，并可治跌打损伤。

156 金银莲花

拉丁学名：Nymphoides indica（L.）O. Kuntze；龙胆科莕菜属。别名：白花荇菜、白花莕菜、水荷叶、印度荇菜、印度莕菜。

形态特征：多年生水生草本。茎圆柱形，不分枝，形似叶柄，顶生单叶。叶飘浮，近革质，宽卵圆形或近圆形，下面密生腺体，基部心形，全缘，具不甚明显的掌状叶脉；叶柄短，圆柱形。花多数，簇生节上，花梗细弱，圆柱形，不等长，分裂至近基部，裂片长椭圆形至披针形，先端钝，脉不明显；花冠白色，基部黄色，

金丝桃

金银莲花

分裂至近基部，冠筒短，裂片卵状椭圆形，先端钝，腹面密生流苏状长柔毛。蒴果椭圆形。花果期为8—10月。

主要利用形式：公园常见的水生花卉，善于吸收有机污染物与重金属污染物，可净化水质。药用可治疗发热、头痛、肺结核、痢疾及贫血等。

157　金盏银盘

拉丁学名：Bidens biternata（Lour.）Merr. & Sherff；菊科鬼针草属。

形态特征：一年生草本。茎直立，高30～150厘米，略具四棱。叶为一回羽状复叶，顶生小叶卵形至长圆状卵形或卵状披针形；总叶柄长1.5～5厘米，无毛或被疏柔毛。头状花序直径7～10毫米，花序梗长1.5～5.5厘米，结果时长4.5～11厘米；总苞基部有短柔毛，草质，条形，先端锐尖，背面密被短柔毛，内层苞片长椭圆形或长圆状披针形；舌状花通常3～5朵，盘花筒状。瘦果条形，黑色，具四棱，两端稍狭，多少被小刚毛，顶端芒刺3～4枚，具倒刺毛。花果期为7—10月。

主要利用形式：全草入药，有清热解毒、散瘀活血的功效，主治上呼吸道感染、咽喉肿痛、急性阑尾炎、急性黄疸型肝炎、胃肠炎、风湿关节疼痛、疟疾，外用治疮疖、毒蛇咬伤及跌打肿痛。

金盏银盘

158　锦带花

拉丁学名：Weigela florida（Bunge）A. DC.；忍冬科锦带花属。别名：锦带、五色海棠、山脂麻、海仙花。

形态特征：落叶灌木，高达1～3米。幼枝稍四方

锦带花

形，有2列短柔毛；树皮灰色；芽顶端尖，具3～4对鳞片，常光滑。叶矩圆形、椭圆形至倒卵状椭圆形，长5～10厘米，顶端渐尖，基部阔楔形至圆形，边缘有锯齿，上面疏生短柔毛，脉上毛较密，下面密生短柔毛或茸毛，具短柄至无柄。花单生或成聚伞花序生于侧生短枝的叶腋或枝顶；萼筒长圆柱形，疏被柔毛，萼齿长约1厘米，不等，深达萼檐中部；花冠紫红色或玫瑰红色，长3～4厘米，直径2厘米，外面疏生短柔毛，裂片不整齐，开展，内面浅红色；花丝短于花冠，花药黄色；子房上部的腺体黄绿色，花柱细长，柱头2裂。果实长1.5～2.5厘米，顶有短柄状喙，疏生柔毛；种子无翅。花期为4—6月。

主要利用形式：常见花灌木，品种较多。其对氯化氢抗性强，是良好的抗污染树种。花枝可供瓶插。其根入药，可理气健脾、滋阴补虚。

159　锦葵

拉丁学名：Malva sinensis Cavan.；锦葵科锦葵属。别名：荆葵、钱葵、小钱花、金钱紫花葵、小白淑气花、淑（俗）气花、棋盘花。

形态特征：二年生或多年生直立草本，高50～90厘米。分枝多，疏被粗毛。叶圆心形或肾形，具5～7圆齿状钝裂片，长5～12厘米，宽几相等，基部近心形至圆形，边缘具圆锯齿，两面均无毛或仅脉上疏被短糙伏毛；叶柄长4～8厘米，近无毛，但上面槽内被长硬毛；托叶偏斜，卵形，具锯齿，先端渐尖。花3～11朵簇生，花梗长1～2厘米，无毛或疏被粗毛；小苞片3，长圆形，长3～4毫米，宽1～2毫米，先端圆形，疏被

锦葵

菊芋

柔毛；萼长6~7毫米，萼裂片5，宽三角形，两面均被星状疏柔毛；花紫红色或白色，直径3.5~4厘米，花瓣5，匙形，长2厘米，先端微缺，爪具髯毛；雄蕊柱长8~10毫米，被刺毛，花丝无毛；花柱分枝9~11，被微细毛。果扁圆形，径5~7毫米，分果爿9~11，肾形，被柔毛；种子黑褐色，肾形，长2毫米。花期为5—10月。

主要利用形式：花供园林观赏，地植或盆栽均宜，常作花境植物。茎、叶、花性味咸寒，能清热利湿、理气通便，用于治疗大便不畅、脐腹痛及瘰疬带下等症。

160 菊芋

拉丁学名：Helianthus tuberosus L.；菊科向日葵属。别名：菊薯、五星草、洋羌、番羌、鬼子姜、洋姜。

形态特征：多年生草本。有块状的地下茎及纤维状根。茎直立，有分枝，被白色短糙毛或刚毛。叶通常对生，有叶柄，但上部叶互生，下部叶卵圆形或卵状椭圆形，有长柄，基部宽楔形或圆形，有时微心形，顶端渐细尖，边缘有粗锯齿，有离基三出脉，上面被白色短粗毛、下面被柔毛，叶脉上有短硬毛，上部叶长椭圆形至阔披针形，基部渐狭，下延成短翅状，顶端渐尖，短尾状。头状花序较大，少数或多数，单生于枝端，有1~2个线状披针形的苞叶，直立，总苞片多层，披针形，顶端长渐尖，背面被短伏毛，边缘被开展的缘毛；托片长圆形，长8毫米，背面有肋，上端不等3浅裂；舌状花通常12~20个，舌片黄色，开展，长椭圆形；管状花花冠黄色。瘦果小，楔形，上端有2~4个有毛的锥状扁芒。花期为8—9月。

主要利用形式：观赏草本，被联合国粮农组织官员称为“21世纪人畜共用作物”。块茎含有丰富的淀粉和菊糖，是优良的多汁食材。块茎可加工制成酱菜，还可制菊糖及酒精。菊糖用于治疗糖尿病，也是一种有价值的工业原料。块根、茎、叶入药，味甘微苦，性凉，能清热凉血，可用于接骨，主治热病、肠热泻血及跌打骨伤。

161 榉树

拉丁学名：Zelkova serrata (Thunb.) Makino；榆科

榉属。别名：光叶榉、鸡油树、光光榆、马柳光树。

形态特征：乔木，高达30米，胸径达100厘米。树皮灰白色或褐灰色，呈不规则的片状剥落；当年生枝紫褐色或棕褐色，疏被短柔毛，后渐脱落。叶薄纸质至厚纸质，大小、形状变异很大，卵形、椭圆形或卵状披针形，长2～9厘米，宽1～4厘米，先端渐尖或尾状渐尖，基部有的稍偏斜，稀圆形或浅心形，边缘有圆齿状锯齿，具短尖头，侧脉8～14对，上面中脉下凹被毛，下面无毛；叶柄长4～9毫米，被短柔毛。雄花具极短的梗，径约3毫米，花被裂至中部，花被裂片6～7，不等大，外面被细毛，退化子房缺；雌花近无梗，径约1.5毫米，花被片4～5，外面被细毛，子房被细毛。核果上面偏斜，凹陷，直径约4毫米，具背腹脊，网肋明显，无毛，具宿存的花被。花期为4月，果期为10月。

主要利用形式：阳性树种，耐烟尘及有害气体，对土壤的适应性强，为优良的防护林、水土保持和混交林树种。木材纹理细，质坚，能耐水，可作为桥梁、家具用材；茎皮纤维可制作人造棉和绳索。树皮味苦，性寒，入肺、大肠经，能清热解毒、止血、利水、安胎，主治感冒发热、血痢、便血、水肿、妊娠腹痛、目赤肿痛、烫伤及疮疡肿痛。树叶味苦，性寒，入心经，能清热解毒、凉血，主治疮疡肿痛及崩中带下。

榉树

162　决明

拉丁学名：Cassia tora L.；豆科决明属。别名：草决明、假花生、羊明、羊角、还瞳子、假绿豆、马蹄子、羊角豆、马蹄决明。

形态特征：直立、粗壮、一年生亚灌木状草本，高1～2米。叶长4～8厘米；叶柄上无腺体；叶轴上每对小叶间有棒状的腺体1枚；小叶3对，膜质，倒卵形或倒卵状长椭圆形，长2～6厘米，宽1.5～2.5厘米，顶端圆钝而有小尖头，基部渐狭，偏斜，上面被稀疏柔毛，下面被柔毛；小叶柄长1.5～2毫米；托叶线状，被柔毛，早落。花腋生，通常2朵聚生；总花梗长6～10毫米；花梗长1～1.5厘米，丝状；萼片稍不等大，卵形或卵状长圆形，膜质，外面被柔毛，长约8毫米；花冠黄色，下面2片略长，长12～15毫米，宽5～7毫米；能育雄蕊7枚，花药四方形，顶孔开裂，长约4毫米，花丝短于花药；子房无柄，被白色柔毛。荚果纤细，近四棱形，两端渐尖，长达15厘米，宽3～4毫米，膜质；种子约25颗，菱形，光亮。花果期为8—11月。

主要利用形式：药用植物。苗叶和嫩果可食。其叶可泡茶，中老年人长期饮用可使血压正常，大便通畅。决明子有清肝明目、利水通便之功效，主治高血压、头痛、眩晕、急性结膜炎、角膜溃疡、青光眼及痈疖疮疡等症。

决明

163 爵床

拉丁学名：Rostellularia procumbens (L.) Nees；爵床科爵床属。别名：蛇倒退、群兰败毒草、老鹳嘴、草龙牙、龙牙草、龙头草、大毛药、狼牙草。

形态特征：一年生匍匐草本。茎基部匍匐，通常有短硬毛。叶椭圆形至椭圆状长圆形，先端锐尖或钝，基部宽楔形或近圆形，两面常被短硬毛；叶柄短，长3～5毫米，被短硬毛。穗状花序顶生或生于上部叶腋；苞片1，小苞片2，均为披针形，长4～5毫米，有缘毛；花萼裂片4，线形，约与苞片等长，有膜质边缘和缘毛；花冠粉红色，长7毫米，2唇形，下唇3浅裂；雄蕊2，药室不等高，下方1室有距。蒴果长约5毫米，上部具4粒种子，下部实心似柄状；种子表面有瘤状皱纹。花期为8—11月，果期为10—11月。

主要利用形式：杂草。全草入药，可清热解毒、利湿消肿，主治腰背痛、日常跌伤、疟疾及黄疸等。

爵床

164 君迁子

拉丁学名：Diospyros lotus L.；柿科柿属。别名：黑枣、圆枣子、软枣、牛奶枣、野柿子、丁香枣、梬枣、小柿。

形态特征：落叶大乔木，高达30米，胸径达1米。幼树树皮平滑，浅灰色，老时则有深纵裂。小枝灰色至暗褐色，具灰黄色皮孔；芽具柄，密被锈褐色盾状着生的腺体。叶多为偶数或稀奇数羽状复叶，长8～16厘米（稀达25厘米），叶柄长2～5厘米，叶轴具翅但翅不甚发达；小叶（6～）10～16（～25）枚，无小叶柄，对生或稀近对生，长椭圆形至长椭圆状披针形，长8～12厘米，宽2～3厘米，顶端常钝圆或稀急尖，基部歪斜，上方1侧楔形至阔楔形，下方1侧圆形，边缘有向内弯的细锯齿，上面被有细小的浅色疣状突起，沿中脉及侧脉被有极短的星芒状毛，下面幼时被有散生的短柔毛，成长后脱落而仅留有极稀疏的腺体及侧脉腋内留有1丛星芒状毛。雄性柔荑花序长6～10厘米，单独生于去年生枝条上的叶痕腋内；花序轴常有稀疏的星芒状毛。果近球形或椭圆形，初熟时为淡黄色，后则变为蓝黑色，常被有白色薄蜡层，8室；种子长圆形，褐色，侧扁。花期为5—6月，果熟期为10—11月。

主要利用形式：常用作柿树的砧木。其木质优良，可作一般用材。果实可去涩生食、酿酒及制醋。入药多用于补血和作为调理药物，对贫血、血小板减少、肝炎、乏力和失眠均有一定疗效。

君迁子

165 苦瓜

拉丁学名：Momordica charantia L.；葫芦科苦瓜

属。别名：癞葡萄、凉瓜。

形态特征：一年生攀缘状柔弱草本。多分枝，茎、枝被柔毛。卷须纤细，具微柔毛，不分歧。叶柄细，初时被白色柔毛，后渐近无毛；叶片轮廓卵状肾形或近圆形，膜质，上面绿色，背面淡绿色，脉上密被明显的微柔毛，其余毛较稀疏，裂片卵状长圆形，边缘具粗齿或有不规则小裂片，先端多半钝圆形，稀急尖，基部弯缺半圆形，叶脉掌状。雌雄同株。雄花：单生于叶腋，花梗纤细，被微柔毛，中部或下部具1苞片；苞片绿色，肾形或圆形，全缘，稍有缘毛，两面被疏柔毛；花萼裂片卵状披针形，被白色柔毛，急尖；花冠黄色，裂片倒卵形，先端钝，急尖或微凹，被柔毛；雄蕊3，离生，药室2回折曲。雌花：单生，花梗被微柔毛，基部常具1苞片；子房纺锤形，密生瘤状突起，柱头3，膨大，2裂。果实纺锤形或圆柱形，多瘤皱，成熟后橙黄色，由顶端3瓣裂；种子多数，长圆形，具红色假种皮，两端各具3小齿，两面有刻纹。花果期为5—10月。

主要利用形式：常见蔬菜。本种果味甘苦，主作蔬菜，也可糖渍；成熟果肉和假种皮也可食用。根、藤及果实入药，有清热解毒的功效。

166　苦苣菜

拉丁学名：Sonchus oleraceus L.；菊科苦苣菜属。别名：滇苦荬菜、滇苦菜、拒马菜、苦苦菜、野芥子、苦菜、苦荬菜、小鹅菜。

形态特征：一年生或二年生草本。根圆锥状，垂直直伸，有多数纤维状的须根。茎直立，单生，高40~150厘米，有纵条棱或条纹，全部茎枝光滑无毛。基生叶羽状深裂，全形长椭圆形或倒披针形，或大头羽状深裂，全形倒披针形，或基生叶不裂，椭圆形、椭圆状戟形、三角形或三角状戟形或圆形，全部基生叶基部渐狭成长或短翼柄；中下部茎叶羽状深裂或大头羽状深裂，全形椭圆形或倒披针形，长3~12厘米，宽2~7厘米，全部裂片顶端急尖或渐尖；全部叶或裂片边缘及抱茎小耳边缘有大小不等的急尖锯齿或大锯齿或上部及

苦瓜

苦苣菜

接花序分枝处的叶，边缘大部全缘或上半部边缘全缘，顶端急尖或渐尖，两面光滑无毛，质地薄。头状花序少数在茎枝顶端排成紧密的伞房花序或总状花序或单生于茎枝顶端。总苞宽钟状，长 1.5 厘米，宽 1 厘米；总苞片 3～4 层，覆瓦状排列，向内层渐长，外层长披针形或长三角形，长 3～7 毫米，宽 1～3 毫米；全部总苞片顶端长急尖，外面无毛或外层或中内层上部沿中脉有少数头状具柄的腺毛。舌状小花多数，黄色。瘦果褐色，长椭圆形或长椭圆状倒披针形，长 3 毫米，宽不足 1 毫米，压扁，每面各有 3 条细脉，肋间有横皱纹，顶端狭，无喙，冠毛白色，长 7 毫米，单毛状，彼此纠缠。花果期为 5—12 月。

主要利用形式：本种为良好饲料，除青饲外，还可晒制青干草，制成草粉。其嫩茎叶可食用。全草入药，能清热解毒、凉血止血、祛湿降压，主治肠炎、痢疾、黄疸、淋证、咽喉肿痛、痈疮肿毒、乳腺炎、痔瘘、吐血、衄血、咯血、尿血及崩漏。

167　苦蘵

拉丁学名：Physalis angulata L.；茄科酸浆属。别名：小苦耽、灯笼草、鬼灯笼、天泡草、爆竹草。

形态特征：一年生草本，高 10～50 厘米。茎多分枝，具棱角，分枝纤细，被短柔毛，后来近无毛。叶卵形至卵状椭圆形，顶端渐尖或急尖，基部阔楔形或楔形，稍偏斜，全缘或有不规则的牙齿或粗齿，近无毛或有疏柔毛；叶柄长 1～5 厘米。花单生，花梗长 0.5～1.2 厘米，纤细，被柔毛；花萼被柔毛而以脉上较密，5 中裂，裂片长三角形或披针形，边缘密生睫毛；花冠淡黄色，阔钟状，不明显 5 浅裂或者仅有 5 棱角，边缘具睫毛，喉部有紫色斑纹或无斑纹；花药长 1～2 毫米，淡黄色或带紫色。果萼卵球状或近球状，直径 1.5～2.5 厘米，有明显网脉和 10 条纵肋，薄纸质，被疏柔毛，淡黄色；浆果球状，直径约 1 厘米；种子扁平，圆盘形。花果期为 5—12 月。

苦蘵

主要利用形式：全草入药，性寒，味苦，无毒，能清热、利尿、解毒，主治感冒、肺热咳嗽、咽喉肿痛、龈肿、湿热黄疸、痢疾、水肿、热淋、天疱疥以及疔疮。

168　阔叶十大功劳

拉丁学名：Mahonia bealei（Fort.）Carr.；小檗科十大功劳属。别名：土黄柏、土黄连、八角刺、刺黄柏、黄天竹。

形态特征：灌木或小乔木，高 0.5～4（～8）米。叶狭倒卵形至长圆形，具 4～10 对小叶，最下一对小叶

阔叶十大功劳

上面暗灰绿色，背面被白霜，有时淡黄绿色或苍白色，两面叶脉不显，叶轴粗2~4毫米，节间长3~10厘米；小叶厚革质，硬直，自叶下部往上小叶渐次变得长而狭，最下一对小叶卵形，具1~2粗锯齿，往上小叶近圆形至卵形或长圆形，基部阔楔形或圆形，偏斜，有时心形，边缘每边具2~6个粗锯齿，先端具硬尖，顶生小叶较大，具柄。总状花序直立，通常3~9个簇生；芽鳞卵形至卵状披针形；花梗苞片阔卵形或卵状披针形，先端钝；花黄色；外萼片卵形，中萼片椭圆形，长5~6毫米，宽3.5~4毫米，内萼片长圆状椭圆形；花瓣倒卵状椭圆形，基部腺体明显，先端微缺；子房长圆状卵形，花柱短，胚珠3~4枚。浆果卵形，深蓝色，被白粉。花期为9月至次年1月，果期为次年3—5月。

主要利用形式：本种四季常绿，树形雅致，常用作园林绿化和室内盆栽观赏。根和茎有清热解毒、消肿止痛的功效，主治急性和慢性肝炎、细菌性痢疾、支气管炎、目赤肿痛和疮毒等症。叶片为清凉的滋补强壮药，服后不会上火，并能治疗肺结核和感冒；外用治眼结膜炎、脓疱肿痛及烧烫伤。茎皮内含有小檗碱，可制取小檗碱。

拉拉藤

169 拉拉藤

拉丁学名：Galium spurium L.；茜草科拉拉藤属。别名：猪殃殃、爬拉殃、八仙草。

形态特征：多枝、蔓生或攀缘状草本。茎有4个棱角。叶纸质或近膜质，6~8片轮生，稀为4~5片，带状倒披针形或长圆状倒披针形，顶端有针状突尖头，基部渐狭，两面常有紧贴的刺状毛，常萎软状，干时常卷缩，1脉，近无柄。聚伞花序腋生或顶生，少至多花，花小，4数，有纤细的花梗；花萼被钩毛，萼檐近截平；花冠黄绿色或白色，辐状，裂片长圆形，镊合状排列；花柱2裂至中部，柱头头状。果干燥，有1或2个近球状的分果爿，肿胀，果柄直，较粗，每一爿有1颗平凸的种子。花期为3—7月，果期为4—11月。

主要利用形式：杂草。全草药用，能清热解毒、消肿止痛、利尿、散瘀，主治淋浊、尿血、跌打损伤、肠痈、疖肿及中耳炎等。

170 蜡梅

拉丁学名：Chimonanthus praecox (L.) Link；蜡梅科蜡梅属。别名：蜡木、素心蜡梅、荷花蜡梅、麻木柴、瓦乌柴、梅花、石凉茶、黄金茶、黄梅花、磬口蜡梅、腊梅、狗蝇梅、金梅、蜡花、蜡梅花、狗矢蜡梅、唐梅、黄腊梅、腊木、铁筷子、大叶蜡梅、冬梅。

形态特征：落叶灌木。幼枝四方形，老枝近圆柱形，灰褐色，有皮孔；鳞芽通常着生于第二年生的枝条叶腋内，芽鳞片近圆形，覆瓦状排列。叶纸质至近革质，卵圆形、椭圆形、宽椭圆形至卵状椭圆形，有时为长圆状披针形，长5~25厘米，宽2~8厘米，顶端急尖至渐尖，有时具尾尖，基部急尖至圆形，除叶背脉上被疏微毛外无毛。花着生于第二年生枝条叶腋内，先花后叶，芳香，直径2~4厘米；花被片圆形、长圆形、倒卵形、椭圆形或匙形，长5~20毫米，宽5~15毫米，无毛，内部花被片比外部花被片短，基部有爪；雄

蜡梅

蕊长 4 毫米，花丝比花药长或等长，花药向内弯，无毛，药隔顶端短尖，退化雄蕊长 3 毫米；心皮基部被疏硬毛，花柱长达子房的 3 倍。基部被毛。果托近木质化，坛状或倒卵状椭圆形，长 2～5 厘米，直径 1～2.5 厘米，口部收缩，并具有钻状披针形的被毛附生物。花期为 11 月至翌年 3 月，果期为 4—11 月。

主要利用形式：花芳香美丽，是冬季赏花的名贵花木。花蕾能解暑生津、开胃散郁、止咳，用于治疗暑热头晕、呕吐、气郁胃闷、麻疹、百日咳；外用治烧烫伤及中耳炎。根能祛风、解毒、止血，用于治疗风寒感冒、腰肌劳损及风湿关节炎。根皮外用治刀伤出血。

171 辣椒

拉丁学名：Capsicum annuum L.；茄科辣椒属。别名：牛角椒、长辣椒、菜椒、灯笼椒、番椒、辣茄、辣虎、腊茄、海椒。

形态特征：一年生或有限多年生植物，高 40～80 厘米。茎近无毛或微生柔毛，分枝稍之字形折曲。叶互生，枝顶端节不伸长而成双生或簇生状，矩圆状卵形、卵形或卵状披针形，长 4～13 厘米，宽 1.5～4 厘米，全缘，顶端短渐尖或急尖，基部狭楔形；叶柄长 4～7 厘米。花单生，俯垂；花萼杯状，具不显著 5 齿；花冠白色，裂片卵形；花药灰紫色。果实长指状，顶端渐尖且常弯曲，未成熟时绿色，成熟后呈红色、橙色或紫红色。

主要利用形式：栽培品种很多。果为重要的蔬菜和调味品。种子油可食用。果实具有温中散寒、下气消食、驱虫、发汗的功效，主治胃寒气滞、脘腹胀痛、呕吐、泻痢、风湿痛及冻疮。阴虚火旺、皮肤病患者及诸出血者禁服。

辣椒

172 兰考泡桐

拉丁学名：Paulownia elongata S. Y. Hu；玄参科泡桐属。

形态特征：乔木，高达 10 米以上。树冠宽圆锥形，全体具星状茸毛。小枝褐色，有凸起的皮孔。叶片通常为卵状心脏形，有时具不规则的角，长达 34 厘米。花序枝的侧枝不发达，故花序呈金字塔形或狭圆锥形，长约 30 厘米。蒴果卵形，稀卵状椭圆形，长 3.5～5 厘米，顶端具长 4～5 毫米的喙，果皮厚 1～2.5 毫米，种子连同翅长 4～5 毫米。花期为 4—5 月，果期为秋季，很少结籽。

主要利用形式：干形较好，树冠稀疏，发叶晚，生长快，其吸收根主要集中在 40 厘米以下的土层内，不与一般农作物争夺养料，故适于农桐间作。在花落之

兰考泡桐

后长出大叶，叶子密而大，形成的树荫具有很好的隔光效果，是优良的绿化和行道树木。花、叶、果及树皮还可入药，用于治疗筋骨痛、疮疡肿毒、白带红崩及气管炎。

173 榔榆

拉丁学名： Ulmus parvifolia Jacq.；榆科榆属。别名：小叶榆、秋榆、掉皮榆、豺皮榆、挠皮榆、构树榆、红鸡油。

形态特征： 落叶乔木，或冬季叶变为黄色或红色宿存至第二年新叶开放后脱落，高达 25 米，胸径可达 1 米。树冠广圆形；树干基部有时成板状根；树皮灰色或灰褐色，裂成不规则鳞状薄片剥落，露出红褐色内皮，近平滑，微凹凸不平。当年生枝密被短柔毛，深褐色；冬芽卵圆形，红褐色，无毛。叶质地厚，披针状卵形或窄椭圆形，稀卵形或倒卵形，中脉两侧长宽不等，长（1.7～）2.5～5（～8）厘米，宽（0.8～）1～2（～3）厘米，先端尖或钝，基部偏斜，楔形或一边为圆形，叶面深绿色，有光泽，除中脉凹陷处有疏柔毛外，余处无毛，侧脉不凹陷，叶背色较浅，幼时被短柔毛，后变无毛或沿脉有疏毛，或脉腋有簇生毛，边缘从基部至先端有钝而整齐的单锯齿，稀重锯齿（如萌发枝的叶），侧脉每边 10～15 条，细脉在两面均明显；叶柄长 2～6 毫米，仅上面有毛。花秋季开放，3～6 数在叶腋簇生或排成簇状聚伞花序，花被上部杯状，下部管状，花被片 4，深裂至杯状花被的基部或近基部；花梗极短，被疏毛。翅果椭圆形，两侧的翅较果核部分为窄，果核部分位于翅果的中上部，上端接近缺口，花被片脱落或残存，果梗较管状花被为短，长 1～3 毫米，有疏生短毛。花果期为 8—10 月。

主要利用形式： 树形优美，枝叶细密，具有较高的观赏价值。因抗性较强，故可选作厂矿区绿化树种。边材淡褐色或黄色，心材灰褐色或黄褐色，材质坚韧，纹理直，耐水湿，可作为家具、车辆、造船、器具、农具、油榨及船橹等用材。树皮纤维纯细，杂质少，可作为蜡纸及人造棉原料，或织麻袋、编绳索。根、皮、嫩叶入药，有消肿止痛、解毒治热的功效，外敷治水火烫伤。叶制土农药，可杀红蜘蛛。茎、叶可通络止痛，主治腰背酸痛、牙痛。树皮可清热利水、解毒消肿、凉血止血，主治热淋、小便不利、疮疡肿毒、乳痈、水火烫伤、痢疾、胃肠出血、尿血、痔血、腰背酸痛及外伤出血。

榔榆

174 李

拉丁学名： Prunus salicina Lindl.；蔷薇科李属。别

名：玉皇李、嘉应子、嘉庆子、山李子。

形态特征：落叶乔木，高 9～12 米。树冠广圆形；树皮灰褐色，起伏不平。老枝紫褐色或红褐色，无毛；小枝黄红色，无毛。叶片长圆倒卵形、长椭圆形，稀长圆卵形，长 6～8（～12）厘米，宽 3～5 厘米，先端渐尖、急尖或短尾尖，基部楔形，边缘有圆钝重锯齿，常混有单锯齿；托叶膜质，线形；叶柄长 1～2 厘米，通常无毛。花通常 3 朵并生；花梗 1～2 厘米，通常无毛；花直径为 1.5～2.2 厘米；萼筒钟状。核果球形、卵球形或近圆锥形，直径 3.5～5 厘米，栽培品种可达 7 厘米；核卵圆形或长圆形，有皱纹。花期为 4 月，果期为 7—8 月。

主要利用形式：枝广展，红褐色而光滑；叶自春至秋呈红色，尤以春季最为鲜艳；花小，白色或粉红色，是良好的观叶园林植物。其也是温带重要水果。其味甘酸，性平，归肝、肾经，能清热生津，可用于治疗阴虚发热、骨节间劳热、牙痛、消渴、祛痰、白带、心烦、小儿丹毒及疮、跌打损伤、瘀血、骨痛、大便燥结、妇女小腹肿满及水肿等症，还可用于除雀斑及解蝎毒。

李　李子树

175　鳢肠

拉丁学名：Eclipta prostrata (L.) L.；菊科鳢肠属。别名：乌田草、旱莲草、墨旱莲、墨水草、乌心草、黑墨草。

形态特征：一年生草本。茎直立，斜伸或平卧，高达 60 厘米，通常自基部分枝，被贴生糙毛。叶长圆状披针形或披针形，无柄或有极短的柄，长 3～10 厘米，宽 0.5～2.5 厘米，顶端尖或渐尖，边缘有细锯齿或有时仅波状，两面被密硬糙毛。头状花序径 6～8 毫米，有长 2～4 厘米的细花序梗；总苞球状钟形，总苞片绿色，草质，5～6 个排成 2 层，长圆形或长圆状披针形，外层较内层稍短，背面及边缘被白色短伏毛；外围的雌花 2 层，舌状，长 2～3 毫米，舌片短，顶端 2 浅裂或全缘，中央的两性花多数，花冠管状，白色，长约 1.5 毫米，顶端 4 齿裂；花柱分枝钝，有乳头状突起；花托凸，有披针形或线形的托片，托片中部以上有微毛。瘦果暗褐色，长 2.8 毫米，雌花的瘦果三棱形，两性花的瘦果扁四棱形，顶端截形，具 1～3 个细齿，基部稍缩小，边缘具白色的肋，表面有小瘤状突起，无毛。花期为 6—9 月。

主要利用形式：湿生杂草。茎叶柔嫩，各类家畜喜食，民间常用作猪饲料。全草味甘酸，性凉，入肝、肾二经，能凉血止血、消肿强壮、补益肝肾，用于治疗各种吐血、鼻出血、咳血、肠出血、尿血、痔疮出血及血崩等症；捣汁涂眉发，能促进毛发生长；内服有乌发的功效。

鳢肠

176　荔枝草

拉丁学名：Salvia plebeia R. Br.；唇形科鼠尾草属。别名：蟾蜍草、癞蛤蟆草、蛤蟆皮、地胆头、白贯草、猪耳草、饭匙草、七星草、五根草、蟾酥草等。

形态特征：直立草本，高 15～19 厘米。多分枝。茎方形，疏生短柔毛。根生叶丛生，贴伏地面，叶片长椭圆形至披针形，叶面有明显的深皱褶；茎生叶对生，叶柄长 0.5～1.5 厘米，密被短柔毛，叶片长椭圆形或披针形，先端钝圆，基部圆形或楔形，边缘有圆锯齿，上面有皱褶，下面有金黄色腺点，两面均被短毛。轮伞花序具 2～6 朵花，聚集成顶生及腋生的假总状或圆锥花序；苞片细小，披针形；花萼钟状，长约 3 毫米，背面有金黄色腺点和短毛，分 2 唇，上唇有 3 条较粗的脉，顶端有 3 个不明显的齿，下唇有 2 齿；花冠唇形，淡紫色至蓝紫色。小坚果倒卵圆形，褐色，平滑，有腺点。花期为 4—5 月，果期为 6—7 月。

主要利用形式：杂草。全草入药，性凉，味苦辛，具有清热解毒、祛风湿、凉血、利尿的功效，民间广泛用于治疗跌打损伤，临床中用于治疗咽喉肿痛、支气管炎、肾炎水肿、痈肿、乳腺炎、痔疮肿痛、痢疾、风湿筋骨疼痛及出血等症。

荔枝草

177　连翘

拉丁学名：Forsythia suspensa（Thunb.）Vahl.；木樨科连翘属。别名：黄花条、连壳、青翘、落翘、黄奇丹、一串金。

形态特征：落叶灌木，株高约 3 米。枝干丛生，小枝黄色，拱形下垂，中空。叶对生，单叶或 3 小叶，卵形或卵状椭圆形，缘具齿。花冠黄色，1～3 朵生于叶腋。果卵球形、卵状椭圆形或长椭圆形，先端喙状渐尖，表面疏生皮孔；果梗长 0.7～1.5 厘米。花期为 3—4 月，果期为 7—9 月。

主要利用形式：早春优良观花灌木。果实入药，有青翘（未熟果实）和老翘（成熟果实）之分，性味苦凉，入心、肝、胆经，能清热、解毒、散结、消肿，用于治疗温热、丹毒、斑疹、痈疡肿毒、瘰疬、小便淋闭，脾胃虚弱、气虚发热、痈疽已溃、脓稀色淡者忌服。根入药，味苦，性寒，归肺、肾经，能清热、解毒、退黄，主治黄疸、发热、丹毒、斑疹、痈疡肿毒、瘰疬及小便淋闭。

连翘

178　楝

拉丁学名：Melia azedarach L.；楝科楝属。别名：苦楝、楝树、紫花树（江苏）、森树（广东）、哑巴树。

形态特征：落叶乔木，高达 10 余米。树皮灰褐色，纵裂。分枝广展，小枝有叶痕。叶为 2～3 回奇数羽状

楝

复叶，小叶对生，卵形、椭圆形至披针形，顶生的 1 片通常略大，先端短渐尖，基部楔形或宽楔形，多少有偏斜，边缘有钝锯齿，幼时被星状毛，后两面均无毛，侧脉每边 12～16 条，广展，向上斜举。圆锥花序约与叶等长，无毛或幼时被鳞片状短柔毛；花芳香；花萼 5 深裂，裂片卵形或长圆状卵形，先端急尖，外面被微柔毛；花瓣淡紫色，倒卵状匙形，两面均被微柔毛，通常外面较密；雄蕊管紫色，无毛或近无毛，有纵细脉，管口有钻形、2～3 齿裂的狭裂片 10 枚，花药 10 枚，着生于裂片内侧，且与裂片互生，长椭圆形，顶端微突尖；子房近球形，无毛，每室有胚珠 2 颗，花柱细长，柱头头状，顶端具 5 齿，不伸出雄蕊管。核果球形至椭圆形，内果皮木质，每室有种子 1 颗；种子椭圆形。花期为 4—5 月，果期为 10—12 月。

主要利用形式：乡土木材树种，抗二氧化硫能力强，耐烟尘，其挥发物能杀菌。本种与其他树种混栽，能起到防治树木虫害的作用。其鲜叶可灭钉螺。根皮有毒，可驱蛔虫和钩虫。根皮粉调醋可治疥癣。苦楝子做成油膏可治头癣。果核仁油可供制油漆、润滑油和肥皂。

179　两色金鸡菊

拉丁学名：Coreopsis tinctoria Nutt.；菊科金鸡菊属。别名：小波斯菊、金钱菊、二色金鸡菊、雪菊。

形态特征：一年生草本。茎直立，上部有分枝。叶对生，下部及中部叶有长柄，二次羽状全裂，裂片线形或线状披针形，全缘；上部叶无柄或下延成翅状柄，线形。头状花序多数，有细长花序梗，排列成伞房或疏圆锥花序状；总苞半球形，总苞片外层较短，内层卵状长圆形，顶端尖；舌状花黄色，舌片倒卵形，管状

两色金鸡菊

花红褐色、狭钟形。瘦果长圆形或纺锤形，两面光滑或有瘤状突起，顶端有 2 细芒。花期为 5—9 月，果期为 8—10 月。

主要利用形式：主要作为景观植物栽培。富含多种对人体有益的成分，是菊花茶中的珍品。该品具有清热解毒、活血化瘀及和胃健脾之功效。研究发现，两色金鸡菊中含有氨基酸类、多糖类、多酚类、有机酸类、黄酮类、挥发油类、甾类和香豆素等成分。药理学研究发现，其具有改善血脂、调节血糖、降低血压、抗菌及抗氧化等活性。

180　裂叶牵牛

拉丁学名：Pharbitis nil （L.） Choisy；旋花科牵牛属。别名：喇叭花子。

形态特征：一年生攀缘性草本。叶互生，叶片宽卵形或近圆形，深或浅 3 裂，偶有 5 裂，长 4～15 厘米，宽 4.5～14 厘米，基部心形，中裂片长圆形或卵圆形，渐尖或骤尖，侧裂片较短，三角形，裂口锐或圆，叶面被微硬的柔毛；叶柄长 2～15 厘米。花腋生，单一或

裂叶牵牛

2～3朵着生于花序梗顶端，花序梗长短不一，被毛；苞片2，线形或叶状；萼片5，近等长，狭披针形，外面有毛；花冠漏斗状，长5～10厘米，蓝紫色或紫红色，花冠管色较淡；雄蕊5，不伸出花冠外，花丝不等长，基部稍阔，有毛；雌蕊1，子房无毛，3室，柱头头状。蒴果近球形，直径0.8～1.3厘米，3瓣裂；种子5～6颗，卵状三棱形，黑褐色或米黄色。花期为7—9月，果期为8—10月。

主要利用形式：多作绿篱花卉。牵牛子入药，泻下、利尿、杀虫，可治便秘、消化不良、肾炎水肿及小儿咽喉炎。

181　林荫鼠尾草

拉丁学名：Salvia nemorosa L.；唇形科鼠尾草属。别名：森林鼠尾草、林地鼠尾草。

形态特征：多年生草本，高50～90厘米。叶对生，长椭圆状或近披针形，叶面皱，先端尖，具柄。轮伞花序再组成穗状花序，长达30～50厘米；花冠二唇形，略等长，下唇反折，蓝紫色至粉红色。花期为5—10月。

林荫鼠尾草

主要利用形式：本种作为林下地被植物，可很好地为开花淡季增添景色。其花和叶入药，可杀菌解毒、驱瘟除疫。

182　凌霄

拉丁学名：Campsis grandiflora（Thunb.）Schum.；紫葳科凌霄属。别名：紫葳、苕华、堕胎花、白狗肠、搜骨风、藤五加、过路蜈蚣、接骨丹、九龙下海、五爪龙、凌霄花、中国凌霄、凌苕、红花倒水莲、倒挂金钟、上树蜈蚣、吊墙花、芰华、藤萝花、女藏花、上树龙。

形态特征：攀缘藤本。茎木质，表皮脱落，枯褐色，以气生根攀附于它物之上。叶对生，为奇数羽状复叶；小叶7～9枚，卵形至卵状披针形，顶端尾状渐尖，基部阔楔形，两侧不等大，侧脉6～7对，边缘有粗锯齿。顶生疏散的短圆锥花序；花萼钟状，分裂至中部，裂片披针形；花冠内面鲜红色，外面橙黄色，裂片半圆形；雄蕊着生于花冠筒近基部，花丝线形，细长，花药黄色，个字形着生；花柱线形，柱头扁平，2裂。蒴果顶端钝。花期为5—8月。

主要利用形式：垂直绿化植物，可供观赏及药用。花性味甘酸寒，能行血祛瘀、凉血祛风，用于治疗经闭症瘕、产后乳肿、风疹发红、皮肤瘙痒及痤疮。根性味苦凉，能活血散瘀、解毒消肿，用于治疗风湿痹痛、跌打损伤、骨折、脱臼及吐泻。茎、叶性味苦平，能凉血、散淤，用于治疗血热生风、皮肤瘙痒、瘾疹、手脚麻木及咽喉肿痛。孕妇慎用。

凌霄

183 菱

拉丁学名：Trapa bispinosa Roxb.；菱科菱属 。别名：风菱、乌菱、菱实、薢茩、芰实、蕨攈。

形态特征：一年生浮水水生草本。着生水底水中泥根细铁丝状，同化根。叶二型，互生，聚生于主茎或分枝茎的顶端，叶片菱圆形或三角状菱圆形，表面深亮绿色，背面灰褐色或绿色；沉水叶小，早落。花单生于叶腋，两性；花盘鸡冠状。果三角状菱形，表面具淡灰色长毛，腰角位置无刺角，果喙不明显，内具 1 白色种子。花期为 5—10 月，果期为 7—11 月。

主要利用形式：果含淀粉 50%以上，可供食用或酿酒。全株可作饲料。菱实及菱的根、茎、叶具有各种营养成分和显著的药效，因此它是生产滋补健身饮料的适宜原料。果实（菱）甘，凉，生食可清热解暑、除烦止渴；熟食可益气、健脾。茎（菱茎）甘、涩，平，用于治疗胃溃疡、多发性疣赘。叶（菱叶）用于治疗小儿马牙疳、小儿头疮。果壳（菱壳）甘、涩，平，可收敛止泻、解毒消肿，用于治疗泄泻、痢疾、便血、胃溃疡，外用治疗痔疮、天疱疮、黄水疮及无名肿毒。 果柄（菱蒂）用于治疗溃疡病、皮肤疣、胃癌、食道癌及子宫癌。

菱

184 菱叶绣线菊

拉丁学名：Spiraea vanhouttei (Briot) Zabel；蔷薇科绣线菊属。别名：绣球花。

形态特征：灌木，高达 2 米。小枝拱形弯曲，红褐色，幼时无毛；冬芽很小，卵形，先端圆钝，无毛，有

菱叶绣线菊

数枚鳞片。叶片菱状卵形至菱状倒卵形，长 1.5～3.5 厘米，宽 0.9～1.8 厘米，先端急尖，通常 3～5 裂，基部楔形，边缘有缺刻状重锯齿，两面无毛，上面暗绿色，下面浅蓝灰色，具不显著 3 脉或羽状脉；叶柄长 3～5 毫米，无毛。伞形花序具总梗，有多数花朵，基部具数枚叶片；花梗长 7～12 毫米，无毛；苞片线形，无毛；萼筒和萼片外面均无毛；花瓣近圆形，先端钝，长与宽各 3～4 毫米，白色；雄蕊 20～22，部分雄蕊不发育，长约花瓣之 1/2 或 1/3；花盘圆环形，具大小不等的裂片；子房无毛。蓇葖果稍开张，花柱近直立，萼片直立开张。花期为 5—6 月。

主要利用形式：城市园林造景植物，亦可用于切花生产。其叶药用，可消毒除肿，去腐生肌。

185 留兰香

拉丁学名：Mentha spicata L.；唇形科薄荷属。别名：绿薄荷、香花菜、香薄荷、青薄荷、血香菜、狗肉香、土薄荷、鱼香菜。

形态特征：多年生草本。茎直立，无毛或近于无毛，绿色，钝四棱形，具槽及条纹，不育枝紧贴地生。叶无柄或近于无柄，卵状长圆形或长圆状披针形，先端锐尖，基部宽楔形至近圆形，边缘具尖锐而不规则的锯齿，草质，上面绿色，下面灰绿色，侧脉 6～7 对，与中脉在上面多少凹陷下面明显隆起且带白色。轮伞花序生于茎及分枝顶端，间断但向上密集生有圆柱形穗状花序；小苞片线形，长过于花萼，无毛；花梗无毛；花萼钟形，花时外面无毛，具腺点，内面无毛，不显著，萼三角状披针形；花冠淡紫色，两面无毛，冠檐具 4 裂

留兰香

片，裂片近等大，上裂片微凹；雄蕊4，伸出，近等长，花丝丝状，无毛，花药卵圆形；花柱伸出花冠很多，先端相等2浅裂，裂片钻形；花盘平顶；子房褐色，无毛。花期为7—9月。

主要利用形式：嫩枝、叶常作为调味香料食用。精油常用于牙膏、香皂和口香糖中。叶、嫩枝或全草入药，味辛甘，性微温，可祛风散寒、消肿解毒，主治感冒发热、咳嗽、虚劳咳嗽、伤风感冒、头痛、咽痛、神经性头痛、胃肠胀气、跌打瘀痛、目赤辣痛、鼻衄、乌疔、全身麻木及小儿疮疖。

柳叶马鞭草

186 柳叶马鞭草

拉丁学名：Verbena bonariensis L.；马鞭草科马鞭草属。别名：南美马鞭草、长茎马鞭草、铁马鞭、龙芽草、风颈草、野荆草、蜻蜓草、退血草、燕尾草。

形态特征：多年生草本，株高（连同花茎）可达100～150厘米。多分枝。茎为正方形，全株都有纤细的茸毛。生长初期叶为椭圆形，边缘有缺刻，两面有粗毛，花茎抽高后叶转为细长型，如柳叶状，边缘仍有尖缺刻。花为聚伞穗状花序，小筒状花着生于花茎顶部，顶生或腋生；花小，花朵由5瓣花瓣组成，每瓣花瓣只有4毫米或8毫米长，群生于最顶端的花穗上，花冠呈紫红色或淡紫色，花色鲜艳。花期为5—9月。

主要利用形式：本种在景观布置中应用很广，花期很长，常被用于疏林下、植物园和别墅区的景观布置。常被一些景区与薰衣草混合种植。

187 六叶葎

拉丁学名：Galium asperuloides Edgew. subsp. hoffmeisteri (Klotzsch) Hara；茜草科拉拉藤属。

形态特征：一年生草本，常直立，有时呈披散状，高10～60厘米。近基部分枝，有红色丝状的根。茎直立，柔弱，具四角棱，具疏短毛或无毛。叶片薄，纸质或膜质，生于茎中部以上的常6片轮生，生于茎下部的常4～5片轮生，长圆状倒卵形、倒披针形、卵形或椭圆形，长1～3.2厘米，宽4～13毫米，顶端钝圆而具突尖，稀短尖，基部渐狭或楔形，上面散生糙伏毛，常在近边缘处较密，下面有时亦散生糙伏毛，中脉上有或无倒向的刺，边缘有时有刺状毛，具1中脉，近无柄或有短柄。聚伞花序顶生和生于上部叶腋，少花，2～3次分枝，常呈广歧式叉开；总花梗长可达6厘米，无毛；苞片常成对，小，披针形；花小；花梗长0.5～1.5毫米；花冠白色或黄绿色，裂片卵形，长约1.3毫米，宽约1毫米；雄蕊伸出；花柱顶部2裂，长约0.7毫

米。果爿近球形，单生或双生，密被钩毛；果柄长达1厘米。花期为4—8月，果期为5—9月。

主要利用形式：农田杂草。全草味甘，性平，具有清热解毒、利尿消肿的功效，用于治疗尿路感染、赤白带下、痢疾、肿痛、跌打损伤及毒蛇咬伤。

188 龙葵

拉丁学名：Solanum nigrum L.；茄科茄属。别名：龙葵草、天茄子、黑天天、苦葵、野辣椒、黑茄子、黑星星、野海椒、石海椒、野伞子、黑天豆棵、野葡萄。

形态特征：一年生草本，高约60厘米。茎有棱，沿棱稀被细毛。叶互生，卵形，基部宽楔形或近截形，至叶柄渐狭小，先端尖或长尖；叶大小差异很大，每边3～4齿，齿宽5毫米，长3～4毫米。伞状聚伞花序侧生，花柄下垂，每一花序有4～10朵花，花白色；花萼筒形，外疏被细毛，裂片5，卵状三角形；花冠无毛，裂片5片，轮状伸展。浆果球状，有光泽，成熟时呈红色或黑色。花果期为9—10月。

主要利用形式：杂草，有小毒。浆果和叶子均可食用，但叶子含有大量生物碱，须经煮熟后方可解毒。全株入药，可散瘀消肿、清热解毒，主治痈肿疔疮、牙痛、咽喉肿痛、癌肿、疮疖肿痛、尿路感染、小便不利。果治咳嗽、喉痛及失声。根可驱蛔虫。

189 陆地棉

拉丁学名：Gossypium hirsutum L.；锦葵科棉属。别名：大陆棉、美洲棉、墨西哥棉、高地棉、美棉。

形态特征：一年生草本，高0.6～1.5米。小枝疏被长毛。叶阔卵形，基部心形或心状截头形，裂片宽三角状卵形，上面近无毛，下面疏被长柔毛；叶柄疏被柔毛；托叶卵状镰形，早落。花单生于叶腋，花梗通常较叶柄略短。蒴果卵圆形，具喙，3～4室；种子分离，卵圆形，具白色长绵毛和灰白色不易剥离的短绵毛。花期为夏秋季。

主要利用形式：主要纤维植物。棉纤维能制成多种规格的织物，适于制作各类衣服、家具布和工业用布。

棉纤维的另一个用途是加入护肤抗皱的美容产品中。棉花是一种重要的蜜源植物。种子的藏药名为“锐摘”，可治鼻病、虫病及吉祥天母瘟病。种子可提取棉籽油，但是其中含有棉酚，需要精制后方可食用。

190 陆英

拉丁学名：Sambucus chinensis Lindl.；忍冬科接骨木属。别名：小接骨丹、接骨草、蒴藋、排风藤、八棱麻、大臭草、秧心草。

形态特征：高大草本或半灌木，高1～2米。茎有棱条，髓部白色。羽状复叶的托叶叶状或有时退化成蓝色的腺体；小叶2～3对，互生或对生，狭卵形，嫩时上面被疏长柔毛，先端长渐尖，基部钝圆，两侧不等，边缘具细锯齿，近基部或中部以下边缘常有1或数枚腺齿；顶生小叶卵形或倒卵形，基部楔形，有时与第一对小叶相连，小叶无托叶，基部一对小叶有时有短柄。复伞形花序顶生，大而疏散，总花梗基部托以叶状总苞片，分枝3～5出，纤细，被黄色疏柔毛；杯形不孕性花不脱落，可孕性花小；萼筒杯状，萼齿三角形；花冠白色，仅基部联合，花药黄色或紫色；子房3室，花柱极短或几无，柱头3裂。果实红色，近圆形；核2～3粒，卵形，表面有小疣状突起。花期为4—5月，果熟期为8—9月。

陆英

主要利用形式：药用植物，可通经活血、解毒消炎，能治跌打损伤、风湿、骨折和闭经。

191 栾树

拉丁学名：Koelreuteria paniculata Laxm.；无患子科栾树属。别名：木栾、栾华、五乌拉叶、乌拉、乌拉胶、黑色叶树、石栾树、黑叶树、木栏牙。

形态特征：落叶乔木或灌木。树皮厚，灰褐色至灰黑色，老时纵裂；皮孔小，灰至暗褐色。小枝具疣点，与叶轴、叶柄均被皱曲的短柔毛或无毛。叶丛生于当年生枝上，平展，一回、不完全二回或偶有二回羽状复叶，长可达50厘米；小叶（7～）11～18片（顶生小叶有时与最上部的一对小叶在中部以下合生），对生或互生，纸质，卵形、阔卵形至卵状披针形，长（3～）5～10厘米，宽3～6厘米，边缘有不规则的钝锯齿，齿端具小尖头。聚伞圆锥花序长25～40厘米，密被微柔毛，分枝长而广展，在末次分枝上的聚伞花序具花3～6朵，密集，呈头状；苞片狭披针形，被小粗毛；花淡黄色，稍芬芳；花梗长2.5～5毫米；萼裂片卵形，边缘具腺状缘毛，呈啮蚀状；花瓣4，开花时向外反折，线状长圆形，长5～9毫米，瓣爪长1～2.5毫米，被长柔毛；雄蕊8枚，在雄花中的长7～9毫米，在雌花中的长4～5毫米；花盘偏斜，有圆钝小裂片；子房三棱形，除棱上具缘毛外无毛，退化子房密被小粗毛。蒴果圆锥

栾树

形，具3棱，长4~6厘米，顶端渐尖，果瓣卵形，外面有网纹，内面平滑且略有光泽；种子近球形，直径6~8毫米。花期为6—8月，果期为9—10月。

主要利用形式：耐寒、耐旱、速生，常栽培作庭园观赏树。木材黄白色，易加工，可制家具；叶可制作蓝色染料；花可制作黄色染料。花可制作花茶，能清热解毒、补气益肠、舒缓神经。果实可收敛解毒。根可抗菌抗病毒、止咳化痰。

192 罗布麻

拉丁学名：Apocynum venetum L.；夹竹桃科罗布麻属。别名：吉吉麻、羊肚拉角、红花草、野茶、泽漆麻、茶叶花、红麻、披针叶茶叶花、小花野麻、野茶叶、草本夹竹桃、小花罗布麻、红柳子、泽漆棵、盐柳、野柳树。

形态特征：直立半灌木，高1.5~3米，具乳汁。枝条对生或互生，圆筒形，光滑无毛，紫红色或淡红色。圆锥状聚伞花序一至多歧，通常顶生，有时腋生，花梗长约4毫米，被短柔毛；苞片膜质，披针形，长约4毫米，宽约1毫米；小苞片长1~5毫米，宽0.5毫米；花萼5深裂，裂片披针形或卵圆状披针形，两面被短柔毛，边缘膜质，长约1.5毫米，宽约0.6毫米；花冠圆筒状钟形，紫红色或粉红色，两面密被颗粒状突起，花冠筒长6~8毫米，直径2~3毫米。外果皮棕色，无毛，有纵纹；种子多数，卵圆状长圆形，黄褐色，长2~3毫米，直径0.5~0.7毫米，顶端有一簇白色绢质的种毛，种毛长1.5~2.5厘米；子叶长卵圆形，与胚根近等长，长约1.3毫米。花期为4—9月（盛开期为6—7月），果期为7—12月（成熟期为9—10月）。

罗布麻

主要利用形式：罗布麻纤维属韧皮纤维，位于茎秆上的韧皮组织内，纤维强度是棉纤维的5~6倍，细度优于苎麻，且手感柔软，具有较强的吸湿能力，散水散热快，耐腐蚀，光泽度可与真丝媲美，故可制作布料。叶味甘微苦，性凉，能清热平肝、利水消肿、消食化滞，用于治疗高血压、眩晕、头痛、心悸、失眠及水肿尿少。

193 萝卜

拉丁学名：Raphanus sativus L.；十字花科萝卜属。别名：芦菔、辣萝卜。

形态特征：一年生或二年生草本。根肉质，长圆形、球形或圆锥形，根皮绿色、白色、粉红色或紫色。茎直立，粗壮，圆柱形，中空，自基部分枝。基生叶及茎下部叶有长柄，通常呈大头羽状分裂，被粗毛，侧裂片1~3对，边缘有锯齿或缺刻；茎中、上部叶长圆形至披针形，向上渐变小，不裂或稍分裂，不抱茎。总状花序，顶生及腋生；花淡粉红色或白色。长角果不开裂，近圆锥形，直或稍弯；种子间缢缩成串珠状，先端具长喙，喙长2.5~5厘米，果壁海绵质；种子1~6

萝卜

粒，红褐色，圆形，有细网纹。花期为4—5月，果期为5—6月。

主要利用形式：常见蔬菜和药材，品种很多。萝卜根作蔬菜食用，可辅助增强机体免疫力，降低血脂，软化血管，稳定血压，预防冠心病、动脉硬化、胆石症，并能抑制癌细胞的生长，对防癌抗癌有重要意义。种子（莱菔子）、鲜根、枯根（地骷髅）、叶皆入药，种子能消食化痰；鲜根能止渴、助消化；枯根利二便；叶治初痢，并能预防痢疾。种子油可供工业用及食用。

194 萝藦

拉丁学名：Metaplexis japonica（Thunb.）Makino；萝藦科萝藦属。别名：芄兰、斫合子、白环藤、羊婆奶、婆婆针落线包、羊角、天浆壳、蔓藤草、奶合藤、土古藤、浆罐头、奶浆藤、牛角蔓。

形态特征：多年生草质藤本，具乳汁。茎圆柱状，下部木质化，上部较柔韧，表面淡绿色，有纵条纹，幼时密被短柔毛，老时被毛渐脱落。叶膜质，卵状心形，顶端短渐尖，基部心形，叶耳圆，两叶耳展开或紧接，叶面绿色，叶背粉绿色，两面无毛，或幼时被微毛，老时被毛脱落，侧脉每边10～12条，在叶背略明显；叶柄长，顶端具丛生腺体。总状式聚伞花序腋生或腋外生，具长总花梗；总花梗长6～12厘米，被短柔毛；花梗长8毫米，被短柔毛，通常着花13～15朵；小苞片膜质，披针形，顶端渐尖；花蕾圆锥状，顶端尖；花萼裂片披针形，外面被微毛；花冠白色，有淡紫红色斑纹，近辐状，花冠筒短，花冠裂片披针形，张开，顶端反折，基部向左覆盖，内面被柔毛；副花冠环状，着生于合蕊冠上，短5裂，裂片兜状；雄蕊连生成圆锥状，并将雌蕊包围在其中，花药顶端具白色膜片；花粉块卵圆形，下垂；子房无毛，柱头延伸成1长喙，顶端2裂。蓇葖叉生，纺锤形，平滑无毛，顶端急尖，基部膨大；种子扁平，卵圆形，有膜质边缘，褐色，顶端具白色绢质种毛，种毛长1.5厘米。花期为7—8月，果期为9—12月。

主要利用形式：杂草。全株可药用，果可治劳伤、虚弱、腰腿疼痛、缺奶、白带、咳嗽等；根可治跌打、蛇咬、疔疮、瘰疬、阳痿；茎叶可治小儿疳积、疔肿，种毛可止血；乳汁可除瘊子。茎皮纤维坚韧，可造人造棉。

萝藦

195 落地生根

拉丁学名：Bryophyllum pinnatum（L. f.）Oken；景天科落地生根属。别名：不死鸟、墨西哥斗笠、灯笼花、花蝴蝶、叶爆芽、天灯笼、倒吊莲。

形态特征：多年生草本，高40～150厘米。茎有分枝。羽状复叶，小叶长圆形至椭圆形，先端钝，边缘有圆齿，圆齿底部容易生芽，芽长大后落地即成一新植株；小叶柄长2～4厘米。圆锥花序顶生；花下垂，花萼圆柱形，长2～4厘米；花冠高脚碟形，基部稍膨大，向上成管状，裂片4，卵状披针形，淡红色或紫红色；雄蕊8，着生于花冠基部，花丝长；鳞片近长方形；心皮4。蓇葖包在花萼及花冠内；种子小，有条纹。花期为1—3月。

主要利用形式：全草性味微酸涩凉，能消肿、活血止痛、拔毒生肌，外用于治疗痈肿疮毒、乳痈、丹毒、中耳炎、痄腮、外伤出血、跌打损伤、骨折及烧烫伤。叶片肥厚多汁，边缘长出整齐美观的不定芽，形似一群小蝴蝶，飞落于地，立即可生根存活。用于盆栽，是窗台绿化的好材料，点缀书房和客室也别具雅趣，寓意很好。

落地生根　石勇

196 落花生

拉丁学名： Arachis hypogaea L.；豆科落花生属。别名：地豆、长生果、土豆（台湾地区）、唐人豆或南京豆（日本）、花生、落花参、番豆、土露子、落地松、落地生、及地果、番果。

形态特征： 一年生草本。根部有丰富的根瘤。茎直立或匍匐，长30～80厘米，茎和分枝均有棱，被黄色长柔毛，后变无毛。叶通常具小叶2对；托叶长2～4厘米，具纵脉纹，被毛；叶柄基部抱茎，长5～10厘米，被毛；小叶纸质，卵状长圆形至倒卵形，长2～4厘米，宽0.5～2厘米，先端钝圆形，有时微凹，具尖头小刺，基部近圆形，全缘，两面被毛，边缘具睫毛，侧脉每边约10条，叶脉边缘互相联结成网状；小叶柄长2～5毫米，被黄棕色长毛。花长约8毫米；苞片2，披针形；小苞片披针形，长约5毫米，具纵脉纹，被柔毛；萼管细，长4～6厘米；花冠黄色或金黄色，旗瓣直径1.7厘米，开展，先端凹入，翼瓣与龙骨瓣分离，翼瓣长圆形或斜卵形，细长，龙骨瓣长卵圆形，内弯，先端渐狭成喙状，较翼瓣短；花柱延伸于萼管咽部之外，柱头顶生，小，疏被柔毛。荚果长2～5厘米，宽1～1.3厘米，膨胀，荚厚，其果壳坚硬，成熟后不开裂，室间无横隔而有缢缩（果腰），果壳表面有网络状脉纹；每个荚果有2～6粒种子，以2粒居多，多呈普通型、斧头型、葫芦型或茧形，每荚3粒以上种子的荚果多呈曲棍形或串珠型，种子横径0.5～1厘米；种皮有白、粉红、红、红褐、紫、红白或紫白相间等不同颜色；子叶占种子总重量的90%以上；胚芽隐藏在两片肥厚的子叶中间，由主芽和两个子叶节侧芽组成。花果期为6—8月。

落花生

主要利用形式： 常见油料作物。其油在纺织工业上用作润滑剂，在机械制造工业上用作淬火剂。种子晒干后俗称花生米，性味甘平，入脾、肺经，能润肺、和胃，治燥咳、反胃、脚气及乳妇奶少。种皮俗称“花生衣”，能止血、散瘀、消肿，用于治疗血友病、类血友病，原发性及继发性血小板减少性紫癜，肝病出血症，术后出血，癌肿出血，胃、肠、肺及子宫等出血。

197 落葵

拉丁学名： Basella alba L.；落葵科落葵属。别名：木耳菜、西洋菜、胭脂菜、滑腹菜、御菜、蘩露、藤菜、胭脂豆、潺菜、豆腐菜、紫葵、篱笆菜、染绛子。

形态特征： 一年生缠绕草本。茎长可达数米，无毛，肉质，绿色或略带紫红色。叶片卵形或近圆形，长3～9厘米，宽2～8厘米，顶端渐尖，基部微心形或圆形，下延成柄，全缘，背面叶脉微凸起；叶柄长1～3厘米，上有凹槽。穗状花序腋生，长3～15（～20）厘米；苞片极小，早落；小苞片2，萼状，长圆形，宿存；

落葵

花被片淡红色或淡紫色，卵状长圆形，全缘，顶端钝圆，内褶，下部白色，连合成筒；雄蕊着生花被筒口，花丝短，基部扁宽，白色，花药淡黄色；柱头椭圆形。果实球形，直径 5～6 毫米，红色至深红色或黑色，多汁液，外包宿存小苞片及花被。花期为 5—9 月，果期为 7—10 月。

主要利用形式：可作观赏植物。叶含有多种维生素和钙、铁等，可食用。全草供药用，为缓泻剂，有滑肠、散热、利大小便的功效；花汁有清血解毒的作用，能解痘毒，外敷治痈毒及乳头破裂。果汁可作食品着色剂。

198 绿豆

拉丁学名：Vigna radiata（L.）Wilczek；豆科豇豆属。别名：角豆、姜豆、带豆。

形态特征：一年生直立草本，高 20～60 厘米。茎被褐色长硬毛。羽状复叶具 3 小叶；托叶盾状着生，卵形，具缘毛；小托叶显著，披针形；小叶卵形，侧生的多少有偏斜，全缘，先端渐尖，基部阔楔形或浑圆，两面多少被疏长毛，基部三脉明显；叶柄长 5～21 厘米；叶轴长 1.5～4 厘米；小叶柄长 3～6 毫米。总状花序腋生，有花 4 至数朵，最多可达 25 朵；总花梗长 2.5～9.5 厘米；花梗长 2～3 毫米；小苞片线状披针形或长圆形，有线条，近宿存；萼管无毛，裂片狭三角形，具缘毛，上方的一对合生成一先端 2 裂的裂片；旗瓣近方形，外面黄绿色，里面有时粉红，顶端微凹，内弯，无毛；翼瓣卵形，黄色；龙骨瓣镰刀状，绿色而染粉红，右侧有显著的囊。荚果线状圆柱形，平展，被淡褐色、散生的长硬毛，种子间多少有收缩；种子 8～14 颗，淡绿色或黄褐色，短圆柱形，种脐白色而不凹陷。花期为初夏，果期为 6—8 月。

绿豆

主要利用形式：杂粮、蔬菜作物。种子供食用，亦可提取淀粉，制作豆沙及粉丝等。洗净置于流水中，遮光发芽，可制成芽菜，供蔬食。种子入药，有清凉解毒、利尿明目和解暑之效。全株也可作绿肥。

199 葎草

拉丁学名：Humulus scandens（Lour.）Merr.；桑科葎草属。别名：勒草、蛇割藤、割人藤、拉拉秧、拉拉藤、五爪龙、葛葎蔓。

形态特征：多年生或一年生蔓性缠绕草本。茎、枝、叶柄均具倒钩刺。叶纸质，肾状五角形，5～7 掌状深裂，稀为 3 裂，长、宽均为 7～10 厘米，基部心脏形，表面粗糙，疏生糙伏毛，背面有柔毛和黄色腺体，裂片卵状三角形，边缘具锯齿；叶柄长 5～10 厘米。雄花小，黄绿色，圆锥花序，长 15～25 厘米；雌花序球果状，径约 5 毫米，苞片纸质，三角形，顶端渐尖，具白

葎草

色茸毛；子房被苞片包围，柱头2，伸出苞片外。瘦果成熟时露出苞片外。花期为春夏，果期为秋季。

主要利用形式：广布型恶性杂草，抗逆性强，可用作水土保持植物。茎皮纤维可作造纸原料，种子油可制肥皂，果穗可代啤酒花用。地上部分可清热解毒、利尿消肿，用于治疗肺结核潮热、肺热咳嗽、肺痈、虚热烦渴、热淋、水肿、湿热泻痢、热毒疮疡、皮肤瘙痒、肠胃炎、痢疾、感冒发热、小便不利、肾盂肾炎、急性肾炎、膀胱炎及泌尿系统结石。

200　马齿苋

拉丁学名：Portulaca oleracea L.；马齿苋科马齿苋属。别名：马苋、五方草、马齿草、马齿龙芽、瓜子菜、五行草、长命菜、麻绳菜、马齿菜、蚂蚱菜。

形态特征：一年生草本，全株无毛。茎平卧或斜倚，散铺，多分枝，圆柱形，长10～15厘米，淡绿或带暗红色。叶互生或近对生，扁平肥厚，倒卵形，长1～3厘米，先端钝圆或平截，有时微凹，基部楔形，全缘，上面暗绿色，下面淡绿色或带暗红色，中脉微隆起；叶柄粗短。花无梗，径4～5毫米，常3～5朵簇生枝顶，午时盛开；叶状膜质苞片2～6，近轮生；萼片2，对生，绿色，盔形，长约4毫米，背部龙骨状突起，基部连合；花瓣4～5，黄色，长3～5毫米，基部连合；雄蕊8或更多，长约1.2厘米，花药黄色；子房无毛，花柱较雄蕊稍长。蒴果长约5毫米；种子黑褐色，径不及1毫米，具小疣。花期为5—8月，果期为6—9月。

主要利用形式：杂草。嫩茎叶可食。全草性味酸寒，归肝、大肠经，能清热解毒、凉血止血、止痢，主治热毒血痢、痈肿疔疮、湿疹、丹毒、蛇虫咬伤、便血、痔血及崩漏下血。凡脾胃虚寒、肠滑作泄者以及孕妇勿用。

201　马兰

拉丁学名：Kalimeris indica（L.）Sch.；菊科马兰属。别名：马兰头、马莱、马郎头、红梗菜、鸡儿肠、紫菊、螃蜞头草、路边菊、田边菊、泥鳅菜、泥鳅串、鱼鳅串、蓑衣莲。

形态特征：多年生草本。根状茎有匍枝，有时具直根。茎直立，高30～70厘米，上部有短毛，上部或从下部起有分枝。基部叶在花期枯萎；茎部叶倒披针形或倒卵状矩圆形，长3～6厘米，稀达10厘米，宽0.8～2厘米，稀达5厘米，顶端钝或尖，基部渐狭成具翅的长柄，边缘从中部以上具有小尖头的钝或尖齿或有羽状裂片，中脉在下面凸起。头状花序单生于枝端并排列成疏伞房状；总苞半球形，径6～9毫米，长4～5毫米；总苞片2～3层，覆瓦状排列，外层倒披针形，长2毫米，内层倒披针状矩圆形，长达4毫米，顶端钝或稍尖，上部草质，有疏短毛，边缘膜质，有缘毛；花托圆锥形；舌状花1层，15～20个，管部长1.5～1.7毫米；舌片浅紫色，长达10毫米，宽1.5～2毫米；管状花长3.5毫米，管部长1.5毫米，被短密毛。瘦果倒卵状矩圆形，极扁，长1.5～2毫米，宽1毫米，褐色，边缘色浅而有厚肋，上部被腺及短柔毛；冠毛长0.1～0.8毫米，弱而易脱落，不等长。花期为5—9月，果期为8—

马齿苋

马兰

10月。

主要利用形式：杂草。幼叶通常作蔬菜食用，俗称“马兰头”。全草味辛，性凉，归肝、胃、肺经，具有凉血止血、清热利湿、解毒消肿的功效，主治吐血、衄血、崩漏、紫癜、创伤出血、黄疸、泻痢、水肿、淋浊、感冒、咳嗽、咽痛喉痹、痈肿痔疮、丹毒及小儿疳积。马兰根露辛凉，无毒，可散结清热、破宿血，能治痔疮。

202 马铃薯

拉丁学名：Solanum tuberosum L.；茄科茄属。别名：洋芋、阳芋、荷兰薯、地蛋、薯仔、土豆、荷兰薯、番仔薯、洋山芋等。

形态特征：一年生草本，高15～80厘米。地上茎呈菱形，有毛。初生叶为单叶，全缘，随着植株的生长，逐渐形成奇数不相等的羽状复叶。伞房花序顶生，后侧生；花白色或蓝紫色；萼钟形，外面被疏柔毛，5裂，裂片披针形，先端长渐尖；花冠辐状。果实为茎块状，扁圆形或球形，无毛或被疏柔毛。花期为3月。

主要利用形式：与小麦、稻谷、玉米、高粱并称为世界“五大作物”，菜、粮食兼用作物。块茎中含有丰富的淀粉、蛋白质、维生素和膳食纤维，是胃病和心脏病患者的良药及优质保健食品。块茎可以用来治胃痛、痄肋、痈肿、湿疹、烫伤，也可健胃及解毒消肿。

马铃薯

203 马泡瓜

拉丁学名：Cucumis melo L. var. agrestis Naud.；葫芦科黄瓜属。别名：马爬瓜、小野瓜、马宝、小马泡。

马泡瓜 高昌忠

形态特征：一年生草本。蔓生，蔓上每节有一根卷须。叶有柄，呈楔形或心脏形，叶面较粗糙，有刺毛。花黄色；雌雄同株同花；花冠具有3～5裂；子房长椭圆形，花柱长，柱头3枚。瓜有大有小，最大的像鹅蛋，最小的像纽扣。瓜味有香有甜，有酸有苦。瓜皮颜色有青的、花的、白色带青条的。种子淡黄色，扁平，长椭圆形，表面光滑，种仁白色。花期为5—7月，果期为7—9月。

主要利用形式：一般性杂草，偶有栽培，局部地区泛滥成灾。果实逐叶腋而生，有一定的观赏价值。果实含有较多精氨酸、丙氨酸、纤维素、胡萝卜素C、维生素E，具有预防酒精中毒、减肥强体、抗肿瘤、降血糖及防衰老的作用。

204 马缨丹

拉丁学名：Lantana camara L.；马鞭草科马缨丹属。别名：七姐妹、五色梅、如意草、五彩花、臭草、臭金凤。

形态特征：直立或蔓性的灌木，有时也呈藤状。茎、枝均呈四方形，有短柔毛，通常有短而倒的钩状刺。单叶对生，揉烂后有强烈的气味，叶片卵形至卵状长圆形，顶端急尖或渐尖，基部心形或楔形，边缘有钝齿，表面有粗糙的皱纹和短柔毛，背面有小刚毛，侧脉约5对。花序梗粗壮，长于叶柄；苞片披针形，长为花萼的1～3倍，外部有粗毛；花萼管状，膜质，顶端有极短的齿；花冠黄色或橙黄色，开花后不久变为深红色，花冠管两面有细短毛；子房无毛。果圆球形，成熟时紫黑

色。全年开花。

主要利用形式：我国各地庭园常栽培供观赏。根、叶、花入药，有清热解毒、散结止痛、祛风止痒之效，可治疟疾、肺结核、颈淋巴结核、腮腺炎、胃痛及风湿骨痛等症。

205　麦蓝菜

拉丁学名：Vaccaria segetalis（Neck.）Garcke；石竹科麦蓝菜属。别名：王不留行、奶米、王不留、老头蓝子。

形态特征：一年生草本，高 30～70 厘米。茎直立，上部有叉状分枝，节稍膨大。叶对生，粉绿色，卵状披针形或卵状椭圆形，长 2～9 厘米，宽 1.5～2.5 厘米，基部稍连合而抱茎。聚伞花序顶生，花梗细长；萼筒有 5 条绿色宽脉，并具 5 棱；花瓣 5，淡红色，倒卵形，先端有不整齐小齿，基部有长爪。蒴果卵形，4 齿裂，包于宿萼内；种子多数，球形，黑色。花期为 4—5 月，果期为 5—6 月。

主要利用形式：麦田杂草。干燥成熟种子，性平，味苦，归肝、胃经，能活血通经、下乳消肿、利尿通淋，用于治疗经闭、痛经、乳汁不下、乳痈肿痛及淋证涩痛。

206　麦瓶草

拉丁学名：Silene conoidea L.；石竹科蝇子草属。

别名：面条菜、米瓦罐、净瓶、香炉草、梅花瓶、广皮菜、瓢咀、甜甜菜、麦石榴、油瓶菜、羊蹄棵、红不英菜、胡焖菜、麦黄菜、灯笼草、灯笼泡、瓶罐花。

形态特征：一年生草本，全株被短腺毛。根为主根系，稍木质。茎单生，直立，不分枝。基生叶片匙形，茎生叶片长圆形或披针形，基部楔形，顶端渐尖，两面被短柔毛，边缘具缘毛，中脉明显。二歧聚伞花序具数花；花直立；花萼圆锥形，绿色，基部脐形，果期膨大，下部宽卵状，纵脉 30 条，沿脉被短腺毛，萼齿狭披针形，长为花萼的 1/3 或更长，边缘下部狭膜质，具缘毛；雌雄蕊柄几无；花瓣淡红色，爪不露出花萼，狭披针形，无毛，耳三角形，瓣片倒卵形，全缘或微凹缺，有时微呈啮蚀状；副花冠片狭披针形，白色，顶端具数浅齿；雄蕊微外露或不外露，花丝具稀疏短毛；花柱微外露。蒴果梨状；种子肾形，暗褐色。花期为 5—6 月，果期为 6—7 月。

主要利用形式：杂草，嫩苗可作野菜。全草味甘微苦，性凉，归肺、肝二经，能养阴、清热、止血、调经，主治吐血、衄血、虚痨咳嗽、咯血、肺脓疡、尿血及月经不调。

207 曼陀罗

拉丁学名：Datura stramonium L.；茄科曼陀罗属。

别名：枫茄花、狗核桃、万桃花、洋金花、野麻子、醉心花、闹羊花、曼荼罗、满达、曼扎、曼达。

形态特征：草本或半灌木状，高 0.5～1.5 米，全体近于平滑或在幼嫩部分被短柔毛。茎粗壮，圆柱状，淡绿色或带紫色，下部木质化。叶广卵形，顶端渐尖，基部呈不对称楔形，边缘有不规则波状浅裂，裂片顶端急尖，有时亦有波状牙齿，侧脉每边 3～5 条，直达裂片顶端，长 8～17 厘米，宽 4～12 厘米；叶柄长 3～5 厘米。花单生于枝杈间或叶腋，直立，有短梗；花萼筒状，长 4～5 厘米，筒部有 5 棱角，两棱间稍向内陷，基部稍膨大，顶端紧围花冠筒，5 浅裂，裂片三角形，花后自近基部断裂，宿存部分随果实而增大并向外反折；花冠漏斗状，下半部带绿色，上部白色或淡紫色，檐部 5 浅裂，裂片有短尖头，长 6～10 厘米，檐部直径 3～5 厘米；雄蕊不伸出花冠，花丝长约 3 厘米，花药

曼陀罗

长约 4 毫米；子房密生柔针毛，花柱长约 6 厘米。蒴果直立，卵状，长 3～4.5 厘米，直径 2～4 厘米，表面生有坚硬针刺或有时无刺而近平滑，成熟后淡黄色，规则 4 瓣裂；种子卵圆形，稍扁，长约 4 毫米，黑色。花期为 6—10 月，果期为 7—11 月。

主要利用形式：其花朵大而美丽，具有观赏价值。全株药用，有镇痉、镇静、镇痛和麻醉的功能。花能祛风湿、止喘定痛，可治惊痫和寒哮，煎汤洗治诸风顽痹及寒湿脚气。花瓣的镇痛作用尤佳，可治神经痛等。叶和籽可用于镇咳镇痛。种子油可制肥皂和掺和油漆用。全草可用作杀虫剂及杀菌剂。全草有毒，以果实特别是种子毒性最大，嫩叶次之，干叶的毒性比鲜叶小。此草有毒，药用剂量要控制好。

208 蔓长春花

拉丁学名：Vinca major L.；夹竹桃科蔓长春花属。

别名：攀缠长春花。

形态特征：蔓性半灌木，除叶缘、叶柄、花萼及花冠喉部有毛外，其余均无毛。茎偃卧，花茎直立。叶椭

蔓长春花

圆形，长2~6厘米，宽1.5~4厘米，先端急尖，基部下延；侧脉约4对；叶柄长1厘米。花单朵腋生；花梗长4~5厘米；花萼裂片狭披针形，长9毫米；花冠蓝色，花冠筒漏斗状，花冠裂片倒卵形，长12毫米，宽7毫米，先端圆形；雄蕊着生于花冠筒中部之下，花丝短而扁平，花药的顶端有毛；子房由2个心皮组成。蓇葖长约5厘米。花期为3—5月。

主要利用形式：观赏。全草可消炎杀菌、预防高血压、调节情志及养心静气。

209 毛白杨

拉丁学名：Populus tomentosa Carrière；杨柳科杨属。别名：白杨、笨白杨、大叶杨、响杨。

形态特征：乔木，高达30米。树皮幼时暗灰色，壮时灰绿色，渐变为灰白色，老时基部黑灰色，纵裂，粗糙，干直或微弯，皮孔菱形散生，或2~4个连生；树冠圆锥形至卵圆形或圆形。侧枝开展，雄株斜上，老树枝下垂；小枝（嫩枝）初被灰毡毛，后光滑；芽卵形，花芽卵圆形或近球形，微被毡毛。长枝叶阔卵形或三角状卵形，长10~15厘米，宽8~13厘米，先端短渐尖，基部心形或截形，边缘具深齿牙或波状齿牙，上面暗绿色，光滑，下面密生毡毛，后渐脱落；叶柄上部侧扁，长3~7厘米，顶端通常有2~4个腺点；短枝叶通常较小，长7~11厘米，宽6.5~10.5厘米（有时长达18厘米，宽15厘米），卵形或三角状卵形，先端渐尖，上面暗绿色并有金属光泽，下面光滑，具深波状齿牙缘；叶柄稍短于叶片，侧扁，先端无腺点。雄花序长10~14（~20）厘米，苞片约具10个尖头，密生长毛，雄蕊6~12，花药红色；雌花序长4~7厘米，苞片褐色，尖裂，沿边缘有长毛；子房长椭圆形，柱头2裂，粉红色。果序长达14厘米；蒴果圆锥形或长卵形，2瓣裂。花期为3月，果期为4月（河南、陕西）—5月（河北、山东）。

毛白杨

主要利用形式：木材白色，可作建筑、家具、箱板、火柴杆及造纸等用材。树皮含鞣质5.18%，可提制栲胶。花序入药叫作“闹羊花”。树皮或嫩枝具有清热利湿、止咳化痰之功效，主治肝炎、痢疾、淋浊及咳嗽痰喘。蒴果开裂后，种子借助白絮在空中飘荡。杨絮被吸入鼻腔后，会引起强烈的刺激、流涕、咳嗽和哮喘等反应，皮肤上也会出现过敏性反应，如皮肤瘙痒、眼结膜发红等，严重的还会影响睡眠。

210 毛曼陀罗

拉丁学名：Datura innoxia Mill.；茄科曼陀罗属。别名：洋金花、枫茄花、山大麻子花、北洋金花、风茄花、串筋花。

形态特征：一年生直立草本或半灌木状，高1~2米，全体密被细腺毛和短柔毛。茎粗壮，下部灰白色，分枝灰绿色或微带紫色。叶片广卵形，长10~18厘米，宽4~15厘米，顶端急尖，基部不对称近圆形，全缘而微波状或有不规则的疏齿，侧脉每边7~10条。花单生于枝杈间或叶腋，直立或斜伸；花梗长1~2厘米，初直立，花萎谢后渐转向下弓曲；花萼圆筒状而不具棱角，长8~10厘米，直径2~3厘米，向下渐稍膨大，5裂，裂片狭三角形，有时不等大，长1~2厘米，花后宿存部分随果实增大而渐大并呈五角形，结果时向外反

毛曼陀罗 李松

折；花冠长漏斗状，长 15～20 厘米，檐部直径 7～10 厘米，下半部带淡绿色，上部白色，花开放后呈喇叭状，边缘有 10 个尖头；花丝长约 5.5 厘米，花药长 1～1.5 厘米；子房密生白色柔针毛，花柱长 13～17 厘米。蒴果俯垂，近球状或卵球状，直径 3～4 厘米，密生细针刺，针刺有韧曲性，全果亦密生白色柔毛，成熟后淡褐色，由近顶端不规则开裂；种子扁肾形，褐色，长约 5 毫米，宽 3 毫米。花果期为 6—9 月。

主要利用形式：毒草。叶和花含莨菪碱和东莨菪碱，有镇痉、镇静、镇痛及麻醉的功能。种子油可制肥皂和掺和油漆用。

211 玫瑰

拉丁学名：Rosa rugosa Thunb.；蔷薇科蔷薇属。别名：徘徊花、笔头花、湖花。

形态特征：直立灌木，高可达 2 米。茎粗壮，丛生。小枝密被茸毛，并有针刺和腺毛，有淡黄色直立或弯曲的皮刺，皮刺外被茸毛。小叶 5～9，连同叶柄长 5～13 厘米；小叶片椭圆形或椭圆状倒卵形，先端急尖或圆钝，基部圆形或宽楔形，边缘有尖锐锯齿，上面深

玫瑰

绿色，无毛，叶脉下陷，有褶皱，下面灰绿色，中脉凸起，网脉明显，密被茸毛和腺毛，有时腺毛不明显；叶柄和叶轴密被茸毛和腺毛；托叶大部贴生于叶柄，离生部分呈卵形，边缘有带腺锯齿，下面被茸毛。花单生于叶腋，或数朵簇生，苞片卵形，边缘有腺毛，外被茸毛；花梗密被茸毛和腺毛；萼片卵状披针形，先端尾状渐尖，常有羽状裂片渐扩展成叶状，上面有稀疏柔毛，下面密被柔毛和腺毛；花瓣倒卵形，重瓣至半重瓣，芳香，紫红色至白色；花柱离生，被毛，稍伸出萼筒口外，比雄蕊短很多。果扁球形，砖红色，肉质，平滑，萼片宿存。花期为 5—6 月，果期为 8—9 月。

主要利用形式：常见园林花卉。鲜花可以蒸制芳香油，供食用及制化妆品用。花瓣可以制饼馅、玫瑰酒、玫瑰糖浆，干制后可以泡茶。干燥花蕾性温，味甘微苦，归肝、脾经，能行气解郁、和血、止痛，用于治疗肝胃气痛、食少呕恶、胸腹胀满、月经不调及跌扑伤痛。

212 美洲商陆

拉丁学名：Phytolacca ameyicana L.；商陆科商陆属。别名：美商陆、洋商陆、垂序商陆、十蕊商陆、美国商陆、山萝卜、水萝卜等。

形态特征：多年生草本，高 1～2 米。根粗壮，肥大，倒圆锥形。茎直立，圆柱形，有时带紫红色。叶片椭圆状卵形或卵状披针形，长 9～18 厘米，宽 5～10 厘米，顶端急尖，基部楔形；叶柄长 1～4 厘米。总状花序顶生或侧生，长 5～20 厘米；花梗长 6～8 毫米；花白色，微带红晕，直径约 6 毫米；花被片 5，雄蕊、心皮及花柱通常均为 10，心皮合生。果序下垂；浆果扁

美洲商陆

球形，熟时紫黑色；种子肾圆形，直径约 3 毫米。花期为 6—8 月，果期为 8—10 月。

主要利用形式：入侵杂草。根、叶及种子可药用。庭园多见栽培，用于观赏。全草可作农药。全株有毒，根及果实毒性最强，需要引起警惕。因其根茎酷似人参，故常被人误作人参服用。

213 牡丹

拉丁学名：Paeonia suffruticosa Andr.；芍药科芍药属。别名：鼠姑、鹿韭、白茸、木芍药、百雨金、洛阳花、富贵花。

形态特征：多年生落叶灌木。茎高达 2 米；分枝短而粗。叶通常为二回三出复叶，偶尔近枝顶的叶为 3 小叶；顶生小叶宽卵形，表面绿色，无毛，背面淡绿色，有时具白粉，侧生小叶狭卵形或长圆状卵形；叶柄长 5～11 厘米，和叶轴均无毛。花单生枝顶，苞片 5，长椭圆形；萼片 5，绿色，宽卵形，花瓣 5 或为重瓣，玫瑰色、红紫色、粉红色至白色，通常变异很大，倒卵形，顶端呈不规则的波状；花药长圆形，长 4 毫米；花盘革质，杯状，紫红色；心皮 5，稀更多，密生柔毛。蓇葖长圆形，密生黄褐色硬毛。花期为 5 月，果期为 6 月。

牡丹

主要利用形式：名贵花卉，具有很高的药用、观赏和食用价值，品种很多。牡丹鲜花瓣做牡丹羹，或配菜添色制作名菜；牡丹花瓣还可蒸酒，制成的牡丹露酒口味香醇。根皮入药称丹皮，性微寒，味苦辛，归心、肝、肾经，能清热凉血、活血化瘀，用于治疗温毒发斑、吐血衄血、夜热早凉、无汗骨蒸、经闭痛经、痈肿疮毒及跌扑伤痛等症。近年来，油用品种的牡丹（主要是凤丹和紫斑两大类型）发展迅速。

214 木芙蓉

拉丁学名：Hibiscus mutabilis L.；锦葵科木槿属。别名：芙蓉花、拒霜花、木莲、地芙蓉、华木。

形态特征：落叶灌木或小乔木，高 2～5 米。小枝、叶柄、花梗和花萼均密被星状毛与直毛相混的细绵毛。叶宽卵形至圆卵形或心形，常 5～7 裂，裂片三角形，先端渐尖，具钝圆锯齿，上面疏被星状细毛和点，下面密被星状细茸毛；主脉 7～11 条；叶柄长 5～20 厘米；托叶披针形，常早落。花单生于枝端叶腋间，花梗长 5～8 厘米，近端具节；小苞片 8，线形，密被星状绵毛，基部合生；萼钟形，裂片 5，卵形，渐尖头；花初开时呈白色或淡红色，后变深红色；花瓣近圆形，外面被毛，基部具髯毛；雄蕊柱长 2.5～3 厘米，无毛；花柱枝 5，疏被毛。蒴果扁球形，被淡黄色刚毛和绵毛，果爿 5；种子肾形，背面被长柔毛。花期为 8—10 月。

主要利用形式：本种花大色丽，为我国久经栽培的园林观赏植物。花、叶供药用，有清肺、凉血、散热和解毒之功效。

215　木槿

拉丁学名：Hibiscus syriacus L.；锦葵科木槿属。别名：木棉、荆条、朝开暮落花、喇叭花。

形态特征：落叶灌木，高 3～4 米。小枝密被黄色星状茸毛。叶菱形至三角状卵形，长 3～10 厘米，宽 2～4 厘米，具深浅不同的 3 裂或不裂，先端钝，基部楔形，边缘具不整齐齿缺，下面沿叶脉微被毛或近无毛；叶柄长 5～25 毫米，上面被星状柔毛；托叶线形，长约 6 毫米，疏被柔毛。花单生于枝端叶腋间，花梗长 4～14 毫米，被星状短茸毛；小苞片 6～8，线形，长 6～15 毫米，宽 1～2 毫米，密被星状疏茸毛；花萼钟形，长 14～20 毫米，密被星状短茸毛，裂片 5，三角形；花钟形，淡紫色，直径 5～6 厘米；花瓣倒卵形，长 3.5～4.5 厘米，外面疏被纤毛和星状长柔毛；雄蕊柱长约 3 厘米；花柱枝无毛。蒴果卵圆形，直径约 12 毫米，密被黄色星状茸毛；种子肾形，背部被黄白色长柔毛。花期为 7—10 月。

主要利用形式：为韩国和马来西亚的国花。木槿对二氧化硫与氯化物等有害气体具有抗性，也可滞尘，是厂矿绿化的主要树种。茎皮富含纤维，为造纸原料，入药治疗皮肤癣疮。花汁制成的饮料具有止渴醒脑的保健作用。素木槿花汤菜对高血压患者有良好的食疗作用。木槿花内服治反胃、痢疾、脱肛、吐血、下血、痄腮、白带过多、肠风泻血等，外敷可治疗疮疖肿。果实入药，称“朝天子”，性味甘平，能清肺化痰、解毒止痛，用于治疗痰喘咳嗽、神经性头痛，外用治黄水疮。

216　木樨

拉丁学名：Osmanthus fragrans (Thunb.) Lour.；木樨科木樨属。别名：丹桂、金桂、岩桂、九里香。

形态特征：常绿性小乔木。树冠圆球形，树势强健，枝条挺拔，十分紧密。树皮灰色，皮孔圆或椭圆形，数量中等。标准株分枝平均 2.7 个；春梢比较粗壮，长度平均为 15.9 厘米；节数平均为 7.0 节/梢，其中有叶节数平均为 4.2 节；腋芽的芽体较大，平均 33.8 枚/梢，每节单侧 3 芽以及 3 芽以上叠生率占 69%。叶色深绿，革质，富有光泽；叶片椭圆形；叶面不平整，叶肉凸起；侧脉 8～10 对，网脉两面均明显；叶缘微波曲，反卷明显；全缘，偶先端有锯齿；叶尖短尖至长尖；叶基宽楔形，两边常不对称，并与叶柄连生；叶柄粗壮，略有弯曲，平均长 0.9 厘米。花冠斜展，裂片微内扣，卵圆形；花色黄，国际色卡编号为 9C（中黄）；

木樨

南瓜

有浓香。果歪斜，椭圆形，紫黑色。花期为9月下旬至10月上旬。

主要利用形式：花可散寒破结、化痰止咳，用于治疗牙痛、咳喘痰多及经闭腹痛。果可暖胃、平肝、散寒，用于治疗虚寒胃痛。根可祛风湿、散寒，用于治疗风湿筋骨疼痛、腰痛及肾虚牙痛。其观赏价值、经济价值及文化价值都很高。

217 南瓜

拉丁学名：Cucurbita moschata (Duch. ex Lam.) Duch. ex Poiret；葫芦科南瓜属。别名：倭瓜、番瓜、饭瓜、番南瓜、北瓜。

形态特征：一年生蔓生草本。茎常于节部生根，茎长达2～5米，密被白色短刚毛。叶柄粗壮，长8～19厘米，被短刚毛；叶片宽卵形或卵圆形，质稍柔软，有5角或5浅裂，稀钝，长12～25厘米，宽20～30厘米，侧裂片较小，中间裂片较大，三角形，上面密被黄白色刚毛和茸毛，常有白斑，叶脉隆起，各裂片之中脉常延伸至顶端，成一小尖头，背面色较淡，毛更明显，边缘有小而密的细齿，顶端稍钝。卷须稍粗壮，与叶柄一样被短刚毛和茸毛，3～5歧。雌雄同株。雄花单生；花萼筒钟形，长5～6毫米，裂片条形，长1～1.5厘米，被柔毛，上部扩大成叶状；花冠黄色，钟状，长8厘米，径6厘米，5中裂，裂片边缘反卷，具皱褶，先端急尖；雄蕊3，花丝腺体状，长5～8毫米，花药靠合，长15毫米，药室折曲。雌花单生；子房1室，花柱短，柱头3，膨大，顶端2裂。果梗粗壮，有棱和槽，长5～7厘米，瓜蒂扩大成喇叭状；瓠果形状多样，因品种而异，外面常有数条纵沟或无；种子多数，长卵形或长圆形，灰白色，边缘薄，长10～15毫米，宽7～10毫米。花期为5—7月，果熟期为7—9月。

主要利用形式：常见蔬菜和观赏植物，品种很多。果实可做菜，亦可代粮食。种子含南瓜子氨基酸，有清热除湿、驱虫的功效，对血吸虫有控制和杀灭的作用。藤有清热的作用。瓜蒂有安胎的功效。根治牙痛。果柄治咽喉肿痛、吞咽困难、毒蛇咬伤及疟疾。果实治咽喉肿痛、吞咽困难及溃疡（《版纳傣药》）。南瓜瓤治疗疮痈肿。南瓜叶可治疗刀伤。

218 南天竹

拉丁学名：Nandina domestica Thunb.；小檗科南天竹属。别名：南天竺、红杷子、天烛子、红枸子、钻石黄、天竹、兰竹。

形态特征：常绿小灌木。茎常丛生而少分枝，高1～3米，光滑无毛，幼枝常为红色，老后呈灰色。叶互生，三回羽状复叶；小叶薄革质，椭圆形或椭圆状披针形，顶端渐尖，基部楔形，全缘，上面深绿色，冬季变成红色，背面叶脉隆起，两面无毛；近无柄。圆锥花序直立；花小，白色，具芳香；萼片多轮，外轮萼片卵状三角形，向内各轮渐大，最内轮萼片卵状长圆形；花瓣长圆形，先端圆钝。浆果球形，熟时鲜红色，稀橙红色。花期为3—6月，果期为5—11月。

主要利用形式：园林观叶、赏果植物。根、茎可清热除湿、通经活络，用于治疗感冒发热、眼结膜炎、肺热咳嗽、湿热黄疸、急性胃肠炎、尿路感染及跌打损伤。果性味苦平，有小毒，可止咳平喘，用于治疗咳

嗽、哮喘及百日咳。全株有毒，中毒症状为兴奋、脉搏先快后慢且不规则、血压下降、肌肉痉挛、呼吸麻痹及昏迷等。

219　泥胡菜

拉丁学名： Hemistepta lyrata Bunge；菊科泥胡菜属。别名：猪兜菜、苦马菜、剪刀草、石灰菜、绒球、花苦荬菜、苦郎头。

形态特征： 一年生草本。茎单生，很少簇生，通常纤细，被稀疏蛛丝毛。基生叶长椭圆形或倒披针形，花期通常枯萎；中下部茎生叶与基生叶同形，全部叶大头羽状深裂或几全裂，向基部的侧裂片渐小，顶裂片大，长菱形、三角形或卵形，全部裂片边缘具三角形锯齿或重锯齿，侧裂片边缘通常稀锯齿，最下部侧裂片通常无锯齿；有时全部茎生叶不裂或下部茎生叶不裂，边缘有锯齿或无锯齿；全部茎生叶质地薄，两面异色，上面绿色，无毛，下面灰白色，被厚或薄茸毛，基生叶及下部

茎生叶有长叶柄，柄基扩大抱茎，上部茎生叶的叶柄渐短，最上部茎生叶无柄。头状花序在茎枝顶端排成疏松伞房花序，少有植株仅含一个头状花序而单生茎顶的；总苞宽钟状或半球形，多层，覆瓦状排列，质地薄，草质；小花紫色，冠毛异型。瘦果小，深褐色，压扁，冠毛白色。花果期为3—8月。

主要利用形式： 野生杂草，嫩叶可作野菜。全草入药，性味辛平，能消肿散结、清热解毒，用于治疗乳腺炎、乳痈、颈淋巴结炎、痈肿疔疮、风疹瘙痒、牙痛、牙龈炎、外伤出血、骨折和白内障等。

220　牛蒡

拉丁学名： Arctium lappa L.；菊科牛蒡属。别名：恶实、大力子、东洋参、牛蒡子、东洋牛鞭菜。

形态特征： 二年生草本植物。具粗大的肉质直根，长达15厘米，径可达2厘米，有分枝支根。全部茎枝被稀疏的乳突状短毛及长蛛丝毛，并混杂以棕黄色的小腺点。基生叶宽卵形，长达30厘米，宽达21厘米，接花序下部的叶小，基部平截或浅心形。头状花序多数或少数成伞房花序或圆锥状伞房花序，花序梗粗壮；总苞卵形或卵球形，直径1.5～2厘米；总苞片多层，多数，外层三角状或披针状钻形，宽约1毫米，中内层披针状或线状钻形，宽1.5～3毫米；全部苞片近等长，长约1.5厘米，顶端有软骨质钩刺；小花紫红色，花冠长1.4厘米，细管部长8毫米，檐部长6毫米，外面无腺点，花冠裂片长约2毫米。瘦果倒长卵形或偏斜倒长卵形，两侧压扁，浅褐色。花果期为6—9月。

主要利用形式： 药用兼食用植物，分别有不同的品

种。食用牛蒡主要产地分布于苏北和鲁西南。根茎炒食、煮食、生食或加工成饮料，具有降血糖、抗菌、降血压、降血脂、治疗失眠、抗衰老和清除氧自由基、抗癌、去除重金属及提高免疫力等功效。根性味苦辛凉，能清热解毒、疏风利咽、消肿，用于治疗风热感冒、咳嗽、咽喉痛、疮疖肿毒、脚癣及湿疹。茎叶味甘，用于治疗头风痛、烦闷、金疮、乳痈及皮肤风痒。果实名“大力子”，性味辛苦凉，能疏风散热、宣肺透疹、解毒利咽、消肿散结，用于治疗风热感冒、头痛、咽喉痛、痄腮、疹出不透及痈疖疮疡。本种为丰县及沛县特产。

221　女贞

拉丁学名： Ligustrum lucidum Ait.；木樨科女贞属。别名：白蜡树、冬青、蜡树、女桢、桢木、将军树。

形态特征： 常绿灌木或乔木，高可达 25 米。树皮灰褐色。枝黄褐色、灰色或紫红色，圆柱形，疏生圆形或长圆形皮孔。叶片常绿，革质，卵形、长卵形或椭圆

形至宽椭圆形，长 6～17 厘米，宽 3～8 厘米，先端锐尖至渐尖或钝，基部圆形或近圆形，有时为宽楔形或渐狭，叶缘平坦，上面光亮，两面无毛，中脉在上面凹入，下面凸起，侧脉 4～9 对，两面稍凸起或有时不明显；叶柄长 1～3 厘米，上面具沟，无毛。圆锥花序顶生，长 8～20 厘米，宽 8～25 厘米；花序梗长 0～3 厘米；花序轴及分枝轴无毛，紫色或黄棕色；花序基部苞片常与叶同形，小苞片披针形或线形，长 0.5～6 厘米，宽 0.2～1.5 厘米，凋落；花无梗或近无梗，长不超过 1 毫米；花萼无毛，长 1.5～2 毫米，齿不明显或近截形；花冠长 4～5 毫米，花冠管长 1.5～3 毫米，裂片长 2～2.5 毫米，反折；花丝长 1.5～3 毫米，花药长圆形，长 1～1.5 毫米；花柱长 1.5～2 毫米，柱头棒状。果肾形或近肾形，长 7～10 毫米，径 4～6 毫米，深蓝黑色，成熟时呈红黑色，被白粉；果梗长 0～5 毫米。花期为 5—7 月，果期为 7 月至翌年 5 月。

主要利用形式： 很好的行道树。叶可蒸馏提取冬青油，作为甜食和牙膏等的添加剂。成熟果实晒干则为中药“女贞子”，性凉，味甘苦，可明目、乌发及补肝肾。

222　欧洲油菜

拉丁学名： Brassica napus L.；十字花科芸薹属。别名：芸薹、寒菜、胡菜、苦菜、油白菜、薹芥、瓢儿菜、佛佛菜。

形态特征： 一年生草本，株高 30～90 厘米。直根系，茎直立，分枝较少。叶互生，分基生叶和茎生叶两种。基生叶不发达，匍匐生长，椭圆形，长 10～20 厘米，有叶柄，大头羽状分裂，顶生裂片圆形或卵形，侧

生琴状裂片5对，密被刺毛，有蜡粉。茎生叶和分枝叶无叶柄，下部茎生叶呈羽状半裂，基部扩展且抱茎，两面有硬毛和缘毛；上部茎生叶为提琴形或披针形，基部心形，抱茎，两侧有垂耳，全缘或有枝状细齿。总状无限花序，着生于主茎或分枝顶端；花黄色，花瓣4，为典型的十字形；雄蕊6枚，为4强雄蕊。长角果条形，长3~8厘米，宽2~3毫米，先端有长9~24毫米的喙，果梗长3~15毫米，由两片荚壳组成，中间有一隔膜，两侧各有10粒左右的种子；种子球形，颜色呈深红色或黑色或黄色，不同的品种颜色不一样。花期为3—5月，果期为4—6月。

主要利用形式：著名蔬菜和油料作物。种子性味辛温，能行滞活血、消肿解毒，可用于治疗痈肿丹毒、劳伤吐血、热疮、产后心腹诸疾及恶露不下、产后泄泻、蛔虫肠梗阻、破气消肿、血痢、胃痛、神经痛及头部充血。叶片食用，有降低血脂、解毒消肿、宽肠通便和美容保健、增强机体免疫能力的功效。一般人均可食用，特别适宜患口腔溃疡、口角湿白、齿龈出血、牙齿松动、瘀血腹痛及癌症的患者。痧痘、孕早期妇女、目疾患者、小儿麻疹后期、疥疮及狐臭等慢性病患者要少食。

223 枇杷

拉丁学名：Eriobotrya japonica (Thunb.) Lindl.；蔷薇科枇杷属。别名：金丸、芦枝、芦橘。

形态特征：常绿小乔木，高可达10米。小枝粗壮，黄褐色，密生锈色或灰棕色茸毛。叶片革质，披针形、倒披针形、倒卵形或椭圆状长圆形，长12~30厘米，宽3~9厘米，先端急尖或渐尖，基部楔形或渐狭成叶柄，上部边缘有疏锯齿，基部全缘，上面光亮，多皱，下面密生灰棕色茸毛，侧脉11~21对；叶柄短或几无柄，长6~10毫米，有灰棕色茸毛；托叶钻形，长1~1.5厘米，先端急尖，有毛。圆锥花序顶生，长10~19厘米，具多花；总花梗和花梗密生锈色茸毛，花梗长2~8毫米；苞片钻形，长2~5毫米，密生锈色茸毛；花直径为12~20毫米；萼筒浅杯状，长4~5毫米，萼片三角卵形，长2~3毫米，先端急尖，萼筒及萼片外面有锈色茸毛；花瓣白色，长圆形或卵形，长5~9毫米，宽4~6毫米，基部具爪，有锈色茸毛；雄蕊20，远短于花瓣，花丝基部扩展；花柱5，离生，柱头头状，无毛，子房顶端有锈色柔毛，5室，每室有2颗胚珠。果实球形或长圆形，直径2~5厘米，黄色或橘黄色，外有锈色柔毛，不久脱落；种子1~5，球形或扁球形，直径1~1.5厘米，褐色，光亮，种皮纸质。花期为10—12月，果期为次年5—6月。

主要利用形式：果树及园林树，也是蜜源植物。果味甘酸，供生食、蜜饯和酿酒用。叶晒干去毛，可供药用，有化痰止咳、和胃降气之效。木材红棕色，可做木梳、手杖以及农具柄。

224 平车前

拉丁学名：Plantago depressa Willd.；车前科车前属。别名：车前草、车茶草、蛤蟆叶。

形态特征：一年生或二年生草本。直根长，具多数侧根，多少为肉质。根茎短。叶基生呈莲座状，平卧、斜展或直立；叶片纸质，椭圆形、椭圆状披针形

平车前

苹果

或卵状披针形，长3～12厘米，宽1～3.5厘米，先端急尖或微钝，边缘具浅波状钝齿、不规则锯齿或牙齿，基部宽楔形至狭楔形，下延至叶柄，脉5～7条，上面略凹陷，于背面明显隆起，两面疏生白色短柔毛；叶柄长2～6厘米，基部扩大成鞘状。花序3～10余个；花序梗长5～18厘米，有纵条纹，疏生白色短柔毛；穗状花序细圆柱状，上部密集，基部常间断，长6～12厘米；苞片三角状卵形，长2～3.5毫米，内凹，无毛，龙骨突宽厚，宽于两侧片，不延至或延至顶端；花萼长2～2.5毫米，无毛，龙骨突宽厚，不延至顶端，前对萼片狭倒卵状椭圆形至宽椭圆形，后对萼片倒卵状椭圆形至宽椭圆形；花冠白色，无毛，冠筒等长或略长于萼片，裂片极小，椭圆形或卵形，长0.5～1毫米，于花后反折；雄蕊着生于冠筒内面近顶端，连同花柱明显外伸，花药卵状椭圆形或宽椭圆形，长0.6～1.1毫米，先端具宽三角状小突起，新鲜时为白色或绿白色，干后变淡褐色；胚珠5。蒴果卵状椭圆形至圆锥状卵形，长4～5毫米，于基部上方周裂；种子4～5，椭圆形，腹面平坦，长1.2～1.8毫米，黄褐色至黑色，子叶背腹向排列。花期为5—7月，果期为7—9月。

主要利用形式：杂草，4—5月间采幼嫩苗做野菜。全草味甘，性寒，具有利尿、清热、明目、祛痰的功效，主治小便不通、淋浊、带下、尿血、黄疸、水肿、热痢、泄泻、鼻衄、目赤肿痛、喉痹、咳嗽及皮肤溃疡等。

225 苹果

拉丁学名：Malus pumila Mill.；蔷薇科苹果属。别名：水果之王、平安果、智慧果、平波、超凡子、天然子、苹婆、滔婆。

形态特征：落叶乔木，高达15米。树干灰褐色，老皮有不规则的纵裂或片状剥落。小枝幼时密生茸毛，后变光滑，紫褐色。叶序为单叶互生，椭圆形到卵形，长4.9～10厘米，先端尖，边缘有圆钝锯齿，幼时两面有毛，后表面渐光滑，暗绿色。花白色带红晕，径3～5厘米；花梗与花萼均具有灰白色茸毛；萼叶长尖，宿存；雄蕊20；花柱5；大多数品种自花不育，需种植授粉树。果为略扁之球形，径5厘米以上，两端均凹陷，端部常有棱脊。花期为4—6月，果期为7—11月。

主要利用形式：著名水果，也可用于园林观赏，品种很多。果实能降低胆固醇、防癌抗癌、改善呼吸系统和肺功能（保护肺部免受污染和烟尘的影响）、促进胃肠蠕动、维持体内酸碱平衡、减肥，是公认的营养程度最高的健康水果之一。苹果籽蕴含大量植物性荷尔蒙，能双向调节人体内分泌、促进细胞微循环及提高细胞活性等。

226 破铜钱

拉丁学名：Hydrocotyle sibthorpioides Lam. var. batrachium；伞形科天胡荽属。别名：鹅不食草、铜钱草、小叶铜钱草、满天星、天胡荽、落得打。

形态特征：多年生铺地草本。茎纤弱细长，匍匐，平铺地上成片，秃净或近秃净；茎节上生根。单叶互生，圆形或近肾形，直径0.5～1.6厘米，基部心形，5～7浅裂，裂片短，有2～3个钝齿，上面深绿色或绿色，有柔毛或两面均自光滑至微有柔毛；叶柄纤弱，长0.5～9厘米。伞形花序与叶对生，单生于节上；伞梗

破铜钱

长 0.5～3 厘米；总苞片 4～10 枚，倒披针形，长约 2 毫米；每个伞形花序具花 10～15 朵，花无柄或有柄；萼齿缺乏；花瓣卵形，呈镊合状排列；绿白色。双悬果略呈心脏形，长 1～1.25 毫米，宽 1.5～2 毫米；分果侧面扁平，光滑或有斑点，背棱略锐。花期为 4—5 月。

主要利用形式：可制成生菜或加盐腌渍成酱菜。全草性味辛平，归肺、胆、肝、脾四经，能宣肺止咳、利湿去浊、利尿通淋，用于治疗肺气不宣、咳嗽、咳痰、肝胆湿热、黄疸、口苦、头晕目眩、喜呕、两肋胀满及湿热淋证。

227　葡萄

拉丁学名：Vitis vinifera L.；葡萄科葡萄属。别名：蒲陶、草龙珠、赐紫樱桃、菩提子、山葫芦。

形态特征：木质藤本。小枝圆柱形，有纵棱纹，无毛或被稀疏柔毛。卷须 2 叉分枝，每隔 2 节间断与叶对生。叶卵圆形，显著 3～5 浅裂或中裂，长 7～18 厘米，宽 6～16 厘米，中裂片顶端急尖，裂片常靠合，基部常缢缩，裂缺狭窄，间或宽阔，基部深心形，基缺凹成圆形，两侧常靠合，边缘有 22～27 个锯齿，齿深而粗大，不整齐，齿端急尖，上面绿色，下面浅绿色，无毛或被疏柔毛；基生脉 5 出，中脉有侧脉 4～5 对，网脉不明显凸出；叶柄长 4～9 厘米，几无毛；托叶早落。圆锥花序密集或疏散，多花，与叶对生，基部分枝发达，长 10～20 厘米，花序梗长 2～4 厘米，几无毛或疏生蛛丝状茸毛；花梗长 1.5～2.5 毫米，无毛；花蕾倒卵圆形，高 2～3 毫米，顶端近圆形；萼浅碟形，边缘呈波状，外面无毛；花瓣 5，呈帽状黏合脱落；雄蕊 5，花丝丝状，长 0.6～1 毫米，花药黄色，卵圆形，长 0.4～0.8 毫米，在雌花内显著短而败育或完全退化；花盘发达，5 浅裂；雌蕊 1，在雄花中完全退化，子房卵圆形，花柱短，柱头扩大。果实球形或椭圆形，直径 1.5～2 厘米；种子倒卵状椭圆形，顶端近圆形，基部有短喙，种脐在种子背面中部呈椭圆形，种脊微突出，腹面中棱脊凸起，两侧洼穴宽沟状，向上达种子 1/4 处。花期为 4—5 月，果期为 8—9 月。

葡萄

主要利用形式：主要作为水果，可鲜食、可晒干、可酿酒，也可用于园林绿化。葡萄性平，味甘酸，入肺、脾、肾经，有补气血、益肝肾、生津液、强筋骨、止咳除烦、补益气血及通利小便的功效。葡萄皮中的白藜芦醇、葡萄籽中的原花青素含量较高，营养兼药用价值较高。

228　蒲公英

拉丁学名：Taraxacum mongolicum Hand. -Mazz.；菊科蒲公英属。别名：蒙古蒲公英、华花郎、蒲公草、

食用蒲公英、尿床草、西洋蒲公英、黄花地丁、婆婆丁、灯笼草、姑姑英、地丁。

形态特征：多年生草本。根圆柱状，黑褐色，粗壮。叶倒卵状披针形、倒披针形或长圆状披针形，先端钝或急尖，边缘有时具波状齿或羽状深裂，有时倒向羽状深裂或大头羽状深裂，顶端裂片较大，三角形或三角状戟形，全缘或具齿，每侧裂片3～5片，裂片三角形或三角状披针形，通常具齿，平展或倒向，裂片间常夹生小齿，基部渐狭成叶柄；叶柄及主脉常带红紫色，疏被蛛丝状白色柔毛或几无毛。花葶1至数个，与叶等长或稍长，上部紫红色，密被蛛丝状白色长柔毛；头状花序；总苞钟状，淡绿色；总苞片2～3层；外层总苞片卵状披针形或披针形，边缘宽膜质，基部淡绿色，上部紫红色，先端增厚或具小到中等的角状突起；内层总苞片线状披针形，先端紫红色，具小角状突起；舌状花黄色，边缘花舌片背面具紫红色条纹，花药和柱头暗绿色。瘦果倒卵状披针形，暗褐色，上部具小刺，下部具成行排列的小瘤，顶端逐渐收缩为长约1毫米的圆锥形至圆柱形喙基，纤细；冠毛白色。花期为4—9月，果期为5—10月。

主要利用形式：常见杂草，也用作野菜，可生吃、炒食、做汤，是药食兼用的植物。干燥全草味苦甘，性寒，归肝、胃经，能清热解毒、消肿散结、利尿通淋，主治疔疮肿毒、乳痈、瘰疬、目赤、咽痛、肺痈、肠痈、湿热黄疸以及热淋涩痛。

229 朴树

拉丁学名：Celtis sinensis Pers.；榆科朴属。别名：黄果朴、紫荆朴、小叶朴。

形态特征：乔木。树皮平滑，灰色。一年生枝被密毛。叶互生，叶柄长；叶片革质，宽卵形至狭卵形，先端急尖至渐尖，基部圆形或阔楔形，偏斜，中部以上边缘有浅锯齿，三出脉，上面无毛，下面沿脉及脉腋疏被毛。花杂性（两性花和单性花同株），1～3朵生于当年枝的叶腋；花被片4枚，被毛；雄蕊4枚，柱头2个。核果单生或2个并生，近球形，熟时红褐色，果核有穴和突肋。花期为4—5月，果期为9—11月。

主要利用形式：主要用于道路、公园、小区及河边绿化。茎皮为造纸和人造棉的原料；果实榨的油作润滑油；木材坚硬，可作为工业用材；茎皮纤维强韧，可制作绳索和人造纤维。根、皮、嫩叶入药，味微苦，性凉，能清热凉血、消肿止痛、解毒，主治荨麻疹，外敷治水火烫伤。叶制的土农药可杀红蜘蛛。

230 七叶树

拉丁学名：Aesculus chinensis Bunge；七叶树科七叶树属。别名：梭椤树、梭椤子、天师栗、开心果、猴

板栗。

形态特征：落叶乔木。树皮深褐色或灰褐色。小枝圆柱形，黄褐色或灰褐色，有淡黄色圆形或椭圆形的皮孔；冬芽大形，有树脂。掌状复叶，有灰色微柔毛；小叶纸质，长圆披针形至长圆倒披针形，稀长椭圆形，先端短锐尖，基部楔形或阔楔形，边缘有钝尖形的细锯齿，上面深绿色，下面除中肋及侧脉的基部嫩时有疏柔毛外无毛；中肋在上面显著，在下面凸起，侧脉13～17对，在上面微显著，在下面显著。花序圆筒形，花序总轴有微柔毛，小花序常由5～10朵花组成，平斜向伸展，有微柔毛；花梗长2～4毫米；花杂性，雄花与两性花同株；花萼管状钟形，外面有微柔毛，不等地5裂，裂片钝形，边缘有短纤毛；花瓣4，白色，长圆状倒卵形至长圆状倒披针形，边缘有纤毛，基部爪状；雄蕊6，花丝线状，无毛，花药长圆形，淡黄色；子房在雄花中不发育，在两性花中发育良好，卵圆形，花柱无毛。果实球形或倒卵圆形，顶部短尖或钝圆而中部略凹，黄褐色，具很密的斑点；种子近于球形，栗褐色，种脐白色，约占种子体积的1/2。花期为4—5月，果期为10月。

主要利用形式：名贵园林树，也可用作食品、药品及木材等。木材质地轻，可用来造纸、雕刻、制作家具及工艺品等。叶芽可代茶饮。皮、根可制肥皂。叶、花可制作染料。种子可提取淀粉、榨油，也可食用，并可入药，有安神、理气及杀虫等作用。

231 千根草

拉丁学名：Euphorbia thymifolia L.；大戟科大戟属。别名：呢仔草、细叶飞扬草、细飞扬、乳汁草、小飞扬。

千根草

形态特征：一年生草本。根纤细，长约10厘米，具多数不定根。茎纤细，常呈匍匐状，自基部具极多分枝，长可达10～20厘米，直径仅1～2（～3）毫米，被稀疏柔毛。叶对生，椭圆形、长圆形或倒卵形，长4～8毫米，宽2～5毫米，先端圆，基部偏斜，不对称，呈圆形或近心形，边缘有细锯齿，稀全缘，两面常被稀疏柔毛，稀无毛；叶柄极短，长约1毫米；托叶披针形或线形，长1～1.5毫米，易脱落。花序单生或数个簇生于叶腋，具短柄，长1～2毫米，被稀疏柔毛；总苞狭钟状至陀螺状，高约1毫米，直径约1毫米，外部被稀疏的短柔毛，边缘5裂，裂片卵形；腺体4，被白色附属物；雄花少数，微伸出总苞边缘；雌花1枚，子房柄极短；子房被贴伏的短柔毛，花柱3，分离，柱头2裂。蒴果卵状三棱形，长约1.5毫米，直径1.3～1.5毫米，被贴伏的短柔毛，成熟时分裂为3个分果爿；种子长卵状四棱形，长约0.7毫米，直径约0.5毫米，暗红色，每个棱面具4～5条横沟，无种阜。花果期为6—11月。

主要利用形式：全草性味酸涩微凉，可清热解毒、敛疮止痒，外治飞疡疮、天疱疮、烂头胎毒、皮肤痕痒，内治疟疾、痢疾、泄泻、湿疹、乳痈及痔疮。

232 千里光

拉丁学名：Senecio scandens Buch. -Ham. ex D. Don；菊科千里光属。别名：九里明、蔓黄、菀、箭草、青龙梗、木莲草、野菊花、天青红。

形态特征：多年生攀缘草本。根状茎木质，粗，径达1.5厘米，高1～5米。茎伸长，弯曲，长2～5米，多分枝，被柔毛或无毛，老时变木质，皮淡褐色。叶互生，具短柄；叶片披针形至长三角形，长2.5～12厘米，宽2～4.5厘米，顶端渐尖，基部宽楔形、截形、戟形或稀心形，通常具浅或深齿，稀全缘，有时具细裂或羽状浅裂，至少向基部具1～3对较小的侧裂片，两面被短柔毛至无毛；羽状脉，侧脉7～9对，弧状，叶脉明显；叶柄长0.5～1（～2）厘米，具柔毛或近无毛，无耳或基部有小耳；上部叶变小，披针形或线状披针

千里光

形，长渐尖。头状花序有舌状花，多数，在茎枝端排列成顶生复聚伞状圆锥花序；分枝和花序梗被密至疏短柔毛；花序梗长1～2厘米，具苞片，小苞片通常1～10，线状钻形；舌状花8～10，管部长4.5毫米；舌片黄色，长圆形，长9～10毫米，宽2毫米，钝，具3细齿，具4脉；管状花多数；花冠黄色，长7.5毫米，管部长3.5毫米，檐部漏斗状；裂片卵状长圆形，尖，上端有乳头状毛；花药长2.3毫米，基部有钝耳；耳长约为花药颈部的1/7；附片卵状披针形；花药颈部伸长，向基部略膨大；花柱分枝长1.8毫米，顶端截形，有乳头状毛。瘦果圆柱形，长3毫米，被柔毛；冠毛白色，长7.5毫米。花期为9—10月，果期为10—11月。

主要利用形式：杂草，可入药。全草能清热解毒、明目退翳、杀虫止痒，主治流感、上呼吸道感染、肺炎、急性扁桃体炎、腮腺炎、急性肠炎、菌痢、黄疸型肝炎、胆湿癣炎、急性尿路感染、目赤肿痛翳障、痈肿疖毒、丹毒、湿疹、干湿癣疮、滴虫性阴道炎及烧烫伤。

233　千屈菜

拉丁学名：Lythrum salicaria L.；千屈菜科千屈菜属。别名：水枝锦、水芝锦、水柳。

形态特征：多年生草本。根茎横卧于地下，粗壮；茎直立，多分枝，高30～100厘米，全株青绿色，略被粗毛或密被茸毛；枝通常具4棱。叶对生或三叶轮生，披针形或阔披针形，长4～6（～10）厘米，宽8～15毫米，顶端钝形或短尖，基部圆形或心形，有时略抱茎，全缘，无柄。花组成小聚伞花序，簇生，因花梗及总梗极短，因此花枝全形似一大型穗状花序；苞片阔披针形至三角状卵形，长5～12毫米；萼筒长5～8毫米，有纵棱12条，稍被粗毛，裂片6，三角形；附属体针状，直立，长1.5～2毫米；花瓣6，红紫色或淡紫色，倒披针状长椭圆形，基部楔形，长7～8毫米，着生于萼筒上部，有短爪，稍皱缩；雄蕊12，6长6短，伸出萼筒之外；子房2室，花柱长短不一。蒴果扁圆形。花期为7—9月，果期为9—10月。

千屈菜

主要利用形式：常见湿地植物。嫩叶可鲜食，也可晒干作干菜。全草入药，治肠炎、痢疾、便血，外用治疗外伤出血。

234　千日红

拉丁学名：Gomphrena globosa L.；苋科千日红属。别名：火球花、百日红。

形态特征：一年生直立草本，高20～60厘米。茎粗壮，有分枝；枝略呈四棱形，有灰色糙毛，幼时更密，节部稍膨大。叶片纸质，长椭圆形或矩圆状倒卵

千日红 马丕秀

形，长 3.5～13 厘米，宽 1.5～5 厘米，顶端急尖或圆钝，突尖，基部渐狭，边缘波状，两面有小斑点、白色长柔毛及缘毛，叶柄长 1～1.5 厘米，有灰色长柔毛。花多数，密生，呈顶生球形或矩圆形头状花序，单一或 2～3 个簇生，直径 2～2.5 厘米，常为紫红色，有时为淡紫色或白色；总苞为 2 绿色对生叶状苞片组成，卵形或心形，长 1～1.5 厘米，两面有灰色长柔毛；苞片卵形，长 3～5 毫米，白色，顶端紫红色；小苞片三角状披针形，长 1～1.2 厘米，紫红色，内面凹陷，顶端渐尖，背棱有细锯齿缘；花被片披针形，长 5～6 毫米，不展开，顶端渐尖，外面密生白色绵毛，花期后不变硬；雄蕊花丝连合成管状，顶端 5 浅裂，花药生在裂片的内面，微伸出；花柱条形，比雄蕊管短，柱头 2，叉状分枝。胞果近球形，直径 2～2.5 毫米；种子肾形，棕色，光亮。花果期为 6—9 月。

主要利用形式：观赏草花。头状花序经久不变色，除用于花坛及盆景外，还可用作花圈及花篮等作装饰。花序入药，有止咳定喘、平肝明目的功效，主治支气管哮喘，急、慢性支气管炎，百日咳及肺结核咯血等症。

235 芡实

拉丁学名：Euryale ferox Salisb. ex Konig & Sims；睡莲科芡属。别名：鸡头子、鸡头、鸡嘴莲。

形态特征：一年生大型水生草本。沉水叶箭形或椭圆肾形，长 4～10 厘米，两面无刺；叶柄无刺；浮水叶革质，椭圆肾形至圆形，直径 10～130 厘米，盾状，有或无弯缺，全缘，下面带紫色，有短柔毛，两面在叶脉分枝处有锐刺；叶柄及花梗粗壮，长可达 25 厘米，皆有硬刺。花长约 5 厘米；萼片披针形，长 1～1.5 厘米，内面紫色，外面密生稍弯硬刺；花瓣矩圆披针形或披针形，长 1.5～2 厘米，紫红色，呈数轮排列，向内渐变成雄蕊；无花柱，柱头红色，成凹入的柱头盘。浆果球形，直径 3～5 厘米，污紫红色，外面密生硬刺；种子球形，直径 10 余毫米，黑色。花期为 7—8 月，果期为 8—9 月。

主要利用形式：种子含淀粉，供食用、酿酒及制副食品用。全草为猪饲料，又可作绿肥。干燥成熟的种仁具有益肾固精、补脾止泻、祛湿止带的功效，主治梦遗、滑精、遗尿、尿频、脾虚久泻、白浊及带下。素有"水中人参"和"水中桂圆"的美誉，是传统的中药材和珍贵补品。

芡实 网络图

236 茜草

拉丁学名：Rubia cordifolia L.；茜草科茜草属。别名：血茜草、血见愁、蒨草、地苏木、活血丹、土丹参、红内消、四轮草、拉拉蔓、小活血、过山藤。

茜草

形态特征：草质攀缘藤木，长通常为1.5～3.5米。根状茎和其节上的须根均为红色；茎数至多条，从根状茎的节上发出，细长，方柱形，有4棱，棱上生倒生皮刺，中部以上多分枝。叶通常4片轮生，纸质，披针形或长圆状披针形，长0.7～3.5厘米，顶端渐尖，有时钝尖，基部心形，边缘有齿状皮刺，两面粗糙，脉上有微小皮刺，基出脉3条，极少外侧有1对很小的基出脉；叶柄通常长1～2.5厘米，有倒生皮刺。聚伞花序腋生和顶生，多回分枝，有花10余朵至数十朵，花序和分枝均细瘦，有微小皮刺；花冠淡黄色，干时淡褐色，盛开时花冠檐部直径为3～3.5毫米；花冠裂片近卵形，微伸展，长约1.5毫米，外面无毛。果球形，直径通常为4～5毫米，成熟时为橘黄色。花期为8—9月，果期为10—11月。

主要利用形式：恶性杂草，也是一种历史悠久的植物染料。根和根茎味苦，性寒，归肝经，能凉血活血、祛瘀通经，用于治疗吐血、衄血、崩漏下血、外伤出血、经闭瘀阻、关节痹痛及跌扑肿痛。本品具有止血而不留瘀的特点。

237 茄

拉丁学名：Solanum melongena L.；茄科茄属。别名：矮瓜、白茄、吊菜子、落苏、茄子、紫茄、昆仑瓜、草鳖甲。

形态特征：一年生草本。茎直立，粗壮，高60～100厘米，基部木质化，上部分枝，绿色或紫色，无刺或有疏刺，全体被星状柔毛。单叶互生，叶片卵状椭圆形，先端钝尖，基部常歪斜，叶缘常呈波状浅裂，表面暗绿色，两面具星状柔毛。聚伞花序侧生，仅含花数朵；花萼钟形，顶端5裂，裂片披针形，具星状柔毛；花冠紫蓝色，裂片长卵形，开展，外具细毛；雄蕊5，花丝短，着生于花冠喉部，花药黄色，分离，围绕在花柱四周，顶端孔裂；雌蕊1，子房2室，花柱圆形，柱头小。浆果长椭圆形、球形或长柱形，深紫色、淡绿色或白色，

茄

光滑，基部有宿存萼。花期为6—8月。

主要利用形式：常见蔬菜，品种很多。根、茎、叶入药，性寒凉，能收敛利尿，叶也可以用作麻醉剂。种子为消肿药和刺激剂，但容易引起胃弱及便秘。其果实可降低血脂、血压，防治胃癌，抗衰老，清热活血，消肿止痛，保护心血管，治疗冻疮及降低胆固醇；生食可解食用菌中毒。

238　青菜

拉丁学名：Brassica chinensis L.；十字花科芸薹属。别名：小白菜、油菜、小油菜。

形态特征：一年生或二年生草本，高25～70厘米，无毛，带粉霜。根粗，坚硬，常呈纺锤形块根，顶端常有短根茎；茎直立，有分枝。基生叶倒卵形或宽倒卵形，坚实，深绿色，有光泽，基部渐狭成宽柄，全缘或有不明显圆齿或波状齿，中脉白色，宽达1.5厘米，有多条纵脉；叶柄长3～5厘米，有或无窄边；下部茎生叶和基生叶相似，基部渐狭成叶柄；上部茎生叶倒卵形或椭圆形，基部抱茎，宽展，两侧有垂耳，全缘，微带粉霜。总状花序顶生，呈圆锥状；花浅黄色，授粉后长达1.5厘米；花梗细，和花等长或较短；萼片长圆形，直立开展，白色或黄色；花瓣长圆形，顶端圆钝，有脉纹，具宽爪。长角果线形，坚硬，无毛，果瓣有明显中脉及网结侧脉；喙顶端细，基部宽；果梗长8～30毫米；种子球形，紫褐色，有蜂窝纹。花期为4月，果期为5月。

主要利用形式：嫩叶可食用，为我国最常见蔬菜之一。其含有人体不可缺少的各种元素，能促进血液循环、辅助减少产后瘀血、消肿散血、缓解腹痛、增强人体免疫力、提高人体视力和辅助抗癌。

239　青蒿

拉丁学名：Artemisia carvifolia Buch. -Ham. ex Roxb.；菊科蒿属。别名：草蒿、廪蒿、茵陈蒿、邪蒿、

青菜

青蒿

香蒿、苹蒿、黑蒿、白染艮、苦蒿。

形态特征：一年生草本，植株有香气。主根单一，垂直，侧根少。茎单生，上部多分枝，幼时绿色，有纵纹，下部稍木质化，纤细，无毛。叶两面青绿色或淡绿色，无毛；基生叶与茎下部叶三回栉齿状羽状分裂，有长叶柄，花期叶凋谢；中部叶长圆形、长圆状卵形或椭圆形，二回栉齿状羽状分裂，第一回全裂。头状花序半球形或近半球形，具短梗，下垂，基部有线形的小苞叶，在分枝上排成穗状花序式的总状花序，并在茎上组成中等开展的圆锥花序。总苞片3～4层，外层总苞片狭小，长卵形或卵状披针形，背面绿色，无毛，有细小白点，边缘宽膜质；中层总苞片稍大，宽卵形或长卵形，边缘宽膜质；内层总苞片半膜质或膜质，顶端圆。花序托球形；花淡黄色；雌花10～20朵，花冠狭管状，檐部具2裂齿，花柱伸出花冠管外，先端2叉，叉端尖；两性花30～40朵，孕育或中间若干朵不孕育，花冠管状，花药线形，上端附属物尖，长三角形，基部圆钝，花柱与花冠等长或略长于花冠，顶端2叉，叉端截形，有睫毛。瘦果长圆形至椭圆形。花果期为6—9月。

主要利用形式：药用部分为秋季花盛开后割取的地上部分，除去老茎，阴干，有清热、凉血、退蒸、解暑、祛风、止痒之效，用作阴虚潮热的退热剂，也可止盗汗等。但该种不含“青蒿素”，无抗疟作用。

240　青杞

拉丁学名：Solanum septemlobum Bunge；茄科茄属。别名：蜀羊泉、野狗杞、枸杞子、野辣子、野茄、野枸杞、药人豆、羊饴、羊泉、红葵、漆姑、小孩拳。

形态特征：多年生直立草本或灌木状。茎具棱角，无刺，被白色弯曲的短柔毛至近无毛。叶卵形，先端尖或钝，裂片宽披针形或披针形，两面疏被短柔毛，叶腋及边缘毛较密。二歧聚伞花序，顶生或腋外生；花冠蓝紫色；柱头鲜黄色。浆果近球形，青绿色，成熟时变成红色；种子扁圆形。花期为7—8月，果期为8—10月。

主要利用形式：杂草。全草或者果实可药用，性味苦寒，有小毒，能清热解毒，主治咽喉肿痛、目昏赤、

青杞

乳腺炎、肋腺炎、疥癣及瘙痒。

241　青葙

拉丁学名：Celosia argentea L.；苋科青葙属。别名：野鸡冠花、鸡冠花、百日红、狗尾草。

形态特征：一年生草本，高0.3～1米，全体无毛。茎直立，有分枝，绿色或红色，具显明条纹。叶片矩圆状披针形、披针形或披针状条形，少数呈卵状矩圆形，长5～8厘米，宽1～3厘米，绿色常带红色，顶端急尖或渐尖，具小芒尖，基部渐狭；叶柄长2～15毫米，或无叶柄。花多数，密生，在茎端或枝端形成单一、无分枝的塔状或圆柱状穗状花序，长3～10厘米；苞片及小苞片披针形，长3～4毫米，白色，光亮，顶端渐尖，延长成细芒，具1中脉，在背部隆起；花被片矩圆状披针形，长6～10毫米，初为白色，顶端带红色，或全部粉红色，后成白色，顶端渐尖，具1中脉，在背面凸起；花丝长5～6毫米，分离部分长2.5～3毫米，花药紫色；子房有短柄，花柱紫色，长

3～5毫米。胞果卵形，长3～3.5毫米，包裹在宿存花被片内；种子凸透镜状肾形，直径约1.5毫米。花期为5—8月，果期为6—10月。

主要利用形式：宿存花序经久不凋，可做干花供观赏。种子炒熟后，可加工各种食物。全株植物可作饲料。嫩茎叶浸去苦味后，可作野菜食用。种子供药用，有清热明目的作用。

242 苘麻

拉丁学名：Abutilon theophrasti Medicus；锦葵科苘麻属。别名：椿麻、塘麻、青麻、白麻、车轮草。

形态特征：一年生亚灌木状草本，高达1～2米。茎枝被柔毛。叶互生，圆心形，长5～10厘米，先端长渐尖，基部心形，边缘具细圆锯齿，两面均密被星状柔毛；叶柄长3～12厘米，被星状细柔毛；托叶早落。花单生于叶腋，花梗长1～13厘米，被柔毛，近顶端具节；花萼杯状，密被短茸毛，裂片5，卵形，长约6毫米；花黄色，花瓣倒卵形，长约1厘米；雄蕊

柱平滑无毛，心皮15～20，长1～1.5厘米，顶端平截，具扩展、被毛的长芒2，排列成轮状，密被软毛。蒴果半球形，直径约2厘米，长约1.2厘米，分果爿15～20，被粗毛，顶端具长芒2；种子肾形，褐色，被星状柔毛。花期为7—8月。

主要利用形式：杂草和纤维植物。本种茎皮纤维色白，具光泽，可作纺织材料。种子含油量15%～16%，可作制皂、油漆和工业用润滑油。苘麻子性味苦平，能清热利湿、解毒退翳，用于治疗角膜云翳、痢疾及痈肿。苘麻根用于治疗小便淋痛、痢疾。全草或叶性味苦平，能解毒祛风，用于治疗痈疽疮毒、痢疾、中耳炎、耳鸣、耳聋及关节酸痛。嫩叶及嫩种子可作野菜。

243 秋枫

拉丁学名：Bischofia javanica Bl.；大戟科秋枫属。别名：万年青树、赤木、茄冬、加冬、秋风子、木梁木、加当。

形态特征：常绿或半常绿大乔木。树干圆满通直，但分枝低，主干较短；树皮灰褐色至棕褐色；砍伤树皮后流出红色汁液，干凝后变瘀血状；木材鲜时有酸味，干后无味，表面有凸起槽棱。三出复叶，稀5小叶；小叶片纸质，卵形、椭圆形、倒卵形或椭圆状卵形，边缘有浅锯齿，每1厘米长有2～3个；托叶膜质，披针形，早落。花小，雌雄异株，多朵组成腋生的圆锥花序；雌花序下垂；雄花萼片膜质，半圆形，内面凹成勺状；花丝短；退化雌蕊小，盾状；雌花萼片长圆状卵形，内面凹成勺状，边缘膜质；子房3～4室，花柱3～4，线形，顶端不分裂。果实浆果状，圆球形或近圆球形，淡褐色；种子长圆形。花期为4—5月，果期为8—10月。

主要利用形式：华东地区作为行道树引种较多。可作为建筑、桥梁、车辆、造船、矿柱及枕木等用材。果肉可酿酒。种子供食用，也可作润滑油。树皮可提取红色染料。叶可作绿肥，也可治无名肿毒。根有祛风消肿的作用，主治风湿骨痛及痢疾等。

244 秋英

拉丁学名：Cosmos bipinnata Cav.；菊科秋英属。别名：大波斯菊、波斯菊、痢疾草。

形态特征：一年生或多年生草本，高1～2米。根纺锤状，多须根，或近茎基部有不定根。茎无毛或稍被柔毛。叶二次羽状深裂，裂片线形或丝状线形。头状花序单生，径3～6厘米；总苞片外层披针形或线状披针形，近革质，淡绿色，具深紫色条纹；舌状花紫红色、粉红色或白色；舌片椭圆状倒卵形，长2～3厘米，宽1.2～1.8厘米，有3～5颗钝齿；管状花黄色，长6～8

毫米，管部短，上部圆柱形，有披针状裂片。瘦果黑紫色，无毛，上端具长喙，有2～3枚尖刺。花期为6—8月，果期为9—10月。

主要利用形式：常见草花。重瓣品种可作切花材料。全草入药，性味甘平，能清热解毒、化湿，主治急、慢性痢疾，目赤肿痛，外用治痈疮肿毒。

245 雀舌黄杨

拉丁学名：Buxus bodinieri Lévl.；黄杨科黄杨属。别名：匙叶黄杨。

形态特征：灌木，高3～4米。枝圆柱形；小枝四棱形，被短柔毛，后渐无毛。叶薄革质，通常匙形，亦有狭卵形或倒卵形，大多数中部以上最宽，长2～4厘米，宽8～18毫米，先端圆或钝，往往有浅凹口或小尖突，基部狭长楔形，有时急尖，叶面绿色，光亮，叶背苍灰色，中脉两面突出，侧脉极多，在两面或仅叶面显著，与中脉成50～60度角，叶面中脉下半段大多数被微细毛；叶柄长1～2毫米。花序腋生，头状，长5～6

雀舌黄杨

毫米，花密集，花序轴长约2.5毫米；苞片卵形，背面无毛，或有短柔毛；雄花约10朵，花梗长仅0.4毫米，萼片卵圆形，长约2.5毫米，雄蕊连同花药长6毫米，不育雌蕊有柱状柄，末端膨大，高约2.5毫米，和萼片近等长，或稍超出；雌花外萼片长约2毫米，内萼片长约2.5毫米，受粉期间，子房长2毫米，无毛，花柱长1.5毫米，略扁，柱头倒心形，下延至花柱1/3～1/2处。蒴果卵形，长5毫米，宿存花柱直立，长3～4毫米。花期为2月，果期为5—8月。

主要利用形式：园林常用。鲜叶、茎、根（黄杨木）苦、甘、凉，可清热解毒、化痰止咳、祛风及止血。根在民间用于治疗吐血。嫩枝叶可用于治疗目赤肿痛、痈疮肿痛、风湿骨痛、咯血、声哑、狂犬咬伤及妇女难产。

246 忍冬

拉丁学名：Lonicera japonica Thunb.；忍冬科忍冬属。别名：金银藤、银藤、二色花藤、二宝藤、右转藤、子风藤、鸳鸯藤、二花、金银花。

形态特征：多年生半常绿缠绕及具匍匐茎的灌木。幼枝橘红褐色，密被黄褐色、开展的硬直糙毛、腺毛和短柔毛，下部常无毛。叶纸质，卵形至矩圆状卵形，有时呈卵状披针形，稀圆卵形或倒卵形，极少有1至数个钝缺，长3～5厘米，顶端尖或渐尖，少有钝、圆或微凹缺，基部圆形或近心形，有糙缘毛，上面深绿色，下面淡绿色，小枝上部叶通常两面均密被短糙毛，下部叶常平滑无毛而下面多少带青灰色；叶柄长4～8毫米，密被短柔毛。花蕾呈棒状，上粗下细。外面黄白色或淡

忍冬

绿色，密生短柔毛；花萼细小，黄绿色，先端5裂，裂片边缘有毛；开放花朵筒状，先端二唇形，雄蕊5，附于筒壁，黄色，雌蕊1，子房无毛。气清香，味淡，微苦。以花蕾未开放、色黄白或绿白、无枝叶杂质者为佳。果实圆形，直径6～7毫米，熟时蓝黑色，有光泽；种子卵圆形或椭圆形，褐色，长约3毫米，中部有1凸起的脊，两侧有浅的横沟纹。花期为4—6月（秋季亦常开花），果熟期为10—11月。

主要利用形式：为良好的垂直绿化及观赏植物。其花性寒，味甘，入肺、心、胃经，具有清热解毒、抗炎、补虚疗风的功效，主治胀满下疾、温病发热、热毒痈疡和肿瘤等症。

247 日本女贞

拉丁学名：Ligustrum japonicum Thunb.；木樨科女贞属。别名：白蜡树、冬青、蜡树、冬女贞、冬青木。

形态特征：大型常绿灌木。小枝灰褐色或淡灰色，圆柱形，疏生圆形或长圆形皮孔；幼枝圆柱形，稍具

日本女贞

棱，节处稍压扁。叶片厚革质，椭圆形或宽卵状椭圆形，稀卵形，先端锐尖或渐尖，基部楔形、宽楔形至圆形，叶缘平或微反卷，上面深绿色，光亮，下面黄绿色，具不明显腺点，两面无毛，中脉在上面凹入，下面凸起，呈红褐色，侧脉4～7对，两面凸起；叶柄上面具深而窄的沟，无毛。圆锥花序塔形；花序轴和分枝轴具棱，第二级分枝长达9厘米；花梗极短；小苞片披针形；花萼先端近截形或具不规则齿裂；花冠长5～6毫米，花冠管长3～3.5毫米，裂片与花冠管近等长或稍短，先端稍内折，盔状；雄蕊伸出花冠管外，花丝几与花冠裂片等长，花药长圆形；花柱长3～5毫米，稍伸出于花冠管外，柱头棒状，先端2浅裂。果长圆形或椭圆形，呈紫黑色，外被白粉。花期为6月，果期为11月。

主要利用形式：观赏用庭园树、绿篱及盆栽。种子为植物强壮剂。叶可清热解毒，有降血糖、降血脂及抗动脉硬化、抗癌、抗突变等作用，捣烂可敷肿毒。树皮、叶和果实有毒。

248　日本小檗

拉丁学名：Berberis thunbergii DC.；小檗科小檗属。别名：刺檗、红叶小檗、紫叶小檗、目木。

形态特征：落叶灌木，高约1米，多分枝。枝条开展，具细条棱，幼枝淡红色稍带绿色，无毛，老枝暗红色；茎刺单一，偶3分叉，长5～15毫米；节间长1～1.5厘米。叶薄纸质，倒卵形、匙形或菱状卵形，长1～2厘米，宽5～12毫米，先端骤尖或钝圆，基部狭而呈楔形，全缘；叶柄长2～8毫米。花2～5朵组成具总梗的伞形花序；花梗长5～10毫米，无毛；花黄色，花瓣长圆状倒卵形，长5.5～6毫米，宽3～4毫米，先端微凹，基部略呈爪状，具2枚近靠的腺体；雄蕊长3～3.5毫米，药隔不延伸，顶端平截；子房含胚珠1～2枚，无珠柄。浆果椭圆形，长约8毫米，直径约4毫米，亮鲜红色，无宿存花柱；种子1～2枚，棕褐色。花期为4—6月，果期为7—10月。

主要利用形式：本种是观果、观叶和作刺篱材料，也是我国北方防火关键树种。根和茎、叶能清热燥湿、泻火解毒，民间用其枝叶煎水洗治眼病，内服可治结膜炎；根皮作苦味健胃药；根和茎内含小檗碱，可作为提取小檗碱的原料。其茎除外皮后，可作黄色染料。

249　柔弱斑种草

拉丁学名：Bothriospermum tenellum (Hornem.) Fisch. & Mey.；紫草科斑种草属。别名：细茎斑种草、柔弱斑种、细叠子草、鬼点灯。

形态特征：一年生草本，高15～30厘米。茎细弱，丛生，直立或平卧，多分枝，被向上贴伏的糙伏毛。叶椭圆形或狭椭圆形，先端钝，具小尖，基部宽楔形，上下两面被向上贴伏的糙伏毛或短硬毛。花序柔弱，细长；苞片椭圆形或狭卵形，被伏毛或硬毛；花梗短，果期不增长或稍增长；花萼长1～1.5毫米，果期增大，外面密生向上的伏毛，内面无毛或中部以上散生伏毛，裂片披针形或卵状披针形，裂至近基部；花冠蓝色或淡蓝色，基部直径1毫米，檐部直径2.5～3毫米，裂片圆形，喉部有5个梯形的附属物，附属物高约0.2毫米；花柱圆柱形，极短，约为花萼的1/3或不及。小坚果肾形，腹面具纵椭圆形的环状凹陷。花果期为2—10月。

日本小檗

柔弱斑种草

主要利用形式：春季杂草。全草有小毒，能利水消肿、活血散瘀、祛风活络，用于止咳；炒焦可治吐血。

250 三角槭

拉丁学名：Acer buergerianum Miq.；槭树科槭属。别名：三角枫。

形态特征：落叶乔木。树皮褐色或深褐色。小枝细瘦，当年生枝紫色或紫绿色，多年生枝淡灰色或灰褐色；冬芽小，褐色，长卵圆形，鳞片内侧被长柔毛。叶纸质，基部近于圆形或楔形，叶片椭圆形或倒卵形，长6～10厘米，通常3浅裂，裂片向前延伸，稀全缘，中央裂片三角卵形，急尖、锐尖或短渐尖；侧裂片短钝尖或甚小，以至于不发育，裂片边缘通常全缘，稀具少数锯齿；裂片间的凹缺钝尖；上面深绿色，下面黄绿色或淡绿色，被白粉，略被毛，在叶脉上较密；初生脉3条，稀基部叶脉也发育良好；侧脉通常在两面都不显著；叶柄长2.5～5厘米，淡紫绿色，细瘦，无毛。花多数，常成顶生被短柔毛的伞房花序，直径约3厘米，总花梗长1.5～2厘米，开花在叶长大以后；萼片5，黄绿色，卵形，无毛，长约1.5毫米；花瓣5，淡黄色，狭窄披针形或匙状披针形，先端钝圆，长约2毫米；雄蕊8，与萼片等长或微短；花盘无毛，微分裂，位于雄蕊外侧；子房密被淡黄色长柔毛，花柱无毛，很短，2裂，柱头平展或略反卷；花梗长5～10毫米，细瘦，嫩时被长柔毛，渐老近于无毛。翅果黄褐色；小坚果特别凸起，直径6毫米；翅与小坚果共长2～2.5厘米，稀达3厘米，宽9～10毫米，中部最宽，基部狭窄，张开成锐角或近于直立。花期为4月，果期为8月。

三角槭

主要利用形式：宜作庭荫、行道、绿篱和护岸树种。根入药，可治疗风湿关节痛。根皮、茎皮可清热解毒、消肿止痛、祛风除湿、化痰止咳、护肝及消暑。

251 三球悬铃木

拉丁学名：Platanus orientalis L.；悬铃木科悬铃木属。别名：法国梧桐、裂叶悬铃木、鸠摩罗什树、祛汗树、净土树、悬铃木。

形态特征：落叶大乔木，高达30米。树皮呈薄片状脱落；嫩枝被黄褐色茸毛，老枝秃净，干后红褐色，有细小皮孔。叶大，轮廓阔卵形，宽9～18厘米，长8～16厘米，基部浅三角状心形，或近于平截，上部掌状5～7裂，稀为3裂，中央裂片深裂过半，长7～9厘米，宽4～6厘米，两侧裂片稍短，边缘有少数裂片状粗齿，上下两面初时被灰黄色毛被，以后脱落，仅在背脉上有毛，掌状脉5条或3条，从基部发出；叶柄长3～8厘米，圆柱形，被茸毛，基部膨大；托叶小，短于1厘米，基部鞘状。花4数；雄性球状花序无柄，基部有长茸毛，萼片短小，雄蕊远比花瓣为长，花丝极短，花药伸长，顶端盾片稍扩大；雌性球状花序常有柄，萼片被毛，花瓣倒披针形，心皮4个，花柱伸长，先端卷曲。果枝长10～15厘米，有圆球形头状果序3～5个，稀为2个；头状果序直径2～2.5厘米，宿存花柱突出成刺状，长3～4毫米，小坚果之间有黄色茸毛，突出于头状果序外，果柄长而下垂。花期为4月下旬，果期为9—10月。

主要利用形式：本种是世界著名的优良庭荫树和行道树，有“行道树之王”之称。其对多种有毒气体抗性

三球悬铃木

较强，并能吸收有害气体，对夏季降温、滞尘、降噪音、吸收有害气体、提高空气相对湿度、调节二氧化碳与氧气的平衡、改进大气质量效果显著。木材可制作家具。叶、花、果、种子均可入药，能清热解毒，用于治疗腹痛腹泻、须发早白及疝气等。花粉易于致敏，为致敏植物。

252 三色堇

拉丁学名：Viola tricolor L.；堇菜科堇菜属。别名：三色堇菜、猫儿脸、蝴蝶花、人面花、猫脸花、阳蝶花、鬼脸花、游蝶花。

形态特征：一年生、二年生或多年生草本，高10~40厘米。地上茎较粗，直立或稍倾斜，有棱，单一或多分枝。基生叶长卵形或披针形，具长柄；茎生叶卵形、长圆状圆形或长圆状披针形，先端圆或钝，基部圆形，边缘具稀疏的圆齿或钝锯齿，上部叶叶柄较长，下部者较短；托叶大型，叶状，羽状深裂，长1~4厘米。花大，直径3.5~6厘米，每个茎上有3~10朵，通常每朵花有紫、白、黄3色；花梗稍粗，单生叶腋，上部具2枚对生的小苞片；小苞片极小，卵状三角形；萼片绿色，长圆状披针形，长1.2~2.2厘米，宽3~5毫米，先端尖，边缘狭膜质，基部附属物发达，长3~6毫米，边缘不整齐；上方花瓣深紫堇色，侧方及下方花瓣均为三色，有紫色条纹，侧方花瓣基部内面密被须毛，下方花瓣距较细，长5~8毫米；子房无毛，花柱短，基部明显膝曲，柱头膨大，呈球状，前方具较大的柱头孔。蒴果椭圆形，长8~12毫米，无毛。花期为4—7月，果期为5—8月。

主要利用形式：观赏草花。全草味苦，性寒，归肺经，能清热解毒、散瘀止咳、利尿、杀菌，用于治疗咳嗽、青春痘、粉刺、过敏、小儿湿疹、瘰疬及无名疮疡肿毒。三色堇药浴也有很好的丰胸作用。花深紫色，具有芳香味，可提取香精。

253 桑

拉丁学名：Morus alba L.；桑科桑属。别名：桑树、家桑、荆桑。

形态特征：乔木或灌木，高3~10米或更高，胸径可达50厘米。树皮厚，灰色，具不规则浅纵裂。冬芽红褐色，卵形，芽鳞覆瓦状排列，灰褐色，有细毛；小枝有细毛。叶卵形或广卵形，长5~15厘米，宽5~12厘米，先端急尖、渐尖或圆钝，基部圆形至浅心形，边缘锯齿粗钝，表面鲜绿色，无毛，背面沿脉有疏毛，脉腋有簇毛；叶柄长1.5~5.5厘米。花单性。雄花序下垂，长2~3.5厘米，密被白色柔毛；花被片宽椭圆形，淡绿色；花丝在芽时内折；花药2室，球形至肾形，纵裂。雌花序长1~2厘米，被毛；总花梗长5~10毫米，被柔毛，雌花无梗；花被片倒卵形，顶端圆钝，外面和边缘被毛，两侧紧抱子房；无花柱，柱头2裂，内面有乳头状突起。聚花果卵状椭圆形，长1~2.5厘米，成熟时呈红色或暗紫色。花期为4—5月，果期为5—8月。

主要利用形式：乡土树。叶为桑蚕饲料。木材可制器具，枝条可编箩筐，桑皮可作造纸原料，桑葚可供食用、酿酒，叶、果和根皮可入药。桑叶性味苦甘而寒，入肺、肝经，有疏风清热、凉血止血、清肝明目、润肺止咳的功效，用于治疗风热感冒、肺热咳嗽、肝阳头痛

三色堇

桑

眩晕、目赤昏花、血热出血及盗汗等症。桑枝性味苦平，偏入肝经，可祛风湿、通经络、利关节、行水气，用于治疗风湿痹痛、四肢拘挛、水肿、身痒等症，尤擅疗上肢痹痛。桑根性味甘寒，入肺、脾经，有泻肺平喘、行水消肿之功，常用于治疗肺热咳喘、痰多、水肿、脚气及小便不利等症。桑葚性味甘寒，归心、肝、肾经，有补肝益肾、滋阴补血、生津润肠、熄风之功，常用于治疗阴亏血虚之眩晕、目暗、耳鸣、失眠、须发早白、津伤口渴及肠燥便秘等。桑木可治疗水肿、金疮出血及目赤肿痛等。

254 涩荠

拉丁学名： Malcolmia africana (L.) R. Br.；十字花科涩荠属。别名：辣辣菜、水萝卜棵、马康草、千果草、麦拉拉、离蕊芥。

形态特征： 二年生草本，高 8～35 厘米，密生单毛或叉状硬毛。茎直立或近直立，多分枝，有棱角。叶长圆形、倒披针形或近椭圆形，顶端圆形，有小短尖，基部楔形，边缘有波状齿或全缘；叶柄长 5～10 毫米或近无柄。总状花序有 10～30 朵花，疏松排列，果期长达 20 厘米；萼片长圆形；花瓣紫色或粉红色，长 8～10 毫米。长角果（线细状）圆柱形或近圆柱形，近 4 棱，倾斜、直立或稍弯曲，密生短或长分叉毛，或二者间生，或具刚毛，少数几无毛或完全无毛；柱头圆锥状；果梗较粗；种子长圆形，浅棕色。花果期为 6—8 月。

主要利用形式： 为麦田常见中等饲用牧草，初春嫩苗可作野菜食用。开花前山羊、绵羊、牛、兔、马、驴、骡都爱吃，也可切碎后配合适当的精饲料喂鸡和鸭。结实后因其固有的辛辣味加重，茎秆变得粗硬，故适口性显著降低。

涩荠

255 山桃

拉丁学名： Amygdalus davidiana (Carrière) de Vos ex Henry；蔷薇科桃属。别名：花桃、毛桃、看桃、野桃。

形态特征： 乔木，高可达 10 米。树冠开展，树皮暗紫色，光滑。小枝细长，直立，幼时无毛，老时褐色。叶片卵状披针形，长 5～13 厘米，宽 1.5～4 厘米，先端渐尖，基部楔形，两面无毛，叶边具细锐锯齿；叶柄长 1～2 厘米，无毛，常具腺体。花单生，先于叶开放，直径 2～3 厘米；花梗极短或几无梗；花萼无毛；萼筒钟形；萼片卵形至卵状长圆形，紫色，先端圆钝；花瓣倒卵形或近圆形，长 10～15 毫米，宽 8～12 毫米，粉红色，先端圆钝，稀微凹；雄蕊多数，几与花瓣等长或稍短；子房被柔毛，花柱长于雄蕊或近等长。果实近球形，直径 2.5～3.5 厘米，淡黄色，外面密被短柔毛，果梗短而深入果洼；果肉薄而干，不可食，成熟时不开裂；核球形或近球形，两侧不压扁，顶端圆钝，基

山桃

部截形，表面具纵、横沟纹和孔穴，与果肉分离。花期为 3—4 月，果期为 7—8 月。

主要利用形式：主要用作桃、梅、李等果树的砧木，也可供观赏。木材质硬而重，可做各种细工及手杖。果核花纹美丽，可做玩具或念珠。种仁可榨油供食用，入药称“桃仁”，具有活血化瘀、润肠通便及止咳平喘的功效，用于治疗经闭痛经、症瘕痞块、肺痈肠痈、跌扑损伤、肠燥便秘及咳嗽气喘。

256 山莴苣

拉丁学名：Lagedium sibiricum (L.) Sojak；菊科山莴苣属。别名：北山莴苣、山苦菜。

形态特征：多年生草本，高 50～130 厘米。根垂直直伸。茎直立，通常单生，常呈淡红紫色，上部伞房状或伞房圆锥状花序分枝，全部茎枝光滑无毛。中下部茎叶披针形、长披针形或长椭圆状披针形，长 10～26 厘米，宽 2～3 厘米，顶端渐尖、长渐尖或急尖，基部收窄，无柄，心形、心状耳形或箭头状半抱茎，边缘全缘、几全缘、小尖头状微锯齿或小尖头，极少边缘缺刻状或羽状浅裂，向上的叶渐小，与中下部茎叶同形；全部叶两面光滑无毛。头状花序含舌状小花约 20 枚，多数在茎枝顶端排成伞房花序或伞房圆锥花序，果期长 1.1 厘米，不为卵形；总苞片 3～4 层，不呈明显的覆瓦状排列，通常为淡紫红色，中外层三角形、三角状卵形，长 1～4 毫米，宽约 1 毫米，顶端急尖，内层长披针形，长 1.1 厘米，宽 1.5～2 毫米，顶端长渐尖，全部苞片外面无毛；舌状小花蓝色或蓝紫色。瘦果长椭圆形或椭圆形，褐色或橄榄色，压扁，长约 4 毫米，宽约 1 毫米，中部有 4～7 条线形或线状椭圆形的不等粗的小肋，顶端短收窄；果颈长约 1 毫米，边缘加宽加厚成厚翅；冠毛白色，2 层，冠毛刚毛纤细，锯齿状，不脱落。花果期为 7—9 月。

主要利用形式：花和叶颜色多变，品种变化较大，可以作为一种观赏蔬菜在园林绿化中广泛应用。全草或根味苦，性寒，入肺经，能清热解毒、活血止血，主治咽喉肿痛、肠痈、疮疖肿毒、子宫颈炎、产后瘀血腹痛、疣瘤、崩漏及痔疮出血。其粗纤维含量少，故畜禽的采食率和消化率都很高。

257 山楂

拉丁学名：Crataegus pinnatifida Bge.；蔷薇科山楂属。别名：山里果、山里红、酸里红、山里红果、酸枣、红果、红果子、山林果。

形态特征：落叶乔木，高达 6 米。树皮粗糙，暗灰色或灰褐色；刺长约 1～2 厘米，有时无刺。小枝圆柱形，当年生枝紫褐色，无毛或近于无毛，疏生皮孔，老枝灰褐色；冬芽三角卵形，先端圆钝，无毛，紫色。叶片宽卵形或三角状卵形，稀菱状卵形，长 5～10 厘米，宽 4～7.5 厘米，先端短渐尖，基部截形至宽楔形，通常两侧各有 3～5 枚羽状深裂片；裂片卵状披针形或带形，先端短渐尖，边缘有尖锐稀疏不规则重锯齿，上面暗绿色，有光泽，下面沿叶脉有疏生短柔毛或在脉腋有髯毛；侧脉 6～10 对，有的达到裂片先端，有的达到裂片分裂处；叶柄长 2～6 厘米，无毛；托叶草质，镰形，边缘有锯齿。伞房花序具多花，直径 4～6 厘米；总花梗和花梗均被柔毛，花期后脱落，减少，花梗长 4～7

山莴苣

山楂

毫米；苞片膜质，线状披针形，长 6～8 毫米，先端渐尖，边缘具腺齿，早落；花直径约 1.5 厘米；萼筒钟状，长 4～5 毫米，外面密被灰白色柔毛；萼片三角卵形至披针形，先端渐尖，全缘，约与萼筒等长，内外两面均无毛，或在内面顶端有髯毛；花瓣倒卵形或近圆形，长 7～8 毫米，宽 5～6 毫米，白色；雄蕊 20，短于花瓣，花药粉红色；花柱 3～5，基部被柔毛，柱头头状。果实近球形或梨形，直径 1～1.5 厘米，深红色，有浅色斑点；小核 3～5，外面稍具棱，内面两侧平滑；萼片脱落很迟，先端留一圆形深洼。花期为 5—6 月，果期为 9—10 月。

主要利用形式：北方常见果树，可栽培作绿篱和观赏树。幼苗可作嫁接山里红或苹果等的砧木。果可生吃或做果酱果糕；干制后入药，有健胃、消积化滞及舒气散瘀之效。

258 珊瑚树

拉丁学名：Viburnum odoratissimum Ker-Gawl.；忍冬科荚蒾属。别名：山猪肉、早禾树、法国冬青、日本珊瑚树、极香荚蒾、珊瑚木。

形态特征：小乔木，常绿。叶革质对生，长椭圆形，长 7～10 厘米，宽 3～4 厘米，全缘或偶为波状缘，革质叶有光泽、平滑，似硫黄怪味。花小型合瓣筒状花，白色，边缘截状或浅裂。果实为核果，成熟后变紫褐色。花期为 4—5 月，果期为 7—9 月。

主要利用形式：为著名常绿防火植物，也对多种污染气体具抗性，为都市和工矿厂区绿化的良好行道树和绿篱树。根、树皮及叶入药，可清热祛湿、通经活络、拔毒生肌。

259 珊瑚樱

拉丁学名：Solanum pseudocapsicum L.；茄科茄属。别名：珊瑚豆、玉珊瑚、刺石榴、洋海椒、红珊瑚、四季果、看果、吉庆果、珊瑚子、野辣茄、野海椒、冬珊瑚。

形态特征：直立分枝小灌木。小枝幼时被树枝状簇生茸毛，后渐脱落。叶双生，大小不相等，椭圆状披针形，先端钝或短尖，基部楔形下延成短柄，叶面无毛，叶下面沿脉常有树枝状簇生茸毛，边全缘或略呈波状，中脉在下面突出，侧脉每边 4～7 条，在下面明显；叶柄长 2～5 毫米，幼时被树枝状簇生茸毛，后逐渐脱落。花序短，腋生，通常 1～3 朵，单生或成蝎尾状花序，总花梗短几近于无，花小，直径 8～10 毫米；萼绿色，5 深裂，裂片卵状披针形，先端钝；花冠白色，筒部隐于萼内，长约 1.5 毫米，冠檐 5 深裂，裂片卵圆形，先端尖或钝；花丝长约 1 毫米，花药长圆形，长约为花丝长度的 2 倍，顶孔略向内；子房近圆形，直径约 1.5 毫米，花柱长 4～6 毫米，柱头截形。浆果单生，球状，珊瑚红色或橘黄色，直径 1～2 厘米；种子扁平，直径约 3 毫米。花期为 4—7 月，果熟期为 8—12 月。

主要利用形式：常见观叶、观果花卉。全株含茄碱、玉珊瑚碱及玉珊瑚啶，有毒（叶比果毒性更大），中毒症状为头晕、恶心、思睡、剧烈腹痛及瞳孔散大。果入药有活血散瘀、消肿止痛的功效，能治腰肌劳损等症。根入药，名“玉珊瑚根”，性咸微苦，味温，有毒，用于治疗腰肌劳损、闪挫扭伤。

珊瑚树

珊瑚樱

260 芍药

拉丁学名： Paeonia lactiflora Pall.；芍药科芍药属。别名：别离草、花中宰相、将离、离草、婪尾春、余容、犁食、没骨花、黑牵夷、红药。

形态特征： 多年生草本。块根由根茎下方生出，肉质，粗壮，呈纺锤形或长柱形，粗0.6～3.5厘米。花瓣呈倒卵形，花盘为浅杯状，花一般着生于茎的顶端或近顶端叶腋处，原种花白色，花瓣5～13枚。园艺品种花色丰富，有白、粉、红、紫、黄、绿、黑和复色等，花径10～30厘米，花瓣可达上百枚。果实呈纺锤形，种子呈圆形、长圆形或尖圆形。花期为5—6月。

主要利用形式： 著名花卉，栽培品种很多。可制作芍药花粥、花饼及花茶。根具有镇痉、镇痛、通经的作用，对妇女的腹痛、胃痉挛、眩晕及痛风等病症有效。种子可榨油，供制肥皂和掺和油漆作涂料用。根和叶富有鞣质，可提制栲胶，也可用作土农药杀灭大豆蚜虫和防治小麦秆锈病等。

芍药

261 蛇莓

拉丁学名： Duchesnea indica (Andr.) Focke；蔷薇科蛇莓属。别名：蛇泡草、龙吐珠、三爪风、鼻血果果、珠爪、蛇果、鸡冠果、野草莓、蛇藨、地莓、蚕莓、三点红、狮子尾、疗疮药、蛇蛋果、地锦、三匹风、三皮风、三爪龙、老蛇泡、蛇蓉草、三脚虎、蛇皮藤、蛇八瓣、龙衔珠、小草莓、地杨梅、蛇不见、金蝉草、三叶藨、老蛇刺占、老蛇藨、龙球草、蛇葡萄、蛇果藤、蛇枕头、蛇含草、蛇盘草、哈哈果、麻蛇果、九龙草、三匹草、蛇婆、蛇龟草、落地杨梅、红顶果、血疔草。

蛇莓

形态特征： 多年生草本。根茎短，粗壮；匍匐茎多数，长30～100厘米，有柔毛。小叶片倒卵形至菱状长圆形，长2～3.5（～5）厘米，宽1～3厘米，先端圆钝，边缘有钝锯齿，两面皆有柔毛或上面无毛，具小叶柄；叶柄长1～5厘米，有柔毛；托叶窄卵形至宽披针形，长5～8毫米。花单生于叶腋，直径1.5～2.5厘米；花梗长3～6厘米，有柔毛；萼片卵形，长4～6毫米，先端锐尖，外面有散生柔毛；副萼片倒卵形，长5～8毫米，比萼片长，先端常具3～5锯齿；花瓣倒卵形，长5～10毫米，黄色，先端圆钝；雄蕊20～30；心皮多数，离生；花托在果期膨大，海绵质，鲜红色，有光泽，直径10～20毫米，外面有长柔毛。瘦果卵形，长约1.5毫米，光滑或具不显明突起，鲜时有光泽。花期为6—8月，果期为8—10月。

主要利用形式： 杂草。全草药用，能散瘀消肿、收敛止血及清热解毒。茎叶捣敷治疗疮症有特效，亦可敷治蛇咬伤、烫伤及烧伤。果实煎服能治支气管炎。全草水浸液可防治农业害虫、蛆及孑孓等。

262 肾形草

拉丁学名： Heuchera micrantha Douglas ex Lindl.；虎耳草科矾根属。别名：矾根、珊瑚铃。

形态特征： 多年生耐寒草本。浅根性，株高30～50厘米。叶基生，阔心形，成熟叶片长20～25厘米，掌状浅裂。叶色丰富，在温暖地区常绿。圆锥花序，花

肾形草

生菜

小，钟状，花茎0.6~1.2厘米，白色、粉红色或红色，两侧对称，花序复总状。花期为4—6月。

主要利用形式：本种原产美国。株姿优雅，花色鲜艳，是花坛、花境和花带等景观配置的理想材料，又可盆栽造景美化环境。全草入药，有抗菌、抗炎、抗氧化、抗肿瘤功效。此外，其根系发达，可用于固土，减少水土流失，也可用于修复被污染土壤。

263 生菜

拉丁学名：Lactuca sativa L. var. ramosa Hort.；菊科莴苣属。别名：鹅仔菜、莴仔菜、唛仔菜、叶用莴苣。

形态特征：一年生或二年生草本。根垂直直伸。茎直立，单生，上部圆锥状花序分枝，全部茎枝白色。基生叶及下部茎叶大，不分裂，倒披针形、椭圆形或椭圆状倒披针形，顶端急尖、短渐尖或圆形，无柄；向上的渐小，与基生叶及下部茎叶同形或为披针形；圆锥花序分枝下部的叶及圆锥花序分枝上的叶极小，卵状心形，无柄；全部叶两面无毛。头状花序多数或极多数，在茎枝顶端排成圆锥花序；总苞果期卵球形，总苞片5层，最外层宽三角形，外层三角形或披针形，中层披针形至卵状披针形，内层线状长椭圆形，全部总苞片顶端急尖，外面无毛；舌状小花约15枚。瘦果倒披针形，压扁，浅褐色，每面有6~7条细脉纹，顶端急尖成细喙，喙细丝状，与瘦果几等长；冠毛2层，纤细，微糙毛状。花果期为2—9月。

主要利用形式：叶用蔬菜。营养含量丰富，可生食。茎叶中含有莴苣素，味微苦，有清热提神、镇痛催眠、降低胆固醇、辅助治疗神经衰弱、利尿和促进血液循环、加强蛋白质和脂肪的消化与吸收、清肝利胆及养胃等功效。

264 石胡荽

拉丁学名：Centipeda minima (L.) A. Br. & Aschers.；菊科石胡荽属。别名：天胡荽、鹅不食草、细叶

钱凿口、小叶铜钱草、龙灯碗、圆地炮、步地锦、鱼鳞草、满天星、破铜钱、鸡肠菜、破钱草、千里光、千光草、滴滴金、翳草、铺地锦、肺风草、明镜草、翳子草、盘上芫茜、落地金钱、过路蜈蚣草、花边灯盏、地星宿、伤寒草、鼠迹草、匽虫草、镜面草、遍地青、四片孔、盆上芫荽、星秀草、落地梅花、遍地金、小叶金钱草、小叶破铜钱、克麻藤、遍地锦、蔡达草、地钱草、野芹菜、小金钱。

形态特征：多年生草本，有气味。茎细长而匍匐，平铺地上成片，节上生根。叶片膜质至草质，圆形或肾圆形，基部心形，两耳有时相接，不分裂或 5～7 裂，裂片阔倒卵形，边缘有钝齿；托叶略呈半圆形，薄膜质，全缘或稍有浅裂。伞形花序与叶对生，单生于节上；花序梗纤细；小总苞片卵形至卵状披针形，膜质，有黄色透明腺点，背部有 1 条不明显的脉；小伞形花序有花 5～18 朵，花无柄或有极短的柄，花瓣卵形，绿白色，有腺点；花丝与花瓣等长或稍超出，花药卵形。果实略呈心形，两侧扁压，中棱在果熟时极为隆起，幼时表面草黄色，成熟时有紫色斑点。花果期为 4—9 月。

主要利用形式：野生杂草，也栽培为地被植物。全草味辛微苦，性凉，归肺、脾经，能清热利湿、解毒消肿，主治黄疸、痢疾、水肿、淋症、目翳、喉肿、痈肿疮毒、带状疱疹和跌打损伤。

265　石榴

拉丁学名：Punica granatum L.；石榴科石榴属。别名：安石榴、山力叶、丹若、若榴木、金罂、金庞、涂林、天浆。

形态特征：落叶灌木或小乔木。树干呈灰褐色，上有瘤状突起，多向左方扭转。树冠内分枝多，嫩枝有棱，多呈方形。叶对生或簇生，呈长披针形至长圆形，或椭圆状披针形，顶端尖，表面有光泽，背面中脉凸起；有短叶柄。花两性，依子房发达与否，有钟状花和筒状花之别；萼片硬，肉质，管状，5～7 裂，与子房连生，宿存；花瓣倒卵形，与萼片同数而互生，覆瓦状排列；花有单瓣、重瓣之分；花多红色，雄蕊多数，花丝无毛；雌蕊具花柱 1 个，心皮 4～8，子房下位。子房成熟后变成大型而多室、多子的浆果，每室内有多数籽粒；外种皮肉质，呈鲜红色、淡红色或白色，多汁，甜而带酸，即为可食用的部分；内种皮为角质，也有退化变软的，即软籽石榴。花期为 5—6 月，果期为 9—10 月。

主要利用形式：常见水果和园林植物。果实药用能生津止渴、收敛固涩、止泻止血，主治津亏口燥咽干、烦渴、久泻、久痢、便血及崩漏等病症。叶可收敛止泻、解毒杀虫，主治泄泻、痘风疮、癞疮、跌打损伤。皮可涩肠止泻、止血、驱虫，用于治疗痢疾、肠风下血、崩漏、带下、虫积腹痛。花可治鼻衄、中耳炎和创伤出血。

266　石龙芮

拉丁学名：Ranunculus sceleratus L.；毛茛科毛茛属。别名：黄花菜、石龙芮毛茛。

形态特征：一年生草本。须根簇生。茎直立，上部多分枝，具多数节，下部节上有时生根，无毛或疏生柔毛。基生叶多数，叶片肾状圆形，基部心形，3 深裂不

达基部，裂片倒卵状楔形，不等 2～3 裂，顶端钝圆，有粗圆齿，无毛，叶柄长 3～15 厘米，近无毛；茎生叶多数，下部叶与基生叶相似，上部叶较小，3 全裂，裂片披针形至线形，全缘，无毛，顶端钝圆，基部扩大成膜质宽鞘抱茎。聚伞花序有多数花，花小，花梗长 1～2 厘米，无毛；萼片椭圆形，外面有短柔毛；花瓣 5，倒卵形，等长或稍长于花萼，基部有短爪，蜜槽呈棱状袋穴；雄蕊 10 多枚，花药卵形；花托在果期伸长增大成圆柱形，生短柔毛。聚合果长圆形；瘦果极多数，近百枚，紧密排列，倒卵球形，稍扁，无毛，喙短至近无，长 0.1～0.2 毫米。花果期为 5—8 月。

主要利用形式：全草含原白头翁素，有毒，能消结核、截疟及治痈肿、疮毒、蛇毒和风寒湿痹。

267 石竹梅

拉丁学名：Dianthus chinensis L.；石竹科石竹属。

别名：美人草、中国石竹、洛阳石竹、石菊、绣竹、兴安石竹、北石竹、钻叶石竹、蒙古石竹、丝叶石竹、高山石竹、辽东石竹、长萼石竹、长苞石竹、林生石竹、三脉石竹。

形态特征：多年生草本，作二年生栽培。叶长披针形，对生。聚伞花序，大型，顶生而呈伞房状；花美丽，有红、紫、白、粉红等颜色，并常呈复色，花瓣边缘有细锯齿，单瓣或重瓣，芳香。蒴果长椭圆形，顶端 4～5 裂；种子尖卵圆形，扁平，黑褐色，长 2.3～3 毫米，宽 1.7～2.1 毫米。花期为 4—10 月，集中于 4—5 月，果熟期为 6—7 月。

主要利用形式：常作二年生花卉栽培，品种很多。其花具有利尿、活血、通经等功效，可用于治疗尿道炎、膀胱炎、肾炎、高血压、闭经、月经不调、咽喉炎、腹泻、水肿、关节不利、毒蛇咬伤及疮疖痈肿。

268 矢车菊

拉丁学名：Centaurea cyanus L.；菊科矢车菊属。

别名：蓝芙蓉、翠兰、荔枝菊。

形态特征：一年生或二年生草本，高 30～70 厘米或更高。直立，自中部分枝，极少不分枝；全部茎枝灰白色，被薄蛛丝状卷毛。基生叶及下部茎叶长椭圆状倒披针形或披针形，不分裂，边缘全缘无锯齿或边缘具疏锯齿至大头羽状分裂，侧裂片 1～3 对，长椭圆状披针形、线状披针形或线形，边缘全缘无锯齿；顶裂片较大，长椭圆状倒披针形或披针形，边缘有小锯齿。中部茎叶线形、宽线形或线状披针形，顶端渐尖，基部楔状，无叶柄，边缘全缘无锯齿。上部茎叶与中部茎叶同形，但渐小。头状花序多数或少数在茎枝顶端排成伞房

花序或圆锥花序；总苞椭圆状，有稀疏蛛丝毛；总苞片约7层，全部总苞片由外向内呈椭圆形、长椭圆形，外层与中层包括顶端附属物，内层包括顶端附属物；全部苞片顶端有浅褐色或白色的附属物，中外层的附属物较大，内层的附属物较大，全部附属物沿苞片短下延，边缘具流苏状锯齿；边花增大，超长于中央盘花，蓝色、白色、红色或紫色，檐部5~8裂，盘花浅蓝色或红色。瘦果椭圆形，有细条纹，被稀疏的白色柔毛。冠毛白色或浅土红色，2列，外列多层，向内层渐长，长达3毫米，内列1层，极短；全部冠毛呈刚毛状。花果期为2—8月。

主要利用形式：既是观赏植物，也是良好的蜜源植物。边花可以利尿，全草浸出液可明目。花朵泡菜可助消化、美容养颜、缓解胃痛。果实有美容保健价值。

269 柿

拉丁学名：Diospyros kaki Thunb.；柿科柿属。别名：米果、猴枣、镇头迦、红柿、水柿。

形态特征：落叶大乔木。枝开展，无毛。叶纸质，卵状椭圆形至倒卵形或近圆形，先端渐尖或钝，基部楔形，钝，圆形或近截形，很少为心形，新叶疏生柔毛，上面深绿色，无毛，下面绿色，有柔毛或无毛。花雌雄异株，但间或有雄株中有少数雌花，雌株中有少数雄花的；花序腋生，为聚伞花序；雄花花序小，有花3~5朵，通常有花3朵；总花梗有微小苞片。雄花小，花萼钟状，两面有毛，4深裂，裂片卵形，有睫毛；花冠钟状，不长过花萼的两倍，黄白色，外面或两面有毛，4裂，裂片卵形或心形，开展；雄蕊16~24枚，着生在花冠管的基部，连生成对，腹面1枚较短，花丝短，先端有柔毛，花药椭圆状长圆形，退化子房微小；花梗长约3毫米。雌花单生叶腋，长约2厘米；花萼绿色，有光泽，4深裂，萼管近球状钟形。肉质果果形多种，有球形、扁球形、球形而略呈方形、卵形。花期为5—6月，果期为9—10月。

主要利用形式：常见果树及园林树。果实中碘含量很高，能够防治地方性甲状腺肿大。柿子富含果胶，能润肠通便。柿霜能润肺止咳、生津利咽、止血，常用于治疗肺热燥咳、咽干喉痛、口舌生疮、吐血、咯血、消渴。柿蒂归胃经，主要作用是降逆止呃，治疗百日咳及夜尿症。柿涩汁里含有单宁类物质，是降压的有效成分，对高血压、痔疮出血等症都有效。柿叶茶能增进机体的新陈代谢、利小便、通大便和净化血液。

270 蜀葵

拉丁学名：Althaea rosea（L.）Cavan.；锦葵科蜀葵属。别名：一丈红、大蜀季、戎葵、吴葵、卫足葵、

蜀葵

胡葵、斗篷花、秫秸花。

形态特征： 二年生直立草本，高达2米。茎枝密被刺毛。叶近圆心形，直径6～16厘米，掌状5～7浅裂或具波状棱角，裂片三角形或圆形，中裂片长约3厘米，宽4～6厘米，上面疏被星状柔毛，粗糙，下面被星状长硬毛或茸毛；叶柄长5～15厘米，被星状长硬毛；托叶卵形，长约8毫米，先端具3尖。花腋生，单生或近簇生，排列成总状花序式，具叶状苞片；花梗长约5毫米，结果时延长至1～2.5厘米，被星状长硬毛；小苞片杯状，常6～7裂，裂片卵状披针形，长10毫米，密被星状粗硬毛，基部合生；萼钟状，直径2～3厘米，5齿裂，裂片卵状三角形，长1.2～1.5厘米，密被星状粗硬毛；花大，直径6～10厘米，有红、紫、白、粉红、黄和黑紫等色，单瓣或重瓣，花瓣倒卵状三角形，长约4厘米，先端凹缺，基部狭，爪被长髯毛；雄蕊柱无毛，长约2厘米，花丝纤细，长约2毫米，花药黄色；花柱分枝多数，微被细毛。果盘状，直径约2厘米，被短柔毛，分果爿近圆形，多数，背部厚达1毫米，具纵槽。花期为2—8月，果期为8—9月。

主要利用形式： 常见草花，嫩叶及花可食。全草入药，有清热止血、消肿解毒之功，主治吐血及血崩等症。茎皮含纤维，可代麻用。根可作润滑药，用于治疗黏膜炎症，起保护、缓和刺激的作用。从花中提取的花青素可作为食品的着色剂。

271 鼠麴草

拉丁学名： Gnaphalium affine D. Don；菊科鼠麴草属。别名：佛耳草、追骨风、茸毛草、鼠耳、无心草、鼠耳草、香茅、蚍蜉酒草等。

形态特征： 二年生草本，株高10～15厘米，全株密被白绵毛。茎直立，通常自基部分枝，丛生林。叶互生，基生叶花后凋落，下部和中部叶匙形或倒披针形，长2～6厘米，宽4～12毫米，基部渐狭，下延，两面都有白色绵毛。头状花序多数，排成伞房状；总苞球状钟形，总苞片3层，金黄色，干膜质；花黄色，边缘雌花花冠丝状，中央两性花管状。瘦果长椭圆形，具乳头状突起；冠毛黄白色。花期为4—7月，果期为8—9月。

主要利用形式： 野草。茎叶入药，为镇咳、祛痰、治气喘和支气管炎以及非传染性溃疡、创伤之寻常用药，内服可降血压。

鼠麴草

272 水苦荬

拉丁学名： Veronica undulata Wall.；玄参科婆婆纳属。别名：水莴苣、水菠菜、芒种草。

形态特征： 多年生（稀为一年生）草本，通常全体无毛，极少在花序轴、花梗、花萼和蒴果上有几根腺毛。根茎斜走，茎直立或基部倾斜，不分枝或上部分枝。叶对生，无叶柄，上部叶的叶基半抱茎，叶片多为椭圆形或卵形，有时为条状披针形，通常叶缘有尖锯齿。腋生总状花序，长于叶，多花；花梗在果期挺直，横叉开，与花序轴几乎成直角，因而花序宽过1厘米，可达1.5厘米；花两性，近辐射对称；花冠淡蓝色、淡紫色或红色；雄蕊短于花冠，花丝下部贴生于花冠筒后方，花柱也较短，长1～1.5毫米。蒴果近球形，稍扁；种子稍扁平，两面凸。花果期为4—9月。

主要利用形式： 常见水田杂草，可作野菜。带虫瘿果实的全草入药，味苦，性凉，归肺、肝、肾经，具有清热解毒、活血止血的功效，用于治疗感冒、咽痛、劳伤咯血、痢疾、血淋、月经不调、疮肿及跌打损伤等症。

273　水蜡树

拉丁学名： Ligustrum obtusifolium Sieb. & Zucc.；木樨科长贞属。别名：钝叶女贞、钝叶水蜡树。

形态特征： 落叶多分枝灌木，高 0.5～3 米。树皮暗灰色。小枝淡棕色或棕色，圆柱形，被较密微柔毛或短柔毛。叶片纸质，披针状长椭圆形、长椭圆形、长圆形或倒卵状长椭圆形，长 0.8～6 厘米，宽 0.4～2.5 厘米，先端钝或锐尖，有时微凹而具微尖头，萌发枝上叶较大，长圆状披针形，先端渐尖，基部均为楔形或宽楔形，两面无毛，或稀被短柔毛或仅沿下面中脉疏被短柔毛，侧脉 4～7 对，在上面微凹入，下面略凸起，近叶缘处有不明显网结；叶柄长 1～2 毫米，无毛或被短柔毛。圆锥花序着生于小枝顶端，长 1.5～4 厘米，宽 1.5～2.5（～3）厘米；花序轴、花梗、花萼均被微柔毛或短柔毛；花梗长 0～2 毫米；花萼长 1.5～2 毫米，截形或萼齿呈浅三角形；花冠管长 3.5～6 毫米，裂片狭卵形至披针形，长 2～4 毫米；花药披针形，长约 2.5 毫米，短于花冠裂片或达裂片的 1/2 处；花柱长 2～3 毫米。果近球形或宽椭圆形，长 5～8 毫米，径 4～6 毫米。花期为 5—6 月，果期为 8—10 月。

主要利用形式： 本种耐修剪，易整理，是行道树、园林树及盆景的优良选择树种，又是优良的绿篱和塑形树种，是公园、街道、学校及其他机关单位等常用的绿化树。其抗性较强，能吸收有害气体，是中国北方地区园林绿化优良树种，广泛栽植观赏。果实入药，可补肝肾、强腰膝。

274　水芹

拉丁学名： Oenanthe javanica（Blume）DC.；伞形科水芹属。别名：水英、细本山芹菜、牛草、楚葵、刀芹、蜀芹、野芹菜。

形态特征： 多年生草本植物，高 15～80 厘米。茎直立或基部匍匐。基生叶有柄，柄长达 10 厘米，基部有叶鞘；叶片为三角形，1～3 回羽状分裂，末回裂片卵形至菱状披针形，长 2～5 厘米，宽 1～2 厘米，边缘有牙齿或圆齿状锯齿；茎上部叶无柄，裂片和基生叶的裂片相似，较小。复伞形花序顶生，花序梗长 2～16 厘米；无总苞；伞辐 6～16，不等长，长 1～3 厘米，直立和展开；小总苞片 2～8，线形，长 2～4 毫米；小伞形花序有花 20 余朵，花柄长 2～4 毫米；萼齿线状披针形，长与花柱基相等；花瓣白色，倒卵形，长 1 毫米，

宽 0.7 毫米，有一长而内折的小舌片；花柱基圆锥形，花柱直立或两侧分开，长 2 毫米。果实近于四角状椭圆形或筒状长圆形，长 2.5～3 毫米，宽 2 毫米，侧棱较背棱和中棱隆起，木栓质，分生果横剖面近于五边状的半圆形；每棱槽内有油管 1，合生面有油管 2。花期为 6—7 月，果期为 8—9 月。

主要利用形式： 野生或人工栽培蔬菜，清香爽口，可生拌或炒食。全草入药，可治感冒、烦渴、尿血便血及带状疱疹等症。

275 水苋菜

拉丁学名： Ammannia baccifera L.；千屈菜科水苋菜属。别名：细叶水苋、浆果水苋。

形态特征： 一年生草本，无毛，高 10～50 厘米。茎直立，多分枝，带淡紫色，稍呈 4 棱，具狭翅。叶生于下部的对生，生于上部的或侧枝的有时略呈互生，长椭圆形、矩圆形或披针形，生于茎上的长可达 7 厘米，生于侧枝的较小，长 6～15 毫米，宽 3～5 毫米，顶端短尖或钝形，基部渐狭，侧脉不明显，近无柄。花数朵组成腋生的聚伞花序或花束，结实时稍疏松，几无总花梗，花梗长 1.5 毫米；花极小，长约 1 毫米，绿色或淡紫色；花萼蕾期呈钟形，顶端平面呈四方形，裂片 4，正三角形，短于萼筒的 2～3 倍，结实时半球形，包围蒴果的下半部，无棱，附属体折叠状或小齿状；通常无花瓣；雄蕊通常 4 根，贴生于萼筒中部，与花萼裂片等长或较短；子房球形，花柱极短或无花柱。蒴果球形，紫红色，直径 1.2～1.5 毫米，中部以上不规则周裂；种子极小，形状不规则，近三角形，黑色。花期为 8—10 月，果期为 9—12 月。

水苋菜

主要利用形式： 农田杂草，有辛辣味，牲畜不喜食。全草入药，可清热解毒、利尿消肿。

276 睡莲

拉丁学名： Nymphaea tetragona Georgi；睡莲科睡莲属。别名：子午莲、茈碧莲、睡莲菜、瑞莲。

形态特征： 多年生水生草本。根状茎肥厚。叶柄圆柱形，细长；浮水叶圆形或卵形，全缘，基部具弯缺，心形或箭形，叶表面浓绿，背面暗紫，常无出水叶；沉水叶薄膜质，脆弱。花大型、美丽，浮在或高出水面，白天开花夜间闭合；萼片近离生；花瓣白色、蓝色、黄色或粉红色，呈多轮，有时内轮渐变成雄蕊；药隔有或无附属物；心皮环状，贴生且半沉没在肉质杯状花托，且在下部与其部分地结合，上部延伸成花柱，柱头呈凹入柱头盘，胚珠倒生，垂生在子房内壁。浆果海绵质，不规则开裂，在水面下成熟；种子坚硬，为胶质物包

睡莲

裹，有肉质杯状假种皮，胚小，有少量内胚乳及丰富外胚乳。花期为6—8月，果期为8—10月。

主要利用形式：许多公园水体栽培作为观赏植物。根状茎可食用或酿酒，又可入药，能治小儿慢惊风。全草可作绿肥。睡莲对重金属有吸附作用，其蛋白属优质蛋白，具有很强的排铅功能。睡莲花粉营养较为丰富。

277　丝瓜

拉丁学名：Luffa cylindrica（L.）Roem.；葫芦科丝瓜属。别名：胜瓜、天丝瓜、天罗、蛮瓜、绵瓜、布瓜、天罗瓜、鱼鲛、天吊瓜、纯阳瓜、天络丝、天罗布瓜、虞刺、洗锅罗瓜、天罗絮、纺线、天骷髅、菜瓜、水瓜、缣瓜、絮瓜、砌瓜、坭瓜。

形态特征：一年生攀缘藤本。茎、枝粗糙，有棱沟，被微柔毛。卷须稍粗壮，被短柔毛，通常2~4歧。叶柄粗糙，近无毛；叶片三角形或近圆形，通常掌状5~7裂，裂片三角形，上面深绿色，粗糙，有疣点，下面浅绿色，有短柔毛，脉掌状，具白色的短柔毛。雌雄同株。雄花通常15~20朵花，生于总状花序上部；雄蕊通常5根，花初开放时稍靠合，最后完全分离。雌花单生，花梗长2~10厘米；子房长圆柱状，有柔毛，柱头膨大。果实圆柱状，直或稍弯，表面平滑，通常有深色纵条纹，未熟时肉质，成熟后干燥，里面呈网状纤维；种子多数，黑色，卵形，平滑，边缘狭翼状。花果期为夏、秋季。

主要利用形式：垂直绿化植物。嫩果为夏季蔬菜。丝瓜络可代替海绵用来洗刷灶具及家具。鲜嫩果实或霜后干枯的老熟果实（天骷髅）入药，味甘，性凉，归肺、肝、胃、大肠经，能清热化痰、凉血解毒，主治热病、身热烦渴、痰喘咳嗽、肠风下血、痔疮出血、血淋、崩漏、痈疽疮疡、乳汁不通、无名肿毒和水肿。“不宜多食，损命门相火，令人倒阳不举”（《滇南本草》）。《本经逢原》：“丝瓜嫩者寒滑，多食泻人。”

278　松果菊

拉丁学名：Echinacea purpurea（L.）Moench；菊科松果菊属。别名：紫锥花、紫锥菊、紫松果菊。

形态特征：多年生草本植物，高50~150厘米，全株有粗毛。茎直立。茎叶密生硬毛，叶卵状披针形至阔卵形，互生，叶缘具锯齿；基生叶卵形或三角形，茎生叶卵状披针形，叶柄基部略抱茎。头状花序，单生或多数聚生于枝顶；花大，直径可达10厘米；花的中心部位凸起，呈球形，球上为管状花，橙黄色，外围为舌状花，紫红色、红色、粉红色等。种子浅褐色，外皮硬。花期为夏、秋季。

主要利用形式：花朵大型、花色艳丽、外形美观，具有很高的观赏价值，可以作为花境、花坛、坡地的装饰材料，也可作盆栽摆放于庭院、公园和街道绿化带等处，还可作切花的材料。松果菊可供药用，含有多种活性成分，可以刺激人体内的白细胞等免疫细胞的活力，具有增强免疫力的功效，还可用于治疗皮肤病及念珠菌病、单纯疱疹病毒，辅助治疗感冒、咳嗽及上呼吸道感染。

丝瓜

松果菊

279　菘蓝

拉丁学名：Isatis indigotica Fortune；十字花科菘蓝属。别名：茶蓝、板蓝根、大青叶。

形态特征：二年生草本，高 40～100 厘米。茎直立，绿色，顶部多分枝，植株光滑无毛，带白粉霜。基生叶莲座状，长圆形至宽倒披针形，长 5～15 厘米，宽 1.5～4 厘米，顶端钝或尖，基部渐狭，全缘或稍具波状齿，具柄；基生叶蓝绿色，长椭圆形或长圆状披针形，长 7～15 厘米，宽 1～4 厘米，基部叶耳不明显或为圆形。萼片宽卵形或宽披针形，长 2～2.5 毫米；花瓣黄白色，宽楔形，长 3～4 毫米，顶端近平截，具短爪。短角果近长圆形，扁平，无毛，边缘有翅；果梗细长，微下垂；种子长圆形，长 3～3.5 毫米，淡褐色。花期为 4—5 月，果期为 5—6 月。

主要利用形式：根入药称“板蓝根”，叶入药称“大青叶”，能清热解毒、凉血消斑，主治温病发热、发斑、风热感冒、咽喉肿痛、丹毒、流行性乙型脑炎、肝炎和腮腺炎等症。叶还可提取蓝色染料。种子榨油，供工业用。

菘蓝

280　酸模叶蓼

拉丁学名：Polygonum lapathifolium L.；蓼科蓼属。别名：大马蓼、旱苗蓼、斑蓼、柳叶蓼。

形态特征：一年生草本，高 40～90 厘米。茎直立，具分枝，无毛，节部膨大。叶披针形或宽披针形，长 5～15 厘米，宽 1～3 厘米，顶端渐尖或急尖，基部楔形，上面绿色，常有一个大的黑褐色新月形斑点，两面沿中脉被短硬伏毛，全缘，边缘具粗缘毛；叶柄短，具短硬伏毛；托叶鞘筒状，长 1.5～3 厘米，膜质，淡褐色，无毛，具多数脉，顶端截形，无缘毛，稀具短缘毛。总状花序呈穗状，顶生或腋生，近直立，花紧密，通常由数个花穗再组成圆锥状花序，花序梗被腺体；苞片漏斗状，边缘具稀疏短缘毛；花被淡红色或白色，4～5 深裂，花被片椭圆形，外面两面较大，脉粗壮，顶端叉分，外弯；雄蕊通常 6 根。瘦果宽卵形，双凹，长 2～3 毫米，黑褐色，有光泽，包于宿存花被内。花期为 6—8 月，果期为 7—9 月。

主要利用形式：杂草，嫩苗可作野菜食用。全草入药，味辛，性温，具利湿解毒、散瘀消肿及止痒的功效。全草入蒙药，味酸、苦，性凉、轻、钝，具利尿、消肿、止痛和止呕等功效。果实为利尿药，主治水肿和疮毒。用鲜茎叶混食盐后捣汁，对治霍乱和日射病有效；外用可敷治疮肿和蛇毒。适量叶片咀嚼咽下可防止晕车。

酸模叶蓼

281 酸枣

拉丁学名：Ziziphus jujuba Mill. var. spinosa (Bunge) Hu ex H. F. Chow；鼠李科枣属。别名：小酸枣、山枣、棘。

形态特征：落叶灌木或小乔木，高1～4米。小枝呈之字形弯曲，紫褐色。托叶刺有2种，一种直伸，长达3厘米，另一种常弯曲。叶互生，叶片椭圆形至卵状披针形，长1.5～3.5厘米，宽0.6～1.2厘米，边缘有细锯齿，基部3出脉。花黄绿色，2～3朵簇生于叶腋。核果小，近球形或短矩圆形，熟时红褐色，近球形或长圆形，长0.7～1.2厘米，味酸，核两端钝。花期为6—7月，果期为8—9月。

主要利用形式：其种仁具有养肝、宁心、安神、敛汗的功效，可治疗失眠，也具有防病、抗衰老与养颜益寿的功效。酸枣叶茶具有镇定、养心安神、降低血压、补充维生素、提高免疫力及降血脂等多种功效。

酸枣

薹菜

282 薹菜

拉丁学名：Brassica campestris ssp. chinensis L.var. tai-tsai；十字花科芸薹属。别名：寒菜、胡菜、薹芥、苔芥、青菜。

形态特征：为芸薹的地方品种，与原种相比，其植株较为高大，叶片为墨绿色。

主要利用形式：蔬菜。其色素含量明显高于十字花科其他蔬菜种类，也是重要蜜源植物。

283 桃

拉丁学名：Amygdalus persica L.；蔷薇科桃属。别名：寿桃、桃实、桃子、玄都果。

形态特征：乔木，高3～8米。树皮暗红褐色，老时粗糙呈鳞片状。小枝细长，无毛，有光泽，绿色，向阳处变成红色，具大量小皮孔；冬芽圆锥形，顶端钝，外被短柔毛，中间为叶芽，两侧为花芽。叶片长圆状披针形、椭圆状披针形或倒卵状披针形，长7～15厘米，宽2～3.5厘米，先端渐尖，基部宽楔形，上面无毛，下面在脉腋间具少数短柔毛或无毛，叶边具细锯齿或粗锯齿，齿端具腺体或无腺体；叶柄粗壮，长1～2厘米，常具1至数枚腺体，有时无腺体。花单生，先于叶开放，直径2.5～3.5厘米；花梗极短或几无梗；萼筒钟形，被短柔毛，稀几无毛，绿色而具红色斑点；萼片卵形至长圆形，顶端圆钝，外被短柔毛；花瓣长圆状椭圆形至宽倒卵形，粉红色，罕为白色；雄蕊20～30个，花药绯红色；花柱几与雄蕊等长或稍短；

桃

子房被短柔毛。果实形状和大小均有变异，卵形、宽椭圆形或扁圆形，长几与宽相等，色泽变化由淡绿白色至橙黄色，常在向阳面具红晕，外面密被短柔毛，稀无毛；种仁味苦，稀味甜。花期为3—4月，果期为6—9月。

主要利用形式：著名水果和园林树，品种很多，较重要的变种有油桃、蟠桃、寿星桃、碧桃、黄桃和水蜜桃。其叶、木材、花、种仁、种子油、根、根皮、树皮、桃胶及桃奴均被多个民族入药。【藏药】堪布肉夏：种子治血瘀经闭、症瘕蓄血、跌打损伤、肠燥便秘。康布热下：种子治痞块（《青藏药鉴》）。坎布热哈：花、幼果、种子治疮痈、黄水病、赤巴病。桃仁油涂抹治秃发（《中国藏药》）。康布：种仁治痞块（孕妇忌用）；花治腹水、水肿；叶治湿疹、痔疮和头虱（《藏本草》）。

284　藤长苗

拉丁学名：Calystegia pellita（Ledeb.）G. Don；旋花科打碗花属。别名：大夫苗、大夫子苗（山东）、狗儿苗、野兔子苗、野山药（江苏）、缠绕天剑。

形态特征：多年生草本。根细长。茎缠绕或下部直立，圆柱形，有细棱，密被灰白色或黄褐色长柔毛，有时毛较少。叶长圆形或长圆状线形，长4～10厘米，宽0.5～2.5厘米，顶端钝圆或锐尖，具小短尖头，基部圆形、截形或微呈戟形，全缘，两面被柔毛，通常背面沿中脉密被长柔毛，有时两面毛较少，叶脉在背面稍凸起；叶柄长0.2～1.5（～2）厘米，毛被同茎。花腋生，单一，花梗短于叶，密被柔毛；苞片卵形，长1.5～2.2厘米，顶端钝，具小短尖头，外面密被黄褐色短柔毛，有

藤长苗

时被毛较少，具有如叶脉的中脉和侧脉；萼片近相等，长0.9～1.2厘米，长圆状卵形，上部具黄褐色缘毛；花冠淡红色，漏斗状，长4～5厘米，冠檐于瓣中带顶端被黄褐色短柔毛；雄蕊花丝基部扩大，被小鳞毛；子房无毛，2室，每室2胚珠，柱头2裂，裂片长圆形，扁平。蒴果近球形，径约6毫米；种子卵圆形，无毛。花期为7—9月，果期为8—10月。

主要利用形式：杂草，可作野菜。全草入药可益气利尿、强筋壮骨、活血化瘀。全草有小毒。

285　天名精

拉丁学名：Carpesium abrotanoides L.；菊科天名精属。别名：鹤虱、天蔓青、地菘、挖耳草、癞头草、癞蛤蟆草、臭草。

形态特征：多年生粗壮草本。茎高60～100厘米，圆柱状，下部木质，近于无毛，上部密被短柔毛，有明显的纵条纹，多分枝。基叶于开花前凋萎，茎下部叶广

椭圆形或长椭圆形，长 8～16 厘米，宽 4～7 厘米，先端钝或锐尖，基部楔形，上面深绿色，被短柔毛，老时脱落，几无毛，叶面粗糙，下面淡绿色，密被短柔毛，有细小腺点，边缘具不规整的钝齿，齿端有腺体状胼胝体；叶柄长 5～15 毫米，密被短柔毛；茎上部节间长 1～2.5 厘米，叶较密，长椭圆形或椭圆状披针形，先端渐尖或锐尖，基部阔楔形，无柄或具短柄。头状花序多数，生于茎端及沿茎、枝生于叶腋，近无梗，呈穗状花序式排列，着生于茎端及枝端者具椭圆形或披针形长 6～15 毫米的苞叶 2～4 枚，腋生头状花序无苞叶或有时具 1～2 枚甚小的苞叶；总苞钟球形，基部宽，上端稍收缩，成熟时开展成扁球形，直径 6～8 毫米；苞片 3 层，外层较短，卵圆形，先端钝或短渐尖，膜质或先端草质，具缘毛，背面被短柔毛，内层长圆形，先端圆钝或具不明显的啮蚀状小齿；雌花狭筒状，长 1.5 毫米；两性花筒状，长 2～2.5 毫米，向上渐宽，冠檐 5 齿裂。瘦果长约 3.5 毫米。花期为 6—8 月，果期为 9—10 月。

主要利用形式：杂草。全草供药用，气特异，味淡微辛，能清热解毒、祛痰止血，主治咽喉肿痛、扁桃体炎、支气管炎，外用治创伤出血、疔疮肿毒及蛇虫咬伤。

天名精

286　天人菊

拉丁学名：Gaillardia pulchella Foug.；菊科天人菊属。别名：虎皮菊、老虎皮菊。

形态特征：一年生草本，高 20～60 厘米。茎中部以上多分枝，分枝斜伸，被短柔毛或锈色毛。下部叶匙形或倒披针形，边缘具波状钝齿、浅裂至琴状分裂，先端急尖，近无柄；上部叶长椭圆形、倒披针形或匙形，叶两面被伏毛。头状花序径 5 厘米；总苞片披针形，边缘有长缘毛，背面有腺点；舌状花黄色，基部带紫色，舌片宽楔形，顶端 2～3 裂；管状花裂片三角形，被节毛。瘦果长 2 毫米，基部被长柔毛；冠毛长 5 毫米。花果期为 6—8 月。

天人菊

主要利用形式：花姿优美，颜色艳丽，花期也很长，适合作花坛和花丛的花卉。天人菊耐风、抗潮、生性强韧，具耐旱特性，全株有柔毛，可以防止水分散失，是良好的防风定沙植物。花入药，可疏散风热、清肝明目。

287　天竺葵

拉丁学名：Pelargonium hortorum Bailey；牻牛儿苗科天竺葵属。别名：洋绣球、入腊红、石蜡红、日烂红、洋葵、驱蚊草、洋蝴蝶。

形态特征：多年生草本，高 30～60 厘米。茎直立，基部木质化，上部肉质，多分枝或不分枝，具明显的节，密被短柔毛，具浓烈鱼腥味。叶互生；托叶宽三角形或卵形，被柔毛和腺毛；叶柄长 3～10 厘米，被细柔毛和腺毛；叶片圆形或肾形，茎部心形，边缘波状浅裂，具圆形齿，两面被透明短柔毛，表面叶缘以内有暗红色马蹄形环纹。伞形花序腋生，具多花，总花梗长于叶，被短柔毛；总苞片数枚，宽卵形；花梗 3～4 厘米，被柔毛和腺毛，芽期下垂，花期直立；萼片狭披针形，外面密被腺毛和长柔毛；花瓣红色、橙红色、粉红色或白色，宽倒卵形，先端圆形，基部具短爪，下

天竺葵

面3枚通常较大；子房密被短柔毛。蒴果长约3厘米，被柔毛。花期为5—7月，果期为6—9月。

主要利用形式：常见草花。精油入药，能调节情绪、通经络、利尿、调理脾胃、防癌、止痛、抗菌、加快结疤、增强细胞防御功能、除臭、止血、补身；也可用于美容，适用所有皮肤，能平衡皮脂分泌，有深层净化和收敛效果。

288 田菁

拉丁学名：Sesbania cannabina (Retz.) Poir.；豆科田菁属。别名：碱青、涝豆、小野蚂蚱豆。

形态特征：一年生草本，高3~3.5米。茎绿色，有时带褐色、红色，微被白粉，有不明显淡绿色线纹，平滑，基部有多数不定根；幼枝疏被白色绢毛，后秃净，折断有白色黏液，枝髓粗大充实。羽状复叶；叶轴长15~25厘米，上面具沟槽，幼时疏被绢毛，后几无毛；托叶披针形，早落；小叶20~30（~40）对，对生或近对生，线状长圆形，长8~20（~40）毫米，宽2.5~4（~7）毫米，位于叶轴两端者较短小，先端钝至截平，具小尖头，基部圆形，两侧不对称，上面无毛，下面幼时疏被绢毛，后秃净，两面被紫色小腺点，下面尤密；小叶柄长约1毫米，疏被毛；小托叶钻形，短于或几等于小叶柄，宿存。总状花序长3~10厘米，具2~6朵花，疏松。总花梗及花梗纤细，下垂，疏被绢毛。苞片线状披针形，小苞片2枚，均早落。花萼斜钟状，长3~4毫米，无毛，萼齿短三角形，先端具锐齿，各齿间常有1~3粒腺状附属物，内面边缘具白色细长曲柔毛。花冠黄色，旗瓣横椭圆形至近圆形，长9~10毫米，先端微凹至圆形，基部近圆形，外面散生大小不等的紫黑点和线，胼胝体小，梨形，瓣柄长约2毫米；翼瓣倒卵状长圆形，与旗瓣近等长，宽约3.5毫米，基部具短耳，中部具较深色的斑块，并横向皱褶；龙骨瓣较翼瓣短，三角状阔卵形，长宽近相等，先端圆钝，平三角形，瓣柄长约4.5毫米。雄蕊二体，对旗瓣的1枚分离，花药卵形至长圆形。雌蕊无毛，柱头头状，顶生。荚果细长，长圆柱形，长12~22厘米，宽2.5~3.5毫米，微弯，外面具黑褐色斑纹，喙尖，长5~7（~10）毫米，果颈长约5毫米，开裂，种子间具横隔，有种子20~35粒；种子绿褐色，有光泽，短圆柱状，长约4毫米，径2~3毫米，种脐圆形，稍偏于一端。花果期为7—12月。

主要利用形式：茎、叶可作绿肥及牲畜饲料。根（向天蜈蚣）性味甘苦平，能清热利尿、凉血解毒，用于治疗胸膜炎、关节扭伤、关节痛和带下病。叶用于治疗尿血及毒蛇咬伤。

田菁

289 田旋花

拉丁学名：Convolvulus arvensis L.；旋花科旋花属。别名：中国旋花、箭叶旋花、扶田秧、扶秧苗、白

田旋花

田紫草

花藤、面根藤、三齿草藤、小旋花、燕子草、田福花。

形态特征：多年生草本。根状茎横走，茎平卧或缠绕，有条纹及棱角，无毛或上部被疏柔毛。叶卵状长圆形至披针形，长1.5～5厘米，宽1～3厘米，先端钝或具小短尖头，基部大多戟形，或箭形及心形，全缘或3裂，侧裂片展开，微尖，中裂片卵状椭圆形、狭三角形或披针状长圆形，微尖或近圆；叶柄较叶片短，长1～2厘米；叶脉羽状，基部掌状。花序腋生，总梗长3～8厘米，1或有时2～3至多花，花柄比花萼长得多；苞片2，线形，长约3毫米；萼片有毛，长3.5～5毫米，稍不等，2个外萼片稍短，长圆状椭圆形，钝，具短缘毛，内萼片近圆形，钝或稍凹，或多或少具小短尖头，边缘膜质；花冠宽漏斗形，长15～26毫米，白色或粉红色，或白色具粉红色或红色的瓣中带，或粉红色具红色或白色的瓣中带，5浅裂；雄蕊5，稍不等长，较花冠短一半，花丝基部扩大，具小鳞毛；雌蕊较雄蕊稍长，子房有毛，2室，每室2胚珠，柱头2，线形。蒴果卵状球形，或圆锥形，无毛，长5～8毫米；种子4，卵圆形，无毛，长3～4毫米，暗褐色或黑色。花期为5—8月，果期为7—9月。

主要利用形式：饲料。全草入药，可调经活血、滋阴补虚。

290　田紫草

拉丁学名：Lithospermum arvense L.；紫草科紫草属。别名：麦家公、大紫草、花荠荠、狼紫草。

形态特征：一年生草本。根稍含紫色物质。茎通常单一，高15～35厘米，自基部或仅上部分枝，有短糙伏毛。叶无柄，倒披针形至线形，长2～4厘米，宽3～7毫米，先端急尖，两面均有短糙伏毛。聚伞花序生枝上部，长可达10厘米，苞片与叶同形而较小；花序排列稀疏，有短花梗；花萼裂片线形，长4～5.5毫米，通常直立，两面均有短伏毛，果期长可达11毫米且基部稍硬化；花冠高脚碟状，白色，有时为蓝色或淡蓝色，筒部长约4毫米，外面稍有毛，檐部长约为筒部的一半，裂片卵形或长圆形，直立或稍开展，长约1.5毫米，稍不等大，喉部无附属物，但有5条延伸到筒部的毛带；雄蕊着生于花冠筒下部，花药长约1毫米；花柱长1.5～2毫米，柱头头状。小坚果三角状卵球形，长约3毫米，灰褐色，有疣状突起。花果期为4—8月。

主要利用形式：杂草，野菜，幼嫩期可刈割用作猪和家禽的饲草。成熟的种子可作精饲料。种子入药，可温中健胃、镇痛和强筋骨，用于治疗胃酸作胀反酸及胃寒胃痛。其根部富含紫草红色素，可作为天然食用色素以及用于化妆品、医药及印染等行业。

291 甜菜

拉丁学名： Beta vulgaris L.；藜科甜菜属。别名：莙菜、红菜头。

形态特征： 二年生草本。根圆锥状至纺锤状，多汁。茎直立，多少有分枝，具条棱及色条。基生叶矩圆形，具长叶柄，上面皱缩不平，略有光泽，下面有粗壮突出的叶脉，全缘或略呈波状，先端钝，基部楔形、截形或略呈心形；叶柄粗壮，下面凸，上面平或具槽；茎生叶互生，较小，卵形或披针状矩圆形，先端渐尖，基部渐狭入短柄。花 2~3 朵团集，结果时花被基底部彼此合生；花被裂片条形或狭矩圆形，结果时变为革质并向内拱曲。胞果下部陷在硬化的花被内，上部稍肉质。种子双凸镜形，红褐色，有光泽；胚环形，苍白色；胚乳粉状，白色。花期为 5—6 月，果期为 7 月。

主要利用形式： 北方蔗糖的主要来源之一。菜用甜菜在美国普遍烹食或腌食，俄罗斯甜菜浓汤是东欧的传统甜菜汤。糖用甜菜是最重要的类型。饲料甜菜和叶用甜菜的栽培与大多数作物一样。甜菜及其副产品还有广泛开发利用前景。甜菜很容易消化，有助于提高食欲，还能缓解头痛，有预防感冒和贫血的作用。甜菜根汁液中含有丰富的亚硝酸盐，可降低血压和预防老年痴呆。

甜菜

292 甜瓜

拉丁学名： Cucumis melo L.；葫芦科黄瓜属。别名：香瓜、甘瓜、哈密瓜、白兰瓜、华莱士瓜、果瓜、熟瓜。

形态特征： 一年生匍匐或攀缘草本。茎、枝有棱，

甜瓜

有黄褐色或白色的糙硬毛和疣状突起。卷须纤细，单一，被微柔毛。叶柄长 8~12 厘米，具槽沟及短刚毛；叶片厚纸质，近圆形或肾形，长、宽均为 8~15 厘米，上面粗糙，被白色糙硬毛，背面沿脉密被糙硬毛，边缘不分裂或 3~7 浅裂，裂片先端圆钝，有锯齿，基部截形或具半圆形的弯缺，具掌状脉。花单性，雌雄同株。雄花：数朵簇生于叶腋；花梗纤细，长 0.5~2 厘米，被柔毛；花萼筒狭钟形，密被白色长柔毛，长 6~8 毫米，裂片近钻形，直立或开展，比筒部短；花冠黄色，长 2 厘米，裂片卵状长圆形，急尖；雄蕊 3，花丝极短，药室折曲，药隔顶端引长；退化雌蕊长约 1 毫米。雌花：单生，花梗粗糙，被柔毛；子房长椭圆形，密被长柔毛和长糙硬毛，花柱长 1~2 毫米，柱头靠合，长约 2 毫米。果实的形状、颜色因品种而异，通常为球形或长椭圆形，果皮平滑，有纵沟纹，或斑纹，无刺状突起，果肉白色、黄色或绿色，有香甜味；种子污白色或黄白色，卵形或长圆形，先端尖，基部钝，表面光滑无边缘。花果期为夏季。

主要利用形式：本种果实为盛夏的重要水果，能清暑热、解烦渴和利小便。全草药用，有祛炎败毒、催吐、除湿及退黄疸等功效。甜瓜蒂能涌吐痰食、除湿退黄，主治中风、癫痫、喉痹、痰涎壅盛、呼吸不利、宿食不化、胸脘胀痛及湿热黄疸。

293 贴梗海棠

拉丁学名：Chaenomeles speciosa (Sweet) Nakai；蔷薇科木瓜属。别名：皱皮木瓜、木瓜、楙、贴梗木瓜、铁脚梨。

形态特征：落叶灌木，高达2米。枝条直立开展，有刺；小枝圆柱形，微屈曲，无毛，紫褐色或黑褐色，有疏生浅褐色皮孔；冬芽三角卵形，先端急尖，近于无毛或在鳞片边缘具短柔毛，紫褐色。叶片卵形至椭圆形，稀长椭圆形，长3~9厘米，宽1.5~5厘米，先端急尖，稀圆钝，基部楔形至宽楔形，边缘具有尖锐锯齿，齿尖开展，无毛或在萌蘖上沿下面叶脉有短柔毛；叶柄长约1厘米；托叶大型，草质，肾形或半圆形，稀卵形，长5~10毫米，宽12~20毫米，边缘有尖锐重锯齿，无毛。花先叶开放，3~5朵簇生于二年生老枝上；花梗短粗，长约3毫米或近于无柄；花直径3~5厘米；萼筒钟状，外面无毛；萼片直立，半圆形，稀卵形，长3~4毫米，宽4~5毫米，长约萼筒之半，先端圆钝，全缘或有波状齿及黄褐色睫毛；花瓣倒卵形或近圆形，基部延伸成短爪，长10~15毫米，宽8~13毫米，猩红色，稀淡红色或白色；雄蕊45~50，长约花瓣之半；花柱5，基部合生，无毛或稍有毛，柱头头状，有不明显分裂，约与雄蕊等长。果实球形或卵球形，直径4~6厘米，黄色或带黄绿色，有稀疏不显明斑点，味芳香；萼片脱落，果梗短或近于无梗。花期为3—5月，果期为9—10月。

主要利用形式：园林观果观花灌木。果实含苹果酸、酒石酸、枸橼酸及维生素C等，干制入药，有祛风、舒筋、活络、镇痛、消肿和顺气之效。

贴梗海棠

294 铁苋菜

拉丁学名：Acalypha australis L.；大戟科铁苋菜属。别名：铁苋、人苋、海蚌含珠、撮斗撮金珠、六合草、半边珠、粪斗草、血见愁、凤眼草、肉草、喷水草、小耳朵草、大青草、猫眼草、叶里藏珠。

形态特征：一年生草本，高0.2~0.5米。小枝细长，被贴毛柔毛，毛逐渐稀疏。叶膜质，长卵形、近菱状卵形或阔披针形，长3~9厘米，宽1~5厘米，顶端短渐尖，基部楔形，稀圆钝，边缘具圆锯齿，上面无毛，下面沿中脉具柔毛；基出脉3条，侧脉3对；叶柄长2~6厘米，具短柔毛；托叶披针形，长1.5~2毫米，具短柔毛。雌雄花同序，花序腋生，稀顶生，长1.5~5厘米；花序梗长0.5~3厘米，花序轴具短毛；雌花苞片1~2（~4）枚，卵状心形，花期后增大，长1.4~2.5厘米，宽1~2厘米，边缘具三角形齿，外面沿掌状脉具疏柔毛，苞腋具雌花1~3朵，花梗无；雄花生于花序上部，排列成穗状或头状；雄花苞片卵形，长约0.5毫米，苞腋具雄花5~7朵，簇生，花梗长0.5毫米；雄花花蕾时近球形，无毛，花萼裂片4枚，卵形，长约0.5毫米，雄蕊7~8枚；雌花萼片3枚，长

卵形，长 0.5～1 毫米，具疏毛，子房具疏毛，花柱 3 枚，长约 2 毫米，撕裂 5～7 条。蒴果直径 4 毫米，具 3 个分果爿，果皮具疏生毛和毛基变厚的小瘤体；种子近卵状，长 1.5～2 毫米，种皮平滑，假种阜细长。花果期为 4—12 月。

主要利用形式：常见杂草，也可作饲草。以全草或地上部分入药，具有清热解毒、利湿消积和收敛止血的功效。

295 通泉草

拉丁学名：Mazus japonicus（Thunb.）O. Kuntze；玄参科通泉草属。别名：脓泡药、汤湿草、猪胡椒、野田菜、鹅肠草、绿蓝花、五瓣梅、猫脚迹、尖板猫儿草。

形态特征：一年生草本，高 3～30 厘米，无毛或疏生短柔毛。主根伸长，垂直向下或短缩，须根纤细，多数，散生或簇生。本种在体态上变化幅度很大，茎 1～5 支或更多，直立，上伸或倾卧状上伸，着地部分的节上常能长出不定根，分枝多而披散，少不分枝。基生叶少

到多数，有时呈莲座状或早落，倒卵状匙形至卵状倒披针形，膜质至薄纸质，长 2～6 厘米，顶端全缘或有不明显的疏齿，基部楔形，下延成带翅的叶柄，边缘具不规则的粗齿或基部有 1～2 片浅羽裂；茎生叶对生或互生，少数，与基生叶相似或几乎等大。总状花序生于茎、枝顶端，常在近基部即生花，伸长或于上部成束状，通常 3～20 朵，花稀疏；花梗在果期长达 10 毫米，上部的较短；花萼钟状，花期长约 6 毫米，果期多少增大，萼片与萼筒近等长，卵形，先端急尖，脉不明显；花冠白色、紫色或蓝色，长约 10 毫米，上唇裂片卵状三角形，下唇中裂片较小，稍突出，倒卵圆形；子房无毛。蒴果球形；种子小而多数，黄色，种皮上有不规则的网纹。花果期为 4—10 月。

主要利用形式：广布型矮小杂草。全草性平，味苦，能止痛、健胃、解毒，用于治疗偏头痛、消化不良；外用取适量捣烂敷患处，可治疗疮、脓疱疮和烫伤。

296 茼蒿

拉丁学名：Chrysanthemum coronarium L.；菊科茼蒿属。别名：同蒿、蓬蒿、蒿菜、菊花菜、塘蒿、蒿子杆、蒿子、蓬花菜、桐花菜、鹅菜、义菜、皇帝菜。

形态特征：一年生或二年生草本。茎叶光滑无毛或几光滑无毛。茎高达 70 厘米，不分枝或自中上部分枝。基生叶于花期枯萎。中下部茎叶长椭圆形或长椭圆状倒卵形，长 8～10 厘米，无柄，二回羽状分裂，一回为深裂或几全裂，侧裂片 4～10 对；二回为浅裂、半裂或深裂，裂片卵形或线形。上部叶小。头状花序单生茎顶或少数生茎枝顶端，但并不形成明显的伞房花序，花梗长

15～20 厘米；总苞径 1.5～3 厘米，总苞片 4 层，内层长 1 厘米，顶端膜质扩大成附片状；舌片长 1.5～2.5 厘米。舌状花瘦果有 3 条凸起的狭翅肋，肋间有 1～2 条明显的间肋；管状花瘦果有 1～2 条椭圆形凸起的肋及不明显的间肋。花果期为 6—8 月。

主要利用形式：观赏兼食用植物。夏季凉拌食用可祛暑和增食欲。茼蒿制成的食品、饮料、补充剂或药物具有抑制肿瘤转移和生长的作用。常吃茼蒿，对咳嗽痰多、脾胃不和、记忆力减退、慢性肠胃炎、习惯性便秘、冠心病及高血压患者均有较好的辅助疗效。全草味辛甘，性凉，入心、脾、胃经，能和脾胃、消痰饮、安心神，主治脾胃不和、二便不通、咳嗽痰多及烦热不安。茼蒿根粉能降低线虫的增殖能力。从茼蒿中提取制作的茼蒿精油对害虫具有拒食性。从茼蒿中提取的茼蒿素可杀虫。茼蒿挥发油能抑制多种农业病原菌的活性，其地上部分可抑制多种农业有害线虫的活性。

297　土荆芥

拉丁学名：Chenopodium ambrosioides L.；藜科藜属。别名：鸭脚草、鹅脚草、红泽兰、天仙草、臭草（《福建民间草药》）、钩虫草、香藜草、臭蒿、杀虫芥、藜荆芥、臭藜藿、洋蚂蚁草、虎骨香、虱子草、狗咬癀、火油草、痱子草、杀虫草、大本马齿苋。

形态特征：一年生或多年生草本，高 50～80 厘米，揉之有强烈臭气。茎直立，多分枝，具条纹，近无毛。叶互生，披针形或狭披针形，下部叶较大，长达 15 厘米，宽达 5 厘米，顶端渐尖，基部渐狭成短柄，边缘有不整齐的钝齿；上部叶渐小而近全缘，上面光滑无毛，

下面有黄色腺点，沿脉稍被柔毛。茎下部圆柱形，粗壮光滑，上部方柱形有纵沟，具茸毛。下部叶大多脱落，仅茎梢留有线状披针形的苞片。茎梢或枝梢常见残留簇生果穗，触之即脱落，淡绿色或黄绿色。宿萼内有棕黑色的细小果实 1 枚。

主要利用形式：生态入侵杂草。该物种为中国植物图谱数据库收录的有毒植物，挥发油有毒。带果穗全草味辛苦，性微温，入脾、胃经，能祛风除湿、杀虫止痒、活血消肿，主治钩虫病、蛔虫病、蛲虫病、头虱、皮肤湿疹、疥癣、风湿痹痛、经闭、痛经、口舌生疮、咽喉肿痛、跌打损伤及蛇虫咬伤。

298　土牛膝

拉丁学名：Achyranthes aspera L.；苋科牛膝属。别名：杜牛膝、倒扣草、野牛膝、山牛膝、粗毛牛膝。

形态特征：多年生草本，高 70～120 厘米。根圆柱形，直径 5～10 毫米，土黄色；茎有棱角或呈四方

形，绿色或带紫色，有白色贴生或开展柔毛，或近无毛，分枝对生。叶片椭圆形或椭圆状披针形，少数呈倒披针形，长 4.5～12 厘米，宽 2～7.5 厘米，顶端尾尖，尖长 5～10 毫米，基部楔形或宽楔形，两面有贴生或开展柔毛；叶柄长 5～30 毫米，有柔毛。穗状花序顶生及腋生，长 3～5 厘米，花期后反折；总花梗长 1～2 厘米，有白色柔毛；花多数，密生，长 5 毫米；苞片宽卵形，长 2～3 毫米，顶端长渐尖；小苞片刺状，长 2.5～3 毫米，顶端弯曲，基部两侧各有 1 块卵形膜质小裂片，长约 1 毫米；花被片披针形，长 3～5 毫米，光亮，顶端急尖，有 1 中脉；雄蕊长 2～2.5 毫米；退化雄蕊顶端平圆，稍有缺刻状细锯齿。胞果矩圆形，长 2～2.5 毫米，黄褐色，光滑；种子矩圆形，长 1 毫米，黄褐色。花期为 7—9 月，果期为 9—10 月。

主要利用形式：药用植物。根及茎入药，具有活血化瘀、泻火解毒、利尿通淋之功效，主治闭经、跌打损伤、风湿关节痛、痢疾、白喉、咽喉肿痛、疮痈、淋证及水肿。

土牛膝

299 菟丝子

拉丁学名：Cuscuta chinensis Lam.；旋花科菟丝子属。别名：豆寄生、无根草、黄丝、吐丝子、菟丝实、无娘藤、无根藤、菟藤、菟缕、野狐丝、无娘藤米米、黄藤子、萝丝子。

形态特征：一年生寄生草本，借助吸器固着于寄主（主要是大豆）。茎缠绕，黄色，纤细，直径约 1 毫米。无叶。花序侧生，少花或多花簇生成小伞形或小团伞花序，近于无总花序梗；苞片及小苞片小，鳞片状；花梗稍粗壮，长约 1 毫米；花萼杯状，中部以下连合，裂片三角状，长约 1.5 毫米，顶端钝；花冠白色，壶形，长约 3 毫米，裂片三角状卵形，顶端锐尖或钝，向外反折，宿存；雄蕊着生于花冠裂片弯缺微下处；鳞片长圆形，边缘长流苏状；子房近球形，花柱 2，等长或不等长，柱头球形。蒴果球形，直径约 3 毫米，几乎全为宿存的花冠所包围，成熟时整齐周裂；种子 2～49 颗，淡褐色，卵形，长约 1 毫米，表面粗糙。花期为 7—9 月，果期为 8—10 月。

菟丝子——蒋钗钗

主要利用形式：该种为大豆产区的有害杂草，并对胡麻、苎麻、花生及马铃薯等农作物也有危害。干燥成熟的种子味辛甘，性平，归肝、肾、脾经，能补益肝肾、固精缩尿、壮阳、安胎、明目、止泻，可治阳痿、遗精、遗尿；外用可消风祛斑。

300 弯曲碎米荠

拉丁学名：Cardamine flexuosa With.；十字花科碎米荠属。别名：碎米荠、白带草、雀儿菜、野养菜、米花香荠菜。

弯曲碎米荠

形态特征：一年生或二年生草本，高达30厘米。茎自基部多分枝，斜伸呈散铺状，表面疏生柔毛。基生叶有叶柄，小叶3～7对，顶生小叶卵形、倒卵形或长圆形，长与宽各为2～5毫米，顶端3齿裂，基部宽楔形，有小叶柄；侧生小叶卵形，较顶生的形小，1～3齿裂，有小叶柄。茎生叶有小叶3～5对，小叶多为长卵形或线形，1～3裂或全缘，小叶柄有或无，全部小叶近于无毛。总状花序多数，生于枝顶，花小，花梗纤细，长2～4毫米；萼片长椭圆形，长约2.5毫米，边缘膜质；花瓣白色，倒卵状楔形，长约3.5毫米；花丝不扩大；雌蕊柱状，花柱极短，柱头扁球状。长角果线形，扁平，长12～20毫米，宽约1毫米，与果序轴近于平行排列，果序轴左右弯曲，果梗直立开展，长3～9毫米；种子长圆形而扁平，长约1毫米，黄绿色，顶端有极窄的翅。花期为3—5月，果期为4—6月。

主要利用形式：常见的夏收作物田的杂草。全草入药，具有清热利湿、健胃止泻、安神止血之功效，常用于治疗湿热泻痢、热淋白带、心悸失眠、虚火牙痛、小儿疳积、吐血便血及疔疮等症。

301　豌豆

拉丁学名：Pisum sativum L.；豆科豌豆属。别名：回鹘豆、[豆毕]豆、麦豆、雪豆、荷兰豆。

形态特征：一年生攀缘草本，高0.5～2米，全株绿色，光滑无毛，被粉霜。叶具小叶4～6片，小叶卵圆形，长2～5厘米，宽1～2.5厘米；托叶比小叶大，心形，下缘具细牙齿。花于叶腋单生或数朵排列为总状花序；花萼钟状，5深裂，裂片披针形；花冠颜色多样，

豌豆

随品种而异，但多为白色和紫色；雄蕊（9+1）两体；子房无毛，花柱扁，内面有髯毛。荚果肿胀，长椭圆形，长2.5～10厘米，宽0.7～14厘米，顶端斜急尖，背部近于伸直，内侧有坚硬纸质的内皮；种子2～10颗，圆形，青绿色，有皱纹或无，干后变为黄色。花期为6—7月，果期为7—9月。

主要利用形式：杂粮作物。种子及嫩荚、嫩苗均可食用。种子含淀粉、油脂，可作药用，有强壮、利尿及止泻之效。茎叶能清凉解暑，并可作绿肥、饲料或燃料。

302　万寿菊

拉丁学名：Tagetes erecta L.；菊科万寿菊属。别名：臭芙蓉、万寿灯、金盏菊、蜂窝菊、臭菊花、蝎子菊、金菊花、芙蓉花。

形态特征：一年生草本，高50～150厘米。茎直立，粗壮，具纵细条棱，分枝向上平展。叶羽状分裂，长5～10厘米，宽4～8厘米，裂片长椭圆形或披针形，

万寿菊

边缘具锐锯齿，上部叶裂片的齿端有长细芒，沿叶缘有少数腺体。头状花序单生，径5~8厘米，花序梗顶端呈棍棒状膨大；总苞长1.8~2厘米，宽1~1.5厘米，杯状，顶端具齿尖；舌状花黄色或暗橙色，长2.9厘米；舌片倒卵形，长1.4厘米，宽1.2厘米，基部收缩成长爪，顶端微弯缺；管状花花冠黄色，长约9毫米，顶端具5齿裂。瘦果线形，至基部缩小，黑色或褐色，长8~11毫米，被短微毛；冠毛有1~2个长芒和2~3个短而钝的鳞片。花期为7—9月。

主要利用形式：观赏地被植物。其植株对氟化氢、二氧化硫等气体有较强的抗性和吸收作用，而且可以诱杀土壤中的线虫。其根性味苦凉，能解毒消肿，用于治疗上呼吸道感染、百日咳、支气管炎、眼角膜炎、咽炎、口腔炎、牙痛，外用治腮腺炎、乳腺炎、痈疮肿毒。叶性味甘寒，用于治疗痈、疮、疖、疔及无名肿毒。花序性味苦凉，能平肝解热、祛风化痰，用于治疗头晕目眩、头风眼痛、小儿惊风、感冒咳嗽、顿咳、乳痛及痄腮。花能清热解毒、化痰止咳；有香味，可作芳香剂、抑菌剂、镇静剂及解痉剂。

303 蕹菜

拉丁学名：Ipomoea aquatica Forssk.；旋花科番薯属。别名：藤藤菜、空心菜、通菜蓊、蓊菜、通菜。

形态特征：一年生草本，蔓生或漂浮于水。茎圆柱形，有节，节间中空，节上生根，无毛。叶片形状、大小有变化，卵形、长卵形、长卵状披针形或披针形，长3.5~17厘米，宽0.9~8.5厘米，顶端锐尖或渐尖，具小短尖头，基部心形、戟形或箭形，偶尔为截形，全缘或波状，或有时基部有少数粗齿，两面近无毛或偶有稀疏柔毛；叶柄长3~14厘米，无毛。聚伞花序腋生，花序梗长1.5~9厘米，基部被柔毛，向上无毛，具1~3（~5）朵花；苞片小鳞片状，长1.5~2毫米；花梗长1.5~5厘米，无毛；萼片近于等长，卵形，长7~8毫米，顶端钝，具小短尖头，外面无毛；花冠白色、淡红色或紫红色，漏斗状，长3.5~5厘米；雄蕊不等长，花丝基部被毛；子房圆锥状，无毛。蒴果卵球形至球形，径约1厘米，无毛。种子密被短柔毛或有时无毛。花期为7—9月，果期为8—11月。

主要利用形式：常见绿叶蔬菜，可作饲料。也可药用，内服解饮食中毒，外敷治骨折、腹水及无名肿毒。还可用于净化富营养化水体。

蕹菜 王廷华

304 莴苣

拉丁学名：Lactuca sativa L.；菊科莴苣属。别名：青笋、茎用莴苣、莴苣笋、莴菜、香莴笋、千金菜、莴苣菜、莴笋。

形态特征：一年生或二年生草本。根垂直直伸。茎直立，单生，上部圆锥状花序分枝，全部茎枝白色。基生叶及下部茎叶大，不分裂，倒披针形、椭圆形或椭圆状倒披针形，顶端急尖、短渐尖或圆形，无柄；向上的渐小，与基生叶及下部茎叶同形或呈披针形；圆锥花序分枝下部的叶及圆锥花序分枝上的叶极小，卵状心形，无柄；全部叶两面无毛。头状花序多数或极多数，在茎枝顶端排成圆锥花序；总苞果期卵球形，总苞片5层，最外层宽三角形，外层三角形或披针形，中层披针形至

卵状披针形，内层线状长椭圆形，全部总苞片顶端急尖，外面无毛；舌状小花约15枚。瘦果倒披针形，压扁，浅褐色，每面有6~7条细脉纹，顶端急尖成细喙，喙细丝状，与瘦果几等长；冠毛2层，纤细，微糙毛状。花果期为2—9月。

主要利用形式：常见蔬菜。地上肉质嫩茎可供食用，可生食、凉拌、炒食、干制或腌渍。其嫩叶也可食用。茎叶中含莴苣素，味苦，可镇痛。

305 乌桕

拉丁学名：Sapium sebiferum（L.）Roxb.；大戟科乌桕属。别名：腊子树、桕子树、木子树、桕树、木蜡树、木梓树、蜡烛树、木油树、棬子树。

形态特征：乔木，高可达15米许，各部均无毛而具乳状汁液。树皮暗灰色，有纵裂纹。枝广展，具皮孔。叶互生，纸质，叶片菱形、菱状卵形或稀有菱状倒卵形，顶端骤然紧缩且具长短不等的尖头，基部阔楔形或钝，全缘；中脉两面微凸起，侧脉6~10对，纤细，斜上伸，离缘2~5毫米弯拱网结，网状脉明显；叶柄纤细，顶端具2腺体；托叶顶端钝。花单性，雌雄同株，聚集成顶生、长6~12厘米的总状花序，雌花通常生于花序轴最下部或罕有在雌花下部亦有少数雄花着生，雄花生于花序轴上部或有时整个花序全为雄花。雄花花梗纤细，向上渐粗；苞片阔卵形，长和宽近相等，约2毫米，顶端略尖，基部两侧各具一枚近肾形的腺体，每一苞片内具10~15朵花；小苞片3，不等大，边缘撕裂状；花萼杯状，3浅裂，裂片钝，具不规则的细齿；雄蕊2枚，罕有3枚，伸出于花萼之外，花丝分离，与球状花药近等长。雌花花梗粗壮；苞片3深裂，裂片渐尖，基部两侧的腺体与雄花的相同，每一苞片内仅1朵雌花，间有1雌花和数雄花同聚生于苞腋内；花萼3深裂，裂片卵形至卵状披针形，顶端短尖至渐尖；子房卵球形，平滑，3室，花柱3，基部合生，柱头外卷。蒴果梨状球形，成熟时黑色，直径1~1.5厘米，具3粒种子，分果爿脱落后而中轴宿存；种子扁球形，黑色，外被白色、蜡质的假种皮。花期为4—8月，果期为10—11月。

主要利用形式：乡土园林树木，对氟化氢气体有较强的抗性。木材白色，坚硬，纹理细致，用途广。叶为黑色染料，可染衣物。根皮治毒蛇咬伤。白色蜡质层（假种皮）溶解后可制肥皂和蜡烛。种子油适于作涂料，可涂油纸或油伞等。根皮、树皮和叶味苦，性微温，入肺、肾、胃、大肠经，能利水消肿、解毒杀虫，主治血吸虫病、肝硬化腹水、大小便不利、毒蛇咬伤，外用主治疔疮、鸡眼、乳腺炎、跌打损伤、湿疹及皮炎。

306 乌蔹莓

拉丁学名：Cayratia japonica （Thunb.） Gagnep.；葡萄科乌蔹莓属。别名：五爪龙、乌蔹草、五叶藤、母猪藤。

形态特征：草质攀缘藤本。小枝圆柱形，有纵棱纹，无毛或微被疏柔毛。卷须2~3叉分枝，相隔2节间断与叶对生。叶为鸟足状5小叶，中央小叶长椭圆形或椭圆状披针形，长2.5~4.5厘米，宽1.5~4.5厘米，顶端急尖或渐尖，基部楔形；侧生小叶椭圆形或长椭圆形，长1~7厘米，宽0.5~3.5厘米，顶端急尖或圆形，基部楔形或近圆形，边缘每侧有6~15个锯齿，上面绿色，无毛，下面浅绿色，无毛或微被毛；侧脉5~9对，网脉不明显；叶柄长 1.5~10 厘米，中央小叶柄长0.5~2.5厘米，侧生小叶无柄或有短柄。花序腋生，复二歧聚伞花序；花序梗长1~13厘米，无毛或微被毛。果实近球形，直径约1厘米，有种子2~4颗；种子三角状倒卵形，顶端微凹，基部有短喙，种脐在种子背面近中部呈带状椭圆形，上部种脊突出，表面有突出肋纹，腹部中棱脊突出，两侧洼穴呈半月形，从近基部向上达种子近顶端。花期为3—8月，果期为8—11月。

主要利用形式：杂草，可作饲草。全草或根入药，入心、肝、胃三经，性味苦酸寒，具有清热解毒、消肿活血的功效，用于治疗疖肿、痈疽、疔疮、丹毒、痢疾、咳血、尿血及毒蛇咬伤。

乌蔹莓

307 无花果

拉丁学名：Ficus carica L.；桑科榕属。别名：阿驵、阿驿、映日果、优昙钵、蜜果、文仙果、奶浆果。

无花果

形态特征：落叶灌木，高3~10米。树皮灰褐色，皮孔明显。多分枝；小枝直立，粗壮。叶互生，厚纸质，广卵圆形，长宽近相等，10~20厘米，通常3~5裂，小裂片卵形，边缘具不规则钝齿，表面粗糙，背面密生细小钟乳体及灰色短柔毛，基部浅心形；基生脉3~5条，侧脉5~7对；叶柄长2~5厘米，粗壮；托叶卵状披针形，长约1厘米，红色。雌雄异株，雄花和瘿花同生于一榕果内壁，雄花生内壁口部，花被片4~5，雄蕊3，有时1或5，瘿花花柱侧生，短；雌花花被与雄花同，子房卵圆形，光滑，花柱侧生，柱头2裂，线形。榕果单生叶腋，大，梨形，直径3~5厘米，顶部下陷，成熟时为紫红色或黄色，基生苞片3，卵形；瘦果透镜状。花果期为5—7月。

主要利用形式：本种耐污染，花果期很长，为良好的保健型园林观果树种。新鲜幼果及鲜叶治痔疗效良好。果实味甜，可食或作蜜饯，又可作药用，具有清热生津、健脾开胃、解毒消肿之功效，主治咽喉肿痛、燥咳声嘶、乳汁稀少、肠热便秘、食欲不振、消化不良、泄泻、痢疾、痈肿及癣疾。

308 无患子

拉丁学名：Sapindus mukorossi Gaertn.；无患子科无患子属。别名：木患子、油患子、苦患树、黄目树、目浪树、油罗树、洗手果、搓目子、假龙眼、鬼见愁。

形态特征：落叶大乔木，高可达20余米。树皮灰褐色或黑褐色。嫩枝绿色，无毛。叶连同柄长25~45厘米或更长，叶轴稍扁，上面两侧有直槽，无毛或被微柔毛；小叶5~8对，通常近对生，叶片薄纸质，长椭

无患子

圆状披针形或稍呈镰形，长 7～15 厘米或更长，宽 2～5 厘米，顶端短尖或短渐尖，基部楔形，稍不对称，腹面有光泽，两面无毛或背面被微柔毛；侧脉纤细而密，约 15～17 对，近平行；小叶柄长约 5 毫米。花序顶生，圆锥形；花小，辐射对称，花梗通常很短；萼片卵形或长圆状卵形，大的长约 2 毫米，外面基部被疏柔毛；花瓣 5，披针形，有长爪，长约 2.5 毫米，外面基部被长柔毛或近无毛，鳞片 2 个，小耳状；花盘碟状，无毛；雄蕊 8，伸出，花丝长约 3.5 毫米，中部以下密被长柔毛；子房无毛。果的发育分果爿近球形，直径 2～2.5 厘米，橙黄色，干时变黑。花期为春季，果期为夏秋季。

主要利用形式：优良的观叶和观果彩叶树种。果皮含无患子皂苷等三萜皂苷，可制造“天然无公害洗涤剂”。果皮含有皂素，可代肥皂，尤宜于丝织品之洗涤。木材质软，边材黄白色，心材黄褐色，可做箱板和木梳等。根、嫩枝叶及种子味苦微辛，性寒，有小毒，能清热祛痰、消积杀虫，用于治疗白喉、咽喉肿痛、乳蛾、咳嗽、顿咳、食滞虫积，外用治疗阴道滴虫。种仁味辛，性平，能消积辟恶，用于治疗疳积、蛔虫病、腹中气胀及口臭。

309 梧桐

拉丁学名：Firmiana platanifolia (L. f.) Marsili；梧桐科梧桐属。别名：青桐、中国梧桐、桐麻、梧树、桐、国桐、桐麻碗、飘儿果树、麦桐皮、九层皮、地坡皮、麦皮树、耳桐、麻桐、翠果子、飘儿树、青皮桐、桐麻树、麦桐、椋梧、麦梧、櫜树、白梧桐、苍桐、春麻。

形态特征：落叶乔木，高达 15 米。树叶青绿色，平滑；叶呈心形，掌状 3～5 裂，直径 15～30 厘米，裂片三角形，顶端渐尖，基部心形，两面均无毛或略被短柔毛，基生脉 7 条；叶柄与叶片等长。圆锥花序顶生，长 20～50 厘米，下部分枝长达 14 厘米，花淡紫色；萼 5 深裂几至基部，萼片条形，向外卷曲，长 7～9 毫米，外面被淡黄色短柔毛，内面仅在基部被柔毛；花梗与花瓣几等长；雄花的雌雄蕊柄与萼等长，下半部较粗，无毛，花药 15 个不规则地聚集在雌雄蕊柄顶端，退化子房梨形且甚小；雌花的子房圆球形，被毛覆盖。蓇葖果膜质，有柄，成熟前开裂成叶状，长 6～11 厘米、宽 1.5～2.5 厘米，外面被短茸毛或几无毛，每个蓇葖果有种子 2～4 颗；种子圆球形，表面有皱纹，直径 6～7 毫米。花期为 6 月左右，果期为 11 月左右。

主要利用形式：著名的庭荫树种，对各种有毒气体的抗性很强，适于厂矿区绿化。木材适合制造乐器，树皮可用于造纸和制作绳索，种子可以食用或榨油。种子性味甘平，无毒，可补气养阴、明目平肝、乌须发。梧桐花鲜品捣烂涂患处，可治疗头癣秃疮。树皮煎浓汁温洗，可治疗脱肛。嫩叶煎汤代茶喝，可治疗高血压。

梧桐

310 五叶地锦

拉丁学名：Parthenocissus quinquefolia (L.) Planch.；葡萄科地锦属。别名：五叶爬山虎、美国地锦。

形态特征：木质藤本。小枝圆柱形，无毛。卷须总状5～9分枝，相隔2节间断与叶对生，顶端嫩时尖细卷曲，后遇附着物扩大成吸盘。叶为掌状5小叶，小叶倒卵圆形、倒卵椭圆形或外侧小叶椭圆形，长5.5～15厘米，宽3～9厘米，最宽处在上部或外侧小叶最宽处在近中部，顶端短尾尖，基部楔形或阔楔形，边缘有粗锯齿，上面绿色，下面浅绿色，两面均无毛或下面脉上微被疏柔毛；侧脉5～7对，网脉两面均不明显突出；叶柄长5～14.5厘米，无毛，小叶有短柄或几无柄。花序假顶生形成主轴明显的圆锥状多歧聚伞花序，长8～20厘米；花序梗长3～5厘米，无毛；花梗长1.5～2.5毫米，无毛；花蕾椭圆形，高2～3毫米，顶端圆形；萼片碟形，边缘全缘，无毛；花瓣5，长椭圆形，高1.7～2.7毫米，无毛；雄蕊5，花丝长0.6～0.8毫米，花药长椭圆形，长1.2～1.8毫米；花盘不明显；子房卵锥形，渐狭至花柱，或后期花柱基部略微缩小，柱头不扩大。果实球形，直径1～1.2厘米，有种子1～4颗；种子倒卵形，顶端圆形，基部急尖成短喙，种脐在种子背面中部呈近圆形，腹部中棱脊突出，两侧洼穴呈沟状，从种子基部斜向上达种子顶端。花期为6—7月，果期为8—10月。

主要利用形式：优良的垂直绿化和地被植物。本种对二氧化硫等有害物质有非常强的抗性。其藤、茎和根有活血散瘀、通经解毒的作用。其木质部具有芪类化合物，具有抗肿瘤、抗炎、抗氧化、抗血栓（抑制血小板聚集）、降压、降血脂、保肝、改善学习记忆功能、免疫调节及抗菌等作用。

五叶地锦

311 西瓜

拉丁学名：Citrullus lanatus (Thunb.) Matsum. & Nakai；葫芦科西瓜属。别名：夏瓜、寒瓜、青门绿玉房。

形态特征：一年生蔓生藤本。茎、枝粗壮，具明显的棱沟，被长而密的白色或淡黄褐色长柔毛。卷须较粗壮，具短柔毛，二歧。叶柄粗，具不明显的沟纹，密被柔毛；叶片纸质，三角状卵形，带白绿色，两面具短硬毛，脉上和背面较多，3深裂。雌雄同株；雌、雄花均单生于叶腋。雄花花梗长3～4厘米，密被黄褐色长柔毛；花萼筒宽钟形，密被长柔毛，花萼裂片狭披针形，与花萼筒近等长；花冠淡黄色，外面带绿色，被长柔毛，裂片卵状长圆形，顶端钝或稍尖，脉黄褐色，被毛；雄蕊3，近离生，1枚1室，2枚2室，花丝短，药室折曲。雌花花萼和花冠与雄花同；子房卵形，密被长柔毛，花柱长4～5毫米，柱头3，肾形。果实大型，近于球形或椭圆形，肉质，多汁，果皮光滑，色泽及纹饰各式；种子多数，卵形，黑色、红色，有时为白色、黄色、淡绿色或有斑纹，两面平滑，基部钝圆，通常边缘稍拱起。花果期为夏季。

主要利用形式：种子含油，可作为消遣食品。西瓜皮味甘，性凉，能清热解暑、止渴、利小便，用于治疗暑热烦渴、水肿及口舌生疮。中果皮（西瓜翠）味甘、淡，性寒，能清热解暑、利尿，用于治疗暑热烦渴、浮肿及小便淋痛。整品加工品（西瓜黑霜）用于治疗水肿及肝病腹水。瓤味甘，性寒，能清热解暑、解烦止渴、

西瓜

利尿，用于治疗暑热烦渴、热盛津伤及小便淋痛。种皮用于治疗吐血及肠风下血。种仁可清热润肠。未成熟的果实与皮硝的加工品（西瓜霜）用于治疗热性咽喉肿痛。糖尿病患者、肾功能不全者、感冒初期者、口腔溃疡患者、产妇均不宜吃，饭前及饭后不宜吃或少吃冰西瓜。

312 西葫芦

拉丁学名： Cucurbita pepo L.；葫芦科南瓜属。别名：西葫、熊（雄）瓜、白瓜、番瓜、美洲南瓜、小瓜、菜瓜、荨瓜、熏瓜。

形态特征： 一年生蔓生草本。茎有棱沟。卷须稍粗壮。叶柄粗壮，被短刚毛；叶片质硬，挺立，三角形，弯缺半圆形，上面深绿色，下面颜色较浅，叶脉两面均有糙毛。雌雄同株。雄花单生；花梗粗壮，有棱角，被黄褐色短刚毛；花萼裂片线状披针形；花冠黄色，顶端锐尖；雄蕊花丝长 15 毫米，花药靠合。雌花单生，子房卵形。果梗粗壮，有明显的棱沟，果后期果蒂变粗或稍扩大；果实形状因品种而异；种子卵形，白色，长约 20 毫米，边缘拱起而钝。花果期为 6—8 月。

主要利用形式： 常见蔬菜。嫩果实有除烦止渴、润肺止咳、清热利尿、消肿散结的功效；能增强免疫力、抗病毒、抗肿瘤；能促进人体内胰岛素的分泌，可有效地防治糖尿病，预防肝、肾病变，有助于增强肝肾细胞的再生能力。

西葫芦

313 西芹

拉丁学名： Apium graveolens L.；伞形科芹属。别名：芹菜、芹、香芹、药芹、堇、白芹、洋芹菜、美国芹菜、美芹。

形态特征： 一年生或二年生草本。茎中空，有棱，高 10～80 厘米或偶尔有超过 100 厘米者，茎直立。基生叶三角形或三角状卵形，1～3 回羽状分裂；小叶片卵形至菱状披针形，长 2～5 厘米，宽 1～2 厘米，边缘有不整齐尖齿或圆锯齿；叶柄长 7～15 厘米，至基部成为鞘状。复伞形花序顶生，总花梗长 2～5 厘米；花白色，无总苞，花柱宿存；花瓣 5 片；雄蕊 5 枚。果椭圆形或近圆锥形，长 0.2～0.3 厘米，宽 0.2 厘米，果棱显著隆起。花果期为 4—11 月。

主要利用形式： 常见蔬菜。它营养丰富，叶柄及叶片所含营养物质均较高。食用方法较多，可生食凉拌，也可荤素炒食、做汤、做馅、做菜汁、腌渍、速冻等。其汁可直接和面制成面条或饺子皮，极有特色。其含有芹菜素，有降压作用，对于原发性、妊娠性及更年期高血压均有效；芹菜素对人体还具有安定作用，有利于稳定情绪和消除烦躁。

西芹

314 菥蓂

拉丁学名：Thlaspi arvense L.；十字花科菥蓂属。别名：遏蓝菜、败酱草、犁头草、野榆钱。

形态特征：一年生草本，高9～60厘米，无毛。茎直立，不分枝或分枝，具棱。基生叶倒卵状长圆形，长3～5厘米，宽1～1.5厘米，顶端圆钝或急尖，基部抱茎，两侧箭形，边缘具疏齿；叶柄长1～3厘米。总状花序顶生；花白色，直径约2毫米；花梗细，长5～10毫米；萼片直立，卵形，长约2毫米，顶端圆钝；花瓣长圆状倒卵形，长2～4毫米，顶端圆钝或微凹。短角果倒卵形或近圆形，长13～16毫米，宽9～13毫米，扁平，顶端凹入，边缘有翅，宽约3毫米；种子每室2～8个，倒卵形，长约1.5毫米，稍扁平，黄褐色，有同心环状条纹。花期为3—4月，果期为5—6月。

主要利用形式：种子油供制肥皂，也可制作润滑油，还可食用。全草、嫩苗和种子均入药，可利尿通淋、杀虫止痒、清热解毒。园林上可丛植于花坛、花镜及岩石园中，在林缘或疏林下也可用作地被材料。也可作野菜食用。

菥蓂

315 喜旱莲子草

拉丁学名：Alternanthera philoxeroides (Mart.) Griseb.；苋科莲子草属。别名：水花生、空心苋、水蕹菜、革命草、东洋草、空心莲子草。

形态特征：多年生宿根性草本。茎基部匍匐，上部上伸，管状，具不明显4棱，长55～120厘米，具分枝，幼茎及叶腋有白色或锈色柔毛，茎老时无毛，仅在两侧纵沟内保留。叶片矩圆形、矩圆状倒卵形或倒卵状

喜旱莲子草

披针形，长2.5～5厘米，宽7～20毫米，顶端急尖或圆钝，具短尖，基部渐狭，全缘，两面无毛或上面有贴生毛及缘毛，下面有颗粒状突起；叶柄长3～10毫米，无毛或微有柔毛。花密生，呈具总花梗的头状花序，单生在叶腋，球形，直径8～15毫米；苞片及小苞片白色，顶端渐尖，具1脉；苞片卵形，长2～2.5毫米，小苞片披针形，长2毫米；花被片矩圆形，长5～6毫米，白色，光亮，无毛，顶端急尖，背部侧扁；雄蕊花丝长2.5～3毫米，基部连合成杯状；退化雄蕊矩圆状条形，和雄蕊约等长，顶端裂成窄条；子房倒卵形，具短柄，背面侧扁，顶端圆形。果实未见。花期为5—10月。

主要利用形式：水生草本，可净化水质。其嫩茎叶可作蔬菜食用，春夏采其嫩茎叶，洗净、沸水烫、清水漂洗后切断，可凉拌、炒食，清脆可口。也可作牛、兔和猪的饲料。全草入药，性寒，味苦，有清热利水、凉血解毒的作用，用于治疗流行性乙型脑炎早期、流行性出血热初期及麻疹。

316 喜树

拉丁学名：Camptotheca acuminata Decne.；蓝果树科喜树属。别名：旱莲木、千丈树、旱莲、水栗、水桐树、天梓树、旱莲子、野芭蕉、水漠子。

形态特征：落叶乔木。树皮灰色或浅灰色，纵裂成浅沟状。小枝圆柱形，平展；冬芽腋生，锥状，有4对卵形的鳞片。叶互生，纸质，矩圆状卵形或矩圆状椭圆形，全缘，上面亮绿色，下面淡绿色；中脉在上面微下凹，在下面凸起，侧脉11～15对；叶柄上面扁平或略呈浅沟状，下面圆形。头状花序近球形，常由2～9个

喜树

狭叶十大功劳

头状花序组成圆锥花序，顶生或腋生，通常上部为雌花序，下部为雄花序，总花梗圆柱形，幼时有微柔毛，其后无毛；花杂性，同株；苞片3枚，三角状卵形，内外两面均有短柔毛；花萼杯状，5浅裂，裂片齿状，边缘睫毛状；花瓣5枚，淡绿色，矩圆形或矩圆状卵形，外面密被短柔毛，早落；花盘显著，微裂；雄蕊10，外轮5枚较长，内轮5枚较短，花丝纤细，无毛，花药4室；子房下位，花柱无毛，顶端通常分2枝。翅果矩圆形，幼时绿色，干燥后黄褐色，着生成近球形的头状果序。花期为5—7月，果期为9月。

主要利用形式：第一批国家重点保护Ⅱ级野生植物，速生庭园树或行道树。嫩叶一握，加食盐少许（捣烂）外敷，治痈疮疖肿及疮痈初起。皮（或树枝）切碎，水煎浓缩，然后加羊毛脂、凡士林，调成10%～20%油膏外搽；取树皮或树枝一至二两，水煎服，每天一剂；取叶加水浓煎后，外洗患处，均可治牛皮癣。喜树果可抗癌、散结、破血化瘀，用于治疗多种肿瘤，如胃癌、肠癌、绒毛膜上皮癌或淋巴肉瘤等。果实含脂肪油19.53%，出油率16%，供工业用。其木材轻软，适于制作胶合板、火柴、牙签、包装箱、绘图板等，也可用于室内装修。

317 狭叶十大功劳

拉丁学名：Mahonia confusa Sprague.；小檗科十大功劳属。别名：老鼠刺、猫刺叶、黄天竹、土黄柏、细叶十大功劳、刺黄芩。

形态特征：灌木，高0.5～2（～4）米。叶倒卵形至倒卵状披针形，长10～28厘米，宽8～18厘米，具2～5对小叶，最下一对小叶外形与往上小叶相似，距叶柄基部2～9厘米，上面暗绿色至深绿色，叶脉不显，背面淡黄色，偶稍苍白色，叶脉隆起，叶轴粗1～2毫米，节间1.5～4厘米，往上渐短；小叶无柄或近无柄，狭披针形至狭椭圆形，长4.5～14厘米，宽0.9～2.5厘米，基部楔形，边缘每边具5～10枚刺齿，先端急尖或渐尖。总状花序4～10个簇生，长3～7厘米。芽鳞披针形至三角状卵形，长5～10毫米，宽3～5毫米。花梗长2～2.5毫米。苞片卵形，急尖，长1.5～2.5毫米，宽1～1.2毫米。花黄色。外萼片卵形或三角状卵形，长1.5～3毫米，宽约1.5毫米；中萼片长圆状椭圆形，长3.8～5毫米，宽2～3毫米；内萼片长圆状椭圆形，长4～5.5毫米，宽2.1～2.5毫米。花瓣长圆形，长3.5～4毫米，宽1.5～2毫米，基部腺体明显，先端微缺裂，裂片急尖。雄蕊长2～2.5毫米，药隔不延伸，顶端平截。子房长1.1～2毫米，无花柱，胚珠2枚。浆果球形，直径4～6毫米，紫黑色，被白粉。花期为7—9月，果期为9—11月。

主要利用形式：本种对二氧化硫的抗性较强，园林常用。根和茎有清热解毒、滋阴强壮、消肿止痛的疗效，主治急性和慢性肝炎、细菌性痢疾、支气管炎和目赤肿痛。叶片为清凉的滋补强壮药，服后不会上火，并能治疗肺结核和感冒。

318 夏至草

拉丁学名：Lagopsis supina (Steph.) Ikonn. -Gal.；唇形科夏至草属。别名：灯笼棵、夏枯草、白花夏枯、白花益母、小益母草。

夏至草

形态特征：多年生草本。具圆锥形的主根。茎四棱形，具沟槽，带紫红色，密被微柔毛，常在基部分枝。叶轮廓为圆形，先端圆形，基部心形，3深裂，裂片有圆齿或长圆形犬齿，叶片两面均为绿色，上面疏生微柔毛，下面沿脉上被长柔毛，余部具腺点，边缘具纤毛，脉掌状，3～5出；叶柄长，上部叶的较短，扁平，上面微具沟槽。轮伞花序疏花，在枝条上部者较密集，在下部者较疏松；小苞片稍短于萼筒，弯曲，刺状，密被微柔毛。花萼管状钟形，外面密被微柔毛，内面无毛，脉5，突出，齿5，不等大，三角形，先端刺尖，边缘有细纤毛，在结果时明显展开，且2齿稍大。花冠白色，稀粉红色，稍伸出于萼筒，外面被绵状长柔毛，内面被微柔毛，在花丝基部有短柔毛；冠檐二唇形，上唇直伸，比下唇长，长圆形，全缘，下唇斜展，3浅裂，中裂片扁圆形，2侧裂片椭圆形。雄蕊4，着生于冠筒中部稍下，不伸出，后对较短；花药卵圆形，2室。花柱先端2浅裂。花盘平顶。小坚果长卵形，褐色，有鳞秕。花期为3—4月，果期为5—6月。

主要利用形式：杂草。全草入药，味微苦，性平，能活血调经，用于治疗月经不调、产后瘀滞腹痛、血虚头昏、半身不遂、跌打损伤、水肿、小便不利、目赤肿痛、疮痈、冻疮、牙痛及皮疹瘙痒。

319 仙客来

拉丁学名：Cyclamen persicum Mill.；报春花科仙客来属。别名：兔耳花、兔子花、一品冠、篝火花、翻瓣莲。

形态特征：多年生草本。块茎扁球形，直径通常为4～5厘米，具木栓质的表皮，棕褐色，顶部稍扁平。叶和花葶同时自块茎顶部抽出；叶柄长5～18厘米；叶片心状卵圆形，直径3～14厘米，先端稍锐尖，边缘有细圆齿，质地稍厚，上面深绿色，常有浅色的斑纹。花葶高15～20厘米，结果时不卷缩；花萼通常分裂达基部，裂片三角形或长圆状三角形，全缘；花冠白色或玫瑰红色，喉部深紫色，筒部近半球形，裂片长圆状披针形，稍锐尖，基部无耳，比筒部长3.5～5倍，剧烈反折；雄蕊5，着生于花冠筒基部，花丝极短，宽扁，花药箭形，渐尖；子房卵珠形，花柱丝状，多少伸出花冠筒外。蒴果球形或卵圆形，5瓣开裂达基部；果柄常卷缩成螺旋状。花期为12月至翌年4月。

主要利用形式：常见冬春季节名贵盆花，花期长达5个月，品种、花色较为繁多，适合作切花。其对空气中的有毒气体二氧化硫有较强的抵抗能力。植株有毒，尤其根茎部，误食可能导致腹泻、呕吐，皮肤接触后可能会引起皮肤红肿瘙痒，家养时须注意。

仙客来

320 仙人掌

拉丁学名：Opuntia stricta (Haw.) Haw. var. dillenii

(Ker-Gawl.) Benson；仙人掌科仙人掌属。别名：仙巴掌、霸王树、火焰、火掌、牛舌头、凤尾簕、龙舌、平虑草、老鸦舌、神仙掌、霸王、观音掌、观音刺、刺巴掌、番花、麒麟花、佛手刺、避火簪。

形态特征：丛生肉质灌木，高（1～）1.5～3米。上部分枝宽倒卵形、倒卵状椭圆形或近圆形，长10～35（～40）厘米，宽7.5～20（～25）厘米，厚达1.2～2厘米，先端圆形，边缘通常呈不规则波状，基部楔形或渐狭；小窠疏生，直径0.2～0.9厘米，明显突出，成长后刺常增粗并增多，每小窠具（1～）3～10（～20）根刺，密生短绵毛和倒刺刚毛。叶钻形，长4～6毫米，绿色，早落。花辐状，直径5～6.5厘米；花托倒卵形，长3.3～3.5厘米，直径1.7～2.2厘米，顶端截形并凹陷，基部渐狭，绿色，疏生突出的小窠，小窠具短绵毛、倒刺刚毛和钻形刺；萼状花被片宽倒卵形至狭倒卵形，长10～25毫米，宽6～12毫米，先端急尖或圆形，具小尖头，黄色，具绿色中肋；瓣状花被片倒卵形或匙状倒卵形，长25～30毫米，宽12～23毫米，先端圆形、截形或微凹，边缘全缘或呈浅啮蚀状；花丝淡黄色，长9～11毫米；花药长约1.5毫米，黄色；花柱长11～18毫米，直径1.5～2毫米，淡黄色；柱头5，长4.5～5毫米，黄白色。浆果倒卵球形，顶端凹陷，基部多少狭缩成柄状，长4～6厘米，直径2.5～4厘米，表面平滑无毛，紫红色，每侧具5～10个凸起的小窠，小窠具短绵毛、倒刺刚毛和钻形刺；种子多数，扁圆形，长4～6毫米，宽4～4.5毫米，厚约2毫米，边缘稍不规则，淡黄褐色。花期为3—5月，果期为6—10月。

主要利用形式：通常栽作围篱。其果实清香甜美，以鲜食为主。其肉质茎片中含有大量的综合营养素和微量元素，可作为牲畜的全价饲料。根及茎味苦，性寒，归胃、肺、大肠经，能行气活血、凉血止血、解毒消肿，用于治疗胃痛、痞块、痢疾、喉痛、肺热咳嗽、肺痨咯血、吐血、痔血、疮疡疔疖、乳痈、痄腮、癣疾、蛇虫咬伤、烫伤及冻伤。

仙人掌

321 苋

拉丁学名：Amaranthus tricolor L.；苋科苋属。别名：青香苋、玉米菜、红苋菜、千菜谷、红菜、荇菜、寒菜、汉菜、雁来红、老来少、三色苋。

形态特征：一年生草本。茎粗壮，绿色或红色，常分枝，幼时有毛或无毛。叶片卵形、菱状卵形或披针形，绿色或常呈红色、紫色或黄色，或部分绿色夹杂其他颜色，顶端圆钝或尖凹，具突尖，基部楔形，全缘或波状缘，无毛；叶柄绿色或红色。花簇腋生，直到下部叶，或同时具顶生花簇，成下垂的穗状花序；花簇球形，雄花和雌花混生；苞片及小苞片卵状披针形，透明，背面具绿色或红色隆起中脉；花被片矩圆形，绿色或黄绿色，背面具绿色或紫色隆起中脉。胞果卵状矩圆形，环状横裂，包裹在宿存花被片内；种子近圆形或倒卵形，黑色或黑棕色，边缘钝。花期为5—8月，果期为7—9月。

主要利用形式：常见杂草，可栽培食用，品种较多。根、果实及全草入药，有明目、利大小便和去寒热的功效。茎叶含多量赖氨酸、维生素C、铁、钙等成分，味甘，性寒，能清热解毒、利尿除湿、通利大便，用于治疗痢疾便血或湿热腹胀、热淋、小便短赤及老人大便难等症。脾虚易泻或便溏者慎食。

322 香椿

拉丁学名：Toona sinensis (A. Juss.) Roem.；楝科香椿属。别名：香椿铃、香铃子、香椿子、香椿芽。

形态特征：乔木。树皮粗糙，深褐色，呈片状脱落。叶具长柄，偶数羽状复叶，长30～50厘米或更长；小叶16～20枚，对生或互生，纸质，卵状披针形或卵状长椭圆形，长9～15厘米，宽2.5～4厘米，先端尾尖，基部一侧圆形，另一侧楔形，不对称，边全缘或有疏离的小锯齿，两面均无毛，无斑点，背面常呈粉绿色；侧脉每边18～24条，平展，与中脉几成直角开出，背面略凸起；小叶柄长5～10毫米。圆锥花序与叶等长或更长，被稀疏的锈色短柔毛或有时近无毛，小聚伞花序生于短的小枝上，多花；花长4～5毫米，具短花梗；花萼5齿裂或呈浅波状，外面被柔毛，且有睫毛；花瓣5，白色，长圆形，先端钝，长4～5毫米，宽2～3毫米，无毛；雄蕊10，其中5枚能育，5枚退化；花盘无毛，近念珠状；子房圆锥形，有5条细沟纹，无毛，每室有胚珠8颗，花柱比子房长，柱头盘状。蒴果狭椭圆形，长2～3.5厘米，深褐色，有小而苍白色的皮孔，果瓣薄；种子基部通常钝，上端有膜质的长翅，下端无翅。花期为6—8月，果期为10—12月。

香椿

主要利用形式：名贵的木本蔬菜和乡土树种。嫩芽含有维生素E和性激素物质，有抗衰老和补阳滋阴的作用，故有“助孕素”的美称。香椿芽具有清热利湿、利尿解毒之功效，是辅助治疗肠炎、痢疾和泌尿系统感染的良药。

323 香菇草

拉丁学名：Hydrocotyle vulgaris L.；伞形科天胡荽属。别名：南美天胡荽、金钱莲、水金钱、铜钱草。

形态特征：多年生匍匐草本，直立部分高8～37厘米。除托叶、苞片、花柄无毛外，余均被疏或密而反曲的柔毛，毛白色或紫色，有时在叶背具紫色疣基的毛，茎节着土后易生须根。叶片薄，圆肾形，长2.5～7厘米，宽3～8厘米，表面深绿色，背面淡绿色，掌状5～7浅裂，裂片阔卵形或近三角形，边缘有不规则的锐锯齿或钝齿，基部心形；叶柄长4～23厘米；托叶膜质，卵圆形或阔卵形。伞形花序单生于节上，腋生或与叶对生，花序梗通常长过叶柄；小伞形花序有花25～50朵，花柄长2～7毫米；小总苞片膜质，卵状披针形，长1.2～1.8毫米，顶端尖，边缘有时略呈撕裂状；花在蕾期为草绿色，开放后变白色；花瓣膜质，长1～1.2毫米，顶端短尖，有淡黄色至紫褐色的腺点。果实近圆形，基部心形或截形，两侧扁压，长1.3～2毫米，宽1.5～2.1毫米，侧面二棱明显隆起，表面平滑或皱褶，

香菇草

黄色或紫红色。花果期为5—11月。

主要利用形式：本种生长迅速，成形较快，常在岸边丛植、片植，是庭园水景造景，尤其是景观细部设计的好材料，可用于室内水体绿化或水族箱前景栽培。全草入药，具有镇痛、清热利湿的功效，用于治疗腹痛、小便不利及湿疹等症。

324 香丝草

拉丁学名：Conyza bonariensis（L.）Cronq.；菊科白酒草属。别名：野塘蒿、野地黄菊、蓑衣草、小山艾、小加蓬、火草苗。

形态特征：一年生或二年生草本。根纺锤状，常斜伸，具纤维状根。茎直立或斜伸，高20～50厘米，稀更高，中部以上常分枝，常有斜上不育的侧枝，密被伏贴短毛，杂有开展的疏长毛。叶密集，基部叶于花期常枯萎；下部叶倒披针形或长圆状披针形，长3～5厘米，宽0.3～1厘米，顶端尖或稍钝，基部渐狭成长柄，通常具粗齿或羽状浅裂；中部和上部叶具短柄或无柄，狭披针形或线形，长3～7厘米，宽0.3～0.5厘米，中部叶具齿，上部叶全缘，两面均密被伏贴糙毛。头状花序多数，径8～10毫米，在茎端排列成总状或总状圆锥花序，花序梗长10～15毫米；总苞椭圆状卵形，长约5毫米，宽约8毫米，总苞片2～3层，线形，顶端尖，背面密被灰白色短糙毛，外层稍短或短于内层之半，内层长约4毫米，宽0.7毫米，具干膜质边缘；花托稍平，有明显的蜂窝孔，径3～4毫米；雌花多层，白色，花冠细管状，长3～3.5毫米，无舌片或仅顶端有3～4个细齿；两性花淡黄色，花冠管状，长约3毫米，管部上部被疏微毛，上端具5齿裂。瘦果线状披针形，长1.5毫米，扁压，被疏短毛；冠毛1层，淡红褐色，长约4毫米。花期为6—9月，果期为7—10月。

香丝草

主要利用形式：区域性的恶性杂草，也是路边、宅旁及荒地发生量大的杂草。全草味辛苦，性凉，入肺、脾、胃、大肠四经，可疏风解表、行气止痛、祛风除湿，用于治疗风热感冒、脾胃气滞、风湿热痹、疟疾、急性关节炎及外伤出血等症。

325 小葫芦

拉丁学名：Lagenaria siceraria (Molina) Standl. var. microcarpa (Naud.) Hara；葫芦科葫芦属。别名：腰葫芦、观赏葫芦。

形态特征：一年生攀缘草本。茎、枝具沟纹，被黏质长柔毛，老后渐脱落，变近无毛。叶柄纤细，长仅约10厘米，有和茎枝一样的毛被，顶端有2腺体；叶片卵状心形或肾状卵形，长、宽均为10～35厘米，不分

小葫芦

裂或3～5裂，具5～7条掌状脉，先端锐尖，边缘有不规则的齿，基部心形，弯缺开张，半圆形或近圆形，深1～3厘米，宽2～6厘米，两面均被微柔毛，叶背及脉上较密。卷须纤细，初时有微柔毛，后渐脱落，变光滑无毛，上部分二歧。雌雄同株，雌、雄花均单生。雄花花梗细，比叶柄稍长，花梗、花萼、花冠均被微柔毛；花萼筒漏斗状，长约2厘米，裂片披针形，长5毫米；花冠黄色，裂片皱波状，长3～4厘米，宽2～3厘米，先端微缺而顶端有小尖头，5脉；雄蕊3，花丝长3～4毫米，花药长8～10毫米，长圆形，药室折曲。雌花花梗比叶柄稍短或近等长；花萼和花冠似雄花；花萼筒长2～3毫米；子房中间缢细，密生黏质长柔毛，花柱粗短，柱头3，膨大，2裂。果实初为绿色，后变白色至带黄色；果形变异很大，因不同品种或变种而异，有的呈哑铃状，中间缢细，下部和上部膨大，上部大于下部，植株结实较多，果实形状虽似葫芦，但较小，有的呈扁球形，棒状或钩状，成熟后果皮变木质；种子白色，倒卵形或三角形，顶端截形或2齿裂，稀圆，长约20毫米。花期为夏季，果期为秋季。

主要利用形式：观果型草质藤本。种子油可制肥皂。果实观赏价值高，成熟后可制成多种文玩工艺品。葫芦谐音为“福禄”，是传统的吉祥物。

326　小花山桃草

拉丁学名：Gaura parviflora Dougl.；柳叶菜科山桃草属。别名：山桃草。

形态特征：一年生草本。主根径达2厘米。全株（尤其是茎上部）、花序、叶、苞片、萼片密被伸展灰白色长毛与腺毛。茎直立，不分枝，或在顶部花序之下少数分枝，高50～100厘米。基生叶宽倒披针形，先端锐尖，基部渐狭下延至柄；茎生叶狭椭圆形、长圆状卵形，有时为菱状卵形，先端渐尖或锐尖，基部楔形下延至柄，侧脉6～12对。花序穗状，有时有少数分枝，生茎枝顶端，常下垂；苞片线形；花管带红色，径约0.3毫米；萼片绿色，线状披针形，花期反折；花瓣白色，后变红色，倒卵形，先端钝，基部具爪；花丝长1.5～2.5毫米，基部具鳞片状附属物，花药黄色，长圆形，花粉在开花时或开花前直接授粉在柱头上（自花授粉）；花

小花山桃草

柱长3～6毫米，伸出花管部分长1.5～2.2毫米；柱头围以花药，具4深裂。蒴果坚果状，纺锤形，具不明显4棱；种子4枚，或3枚（其中1室的胚珠不发育），卵状，长3～4毫米，径1～1.5毫米，红棕色。花期为7—8月，果期为8—9月。

主要利用形式：恶性杂草，对环境的适应性较强，危害农田或草坪。动物也不爱吃。本种具有较强的化感作用，能抑制萝卜、小麦和白菜种子萌发，而且对狗尾草、牛筋草及矮生牵牛等常见杂草也具有不同程度的抑制作用。

327　小花糖芥

拉丁学名：Erysimum cheiranthoides L.；十字花科糖芥属。别名：桂竹糖芥、苦葶苈、野菜子、打水水花、金盏盏花。

形态特征：一年生或二年生草本。茎直立，分枝或

小花糖芥

不分枝，有棱角，具2叉毛。基生叶莲座状，无柄，平铺地面，叶片有2~3叉毛；茎生叶披针形或线形，边缘具深波状疏齿或近全缘，两面具3叉毛。总状花序顶生；萼片长圆形或线形，外面有3叉毛；花瓣浅黄色，长圆形，下部具爪；花柱柱头为头状。长角果圆柱形，侧扁，稍有棱，具3叉毛；果瓣有1条不明显中脉；果梗粗；种子每室1行，种子卵形，淡褐色。花期为4—6月，果期为6—7月。

主要利用形式：杂草。有的地区用其种子充当葶苈子药用。全草性味辛苦寒，有小毒，归心、脾、胃经，能强心利尿、和胃消食，主治心力衰竭、心悸、浮肿、脾胃不和及食积不化。

328　小苜蓿

拉丁学名：Medicago minima（L.）Grufb.；豆科苜蓿属。别名：三叶草。

形态特征：一年生草本，高5~30厘米，全株被伸展柔毛，偶杂有腺毛。主根粗壮，深入土中。茎散铺，平卧并上伸，基部多分枝。羽状三出复叶；托叶卵形，先端锐尖，基部圆形，全缘或具不明显浅齿；叶柄细柔，长5~10（~20）毫米；小叶倒卵形，几等大，长5~8（~12）毫米，宽3~7毫米，纸质，先端圆或凹缺，具细尖，基部楔形，边缘1/3以上具锯齿，两面均被毛。花序头状，具花3~6（~8）朵，疏松；总花梗细，挺直，腋生，通常比叶长，有时甚短；苞片细小，刺毛状；花长3~4毫米；花梗甚短或无梗；萼钟形，密被柔毛，萼齿披针形，不等长，与萼筒等长或稍长；花冠淡黄色，旗瓣阔卵形，显著比翼瓣和龙骨瓣长。荚果球形，旋转3~5圈，直径2.5~4.5毫米，边缝具3条棱，被长棘刺，通常长等于半径，水平伸展，尖端钩状，种子每圈有1~2粒。种子长肾形，长1.5~2毫米，棕色，平滑。花期为3—4月，果期为4—5月。

小苜蓿

主要利用形式：栽培，亦为野生。是各种畜禽均喜食的优质牧草，营养价值很高，不论青饲、放牧或是调制干草和青贮，适口性均好。

329　小蓬草

拉丁学名：Conyza Canadensis（L.）Cronq.；菊科白酒草属。别名：加拿大蓬、飞蓬、小飞蓬。

形态特征：一年生草本。根纺锤状，具纤维状根。茎直立，圆柱状，多少具棱，有条纹，上部多分枝。叶密集，基部叶于花期常枯萎，下部叶倒披针形，边缘具疏锯齿或全缘，中部和上部叶较小，线状披针形或线形，近无柄或无柄，全缘或稀具1~2个齿。头状花序多数，小，排列成顶生多分枝的大圆锥花序；花序梗

小蓬草

细，总苞近圆柱状；总苞片 2～3 层，淡绿色，线状披针形或线形，顶端渐尖，边缘干膜质；花托平，具不明显的突起；雌花多数，舌状，白色，舌片小，稍超出花盘，线形，顶端具 2 个小钝齿；两性花淡黄色，花冠管状，上端具 4 或 5 个齿裂。瘦果线状披针形。花果期为 5—10 月。

主要利用形式：杂草。嫩茎和叶可作猪饲料。全草入药，可消炎止血、祛风湿，用于治疗血尿、水肿、肝炎、胆囊炎及小儿头疮等症。

330　心叶日中花

拉丁学名：Mesembryanthemum cordifolium L. f.；番杏科日中花属。别名：花蔓草、露花、露草、樱花吊兰、羊角吊兰、食用穿心莲、牡丹吊兰。

形态特征：多年生常绿草本。茎斜卧，散铺，长 30～60 厘米，有分枝，稍带肉质，无毛，具小颗粒状突起。叶对生，叶片心状卵形，扁平，长 1～2 厘米，

心叶日中花

宽约 1 厘米，顶端急尖或圆钝具突尖头，基部圆形，全缘；叶柄长 3～6 毫米。花单个顶生或腋生，直径约 1 厘米；花梗长 1.2 厘米；花萼长 8 毫米，裂片 4，2 个大，倒圆锥形，2 个小，线形，宿存；花瓣多数，红紫色，匙形，长约 1 厘米；雄蕊多数；子房下位，4 室，花柱无，柱头 4 裂。蒴果肉质，星状 4 瓣裂；种子多数。花期为 7—8 月，果期为 8—9 月。

主要利用形式：本种既可赏花又能观叶，且不易滋生病虫害，具有较高的园林绿化效果，可广泛应用于花坛、休闲绿地、住宅小区的垂直绿化，也可作为地被植物种植。其叶片肥厚、颜色亮绿、生长势强、生长期长，故被认为是蔬菜观光园区栽培的首选品种之一。其作为蔬菜，一般可用于凉拌，于沸水焯后加入调料拌匀，也可炒食、做汤、做馅及做涮菜料等。做成的菜肴颜色翠绿、口感嫩滑且鲜美可口。

331　杏

拉丁学名：Armeniaca vulgaris Lam.；蔷薇科杏属。别名：杏子、杏花、北梅、归勒斯。

杏

旋覆花

形态特征：乔木，高5～8（～12）米。树冠圆形、扁圆形或长圆形。树皮灰褐色，纵裂。多年生枝浅褐色，皮孔大而横生；一年生枝浅红褐色，有光泽，无毛，具多数小皮孔。叶片宽卵形或圆卵形，先端急尖至短渐尖，基部圆形至近心形，叶边有圆钝锯齿，两面无毛或下面脉腋间具柔毛；叶柄无毛，基部常具1～6个腺体。花芽在枝侧集生，每个花芽只生一朵花，直径2～3厘米，先于叶开放；花梗短，长1～3毫米，被短柔毛；花萼紫绿色；萼筒圆筒形，外面基部被短柔毛；萼片卵形至卵状长圆形，先端急尖或圆钝，花后反折；花瓣圆形至倒卵形，白色或带红色，具短爪；雄蕊20～45，稍短于花瓣；子房被短柔毛，花柱稍长或几与雄蕊等长，下部具柔毛。果实球形，稀倒卵形，白色、黄色至黄红色，常具红晕，微被短柔毛；果肉多汁，成熟时不开裂；核卵形或椭圆形，两侧扁平，顶端圆钝，基部对称，稀不对称，表面稍粗糙或平滑，腹棱较圆，常稍钝，背棱较直，腹面具龙骨状棱；种仁味苦或甜。花期为3—4月，果期为6—7月。

主要利用形式：重要的经济果树和园林树种。果实内含较多的糖、蛋白质及钙、磷等矿物质，另含维生素A、维生素C和B族维生素等。木材质地坚硬，是做家具的好材料；枝条可作燃料；叶可作饲料。种仁入药，其性苦，味温，有小毒，能降气、止咳平喘、润肠通便，用于治疗咳嗽气喘、胸满痰多、血虚津枯及肠燥便秘。

332　旋覆花

拉丁学名：Inula japonica Thunb.；菊科旋覆花属。别名：金佛花、旋复花、金佛草、六月菊。

形态特征：多年生草本。根状茎短，横走或斜伸，多少有粗壮的须根；茎单生，基部具不定根。基部叶常较小，在花期枯萎；中部叶长圆形、长圆状披针形或披针形，基部多少狭窄，常有圆形半抱茎的小耳，无柄，顶端稍尖或渐尖，边缘有小尖头状疏齿或全缘，上面有疏毛或近无毛，下面有疏伏毛和腺点，中脉和侧脉有较密的长毛；上部叶渐狭小，线状披针形。多数或少数排列成疏散的伞房花序，花序梗细长。总苞半球形，总苞片约6层，线状披针形，近等长，但最外层常为叶质且较长；外层基部革质，上部叶质，背面有伏毛或近无毛，有缘毛；内层除绿色中脉外均为干膜质，渐尖，有腺点和缘毛。舌状花黄色，冠毛1层，白色，有20余根微糙毛，与管状花近等长。瘦果圆柱形。花期为6—10月，果期为9—11月。

主要利用形式：杂草。根及叶药用，具有降气、消痰、行水、止呕的功效，用于治疗风寒咳嗽、痰饮蓄结、胸膈痞满、喘咳痰多、呕吐噫气、心下痞硬、刀伤、疔毒，煎服可平喘镇咳。花是健胃祛痰药，也治胸中丕闷、胃部膨胀、嗳气、咳嗽及呕逆等。

333　雪里蕻

拉丁学名：Brassica juncea (L.) Czern. & Coss. var. multiceps Tsen & Lee；十字花科芸薹属。别名：雪菜、春不老、霜不老、香青菜、辣菜缨子。

形态特征：一年生草本，高30～150厘米，常无毛，有时幼茎及叶具刺毛，带粉霜，有辣味。茎直立，有分枝。基生叶倒披针形或长圆状倒披针形，不裂或稍

有缺刻，有不整齐锯齿或重锯齿，上部及顶部茎生叶小，长圆形，全缘，皱缩。总状花序顶生，花后延长；花黄色，直径7～10毫米；花梗长4～9毫米；萼片淡黄色，长圆状椭圆形，长4～5毫米，直立开展；花瓣倒卵形，长8～10毫米，宽4～5毫米。长角果线形，长3～5.5厘米，宽2～3.5毫米，果瓣具1突出中脉，喙长6～12毫米，果梗长5～15毫米；种子球形，直径约1毫米，紫褐色。花期为3—5月，果期为5—6月。

主要利用形式：常见蔬菜，苏北地区多于秋季栽培，叶盐腌作冬天蔬菜。由于雪里蕻含大量粗纤维，不易消化，因此小儿消化功能不全者不宜多食。全草性温，味甘辛，具有解毒消肿、开胃消食、温中利气的功效，用于治疗疮痈肿痛、胸膈满闷、咳嗽痰多、牙龈肿烂及便秘等症。

334　亚麻

拉丁学名：Linum usitatissimum L.；亚麻科亚麻属。别名：花亚麻、胡麻、大花亚麻。

形态特征：一年生草本，株高40～50厘米。由基部分枝，直立。茎部光滑。叶互生，条形至条状披针形，先端尖，灰绿色。花单生，径2.5～4厘米，玫红色，花瓣5枚；花梗细长，形成稀疏的聚伞花序。蒴果球形，径6～8毫米，成熟后顶端5瓣裂；种子倒卵形，扁平，灰褐色，千粒重4.2克。花期为6—8月，果期为7—10月。

主要利用形式：分为纤维用亚麻、油用亚麻和油纤兼用亚麻三大类型。纤维用亚麻具有较高的经济价值，从原茎到种子都可加工利用，种子可榨油。种子入药，可平肝活血消肿。

335　烟草

拉丁学名：Nicotiana tabacum L.；茄科烟草属。别名：烟叶、淡巴姑、建烟、关东烟、相思草、金丝醺、芬草、返魂香。

形态特征：一年生或有限多年生草本，全体被腺毛。根粗壮。茎高0.7～2米，基部稍木质化。叶矩圆

状披针形、披针形、矩圆形或卵形，顶端渐尖，基部渐狭至茎成耳状而半抱茎，长 10～30（～70）厘米，宽 8～15（～30）厘米；柄不明显或呈翅状柄。花序顶生，圆锥状，多花；花梗长 5～20 毫米；花萼筒状或筒状钟形，长 20～25 毫米，裂片三角状披针形，长短不等；花冠漏斗状，淡红色，筒部色更淡，稍弓曲，长 3.5～5 厘米，檐部宽 1～1.5 厘米，裂片急尖；雄蕊中 1 枚显著较其余 4 枚短，均不伸出花冠喉部，花丝基部有毛。蒴果卵状或矩圆状，长约等于宿存萼；种子圆形或宽矩圆形，径约 0.5 毫米，褐色。花果期为夏秋季。

主要利用形式：经济作物。成熟叶片为烟草工业的原料。全株也可作农药杀虫剂，灭钉螺、蚊、蝇、老鼠等；亦可药用，作麻醉剂、发汗剂、镇静剂和催吐剂，也用于治疗疔疮肿毒、头癣、白癣、秃疮及毒蛇咬伤。烟草能让人产生耐受性和依赖性，且会对人体产生多方面的危害，为著名的"成瘾植物"。

336 芫荽

拉丁学名：Coriandrum sativum L.；伞形科芫荽属。别名：香荽、胡荽、胡菜、胡荽子、乌努日图-诺高、乌苏、乌索、芜荽、香菜子、延荽、芫荽子、盐须菜、蒝荽、盐西、芫茜、芫萎、元荽。

形态特征：一年生或二年生草本，有强烈气味。根纺锤形，细长，有多数纤细的支根。茎圆柱形，直立，多分枝，有条纹，通常光滑。根生叶有柄；叶片 1 或 2 回羽状全裂，羽片广卵形或扇形半裂，边缘有钝锯齿、缺刻或深裂，上部的茎生叶 3 回以至多回羽状分裂，末回裂片狭线形，全缘。伞形花序顶生或与叶对生；伞辐 3～7；小总苞片 2～5，线形，全缘；小伞形花序有孕花 3～9 朵，花白色或带淡紫色；萼齿通常大小不等，小的卵状三角形，大的长卵形；花瓣倒卵形，顶端有内凹的小舌片，辐射瓣通常全缘，有 3～5 条脉；花药卵形；花柱幼时直立，果熟时向外反曲。果实圆球形，背面主棱及相邻的次棱明显；胚乳腹面内凹。油管不明显，或有 1 个位于次棱的下方。花果期为 4—11 月。

芫荽

主要利用形式：茎叶可作蔬菜和调料，并有健胃消食的作用。果实可提取芳香油。果实入药，有祛风、透疹、健胃及祛痰之效。

337 野艾蒿

拉丁学名：Artemisia lavandulaefolia DC.；菊科蒿属。别名：荫地蒿、野艾、小叶艾、狭叶艾、艾叶、苦艾、陈艾。

形态特征：多年生草本，植株有香气。主根稍明显，侧根多，有细而短的营养枝。茎少数，具纵棱，分枝多。叶纸质，上面绿色，具密集白色腺点及小凹点；

野艾蒿

基生叶与茎下部叶宽卵形或近圆形，二回羽状全裂或第一回全裂，第二回深裂，具长柄，花期叶萎谢；中部叶卵形、长圆形或近圆形，（一至）二回羽状全裂或第二回为深裂，每侧有裂片2～3枚；上部叶羽状全裂，具短柄或近无柄；苞片叶3全裂或不分裂，线状披针形或披针形，先端尖，边反卷。头状花序极多数，椭圆形或长圆形，有短梗或近无梗，具小苞叶，在分枝的上半部排成密穗状或复穗状花序，并在茎上组成狭长或中等开展，花后头状花序多下倾。总苞片3～4层，外层总苞片卵形或狭卵形，边缘狭膜质；中层总苞片长卵形，边缘宽膜质；内层总苞片长圆形或椭圆形，半膜质。雌花4～9朵，花冠狭管状，檐部具2裂齿，紫红色，花柱线形，伸出花冠外。两性花10～20朵，花冠管状，檐部紫红色，花药线形，先端附属物尖，长三角形，基部具短尖头。瘦果长卵形或倒卵形。花果期为8—10月。

主要利用形式：杂草。嫩苗可作为蔬菜或腌制酱菜食用。鲜草可作饲料。可入药，作“艾”（家艾）的代用品，有散寒、祛湿、温经及止血功效。

338 野大豆

拉丁学名：Glycine soja Sieb. & Zucc.；豆科大豆属。别名：[豆劳]豆、小落豆、小落豆秧、落豆秧、山黄豆、乌豆、野黄豆。

形态特征：为栽培大豆的原种。一年生缠绕草本，长1～4米。茎、小枝纤细，全体疏被褐色长硬毛。叶具3小叶，长可达14厘米；托叶卵状披针形，急尖，被黄色柔毛；顶生小叶卵圆形或卵状披针形，长3.5～6厘米，宽1.5～2.5厘米，先端锐尖至钝圆，基部近圆形，全缘，两面均被绢状的糙伏毛；侧生小叶斜卵状披针形。总状花序通常短，稀长可达13厘米；花小，长约5毫米；花梗密生黄色长硬毛；苞片披针形；花萼钟状，密生长毛，裂片5，三角状披针形，先端锐尖；花冠淡红紫色或白色，旗瓣近圆形，先端微凹，基部具短瓣柄，翼瓣斜倒卵形，有明显的耳，龙骨瓣比旗瓣及翼瓣短小，密被长毛；花柱短而向一侧弯曲。荚果长圆形，稍弯，两侧稍扁，长17～23毫米，宽4～5毫米，密被长硬毛，种子间稍缢缩，干时易裂；种子2～3颗，椭圆形，稍扁，长2.5～4毫米，宽1.8～2.5毫米，褐色至黑色。花期为7—8月，果期为8—10月。

主要利用形式：国家二级重点保护野生植物。全株为家畜喜食的饲料，可作牧草、绿肥和水土保持植物。茎皮纤维可织麻袋。种子含蛋白质30%～45%、油脂18%～22%，供制作酱、酱油和豆腐等，又可榨油，油粕是优良饲料和肥料。全草味甘，性微寒，可健脾益肾、止汗。种子味甘，性温，可平肝、明目、强壮，主治自汗、盗汗、风痹多汗、头晕、目昏、肾虚腰痛、筋骨疼痛及小儿消化不良。

339 野胡萝卜

拉丁学名：Daucus carota L.；伞形科胡萝卜属。别名：蛇床子、山萝卜、红胡萝卜、野茴香、鹤虱草。

形态特征：二年生草本。茎单生，全体有白色粗硬毛。基生叶薄膜质，长圆形，二至三回羽状全裂，末回裂片线形或披针形，顶端尖锐，有小尖头，光滑或有糙硬毛；茎生叶近无柄，有叶鞘，末回裂片小或细长。复

野大豆

野胡萝卜

伞形花序，有糙硬毛；总苞有多数苞片，呈叶状，羽状分裂，少有不裂的，裂片线形；伞辐多数，结果时外缘的伞辐向内弯曲；小总苞片 5～7 枚，线形，不分裂或 2～3 裂，边缘膜质，具纤毛；花通常为白色，有时带淡红色；花柄不等长。果实圆卵形，棱上有白色刺毛。花期为 5—7 月，果期为 7—8 月。

主要利用形式：杂草。其嫩茎、叶和根均可食用，非常适合脾虚人群。果实可提取芳香油。其根味甘微苦辛，性凉，有小毒，能健脾化滞、凉肝止血、清热解毒、驱虫，用于治疗腹泻、惊风、贫血、血淋和咽喉肿痛。

340　野老鹳草

拉丁学名：Geranium carolinianum L.；牻牛儿苗科老鹳草属。别名：老鹳嘴、老鸦嘴、贯筋、老贯筋、老牛筋。

形态特征：一年生草本，高 20～60 厘米。根纤细，单一或分枝，茎直立或仰卧，单一或多数，具棱角，密被倒向短柔毛。基生叶早枯，茎生叶互生或最上部对生；托叶披针形或三角状披针形，长 5～7 毫米，宽 1.5～2.5 毫米，外被短柔毛；茎下部叶具长柄，柄长为叶片的 2～3 倍，被倒向短柔毛，上部叶柄渐短；叶片圆肾形，长 2～3 厘米，宽 4～6 厘米，基部心形，掌状 5～7 裂至近基部，裂片楔状倒卵形或菱形，下部楔形、全缘，上部羽状深裂，小裂片条状矩圆形，先端急尖，表面被短伏毛，背面主要沿脉被短伏毛。花序腋生和顶生，长于叶，被倒生短柔毛和开展的长腺毛，每总花梗具 2 朵花，顶生总花梗常数个集生，花序呈伞状；花梗与总花梗相似，等于或稍短于花；苞片钻状，长 3～4 毫米，被短柔毛；萼片长卵形或近椭圆形，长 5～7 毫米，宽 3～4 毫米，先端急尖，具长约 1 毫米的尖头，外被短柔毛或沿脉被开展的糙柔毛和腺毛；花瓣淡紫红色，倒卵形，稍长于萼，先端圆形，基部宽楔形；雄蕊稍短于萼片，中部以下被长糙柔毛；雌蕊稍长于雄蕊，密被糙柔毛。蒴果长约 2 厘米，被短糙毛，果瓣由喙上部先裂并向下卷曲。花期为 4—7 月，果期为 5—9 月。

野老鹳草

主要利用形式：常见杂草。全草入药，有祛风收敛、活血、清热解毒和止泻之效，可治风湿疼痛、拘挛麻木、痈疽、跌打损伤、肠炎及痢疾。

341　野萝卜

拉丁学名：Raphanus raphanistrum L.；十字花科萝卜属。别名：黄盖盖、野油菜、野芥菜。

形态特征：一年生或二年生草本。主根肥厚，向下直伸，有多数须根。茎直立，高 15～90 厘米，粗壮，多分枝，被向下的灰白色疏柔毛。叶椭圆状卵圆形或椭圆状披针形，长 2～6 厘米，宽 0.8～2.5 厘米，先端钝或急尖，基部圆形或楔形，边缘具圆齿、牙齿或尖锯齿，草质，上面被稀疏的微硬毛，下面被短疏柔毛，余部散布黄褐色腺点；叶柄长 4～15 毫米，腹凹背凸，密被疏柔毛。轮伞花序 6 朵花，多数，在茎、枝顶端密集组成总状或总状圆锥花序，花序长 10～25 厘米，结果时延长。苞片披针形，长于或短于花萼，先端渐尖，基部渐狭，全缘，两面被疏柔毛，下面较密，边缘具缘毛；花梗长约 1 毫米，与花序轴密被疏柔毛。花萼钟形，长约 2.7 毫米，外面被疏柔毛，散布黄褐色腺点，内面喉部有微柔毛，二唇形，唇裂约至花萼长 1/3 处，上唇全缘，先端具 3 个小尖头，下唇深裂成 2 齿，齿三角形，锐尖。花冠淡红、淡紫、紫、蓝紫至蓝色，稀白色，长 4.5 毫米。冠筒外面无毛，内面中部有毛环。冠檐二唇形，上唇长圆形，长约 1.8 毫米，宽 1 毫米，先端微凹，外面密被微柔毛，两侧折合；下唇长约 1.7 毫米，宽 3 毫米，外面被微柔毛，3 裂，中裂片最大，阔倒心形，顶端微凹或呈浅波状，侧裂片近半圆形。能育雄蕊 2，着生于下唇基部，略伸出花冠外，花丝长 1.5 毫米，药隔长约 1.5 毫米，弯成弧形，上臂和下臂等

野萝卜

长，上臂具药室，二下臂不育，膨大，互相连合。花柱和花冠等长，先端不相等2裂，前裂片较长。花盘前方微隆起。小坚果倒卵圆形，直径0.4毫米，成熟时干燥，光滑。花期为4—5月，果期为6—7月。

主要利用形式： 杂草。危害小麦、青稞、油菜、蚕豆及豌豆等作物。可作为野菜食用，但不可多食。药用可补中益气、健脾益胃。

342 野蔷薇

拉丁学名： Rosa multiflora Thunb.；蔷薇科蔷薇属。别名：墙靡、刺花、营实墙靡、多花蔷薇、蔷薇。

形态特征： 攀缘灌木。小枝圆柱形，通常无毛，有短、粗、稍弯曲的皮束。小叶5～9枚，近花序的小叶有时只有3枚，连同叶柄长5～10厘米；小叶片倒卵形、长圆形或卵形，长1.5～5厘米，宽8～28毫米，先端急尖或圆钝，基部近圆形或楔形，边缘有尖锐单锯齿，稀混有重锯齿，上面无毛，下面有柔毛；小叶柄和叶轴有柔毛或无毛，有散生腺毛；托叶篦齿状，大部贴生于叶柄，边缘有或无腺毛。花多朵，排成圆锥状花序，花梗长1.5～2.5厘米，无毛或有腺毛，有时基部有篦齿状小苞片；花直径1.5～2厘米，萼片披针形，有时中部具2个线形裂片，外面无毛，内面有柔毛；花瓣白色，宽倒卵形，先端微凹，基部楔形；花柱结合成束，无毛，比雄蕊稍长。果近球形，直径6～8毫米，红褐色或紫褐色，有光泽，无毛，萼片脱落。

主要利用形式： 藤本花卉。根含23%～25%鞣质，可提制栲胶；鲜花含有芳香油，可提制香精用于化妆品工业。根、叶、花和种子均可入药，根能活血通络收敛；叶外用治肿毒；种子称“营实”，能峻泻和利水通经。

野蔷薇

343 野西瓜苗

拉丁学名： Hibiscus trionum L.；锦葵科木槿属。别名：秃汉头、灯笼花、黑芝麻、尖炮草、天泡草、野芝麻、和尚头、油麻、香铃草、小秋葵、打瓜花、山西瓜秧。

形态特征： 一年生直立或平卧草本。茎柔软，被白色星状粗毛。叶二型，下部的叶圆形，不分裂，上部的叶掌状3～5深裂，中裂片较长，两侧裂片较短，裂片倒卵形至长圆形，通常羽状全裂，上面疏被粗硬毛或无毛，下面疏被星状粗刺毛；托叶线形。花单生于叶腋，小苞片12枚，线形，基部合生；花萼钟形，淡绿色，被粗长硬毛或星状粗长硬毛，裂片5，膜质，三角形，具纵向紫色条纹，中部以上合生；花淡黄色，内面基部紫色，直径2～3厘米，花瓣5，倒卵形，外面疏被极细柔毛；雄蕊柱长约5毫米，花丝纤细，花药黄色；花柱枝5，无毛。蒴果长圆状球形，被粗硬毛，果爿5，果皮薄，黑色；种子肾形，黑色，具腺状突起。花期为7—10月，果期为8—12月。

主要利用形式： 杂草。全草和果实、种子药用，具

野西瓜苗 蒋钗钗

有清热解毒、利咽止咳之功效，用于治疗咽喉肿痛、咳嗽、泻痢、疮毒、烫伤、烧伤及急性关节炎等。

344 一串红

拉丁学名：Salvia splendens Ker-Gawl.；唇形科鼠尾草属。别名：象牙红、西洋红、墙下红、象牙海棠、炮仔花、爆仗红（炮仗红）、拉尔维亚、洋赪桐。

形态特征：亚灌木状草本，高可达 90 厘米。茎钝四棱形，具浅槽，无毛。叶卵圆形或三角状卵圆形，长 2.5～7 厘米，宽 2～4.5 厘米，先端渐尖，基部截形或圆形，稀钝，边缘具锯齿，上面绿色，下面较淡，两面无毛，下面具腺点；茎生叶叶柄长 3～4.5 厘米，无毛。轮伞花序 2～6 花，组成顶生总状花序，花序长达 20 厘米或以上。苞片卵圆形，红色，大，在花开前包裹着花蕾，先端尾状渐尖。花梗长 4～7 毫米，密被红色的具腺柔毛。花序轴被微柔毛。花萼钟形，红色，内面在上半部被微硬伏毛，二唇形，唇裂达花萼 1/3 处，上唇三角状卵圆形，长 5～6 毫米，宽 10 毫米，先端具小尖头；下唇比上唇略长，2 深裂，裂片三角形，先端渐尖。花冠红色，长 4～4.2 厘米，外被微柔毛，内面无毛。冠筒筒状，直伸，在喉部略增大。冠檐二唇形，上唇直伸，略内弯，长圆形，长 8～9 毫米，宽约 4 毫米，先端微缺；下唇比上唇短，3 裂，中裂片半圆形，侧裂片长卵圆形，比中裂片长。能育雄蕊 2，近外伸，花丝长约 5 毫米，药隔长约 1.3 厘米，近伸直，上下臂近等长，上臂药室发育，下臂药室不育，下臂粗大，不连合。退化雄蕊短小。花柱与花冠近相等，先端不相等 2 裂，前裂片较长。花盘等大。小坚果椭圆形，长约 3.5 毫米，暗褐色，顶端具不规则极少数的皱褶突起，边缘或棱具狭翅，光滑。花期为 5—10 月，果期为 10—11 月。

主要利用形式：我国各地庭园中广泛栽培，供观

一串红

赏。取鲜一串红适量，捣烂外敷，可治疗疮初起。全草可凉血止血、清热利湿、散瘀止痛，主治咳血、吐血、便血、血崩、泄泻、痢疾、胃痛、经期腹痛、产后血瘀腹痛、跌打损伤、风湿痹痛、瘰疬及痈肿。

345 一年蓬

拉丁学名： Erigeron annuus（L.）Pers.；菊科飞蓬属。别名：女菀、野蒿、牙肿消、牙根消、千张草、墙头草、长毛草、地白菜、油麻草、白马兰、千层塔、治疟草、瞌睡草、白旋覆花。

形态特征： 一年生或二年生草本。茎下部被长硬毛，上部被上弯短硬毛。基部叶长圆形或宽卵形，稀近圆形，长4~17厘米，基部窄成具翅长柄，具粗齿；下部茎生叶与基部叶同形，叶柄较短；中部和上部叶长圆状披针形或披针形，长1~9厘米，具短柄或无柄，有齿或近全缘；最上部叶线形；叶边缘被硬毛，两面被疏硬毛或近无毛。头状花序数个或多数，排成疏圆锥花序，总苞半球形，总苞片3层，披针形，淡绿色或多少带褐色，背面密被腺毛和疏长毛；外围雌花舌状，2层，长6~8毫米，管部长1~1.5毫米，上部被疏微毛，舌片平展，白色或淡天蓝色，线形，宽0.6毫米，先端具2小齿；中央两性花管状，黄色，管部长约0.5毫米，檐部近倒锥形，裂片无毛。瘦果披针形，长约1.2毫米，扁，被疏贴柔毛；冠毛异形，雌花冠毛极短，小冠腺质鳞片结合成环状，两性花冠毛2层，外层鳞片状，内层为10~15根刚毛。花期为6—9月，果期为8—10月。

一年蓬

主要利用形式： 全草可入药，味甘苦，性凉，归胃、大肠经，可消食止泻、清热解毒、截疟，用于治疗消化不良、胃肠炎、齿龈炎、蛇咬伤和疟疾。

346 一品红

拉丁学名： Euphorbia pulcherrima Willd. & Kl.；大戟科大戟属。别名：象牙红、老来娇、圣诞花、圣诞红、猩猩木。

形态特征： 灌木。根圆柱状，极多分支。茎直立，高1~3（~4）米，直径1~4（~5）厘米，无毛。叶互生，卵状椭圆形、长椭圆形或披针形，长6~25厘米，宽4~10厘米，先端渐尖或急尖，基部楔形或渐狭，绿色，边缘全缘或浅裂或波状浅裂，叶面被短柔毛或无毛，叶背被柔毛；叶柄长2~5厘米，无毛；无托叶；苞叶5~7枚，狭椭圆形，长3~7厘米，宽1~2厘米，通常全缘，极少边缘浅波状分裂，朱红色；叶柄长2~6厘米。花序数个聚伞状排列于枝顶；花序柄长3~4毫米；总苞坛状，淡绿色，高7~9毫米，直径6~8毫米，边缘齿状5裂，裂片三角形，无毛；腺体常1枚，极少2枚，黄色，常压扁，呈二唇状，长4~5毫米，宽约3毫米；雄花多数，常伸出总苞之外；苞片丝状，具柔毛；雌花1枚，子房柄明显伸出总苞之外，无毛；子房光滑，花柱3，中部以下合生，柱头2深裂。蒴果三棱状圆形，长1.5~2厘米，直径约1.5厘米，平滑无毛；种子卵状，长约1厘米，直径8~9毫米，灰色或淡灰色，近平滑；无种阜。花果期为10月至次年4月。

主要利用形式： 常见室内观叶植物，汁液有毒。茎

叶味苦涩，性凉，有小毒，可消肿、调经、止血、接骨，主治跌打损伤、月经过多及外伤出血。

347 益母草

拉丁学名： Leonurus artemisia（Lour.）S. Y. Hu；唇形科益母草属。别名：蓷、茺蔚、坤草、九重楼、云母草、森蒂、益母蒿、益母艾、红花艾、野天麻、玉米草、灯笼草、铁麻干。

形态特征： 一年生或二年生草本。有于其上密生须根的主根。茎直立，通常高30～120厘米，钝四棱形，微具槽，有倒向糙伏毛，在节及棱上尤为密集，在基部有时近于无毛，多分枝，或仅于茎中部以上有能育的小枝条。叶轮廓变化很大，茎下部叶轮廓为卵形，基部宽楔形，掌状3裂，裂片呈长圆状菱形至卵圆形，通常长2.5～6厘米，宽1.5～4厘米，裂片上再分裂，上面绿色，有糙伏毛；叶脉稍下陷，下面淡绿色，被疏柔毛及腺点，叶脉突出；叶柄纤细，长2～3厘米，由于叶基

下延而在上部略具翅，腹面具槽，背面圆形，被糙伏毛。茎中部叶轮廓为菱形，较小，通常分裂成3个（偶有多个）长圆状线形的裂片，基部狭楔形；叶柄长0.5～2厘米。花序最上部的苞叶近于无柄，线形或线状披针形，长3～12厘米，宽2～8毫米，全缘或具稀少牙齿。轮伞花序腋生，具8～15朵花，轮廓为圆球形，径2～2.5厘米，多数远离而组成长穗状花序。小苞片刺状，向上伸出，基部略弯曲，比萼筒短，长约5毫米，有贴生的微柔毛。花梗无。花萼管状钟形，长6～8毫米，外面有贴生微柔毛，内面于离基部1/3以上被微柔毛，5脉，显著，齿5，前2齿靠合，长约3毫米，后3齿较短，等长，长约2毫米，齿均为宽三角形，先端刺尖。花冠粉红色至淡紫红色，长1～1.2厘米，伸出萼筒部分外面被柔毛。冠筒长约6毫米，等大，内面在离基部1/3处有近水平向的不明显鳞毛毛环，毛环在背面间断，其上部多少有鳞状毛。冠檐二唇形，上唇直伸，内凹，长圆形，长约7毫米，宽4毫米，全缘，内面无毛，边缘具纤毛；下唇略短于上唇，内面在基部疏被鳞状毛，3裂，中裂片倒心形，先端微缺，边缘薄膜质，基部收缩，侧裂片卵圆形，细小。雄蕊4，均延伸至上唇片之下，平行，前对较长，花丝丝状，扁平，疏被鳞状毛，花药卵圆形，二室。花柱丝状，略超出于雄蕊而与上唇片等长，无毛，先端相等2浅裂，裂片钻形。花盘平顶。子房褐色，无毛。小坚果长圆状三棱形，长2.5毫米，顶端截平而略宽大，基部楔形，淡褐色，光滑。花期为6—9月，果期为9—10月。

主要利用形式： 杂草。干燥地上部分为常用中药，是妇科病要药，其味苦辛，性凉，能活血、祛瘀、调经、消水、利尿消肿、收缩子宫，主治妇女月经不调、胎漏难产、胞衣不下、产后血晕、瘀血腹痛、崩中漏下、尿血、泻血及痈肿疮疡。

348 意杨

拉丁学名： Populus euramevicana cv.‘I-214’；杨柳科杨属。别名：意大利杨、意大利214杨。

形态特征： 落叶大乔木。树冠长卵形；树皮灰褐色，浅裂。叶片三角形，基部心形，有2～4个腺点，叶长略大于宽，叶深绿色，质较厚；叶柄扁平。花期为

意杨

4月，果期为5—6月。

主要利用形式：速生，宜作防风林用树、绿荫树和行道树。也可在植物配置时与慢长树混栽，能很快地形成绿化景观，待慢长树长大后再逐步砍伐。木材可作为建材、家具用材和纸浆原料。

349　茵陈蒿

拉丁学名：Artemisia capillaris Thunb.；菊科蒿属。别名：因尘、因陈、茵陈、绵茵陈、白茵陈、日本茵陈、家茵陈、绒蒿、臭蒿、安吕草。

形态特征：半灌木状草本，植株有浓烈的香气。主根明显木质，垂直或向斜下伸长；根茎直径5~8毫米，直立，稀少斜上展或横卧，常有细的营养枝。茎单生或少数，高40~120厘米或更长；茎、枝初时密生灰白色或灰黄色绢质柔毛，后渐稀疏或脱落无毛。营养枝端有密集叶丛，基生叶密集着生，常呈莲座状。基生叶、茎下部叶与营养枝叶两面均被棕黄色或灰黄色绢质柔毛，叶卵圆形或卵状椭圆形，长2~4(~5)厘米，宽1.5~3.5厘米，二（至三）回羽状全裂，每侧有裂片2~3（~4）枚，每枚裂片再3~5全裂；小裂片狭线形或狭线状披针形，通常细直，不弧曲，长5~10毫米，宽0.5~1.5（~2）毫米；叶柄长3~7毫米。花期上述叶均萎谢。中部叶宽卵形、近圆形或卵圆形，长2~3厘米，宽1.5~2.5厘米，（一至）二回羽状全裂；小裂片狭线形或丝线形，通常细直、不弧曲，长8~12毫米，宽0.3~1毫米，近无毛，顶端微尖，基部裂片常半抱茎；近无叶柄。上部叶与苞片叶羽状5全裂或3全裂，基部裂片半抱茎。头状花序卵球形，稀近球形，多数，直径1.5~2毫米，有短梗及线形的小苞叶，常排成复总状花序，并在茎上端组成大型、开展的圆锥花序；总苞片3~4层，外层总苞片草质，中、内层总苞片椭圆形，近膜质或膜质；花序托小，凸起；雌花6~10朵，花冠狭管状或狭圆锥状，檐部具2（~3）裂齿，花柱细长，伸出花冠外，先端2叉，叉端尖锐；两性花3~7朵，不孕育，花冠管状，花药线形，先端附属物尖，长三角形，基部圆钝，花柱短，上端棒状，2裂，不叉开，退化子房极小。瘦果长圆形或长卵形。花果期为7—10月。

主要利用形式：幼嫩枝、叶可作为蔬菜食用或酿制茵陈酒。鲜或干草作家畜饲料。早春采摘基生叶、嫩苗与幼叶入药，中药称“因陈”“茵陈”或“绵茵陈”，为治肝、胆疾患的主要药材，可治疗风湿、寒热、邪气热结及黄疸等。本种水提取液对多种杆菌、球菌有抑制作用。挥发油有抗霉菌的作用。本种还可作青蒿（黄花蒿）的代用品入药。

茵陈蒿

350　樱桃

拉丁学名：Cerasus pseudocerasus (Lindl.) G. Don；蔷薇科樱属。别名：车厘子、莺桃、荆桃、楔桃、英桃、牛桃、樱珠、含桃、玛瑙。

形态特征：乔木，高2~6米。树皮灰白色。小枝灰褐色，嫩枝绿色，无毛或被疏柔毛；冬芽卵形，无毛。叶片卵形或长圆状卵形，长5~12厘米，宽3~5厘米，先端渐尖或尾状渐尖，基部圆形，边缘有尖锐重锯齿，齿端有小腺体，上面暗绿色，近无毛，下面淡绿色，沿脉或脉间有稀疏柔毛，侧脉9~11对；叶柄长

樱桃

0.7～1.5 厘米，被疏柔毛，先端有 1 或 2 个大腺体；托叶早落，披针形，有羽裂腺齿。花序伞房状或近伞形，有花 3～6 朵，先叶开放；总苞倒卵状椭圆形，褐色，长约 5 毫米，宽约 3 毫米，边缘有腺齿；花梗长 0.8～1.9 厘米，被疏柔毛；萼筒钟状，长 3～6 毫米，宽 2～3 毫米，外面被疏柔毛；萼片三角状卵圆形或卵状长圆形，先端急尖或钝，边缘全缘，长为萼筒的一半或过半；花瓣白色，卵圆形，先端下凹或二裂；雄蕊 30～35 枚，栽培者可达 50 枚；花柱与雄蕊近等长，无毛。核果近球形，红色，直径 0.9～1.3 厘米。花期为 3—4 月，果期为 5—6 月。

主要利用形式：常见水果。栽培历史悠久，品种颇多，供食用，也可酿樱桃酒。枝、叶、根及花均可供药用。果实性味甘酸微温，能益脾胃、滋养肝肾、涩精、止泻，用于治疗脾胃虚弱、少食腹泻、脾胃阴伤、口舌干燥、肝肾不足、腰膝酸软、四肢乏力、遗精、血虚、头晕心悸、面色无华及面部雀斑等。

351 迎春花

拉丁学名：Jasminum nudiflorum Lindl.；木樨科素馨属。别名：小黄花、金腰带、黄梅、清明花。

形态特征：落叶灌木，直立或匍匐，高 0.3～5 米，枝条下垂。枝稍扭曲，光滑无毛，小枝四棱形，棱上多少具狭翼。叶对生，三出复叶，小枝基部常具单叶；叶轴具狭翼，叶柄长 3～10 毫米，无毛；叶片和小叶片幼时两面稍被毛，老时仅叶缘具睫毛；小叶片卵形、长卵形或椭圆形、狭椭圆形，稀倒卵形，先端锐尖或钝，具短尖头，基部楔形，叶缘反卷，中脉在上面微凹入，下面凸起，侧脉不明显。顶生小叶片较大，长 1～3 厘米，宽 0.3～1.1 厘米，无柄或基部延伸成短柄；侧生小叶片长 0.6～2.3 厘米，宽 0.2～11 厘米，无柄；单叶为卵形或椭圆形，有时近圆形，长 0.7～2.2 厘米，宽 0.4～1.3 厘米。花单生于去年生小枝的叶腋，稀生于小枝顶端；苞片小叶状，披针形、卵形或椭圆形，长 3～8 毫米，宽 1.5～4 毫米；花梗长 2～3 毫米；花萼绿色，裂片 5～6 枚，窄披针形，长 4～6 毫米，宽 1.5～2.5 毫米，先端锐尖；花冠黄色，径 2～2.5 厘米，花冠管长 0.8～2 厘米，基部直径 1.5～2 毫米，向上渐扩大，裂片 5～6 枚，长圆形或椭圆形，长 0.8～1.3 厘米，宽 3～6 毫米，先端锐尖或圆钝。花期为 2—4 月。

主要利用形式：早春花卉。叶性味苦涩平，能活血解毒、消肿止痛，用于治疗肿毒恶疮、跌打损伤、创伤出血、阴道滴虫、口腔炎、痈疖肿毒，可杀灭蚊蝇幼虫。花能发汗、解热、利尿，主治发热头痛、小便涩痛、高血压、头昏头晕、癌肿。根用于治疗小儿热咳、高烧、支气管炎及小儿惊风。

迎春花

352 莜麦菜

拉丁学名：Lactuca sativa var longifoliaf Lam.；菊科莴苣属。别名：莜麦菜、苦菜、牛俐生菜。

形态特征：一年生或二年生草本，高 30～100 厘米。茎直立，黄绿色。基生叶丛生，多为椭圆状披针形。顶生花序由聚伞花序组成，小花黄色。瘦果长圆形，种子扁平状椭圆形。花果期为 7—9 月。

主要利用形式：常见蔬菜。营养价值略高于生菜而

莜麦菜

油用向日葵

远远优于莴笋，有降低胆固醇、清燥润肺等功效，且热量很低。它以生食为主，可以凉拌，也可蘸各种调料；还可熟食，可炒食或涮食，味道独特。

353　油用向日葵

拉丁学名： Helianthus annuus L.；菊科向日葵属。别名：油葵。

形态特征： 一年生高大草本。茎直立，高 1～3 米，粗壮，被白色粗硬毛，不分枝或有时上部分枝。叶互生，心状卵圆形或卵圆形，顶端急尖或渐尖，有三基出脉，边缘有粗锯齿，两面被短糙毛，有长柄。头状花序极大，径 10～30 厘米，单生于茎端或枝端，常下倾；总苞片多层，叶质，覆瓦状排列，卵形至卵状披针形，顶端尾状渐尖，被长硬毛或纤毛；花托平或稍凸，有半膜质托片；舌状花多数，黄色，舌片开展，长圆状卵形或长圆形，不结实；管状花极多数，棕色或紫色，有披针形裂片，结果实。瘦果倒卵形或卵状长圆形，稍压扁，长 10～15 毫米，有细肋，常被白色短柔毛，上端有 2 根膜片状早落的冠毛。花期为 7—9 月，果期为 8—9 月。

主要利用形式： 世界第二大油料作物，在 15 世纪传入我国，是我国五大油料作物之一。籽可以榨油，榨油残渣可作蛋白质饲料。花盘及秸秆等也可综合利用。籽富含人体必需的不饱和脂肪酸——亚油酸，含量高达 58%～69%，在人体中起到了“清道夫”的作用，能清除体内的“垃圾”。籽油富含维生素 E，不含芥酸、胆固醇、黄曲霉素，具有开胃、润肺、补虚、美容、降血脂等功效，长期食用可对人体起保健作用。少年儿童经常食用，有助于生长发育，健脑益智；孕妇经常食用，有利于胎儿发育和增加母乳，并对“孕期糖尿病”的治疗起辅助作用；中老年人经常食用，有助于降低胆固醇、高血压、高血脂并有助于防治心脑血管疾病和糖尿病等“富贵病”。

354 榆叶梅

拉丁学名：Amygdalus triloba（Lindl.）Ricker；蔷薇科桃属。别名：榆梅、小桃红、榆叶鸾枝。

形态特征：灌木，稀小乔木，高2~3米。枝条开展，具多数短小枝；小枝灰色，一年生枝灰褐色，无毛或幼时微被短柔毛；冬芽短小，长2~3毫米。叶宽椭圆形至倒卵形，先端3裂，边缘有不等的粗重锯齿。花单瓣至重瓣，紫红色，1~2朵生于叶腋。核果红色，近球形，有毛。花期为4—5月，果期为5—7月。

主要利用形式：常见园林灌木，有较强的抗盐碱能力。种子可润燥滑肠、下气利水。枝条可治黄疸及小便不利。

榆叶梅

355 虞美人

拉丁学名：Papaver rhoeas L.；罂粟科罂粟属。别名：丽春花、赛牡丹、满园春、仙女蒿、虞美人草、舞草、加曼（藏药）。

虞美人

形态特征：一年生草本，全株被伸展的刚毛，稀无毛。茎直立，高25~90厘米，具分枝。叶片披针形或狭卵形，羽状分裂，裂片披针形。花单生于茎和分枝顶端，花蕾长圆状倒卵形，下垂；萼片2，宽椭圆形；花瓣4，圆形、横向宽椭圆形或宽倒卵形，长2.5~4.5厘米，全缘，稀圆齿状或顶端缺刻状，紫红色或为其他花色，基部通常具深紫色斑点。蒴果宽倒卵形，长1~2.2厘米，无毛，具不明显的肋；种子多数，肾状长圆形，长约1毫米。花果期为3—8月。

主要利用形式：常见草本花卉。全株入药，含多种生物碱，有镇咳、止泻、镇痛及镇静等功效。种子含油40%以上，可供食用。花可治疗血瘀疼痛及热邪妄动所致的上身烦痛。

356 羽衣甘蓝

拉丁学名：Brassica oleracea L. var. acephala L. f. tricolor Hort.；十字花科芸薹属。别名：叶牡丹、牡丹菜、花包菜、绿叶甘蓝等。

形态特征：二年生或多年生草本，高60~150厘米。下部叶大，大头羽状深裂，长达40厘米，具有色叶脉，有柄；顶裂片大，顶端圆形，基部歪心形，边缘波状，具细圆齿，顶裂片3~5对，倒卵形；上部叶长圆形，全缘，抱茎；所有叶肉质，无毛，具白粉霜。总状花序在果期长达30厘米或更长；花浅黄色，直径10~15毫米；萼片长圆形，直立，长8~11毫米；花瓣倒卵形，长15~20毫米，顶端圆形，有爪。长角果圆筒形，长5~10厘米；喙长5~10毫米，无种子；果梗长约2厘米；种子球形，直径约2毫米，灰棕色。花

期为3—4月，果期为5—6月。

主要利用形式：其叶形、叶色丰富多彩、鲜艳美丽、耐寒性强，是冬季和早春花卉稀少季节的重要观叶植物。营养丰富，含有大量的维生素A、维生素C、维生素B_2及多种矿物质，特别是钙、铁和钾的含量很高。其维生素C含量非常高，每100克嫩叶中的含量达到153.6～220毫克，在甘蓝中可与西蓝花媲美。其可以连续不断地剥取叶片，并不断地产生新的嫩叶，其嫩叶可炒食、凉拌、做汤，在欧美多用其配上各色蔬菜制成色拉，风味清鲜，烹调后可保持鲜美的碧绿色。

357　圆叶锦葵

拉丁学名：Malva rotundifolia L.；锦葵科锦葵属。别名：野锦葵、金爬齿、托盘果、烧饼花、土黄芪。

形态特征：多年生草本，高25～50厘米。分枝多而常匍生，被粗毛。叶肾形，长1～3厘米，宽1～4厘米，基部心形，边缘具细圆齿，偶为5～7浅裂，上面疏被长柔毛，下面疏被星状柔毛；叶柄长3～12厘米，被星状长柔毛；托叶小，卵状渐尖。花通常3～4朵簇生于叶腋，偶有单生于茎基部的；花梗不等长，长2～5厘米，疏被星状柔毛；小苞片3，披针形，长约5毫米，被星状柔毛；萼钟形，长5～6毫米，被星状柔毛，裂片5，三角状渐尖头；花白色至浅粉红色，长10～12毫米，花瓣5，倒心形；雄蕊柱被短柔毛；花柱分枝13～15。果扁圆形，径5～6毫米，分果爿13～15，不为网状，被短柔毛；种子肾形，径约1毫米，被网纹或无网纹。花期为4—9月，果熟期为7—10月。

主要利用形式：杂草。以根入药，性味甘温，能益

气止汗、利尿通乳、托毒排脓，用于治疗贫血、乳汁缺少、自汗、盗汗、肺结核咳嗽、肾炎水肿、血尿、崩漏、脱肛、子宫脱垂及疮疡溃后脓稀不易愈合等症。

358　圆叶牵牛

拉丁学名：Pharbitis purpurea（L.）Voisgt；旋花科牵牛属。别名：牵牛花、小花牵牛、喇叭花、连簪簪、打碗花、紫花牵牛。

形态特征：一年生缠绕草本。茎上被倒向的短柔毛，杂有倒向或开展的长硬毛。叶圆心形或宽卵状心形，基部圆，心形，顶端锐尖、骤尖或渐尖，通常全缘，偶有3裂，两面疏或密被刚伏毛；叶柄长2～12厘米，毛被与茎同。花腋生，单一或2～5朵着生于花序梗顶端成伞形聚伞花序；花序梗比叶柄短或近等长，毛被与茎相同；苞片线形，被开展的长硬毛；花梗被倒向短柔毛及长硬毛；萼片近等长，外面3片长椭圆形，渐尖，内面2片线状披针形，外面均被开展的硬毛，基部更密；花冠漏斗状，紫红色、红色或白色，花冠管通常呈白色；雄蕊与花柱内藏；雄蕊不等长，花丝基部被柔毛；子房无毛，3室，每室2颗胚珠，柱头头状；花盘环状。蒴果近球形，3瓣裂；种子卵状三棱形，长约5毫米，黑褐色或米黄色，被极短的糠秕状毛。花期为5—10月，果期为8—11月。

主要利用形式：常见绿篱植物。种子入药，能泻水下气、消肿杀虫，临床可治疗水肿、膨胀、痰饮喘咳、肠胃实热积滞、大便秘结、虫积、腹痛、精神病、癫痫及单纯性肥胖症。

圆叶牵牛

359 月季花

拉丁学名：Rosa chinensis Jacq.；蔷薇科蔷薇属。别名：月月红、月月花、长春花、四季花、胜春。

形态特征：直立灌木，高 1～2 米。小枝粗壮，圆柱形，有短粗的钩状皮刺或无刺。小叶 3～5，稀 7，小叶片宽卵形至卵状长圆形，先端长渐尖或渐尖，基部近圆形或宽楔形，边缘有锐锯齿，上面暗绿色，常带光泽，下面颜色较浅，顶生小叶片有柄，侧生小叶片近无柄；总叶柄较长，有散生皮刺；托叶大部贴生于叶柄，仅顶端分离部分成耳状。花几朵集生，稀单生；萼片卵形，先端尾状渐尖，有时呈叶状，边缘常有羽状裂片，稀全缘；花瓣重瓣至半重瓣，红色、粉红色至白色，倒卵形，先端有凹缺，基部楔形；花柱离生，伸出萼筒口外，约与雄蕊等长。果卵球形或梨形，红色，萼片脱落。花期为 4—9 月，果期为 6—11 月。

主要利用形式：常见花灌木。花、根及叶均可入药。花治月经不调、痛经和痛疖肿毒。叶治跌打损伤。

月季花

鲜花或叶外用，捣烂敷患处，治瘰疬未破。

360 栽培菊苣

拉丁学名：Cichorium endivia L.；菊科菊苣属。别名：苦苣、苦菜、狗牙生菜、九芽生菜、苦荬菜、苦菊。

形态特征：一年生或二年生草本。根呈圆锥状，垂直直伸，有多数纤维状的须根。茎直立，单生，有纵条棱或条纹，不分枝或上部有短的伞房花序状或总状花序式分枝，全部茎枝光滑无毛，或上部花序分枝及花序梗被头状具柄的腺毛。叶披针形，羽状深裂，全形长椭圆形或倒披针形，或大头羽状深裂，全形倒披针形，或基生叶不裂，椭圆形、椭圆状戟形、三角形、三角状戟形或圆形，全部基生叶基部渐狭成长或短翼柄；中下部茎叶羽状深裂或大头羽状深裂，柄基圆耳状抱茎，顶裂片与侧裂片等大或较大或大，宽三角形、戟状宽三角形、卵状心形。花为头状花序，少数在茎枝顶端排成紧密的伞房花序或总状花序或单生茎枝顶端；总苞宽钟状，总苞片 3～4 层，覆瓦状排列，向内层渐长，外层长披针形或长三角形，中内层长披针形至线状披针形，全部总苞片顶端长急尖，外面无毛或外层或中内层上部沿中脉有少数头状具柄的腺毛；舌状小花多数，黄色。瘦果褐色，长椭圆形或长椭圆状倒披针形，每面各有 3 条细脉，肋间有横皱纹，顶端狭，无喙，冠毛白色。花果期为 5—12 月。

主要利用形式：栽培蔬菜。味甘中略带苦，颜色碧绿，可炒食或凉拌，是清热去火的美食佳品，也有抗菌、解热、消炎、明目及抗癌等作用。脾胃虚弱及纳少便溏者不宜食用。

栽培菊苣

361 早开堇菜

拉丁学名：Viola prionantha Bunge；堇菜科堇菜属。别名：光瓣堇菜。

形态特征：多年生草本。无地上茎；根状茎垂直，短而较粗壮，上端常有去年残叶围绕。根数条，带灰白色，粗而长。叶多数，均基生；叶片在花期呈长圆状卵形、卵状披针形或狭卵形，基部微心形、截形或宽楔形，稍下延，幼叶两侧通常向内卷折，边缘密生细圆齿；果期叶片显著增大，三角状卵形，基部通常呈宽心形；叶柄较粗壮，上部有狭翅；托叶苍白色或淡绿色，干后呈膜质，2/3 与叶柄合生，离生部分线状披针形，边缘疏生细齿。花大，紫堇色或淡紫色，喉部色淡并有紫色条纹，无香味；花梗较粗壮，具棱，在近中部处有 2 枚线形小苞片；萼片披针形或卵状披针形，具白色狭膜质边缘，末端具不整齐牙齿或近全缘；上方花瓣倒卵形，侧方花瓣长圆状倒卵形，下方花瓣末端钝圆且微向上弯；子房长椭圆形，花柱棍棒状，基部明显膝曲，上

早开堇菜

部增粗，柱头顶部平或微凹，两侧及后方浑圆或具狭缘边，前方具不明显短喙，喙端具较狭的柱头孔。蒴果长椭圆形，顶端钝，常具宿存的花柱；种子多数，卵球形，深褐色，常有棕色斑点。花果期为 4 月上中旬至 9 月。

主要利用形式：早春杂草。全草供药用，有清热解毒、除脓消炎的功效，捣烂外敷有排脓、消炎及生肌的功效。

362 枣

拉丁学名：Ziziphus jujuba Mill.；鼠李科枣属。别名：枣树、枣子、大枣、红枣树、刺枣、枣子树、贯枣、老鼠屎。

形态特征：落叶小乔木，稀灌木，高达 10 余米。树皮褐色或灰褐色。有长枝，短枝和无芽小枝（新枝）比长枝光滑，紫红色或灰褐色，呈“之”字形曲折，具 2 个托叶刺，长刺可达 3 厘米，粗直，短刺下弯，长 4~6 毫米；短枝粗壮，矩状，自老枝发出；当年生小枝绿色，下垂，单生或 2~7 个簇生于短枝上。叶纸质，卵形、卵状椭圆形或卵状矩圆形，长 3~7 厘米，宽

枣

1.5～4 厘米，顶端钝或圆形，稀锐尖，具小尖头，基部稍不对称，近圆形，边缘具圆齿状锯齿，上面深绿色，无毛，下面浅绿色，无毛或仅沿脉多少被疏微毛，基生三出脉；叶柄长 1～6 毫米，或在长枝上的可达 1 厘米，无毛或有疏微毛；托叶刺纤细，后期常脱落。花黄绿色，两性，5 基数，无毛，具短总花梗，单生或 2～8 个密集成腋生聚伞花序；花梗长 2～3 毫米；萼片卵状三角形；花瓣倒卵圆形，基部有爪，与雄蕊等长；花盘厚，肉质，圆形，5 裂；子房下部藏于花盘内，与花盘合生，2 室，每室有 1 胚珠，花柱 2 半裂。核果矩圆形或长卵圆形，长 2～3.5 厘米，直径 1.5～2 厘米，成熟时红色，后变红紫色，中果皮肉质，厚，味甜，核顶端锐尖，基部锐尖或钝，2 室，具 1 或 2 枚种子；果梗长 2～5 毫米；种子扁椭圆形，长约 1 厘米，宽 8 毫米。花期为 5—7 月，果期为 8—9 月。

主要利用形式：乡土树种。果实味甜，含有丰富的维生素 C、维生素 P，除供鲜食外，还可以制成蜜枣、红枣、熏枣、黑枣、酒枣、牙枣等蜜饯和果脯，还可以做枣泥、枣面、枣酒、枣醋等，为食品工业原料。果实又供药用，有养胃、健脾、益血、滋补、养肝、宁心、安神、敛汗及强身之效。枣仁和根也可入药。

363 蚤缀

拉丁学名：Arenaria serpyllifolia L.；石竹科蚤缀属。别名：无心菜、小无心菜、鹅不食草、卵叶蚤缀。

形态特征：一年生或二年生草本，高 10～30 厘米。主根细长，支根较多而纤细。茎丛生，直立或散铺，密生白色短柔毛，节间长 0.5～2.5 厘米。叶片卵形，长 4～12 毫米，宽 3～7 毫米，基部狭，无柄，边缘具缘毛，顶端急尖，两面近无毛或疏生柔毛，下面具 3 脉，茎下部的叶较大，茎上部的叶较小。聚伞花序，具多花；苞片草质，卵形，长 3～7 毫米，通常密生柔毛；花梗长约 1 厘米，纤细，密生柔毛或腺毛；萼片 5，披针形，长 3～4 毫米，边缘膜质，顶端尖，外面被柔毛，具显著的 3 脉；花瓣 5，白色，倒卵形，长为萼片的 1/3～1/2，顶端钝圆；雄蕊 10，短于萼片；子房卵圆形，无毛，花柱 3，线形。蒴果卵圆形，与宿存萼等长，顶端 6 裂；种子小，肾形，表面粗糙，淡褐色。花期为 6—8 月，果期为 8—9 月。

蚤缀

主要利用形式：杂草。全草药用，能清热、解毒、明目、止咳，主治急性结膜炎、睑腺炎、咽喉痛及各种肺病。

364 皂荚

拉丁学名：Gleditsia sinensis Lam.；豆科皂荚属。别名：皂角、皂荚树、猪牙皂、牙皂、刀皂。

形态特征：落叶乔木或小乔木，高可达 30 米。枝灰色至深褐色；刺粗壮，圆柱形，常分枝，多呈圆锥状，长达 16 厘米。叶为一回羽状复叶，长 10～18（～26）厘米；小叶（2～）3～9 对，纸质，卵状披针形至长圆形，长 2～8.5（～12.5）厘米，宽 1～4（～6）厘米，先端急尖或渐尖，顶端圆钝，具小尖头，基部圆形或楔形，有时稍歪斜，边缘具细锯齿，上面被短柔毛，下面中脉上稍被柔毛，网脉明显，在两面凸起；小叶柄长 1～2（～5）毫米，被短柔毛。花杂性，黄白色，组成总状花序；花序腋生或顶生，长 5～14 厘米，被短柔毛。雄花直径 9～10 毫米；花梗长 2～8（～10）毫米；花托长 2.5～3 毫米，深棕色，外面被柔毛；萼片 4，三角状披针形，长 3 毫米，两面被柔毛；花瓣 4，长圆形，长 4～5 毫米，被微柔毛；雄蕊 6～8；退化雌蕊长 2.5 毫米。两性花直径 10～12 毫米；花梗长 2～5 毫米；萼、花瓣与雄花的相似，萼片长 4～5 毫米，花瓣长 5～6 毫米；雄蕊 8；子房缝线上及基部被毛（偶有少数湖北标本子房全体被毛），柱头 2 浅裂；胚珠多数。荚果带状，长 12～37 厘米，宽 2～4 厘米，劲直或扭曲，果肉稍厚，两面鼓起，或有的荚果短小，多少呈柱形，长 5～13

皂荚

厘米，宽 1～1.5 厘米，弯曲作新月形，通常称猪牙皂，内无种子；果颈长 1～3.5 厘米；果瓣革质，褐棕色或红褐色，常被白色粉霜；种子多颗，长圆形或椭圆形，长 11～13 毫米，宽 8～9 毫米，棕色，光亮。花期为 3—5 月；果期为 5—12 月。

主要利用形式：乡土树种，寿命很长。木材坚硬，为车辆、家具制作良材；荚果煎汁可代肥皂，用以洗涤丝毛织物；嫩芽用油盐调食，其子煮熟后糖渍可食。荚、子、刺均入药，有祛痰通窍、催乳、镇咳利尿、消肿排脓和杀虫治癣之效。

365 泽漆

拉丁学名：Euphorbia helioscopia L.；大戟科大戟属。别名：五朵云、猫眼草、五凤草。

形态特征：一年生或二年生草本，高 10～30 厘米，全株含乳汁。茎基部分枝，带紫红色。叶互生，倒卵形或匙形，长 1～3 厘米，宽 0.7～1 厘米，先端微凹，边缘中部以上有细锯齿，无柄，基部楔形，两面深绿色或灰绿色，被疏长毛，下部叶小，开花后渐脱落。茎顶有 5 片轮生的叶状苞；总花序多歧聚伞状，顶生，有 5 条伞梗，每伞梗生 3 个小伞梗，每小伞梗又第 3 回分为 2 叉；杯状聚伞花序钟形，总苞顶端 4 裂，裂间腺体 4，肾形；雄花 10 余朵，每花具雄蕊 1，下有短柄，花药歧出，球形；雌花 1，位于花序中央；子房有长柄，伸出花序之外，3 室，花柱 3，柱头 2 裂。蒴果球形，直径约 3 毫米，3 裂，光滑无毛；种子褐色，卵形，长约 2 毫米，表面有凸起的网纹，具白色半圆形种阜。花期为 4—5 月，果期为 6—7 月。

主要利用形式：有毒杂草。春夏采集全草，晒干入药，味苦辛，性微寒，归肺、小肠、大肠经，能行水消肿、化痰止咳、解毒杀虫，主治水气肿满、痰饮喘咳、疟疾、菌痢、瘰疬、结核性瘘管及骨髓炎。

366 泽珍珠菜

拉丁学名：Lysimachia candida Lindl.；报春花科珍珠菜属。别名：泽星宿菜、白水花、水硼砂。

形态特征：一年生或二年生草本，全体无毛。茎单生或数条簇生，直立，高 10～30 厘米，单一或有分枝。基生叶匙形或倒披针形，长 2.5～6 厘米，宽 0.5～2 厘米，具有狭翅的柄，开花时存在或早凋；茎叶互生，很少对生，叶片倒卵形、倒披针形或线形，长 1～5 厘米，宽 2～12 毫米，先端渐尖或钝，基部渐狭，下延，边缘全缘或微皱呈波状，两面均有黑色或带红色的小腺点，无柄或近于无柄。总状花序顶生，初时因花密集而呈阔圆锥形，其后渐伸长，结果时长 5～10 厘米；苞片线形，长 4～6 毫米；花梗长约为苞片的 2 倍，花序最下

泽漆

泽珍珠菜

方的长达 1.5 厘米；花萼长 3～5 毫米，分裂近达基部，裂片披针形，边缘膜质，背面沿中肋两侧有黑色短腺条；花冠白色，长 6～12 毫米，筒部长 3～6 毫米，裂片长圆形或倒卵状长圆形，先端圆钝；雄蕊稍短于花冠，花丝贴生至花冠的中下部，分离部分长约 1.5 毫米；花药近线形，长约 1.5 毫米；花粉粒具 3 孔沟，长球形，（25～30）×（17～18.5）微米，表面具网状纹饰；子房无毛，花柱长约 5 毫米。蒴果球形，直径 2～3 毫米。花期为 3—6 月，果期为 4—7 月。

主要利用形式：花序醒目，宜成片栽植于林缘、溪边草丛中，也可布置花境。全草入药，中药名为“单条草”，为民间药，可清热解毒、活血止痛、利湿消肿，用于治疗咽喉肿痛、痈疮肿毒、跌打伤痛、风湿痹痛、脚气及湿疹等症。

367 樟

拉丁学名：Cinnamomum camphora（L.）Presl；樟科樟属。别名：臭樟、芳樟、梻樟、乌樟、香樟、瑶人柴、油樟。

形态特征：乔木，高达 30 米。树皮黄褐色，不规则纵裂。小枝无毛。叶卵状椭圆形，长 6～12 厘米，先端骤尖，基部宽楔形或近圆，两面无毛或下面初稍被微柔毛，边缘有时微呈波状，离基三出脉，侧脉及支脉脉腋具腺窝；叶柄长 2～3 厘米，无毛。圆锥花序长达 7 厘米，具多花；花序梗长 2.5～4.5 厘米，与序轴均无毛或被灰白色或黄褐色微柔毛，节上毛较密；花梗长 1～2 毫米，无毛；花被无毛或被微柔毛，内面密被柔毛，花被片椭圆形；能育雄蕊长约 2 毫米，花丝被短柔毛，退化雄蕊箭头形，长约 1 毫米，被柔毛。果卵圆形或近球形，径 6～8 毫米，紫黑色；果托杯状，高约 5 毫米，顶端平截，径达 4 毫米。花期为 4—5 月，果期为 8—11 月。

主要利用形式：常见常绿园林树种，幼树于沛县往往生长不良，冬天需要防冻。其枝、叶及木材均有樟脑气味，能提取樟脑和樟油，供医药及香料工业用。根、木材、树皮、叶及果入药，性微温，味辛，有祛风散寒、理气活气、止痛止痒、强心镇痉和杀虫等功效。其中根和木材可治感冒头痛、风湿骨痛、跌打损伤、克山病。皮和叶外用治慢性下肢溃疡、皮肤瘙痒，熏烟可驱杀蚊子。果可治胃腹冷痛、食滞、腹胀和胃肠炎。

樟

368 柘

拉丁学名：Cudrania tricuspidata（Carr.）Bur. ex Lavallee；桑科柘属。别名：柘树、奴柘、灰桑、黄桑、棉柘、鞭打绣球。

形态特征：落叶灌木或小乔木。树皮灰褐色。小枝略具棱，有棘刺；冬芽赤褐色。叶卵形或菱状卵形，偶为 3 裂，先端渐尖，基部楔形至圆形，表面深绿色，背面绿白色，侧脉 4～6 对。雌雄异株，雌雄花序均为球形头状花序，单生或成对腋生，具短总花梗。雄花花序直径 0.5 厘米，雄花有苞片 2 枚，附着于花被片上；花被片 4，肉质，先端肥厚，内卷，内面有黄色腺体 2 个；雄蕊 4，与花被片对生，花丝在花芽时直立；退化雌蕊锥形。雌花花序直径 1～1.5 厘米；花被片与雄花同数，花被片先端盾形，内卷，内面下部有 2 枚黄色腺体；子房埋于花被片下部。聚花果近球形，肉质，成熟时橘红色。花期为 5—6 月，果期为 6—7 月。

主要利用形式：乡土树种，也为良好的绿篱树种。

柘

茎皮纤维可以造纸。嫩叶可以养幼蚕。果可生食或酿酒。木材心部黄色，质地坚硬细致，可以做家具用或作黄色染料。根皮药用，性味甘平，能化瘀止痛、祛风利湿、止咳化痰，主要用于治疗消化道肿瘤，如食管癌、贲门癌、胃癌、肠癌等，也可用于治疗肝癌、肺癌及胰腺癌等，对不宜使用化学治疗及放射治疗者尤为适宜。

369 芝麻

拉丁学名： Sesamum indicum L.；胡麻科胡麻属。别名：胡麻、脂麻、油麻、乌麻。

形态特征： 一年生直立草本，高 60～150 厘米，分枝或不分枝，中空或具有白色髓部，微有毛。叶矩圆形或卵形，长 3～10 厘米，宽 2.5～4 厘米，下部叶常呈掌状 3 裂，中部叶有齿缺，上部叶近全缘；叶柄长 1～5 厘米。花单生或 2～3 朵同生于叶腋内；花萼裂片披针形，长 5～8 毫米，宽 1.6～3.5 毫米，被柔毛；花冠长 2.5～3 厘米，筒状，直径 1～1.5 厘米，长 2～3.5 厘米，白色而常有紫红色或黄色的彩晕；雄蕊 4，内藏；子房上位，4 室（云南西双版纳栽培植物可至 8 室），被柔毛。蒴果矩圆形，长 2～3 厘米，直径 6～12 毫米，有纵棱，直立，被毛，分裂至中部或至基部；种子有黑白之分。花期为 7—9 月，果期为 8—9 月。

主要利用形式： 小杂粮作物，被称为“八谷之冠”。芝麻种子含油量高达 55%，供食用，又可榨油。其油俗称“香油”“麻油”，供食用及妇女涂头发之用，亦供药用。芝麻有补肝肾、益精血、润肠燥、通乳的功效，可用于治疗身体虚弱、头晕耳鸣、高血压、高血脂、咳嗽、身体虚弱、头发早白、贫血萎黄、津液不足、大便燥结、乳少及尿血等症。患慢性肠炎、便溏腹泻者，男子阳痿及遗精者忌食。

370 直立婆婆纳

拉丁学名： Veronica arvensis L.；玄参科婆婆纳属。别名：脾寒草、玄桃。

形态特征： 一年生小草本。茎直立或上伸，不分枝或散铺分枝，有两列多细胞白色长柔毛。叶常为 3～5

芝麻

直立婆婆纳

对，下部的有短柄，中上部的无柄，卵形至卵圆形，具3～5脉，边缘具圆或钝齿，两面被硬毛。总状花序长而多花，长可达20厘米，各部分被多细胞白色腺毛；苞片下部的长卵形而疏具圆齿至上部的长椭圆形而全缘；花梗极短；花萼长3～4毫米，裂片条状椭圆形，前方2枚长于后方2枚；花冠蓝紫色或蓝色，裂片圆形至长矩圆形；雄蕊短于花冠。蒴果倒心形，强烈侧扁，宽略过之，边缘有腺毛，凹口很深，几乎为果之半长，裂片圆钝，宿存的花柱不伸出凹口；种子矩圆形。花期为4—5月。

主要利用形式：杂草，适于花境栽植。全草药用，可清热，主治疟疾。

371 枳

拉丁学名：Poncirus trifoliata（L.）Raf.；芸香科枳属。别名：枸橘、臭橘、臭杞、雀不站、铁篱寨。

形态特征：小乔木。树冠伞形或圆头形。枝绿色，嫩枝扁，有纵棱。叶柄有狭长的翼叶；通常为指状3出叶，很少有4～5小叶，或杂交种的则除3小叶外尚有2小叶或单小叶同时存在；小叶等长或中间的一片较大，对称或两侧不对称，叶缘有细钝裂齿或全缘。花单朵或成对腋生，先叶开放，也有先叶后花的，有完全花及不完全花，后者雄蕊发育，雌蕊萎缩，花有大、小二型，花瓣白色，匙形；雄蕊通常20枚，花丝不等长。果近圆球形或梨形，大小差异较大，果顶微凹，有环圈，果皮暗黄色，粗糙，也有无环圈、果皮平滑的，油胞小而密，果心充实，瓢囊6～8瓣，汁胞有短柄，果肉含黏液，微有香橼气味，甚酸且苦，带涩味，有种子20～50粒；种子阔卵形，乳白色或乳黄色，有黏液，平滑或间有不明显的细脉纹。花期为5—6月，果期为10—11月。

枳

主要利用形式：作为绿篱广泛栽种。果可供药用，能破气消积，并治脱肛等症，也可提取有机酸。种子可榨油。叶、花及果皮可提取芳香油。

372 枳椇

拉丁学名：Hovenia acerba Lindl.；鼠李科枳椇属。别名：拐枣、鸡爪子、枸、万字果、鸡爪树、金果梨、南枳椇。

形态特征：高大乔木，高10～25米。小枝褐色或黑紫色，被棕褐色短柔毛或无毛，有明显呈白色的皮孔。叶互生，厚纸质至纸质，宽卵形、椭圆状卵形或心形，长8～17厘米，宽6～12厘米，顶端长渐尖或短渐尖，基部截形或心形，稀近圆形或宽楔形，边缘常具整齐的浅而钝的细锯齿，上部或近顶端的叶有不明显的齿，稀近全缘，上面无毛，下面沿脉或脉腋常被短柔毛或无毛；叶柄长2～5厘米，无毛。二歧式聚伞圆锥花序，顶生和腋生，被棕色短柔毛；花两性，直径5～6.5毫米；萼片具网状脉或纵条纹，无毛，长1.9～2.2毫米，宽1.3～2毫米；花瓣椭圆状匙形，长2～2.2毫米，宽1.6～2毫米，具短爪；花盘被柔毛；花柱半裂，稀浅裂或深裂，长1.7～2.1毫米，无毛。浆果状核果近球形，直径5～6.5毫米，无毛，成熟时为黄褐色或棕褐色；果序轴明显膨大；种子暗褐色或黑紫色，直径3.2～4.5毫米。花期为5—7月，果期为8—10月。

主要利用形式：木材细致坚硬，为建筑和制细木工用具的良好用材。果序轴肥厚，含丰富的糖，可生食、

枳椇

酿酒、熬糖，民间常用以浸制“拐枣酒”，能治风湿。种子性味甘平，入脾、胃经，有解酒止渴之功效，历代医家一直将其用为解酒止渴要药，适用于饮酒过量、酒醉不醒、口干烦渴及消渴等。树种果材兼用，适生性强，也是退耕还林、西部开发、岗丘瘠薄地资源开发和园林绿化的良好新树种。

373　中华苦荬菜

拉丁学名： Ixeris chinensis（Thunb.）Nakai；菊科苦荬菜属。别名：山苦荬、山鸭舌草、黄鼠草、小苦苣、苦麻子、苦菜、中华小苦荬。

形态特征： 多年生草本。根垂直直伸，通常不分支。根状茎极短缩。茎直立单生或少数茎成簇生，上部伞房花序状分枝。基生叶长椭圆形、倒披针形、线形或舌形，顶端钝或急尖或向上渐窄，基部渐狭成有翼的短或长柄，全缘，不分裂亦无锯齿或边缘有尖齿或凹齿，或呈羽状浅裂、半裂或深裂，侧裂片 2～7 对，长三角形、线状三角形或线形，自中部向上或向下的侧裂片渐小，向基部的侧裂片常为锯齿状，有时为半圆形；茎生叶 2～4 枚，极少 1 枚或无茎叶，长披针形或长椭圆状披针形，不裂，边缘全缘，顶端渐狭，基部扩大，耳状抱茎或至少基部茎生叶的基部有明显的耳状抱茎；全部叶两面无毛。头状花序通常在茎枝顶端排成伞房花序，含舌状小花 21～25 枚；总苞圆柱状；总苞片 3～4 层，外层及最外层宽卵形，顶端急尖，内层长椭圆状倒披针形，顶端急尖；舌状小花黄色，干时带红色。瘦果褐色，长椭圆形，有 10 条高起的钝肋，肋上有上指的小刺毛，顶端急尖成细喙，喙细，细丝状；冠毛白色微糙。花果期为 1—10 月。

主要利用形式： 幼嫩时可作为野菜和饲草。全草入药，味苦辛，性微寒，归肝、胃、大肠经，能清热解毒、凉血、消痈排脓、祛瘀止痛，用于治疗肠痈、肺痈高热、咳吐脓血、热毒疔疮、疮疖痈肿、胸腹疼痛、阑尾炎、肠炎、痢疾、产后腹痛以及痛经等。

中华苦荬菜

374　中华猕猴桃

拉丁学名： Actinidia chinensis Planch.；猕猴桃科猕猴桃属。别名：奇异果、阳桃、羊桃、狐狸桃、野梨、藤梨、猴仔梨、杨汤梨。

形态特征： 大型落叶木质藤本。雌雄异株。雄株多毛叶小，雄株花也较雌花早出现；雌株少毛或无毛，花、叶均大于雄株。根系生长在坚硬土层内的分布较浅，生长在疏松的土壤内的分布较深。枝呈褐色，有柔毛，髓白色，层片状。叶为纸质，无托叶，倒阔卵形至倒卵形或阔卵形至近圆形。聚伞花序，1～3 朵花，花序柄长 7～15 毫米，花柄长 9～15 毫米；苞片小，卵形或钻形，长约 1 毫米，均被灰白色丝状茸毛或黄褐色茸毛；花开时乳白色，后变淡黄色，有香气，直径 1.8～3.5 厘米，单生或数朵生于叶腋。果实卵形至长圆形，横截面半径约 3 厘米，密被黄棕色有分枝的长柔毛。花期为 5—6 月，果期为 8—10 月。

主要利用形式： 藤蔓缠绕盘曲，枝叶浓密，花美且芳香，适用于花架、亭廊、护栏及墙垣等的垂直绿化。本种含有丰富的矿物质钙、磷、铁，还含有胡萝卜素和多种维生素，为著名保健佳果、经济果树，广泛栽培，有多种相关产品问世。

中华猕猴桃

375 中华蚊母树

拉丁学名： Distylium chinense（Franch. ex Hemsl.）Diels；金缕梅科蚊母树属。别名：水浆柯子。

形态特征： 常绿灌木，高约1米。嫩枝粗壮，节间长2～4毫米，被褐色柔毛；老枝暗褐色，秃净无毛；芽体裸露、有柔毛。叶革质，矩圆形，长2～4厘米，宽约1厘米，先端略尖，基部阔楔形，上面绿色，稍发亮，下面秃净无毛；侧脉5对，在上面不明显，在下面隐约可见，网脉在上下两面均不明显；边缘在靠近先端处有2～3个小锯齿；叶柄长2毫米，略有柔毛；托叶披针形，早落。雄花穗状花序长1～1.5厘米，花无柄；萼筒极短，萼齿卵形或披针形，长1.5毫米；雄蕊2～7个，长4～7毫米，花丝纤细，花药卵圆形。蒴果卵圆形，长7～8毫米，外面有褐色星状柔毛；宿存花柱长1～2毫米，干后呈4片裂开；种子长3～4毫米，褐色，有光泽。花期为4—5月，果期为5—9月。

主要利用形式： 常见的城市及工厂绿化树种。适于路旁、庭前、草坪内外以及大乔木下种植，如作为落叶花木的背景树，亦很相宜；也可修剪成球形作为基础种植及绿篱材料。对多种有毒气体（如二氧化硫、二氧化氮）有很强的抗性，防尘、隔音能力较强，是街道及厂矿区优良的抗污染树种。

中华蚊母树

376 皱叶酸模

拉丁学名： Rumex crispus L.；蓼科酸模属。别名：土大黄、洋铁叶子、四季菜根、牛耳大黄根、火风棠、羊蹄根、羊蹄、牛舌片。

形态特征： 多年生草本。根粗壮，黄褐色。茎直

皱叶酸模

立，高50～120厘米，不分枝或上部分枝，具浅沟槽。基生叶披针形或狭披针形，顶端急尖，基部楔形，边缘皱波状；茎生叶较小，狭披针形；叶柄长3～10厘米；托叶鞘膜质，易破裂。花序狭圆锥状，花序分枝近直立或上升；花两性，淡绿色；花梗细，中下部具关节，关节结果时稍膨大；花被片6，外花被片椭圆形，内花被片结果时增大，宽卵形，网脉明显，顶端稍钝，基部近截形，边缘近全缘，全部具小瘤，稀1片具小瘤，小瘤卵形。瘦果卵形，顶端急尖，具3锐棱，暗褐色，有光泽。花期为5—6月，果期为6—7月。

主要利用形式： 常见杂草，可作为野菜食用。根入药名为“牛耳大黄”，有清热解毒、止血、通便、杀虫之功效，主治鼻出血、子宫出血、血小板减少性紫癜及大便秘结等，外用治外痔、急性乳腺炎、黄大疮、疖肿及皮癣等。其种子可作为枕芯填充物。

377 朱槿

拉丁学名： Hibiscus rosa-sinensis L.； 锦葵科木槿属。别名：扶桑、赤槿、佛桑、红木槿、桑槿、大红花、状元红。

形态特征： 常绿灌木，株高约1～3米。小枝圆柱形，疏被星状柔毛。叶阔卵形或狭卵形，先端渐尖，基部圆形或楔形，边缘具粗齿或缺刻，两面除背面沿脉上有少许疏毛外均无毛；叶柄长5～20毫米，上面被长柔毛；托叶线形，被毛。花单生于上部叶腋间，常下垂，花梗长3～7厘米，疏被星状柔毛或近平滑无毛，近端有节；小苞片6～7，线形，疏被星状柔毛，基部合生；花萼钟形，被星状柔毛，裂片5，卵形至披针形；花冠

朱槿

漏斗形，直径 6～10 厘米，玫瑰红色或淡红、淡黄等色；花瓣倒卵形，先端圆，外面疏被柔毛；雄蕊柱长 4～8 厘米，平滑无毛；花柱枝 5。蒴果卵形，平滑无毛，有喙。花期为全年。

主要利用形式：盆栽朱槿是布置公园、花坛、宾馆、会场及家庭养花的最好花木之一。花大色艳，花期长，除红色外，还有粉红色、橙黄色、黄色、粉边红心色及白色等不同品种；除单瓣外，还有重瓣品种。根、叶、花均可入药，有清热利水和解毒消肿之功效。

378 诸葛菜

拉丁学名：Orychophragmus violaceus（L.）O. E. Schulz；十字花科诸葛菜属。别名：菜子花、二月蓝、紫金草。

形态特征：一年生或二年生草本，高 10～50 厘米，无毛。茎单一，直立，基部或上部稍有分枝，浅绿色或带紫色。基生叶及下部茎生叶大头羽状全裂，顶裂片近圆形或为短卵形，长 3～7 厘米，宽 2～3.5 厘米，顶端钝，基部心形，有钝齿，侧裂片 2～6 对，卵形或三角状卵形，长 3～10 毫米，越向下越小，偶在叶轴上杂有

诸葛菜

极小裂片，全缘或有牙齿，叶柄长 2～4 厘米，疏生细柔毛；上部叶长圆形或窄卵形，长 4～9 厘米，顶端急尖，基部耳状，抱茎，边缘有不整齐牙齿。花紫色、浅红色或褪成白色，直径 2～4 厘米；花梗长 5～10 毫米；花萼筒状，紫色，萼片长约 3 毫米；花瓣宽倒卵形，长 1～1.5 厘米，宽 7～15 毫米，密生细脉纹，爪长 3～6 毫米。长角果线形，长 7～10 厘米，具 4 棱，裂瓣有 1 突出中脊，喙长 1.5～2.5 厘米；果梗长 8～15 毫米；种子卵形至长圆形，长约 2 毫米，稍扁平，黑棕色，有纵条纹。花期为 4—5 月，果期为 5—6 月。

主要利用形式：本种是北方地区不可多得的早春观花、冬季观绿的地被植物。嫩茎叶可炒食，但多吃易导致低血钾。种子可榨油，入药可降低胆固醇、增强免疫力、促进胃肠蠕动。

379 竹叶椒

拉丁学名：Zanthoxylum Planispinum Sieb. & Zucc.；芸香科花椒属。别名：土花椒、竹叶花椒、山椒、狗花椒（《中国中部植物》）、花胡椒、野花椒、臭花椒、山花椒、鸡椒、白总管、万花针、岩椒、菜椒（《云南药用植物名录》）。

形态特征：落叶小乔木，高 3～5 米。茎枝多锐刺，刺基部宽而扁，红褐色，小枝上的刺劲直，水平抽出，小叶背面中脉上常有小刺；仅叶背基部中脉两侧有丛状柔毛，或嫩枝梢及花序轴被褐锈色短柔毛。叶有小叶 3～9 片，稀 11 片，翼叶明显，稀仅有痕迹。小叶对生，通常呈披针形，长 3～12 厘米，宽 1～3 厘米，两端尖，有时基部宽楔形，干后叶缘略向背卷，叶面稍粗皱；或

为椭圆形，长 4～9 厘米，宽 2～4.5 厘米，顶端中央一片最大，基部一对最小；有时为卵形，叶缘有甚小且疏离的裂齿，或近于全缘，仅在齿缝处或沿小叶边缘有油点。小叶柄甚短或无柄。花序近腋生或同时生于侧枝之顶，长 2～5 厘米，有花约 30 朵以内；花被片 6～8 片，形状与大小几相同，长约 1.5 毫米；雄花的雄蕊 5～6 枚，药隔顶端有 1 干后变褐黑色的油点；不育雌蕊垫状凸起，顶端 2～3 浅裂；雌花有心皮 2～3 个，背部近顶侧各有 1 油点，花柱斜向背弯，不育雄蕊短线状。果紫红色，有微凸起的少数油点，单个分果瓣径 4～5 毫米；种子径 3～4 毫米，褐黑色。花期为 4—5 月，果期为 8—10 月。

主要利用形式：园林绿篱小灌木。实具有温中燥湿、散寒止痛、驱虫止痒之功效，用于治疗脘腹冷痛、寒湿吐泻、蛔厥腹痛、龋齿牙痛、湿疹及疥癣痒疮。

380 梓

拉丁学名：Catalpa ovata G. Don；紫葳科梓属。别名：梓树、楸、花楸、水桐、河楸、臭梧桐、蒜薹树、黄花楸、水桐楸、木角豆、梓白皮、梓叶、梓实、梓木。

形态特征：落叶乔木，一般高 6 米，最高可达 15 米。树冠伞形，主干通直平滑，呈暗灰色或者灰褐色。嫩枝具稀疏柔毛。叶对生或近于对生，有时轮生，叶阔卵形，长宽相近，长约 25 厘米，顶端渐尖，基部心形，全缘或呈浅波状，常 3 浅裂，叶片上面及下面均粗糙，微被柔毛或近于无毛，侧脉 4～6 对，基部掌状脉 5～7 条；叶柄长 6～18 厘米。圆锥花序顶生，长 10～18 厘米；花序梗微被疏毛，长 12～28 厘米；花梗长 3～8 毫米，疏生毛；花萼圆球形，二唇开裂，长 6～8 毫米；花萼 2 裂，裂片广卵形，顶端锐尖；花冠钟状，浅黄色，长约 2 厘米，二唇形，上唇 2 裂，长约 5 毫米，下唇 3 裂，中裂片长约 9 毫米，侧裂片长约 6 毫米，边缘波状，筒部内有 2 黄色条带及暗紫色斑点，长约 2.5 厘米，直径约 2 厘米；能育雄蕊 2，花丝插生于花冠筒上，花药叉开；退化雄蕊 3；子房上位，棒状；花柱丝形，柱头 2 裂。蒴果线形，下垂，深褐色，长 20～30 厘米，粗 5～7 毫米，冬季不落；种子长椭圆形，两端密生长柔毛，连同毛长约 3 厘米，宽约 3 毫米，背部略隆起。花期为 6—7 月，果期为 8—10 月。

主要利用形式：速生乡土树种，可作行道树、庭荫树及工厂绿化树。根皮或韧皮部入药，味苦，性寒，能清热利湿、降逆止吐、杀虫止痒；叶味苦，性寒，能清热解毒、杀虫止痒；果实味甘，性平，能利水消肿；木味苦，性寒，能催吐止痛。叶或树皮亦可作农药，可杀稻螟和稻飞虱。

381 紫丁香

拉丁学名：Syringa oblata Lindl.；木樨科丁香属。别名：华北紫丁香、紫丁白。

形态特征：灌木或小乔木。树皮灰褐色或灰色。小枝较粗，疏生皮孔。叶片革质或厚纸质，卵圆形至肾形，宽常大于长，先端短突尖至长渐尖或锐尖，基部心形、截形至近圆形，或宽楔形，上面深绿色，下面淡绿色；萌枝上叶片常呈长卵形，先端渐尖，基部截形至宽楔形。圆锥花序直立，由侧芽抽生，近球形或长圆形；萼齿渐尖、锐尖或钝；花冠紫色，花冠管圆柱形，裂片呈直角开展，卵圆形、椭圆形至倒卵圆形，先端内弯略

紫丁香

呈兜状或不内弯；花药黄色，位于距花冠管喉部 0～4 毫米处。果倒卵状椭圆形、卵形至长椭圆形，先端长渐尖，光滑。花期为 4—5 月，果期为 6—10 月。

主要利用形式：园林灌木。其吸收二氧化硫的能力较强，对二氧化硫污染具有一定的净化作用。花可提制芳香油。嫩叶可代茶。其花入药，有健胃养胃、杀菌消炎和抗衰老功效。

382 紫花地丁

拉丁学名：Viola philippica Cav.；堇菜科堇菜属。别名：地黄瓜、紫草地丁、野堇菜、鞋儿花、辽堇菜、白毛堇菜、丁毒草、地茄子、光瓣堇菜、地丁、宝剑草、光堇菜、犁头草、紫花菜。

形态特征：多年生草本，无地上茎，高 4～14 厘米。下部叶片呈三角状卵形或狭卵形，上部者较长，呈长圆形、狭卵状披针形或长圆状卵形。花中等大，紫堇色或淡紫色，稀呈白色，喉部色较淡并带有紫色条纹。蒴果长圆形，长 5～12 毫米；种子卵球形，长 1.8 毫米，淡黄色。花果期为 4 月中下旬至 9 月。

主要利用形式：全草性寒，味微苦，有清热解毒的功效，主治黄疸、痢疾、乳腺炎、目赤肿痛、咽炎，外

紫花地丁

敷治跌打损伤、痈肿及毒蛇咬伤。其所含黄酮苷类及有机酸对金黄色葡萄球菌、猪巴氏杆菌、大肠杆菌、链球菌和沙门氏菌都有较强的抑制作用。

383 紫荆

拉丁学名：Cercis chinensis Bunge；豆科紫荆属。别名：裸枝树、紫珠、老茎生花、满条红。

形态特征：丛生或单生灌木。树皮和小枝灰白色。叶纸质，近圆形或三角状圆形，宽与长相若或略短于长，先端急尖，基部浅至深心形，两面通常无毛，嫩叶绿色，仅叶柄略带紫色，叶缘膜质透明，新鲜时明显可见。花紫红色或粉红色，2～10 余朵成束，簇生于老枝

紫荆

和主干上，尤以主干上花束较多，越到上部幼嫩枝条则花越少，通常先于叶开放，但嫩枝或幼株上的花则与叶同时开放，花长 1～1.3 厘米；花梗长 3～9 毫米；龙骨瓣基部具深紫色斑纹；子房嫩绿色，花蕾时光亮无毛，后期则密被短柔毛，有胚珠 6～7 颗。荚果扁狭长形，绿色，翅宽约 1.5 毫米，先端急尖或短渐尖，喙细而弯曲，基部长渐尖，两侧缝线对称或近对称，果颈长 2～4 毫米；种子 2～6 颗，阔长圆形，黑褐色，光亮。花期为 3—4 月，果期为 8—10 月。

主要利用形式：此树先花后叶，病虫害少，观赏价值高。树皮可入药，有清热解毒、活血行气、消肿止痛之功效，可治产后血气痛、疔疮肿毒及喉痹。花可治风湿筋骨痛。

384 紫茉莉

拉丁学名：Mirabilis jalapa L.；紫茉莉科紫茉莉属。别名：胭脂花、粉豆花、夜饭花、状元花、丁香叶、苦丁香、野丁香。

形态特征：一年生草本，高可达 1 米。根肥粗，倒圆锥形，黑色或黑褐色。茎直立，圆柱形，多分枝，无毛或疏生细柔毛，节稍膨大。叶片卵形或卵状三角形，长 3～15 厘米，宽 2～9 厘米，顶端渐尖，基部截形或心形，全缘，两面均无毛，脉隆起；叶柄长 1～4 厘米，上部叶几无柄。花常数朵簇生枝端；花梗长 1～2 毫米；总苞钟形，长约 1 厘米，5 裂，裂片三角状卵形，顶端渐尖，无毛，具脉纹，结果时宿存；花被紫红色、黄色、白色或杂色，高脚碟状，筒部长 2～6 厘米，檐部直径 2.5～3 厘米，5 浅裂；雄蕊 5，花丝细长，常伸出花外，花药球形；花柱单生，线形，伸出花外，柱头头状。瘦果球形，直径 5～8 毫米，革质，黑色，表面具皱纹；种子胚乳白粉质。花期为 6—10 月，果期为 8—11 月。

紫茉莉

主要利用形式：常见园林草花。根、叶可供药用，有清热解毒、活血调经和滋补的功效。种子白粉可去面部瘢痣粉刺。其根入药，名为“钻地老鼠”，为“肿瘤克星”，常用来煲鸡汤。

385 紫苏

拉丁学名：Perilla frutescens （L.） Britt.；唇形科紫苏属。别名：苏、桂荏、荏、白苏、荏子、赤苏、红勾苏、红苏、黑苏、白紫苏、青苏、鸡苏、香苏、臭苏、野苏麻、大紫苏、假紫苏、水升麻、野藿麻、聋耳麻、香荽。

形态特征：一年生直立草本。茎高 0.3～2 米，绿色或紫色，钝四棱形，具四槽，密被长柔毛。叶阔卵形或圆形，长 7～13 厘米，宽 4.5～10 厘米，先端短尖或突尖，基部圆形或阔楔形，边缘在基部以上有粗锯齿，膜质或草质，两面绿色或紫色，或仅下面紫色，上面被疏柔毛，下面被贴生柔毛；侧脉 7～8 对，位于下部者稍靠近，斜上伸，与中脉在上面微凸起、下面明显凸起，色稍淡；叶柄长 3～5 厘米，背腹扁平，密被长柔毛。轮伞花序 2 花，组成长 1.5～15 厘米、密被长柔毛、偏向一侧的顶生及腋生总状花序；苞片宽卵圆形或近圆形，长、宽约 4 毫米，先端具短尖，外被红褐色腺点，无毛，边缘膜质；花梗长 1.5 毫米，密被柔毛；花萼钟形，10 脉，长约 3 毫米，直伸，下部被长柔毛，夹杂黄色腺点，内面喉部有疏柔毛环；萼檐二唇形，上唇宽大，3 齿，中齿较小，下唇比上唇稍长，2 齿，齿披针形；花冠白色至紫红色，长 3～4 毫米，外面略被微柔毛，内面在下唇片基部略被微柔毛；雄蕊 4，几不伸出，前对稍长，

紫苏

离生，插生喉部，花丝扁平，花药2室，室平行，其后略叉开或极叉开；花柱先端相等2浅裂；花盘前方呈指状膨大。小坚果近球形，灰褐色，直径约1.5毫米，具网纹。花期为8—11月，果期为8—12月。

主要利用形式：全草有特异香气，可作为野菜食用。茎、叶及籽实入药，既能发汗散寒以解表邪，又能行气宽中、解郁止呕，可用于治疗感冒风寒、胸闷及呕恶等症。全草可蒸馏紫苏油，种子出的油也称苏子油，长期食用苏子油对治疗冠心病及高血脂有明显疗效。紫苏在中国约有2000年的种植历史，李时珍曾记载："紫苏嫩时有叶，和蔬茹之，或盐及梅卤作菹食甚香，夏月作熟汤饮之"。在我国南方地区，在泡菜坛子里放入紫苏叶或杆，可以防止泡菜液中产生白色的霉菌。

386 紫穗槐

拉丁学名：Amorpha fruticosa L.；豆科紫穗槐属。别名：椒条、棉条、棉槐、紫槐、槐树。

形态特征：落叶灌木，丛生，高1～4米。小枝灰褐色，被疏毛，后变无毛，嫩枝密被短柔毛。叶互生，

紫穗槐

奇数羽状复叶，长10～15厘米，有小叶11～25片，基部有线形托叶；叶柄长1～2厘米；小叶卵形或椭圆形，长1～4厘米，宽0.6～2厘米，先端圆形，锐尖或微凹，有一短而弯曲的尖刺，基部宽楔形或圆形，上面无毛或被疏毛，下面有白色短柔毛，具黑色腺点。穗状花序常1至数个顶生和枝端腋生，长7～15厘米，密被短柔毛；花有短梗；苞片长3～4毫米；花萼长2～3毫米，被疏毛或几无毛，萼齿三角形，较萼筒短；旗瓣心形，紫色，无翼瓣和龙骨瓣；雄蕊10，下部合生成鞘，上部分裂，包于旗瓣之中，伸出花冠外。荚果下垂，长6～10毫米，宽2～3毫米，微弯曲，顶端具小尖，棕褐色，表面有凸起的疣状腺点。花果期为5—10月。

主要利用形式：枝叶可作绿肥及家畜饲料。茎皮可提取栲胶。枝条可编制篓筐。果实含芳香油，种子含油率为10%，可作油漆、甘油和润滑油之原料。栽植于河岸、河堤、沙地、山坡及铁路沿线，有护堤防沙和防风固沙的作用。花期较长，为重要蜜源植物。

387 紫藤

拉丁学名：Wisteria sinensis (Sims) Sweet；豆科紫藤属。别名：朱藤、招藤、招豆藤、藤萝。

形态特征：落叶藤本。茎左旋，枝较粗壮，嫩枝被白色柔毛，后秃净；冬芽卵形。奇数羽状复叶长15～25厘米；托叶线形，早落；小叶3～6对，纸质，卵状椭圆形至卵状披针形，上部小叶较大，基部1对最小，长5～8厘米，宽2～4厘米，先端渐尖至尾尖，基部钝圆或呈楔形，或歪斜，嫩叶两面被平伏毛，后秃净；小叶柄长3～4毫米，被柔毛；小托叶刺毛状，长4～5毫

米，宿存。总状花序发自去年短枝的腋芽或顶芽，长15~30厘米，径8~10厘米，花序轴被白色柔毛；苞片披针形，早落；花长2~2.5厘米，芳香；花梗细，长2~3厘米；花萼杯状，长5~6毫米，宽7~8毫米，密被细绢毛，上方2齿甚钝，下方3齿卵状三角形；花冠紫色，旗瓣圆形，先端略凹陷，花开后反折，基部有2胼胝体，翼瓣长圆形，基部圆，龙骨瓣较翼瓣短，阔镰形；子房线形，密被茸毛；花柱无毛，上弯；胚珠6~8粒。荚果倒披针形，长10~15厘米，宽1.5~2厘米，密被茸毛，悬垂枝上不脱落，有种子1~3粒；种子褐色，具光泽，圆形，宽1.5厘米，扁平。花期为4月中旬至5月上旬，果期为5—8月。

主要利用形式：常见园林垂直绿化藤本，对二氧化硫和氯化氢等有害气体有较强抗性，吸附灰尘的能力很强。其茎皮、花及种子入药。花可以提炼芳香油，并可以解毒、止吐泻。种子有小毒，含有氰化物，可以治疗筋骨疼，还能防止酒腐变质。皮可以杀虫、止痛，可以治风痹痛及蛲虫病等。其盛开的紫色花朵水焯凉拌，或者裹面油炸，可制作“紫萝饼”及“紫萝糕”等风味面食。

紫藤

388 紫薇

拉丁学名：Lagerstroemia indica L.；千屈菜科紫薇属。别名：痒痒花、痒痒树、紫金花、紫兰花、蚊子花、西洋水杨梅、百日红、无皮树。

形态特征：落叶灌木或小乔木，高可达7米。树皮平滑，灰色或灰褐色。枝干多扭曲，小枝纤细，具4棱，略呈翅状。叶互生或有时对生，纸质，椭圆形、阔矩圆形或倒卵形，长2.5~7厘米，宽1.5~4厘米，顶端短尖或钝形，有时微凹，基部阔楔形或近圆形，无毛或下面沿中脉有微柔毛，侧脉3~7对，小脉不明显；无柄或叶柄很短。花淡红色或紫色、白色，直径3~4厘米，常组成7~20厘米的顶生圆锥花序；花梗长3~15毫米，中轴及花梗均被柔毛；花萼长7~10毫米，外面平滑无棱，但鲜时萼筒有微凸起短棱，两面无毛，裂片6，三角形，直立，无附属体；花瓣6，皱缩，长12~20毫米，具长爪；雄蕊36~42枚，外面6枚着生于花萼上，比其余的长得多；子房3~6室，无毛。蒴果椭圆状球形或阔椭圆形，长1~1.3厘米，幼时绿色至黄色，成熟时或干燥时呈紫黑色，室背开裂；种子有翅，长约8毫米。花期为6—9月，果期为9—12月。

主要利用形式：花色鲜艳美丽，花期长，广泛栽培为庭园观赏树，有时亦作盆景。其木材坚硬、耐腐，可作农具、家具及建筑等用材。树皮、叶及花为强泻剂。根和树皮的煎剂可治咯血、吐血及便血。

紫薇

389 紫叶李

拉丁学名：Prunus cerasifera Ehrhart f. atropurpurea (Jacq.) Rehd.；蔷薇科李属。别名：樱桃李、红叶李。

紫叶李

形态特征：灌木或小乔木，高可达 8 米。多分枝，枝条细长，开展，暗灰色，有时有棘刺；小枝暗红色，无毛；冬芽卵圆形，先端急尖，有数枚覆瓦状排列的鳞片，紫红色，有时鳞片边缘有稀疏缘毛。叶片椭圆形、卵形或倒卵形，极稀椭圆状披针形，长（2～）3～6 厘米，宽 2～4（～6）厘米，先端急尖，基部楔形或近圆形，边缘有圆钝锯齿，有时混有重锯齿，上面深绿色，无毛，中脉微下陷，下面颜色较淡，除沿中脉有柔毛或脉腋有髯毛外，其余部分均无毛，中脉和侧脉均凸起，侧脉 5～8 对；叶柄长 6～12 毫米，通常无毛或幼时微被短柔毛，无腺；托叶膜质，披针形，早落。花 1 朵，稀 2 朵；花梗长 1～2.2 厘米，无毛或微被短柔毛；花直径为 2～2.5 厘米；萼筒钟状，萼片长卵形，先端圆钝，边缘有疏浅锯齿，与萼片近等长，萼筒和萼片外面无毛，萼筒内面有疏生短柔毛；花瓣白色，长圆形或匙形，边缘波状，基部楔形，着生在萼筒边缘；雄蕊 25～30，花丝长短不等，紧密地排成不规则 2 轮，比花瓣稍短；雌蕊 1，心皮被长柔毛，柱头盘状，花柱比雄蕊稍长，基部被稀长柔毛。核果近球形或椭圆形，长、宽几相等，直径 2～3 厘米，黄色、红色或黑色，微被蜡粉，具有浅侧沟，粘核；核椭圆形或卵球形，先端急尖，浅褐带白色，表面平滑或粗糙或有时呈蜂窝状，背缝具沟，腹缝有时扩大具 2 侧沟。花期为 4 月，果期为 8 月。

主要利用形式：常见彩叶植物，品种变型颇多，有垂枝、花叶、紫叶、红叶、黑叶及结果等变型。果实口感酸涩，还有些苦味，可降血压。

390 紫玉兰

拉丁学名：Magnolia liliflora Desr.；木兰科木兰属。别名：木兰、木笔、望春、辛夷。

形态特征：落叶灌木，高达 3 米，常丛生。树皮灰褐色。小枝绿紫色或淡褐紫色。叶椭圆状倒卵形或倒卵形，长 8～18 厘米，宽 3～10 厘米，先端急尖或渐尖，基部渐狭，沿叶柄下延至托叶痕，上面深绿色，幼嫩时疏生短柔毛，下面灰绿色，沿脉有短柔毛；侧脉每边 8～10 条；叶柄长 8～20 毫米，托叶痕约为叶柄长之半。花蕾卵圆形，被淡黄色绢毛。花、叶同时开放，瓶形，直立于粗壮、被毛的花梗上，稍有香气。花被片 9～12，外轮 3 片萼片状，紫绿色，披针形，长 2～3.5 厘米，常早落；内 2 轮肉质，外面紫色或紫红色，内面带白色，花瓣状，椭圆状倒卵形，长 8～10 厘米，宽 3～4.5 厘米。雄蕊紫红色，长 8～10 毫米，花药长约 7 毫米，侧向开裂，药隔伸出成短尖头。雌蕊群长约 1.5 厘米，淡紫色，无毛。聚合果深紫褐色，后变褐色，圆柱形，长 7～10 厘米；成熟蓇葖近圆球形，顶端具短喙。花期为 3—4 月，果期为 8—9 月。

主要利用形式：树皮、叶、花蕾均可入药。花蕾晒干后称辛夷，为我国有 2000 多年传统的中药，其性味辛温，归肺、胃经，能发散风寒、通鼻窍，主治风寒感冒、鼻炎、头痛、鼻塞及鼻渊。本种为传统木本花卉，可作玉兰和白兰等木兰科植物的嫁接砧木。

紫玉兰

391 钻叶紫菀

拉丁学名：Aster subulatus Michx.；菊科紫菀属。

别名：剪刀菜、燕尾菜、瑞莲草、钻形紫菀、白菊花、土柴胡、九龙箭。

形态特征：一年生草本。茎高25～100厘米，无毛而富肉质，上部稍有分枝。基生叶倒披针形，花后凋落；茎中部叶线状披针形，先端尖或钝，有时具钻形尖头，全缘，无柄，无毛。头状花序小，排成圆锥状；总苞钟状，总苞片3～4层，外层较短，内层较长，线状钻形，无毛；舌状花细狭，淡红色，长与冠毛相等或稍长；管状花多数，短于冠毛。瘦果长圆形或椭圆形，长1.5～2.5毫米，有5条纵棱；冠毛淡褐色。花果期为9—11月。

主要利用形式：常见杂草，生态入侵性较强。全草入药，可清热解毒，主治痈肿及湿疹。鲜用作野菜，可减肥。

钻叶紫菀

392 醉蝶花

拉丁学名：Tarenaya hassleriana (Chodat) Iltis；白花菜科醉蝶花属。别名：西洋白花菜、凤蝶草、紫龙须、蜘蛛花。

形态特征：一年生强壮草本植物，高1～1.5米，全株被黏质腺毛，有特殊臭味，有托叶刺，刺长达4毫米，尖利，外弯。叶为具5～7小叶的掌状复叶，小叶草质，椭圆状披针形或倒披针形，中央小叶盛大，长6～8厘米，宽1.5～2.5厘米，最外侧的最小，长约2厘米，宽约5毫米，基部楔形，狭延成小叶柄，与叶柄相连接处稍呈蹼状，顶端渐狭或急尖，有短尖头，两面被毛，背面中脉有时也在侧脉上常有刺，侧脉10～15对；叶柄长2～8厘米，常有淡黄色皮刺。总状花序长达40厘米，密被黏质腺毛；苞片1，叶状，卵状长圆形，长5～20毫米，无柄或近无柄，基部多少呈心形；花蕾圆筒形，长约2.5厘米，直径4毫米，无毛；花梗长2～3厘米，被短腺毛，单生于苞片腋内；萼片4，长约6毫米，长圆状椭圆形，顶端渐尖，外被腺毛；花瓣粉红色，少见白色，在芽中时呈覆瓦状排列，无毛，爪长5～12毫米，瓣片倒卵状匙形，长10～15毫米，宽4～6毫米，顶端圆形，基部渐狭；雄蕊6，花丝长3.5～4厘米，花药线形，长7～8毫米；雌雄蕊柄长1～3毫米；雌蕊柄长4厘米，结果时略有增长；子房线柱形，长3～4毫米，无毛；几无花柱，柱头头状。

主要利用形式：花形奇特，开花时有特异气味，观赏价值高。全草入药，性味辛涩平，有小毒，能祛风散寒、杀虫止痒。果实在民间试用于治疗肝癌，疗效较好。

醉蝶花 宇文磊

第五章 单子叶植物

001 白花紫露草

拉丁学名：Tradescantia fiuminensis Vell.；鸭跖草科紫露草属。别名：淡竹叶、白花紫鸭跖草。

形态特征：多年生常绿草本。茎匍匐，光滑，长可达 60 厘米，带紫红色晕，有略膨大节，节处易生根。叶互生，长圆形或卵状长圆形，先端尖，下面深紫堇色，仅叶鞘上端有毛，具白色条纹。花小，多朵聚生成伞形花序，白色，为 2 叶状苞片所包被，花丝众多，白色。果为蒴果。花期为 5—8 月。

主要利用形式：叶色美观，宜盆栽观赏，是书橱和几架的良好装饰植物。夏季又可作为吊挂廊下的观叶植物。全株可药用，具有消肿解毒、活血利尿、散结等功效，能治疗痈疽中毒、瘰疬结核以及淋病等疾病。

白花紫露草

002 白茅

拉丁学名：Imperata cylindrica (L.) Beauv.；禾本科白茅属。别名：茅针、丝茅草、茅根、茅草、兰根。

形态特征：多年生草本。具粗壮的长根状茎。秆直立，高 30～80 厘米，具 1～3 节，节无毛。叶鞘聚集于秆基，甚长于其节间，质地较厚，老后破碎成纤维状；叶舌膜质，紧贴其背部或鞘口，具柔毛；分蘖叶片长约

白茅

20 厘米，宽约 8 毫米，扁平，质地较薄；秆生叶片长 1～3 厘米，窄线形，通常内卷，顶端渐尖成刺状，下部渐窄，或具柄，质硬，被有白粉，基部上面具柔毛。圆锥花序稠密，长 20 厘米，宽达 3 厘米，小穗长 4.5～5（～6）毫米，基盘具长 12～16 毫米的丝状柔毛；两颖草质及边缘膜质，近相等，具 5～9 脉，顶端渐尖或稍钝，常具纤毛，脉间疏生长丝状毛；雄蕊 2 枚，花药长 3～4 毫米；花柱细长，基部多少有连合，柱头 2，紫黑色，羽状，自小穗顶端伸出。颖果椭圆形，长约 1 毫米，胚长为颖果之半。花果期为 4—6 月。

主要利用形式：杂草，可用于护坡及荒地绿化。根味甘，性寒，能凉血止血、清热利尿，主治吐血、衄血、尿血、小便不利、小便热淋、反胃、热淋涩痛、急性肾炎、水肿、湿热黄疸、胃热呕吐、肺热咳嗽和气喘。花序味甘，性平，能止血，主治衄血、吐血、外伤出血及鼻塞。全草含硅质较多，动物不喜食。

003 稗

拉丁学名：Echinochloa crusgalli (L.) Beauv.；禾本科稗属。别名：稗子、稗草。

形态特征：一年生草本。秆直立，基部倾斜或膝

稗

曲，光滑无毛。叶鞘松弛，下部者长于节间，上部者短于节间；无叶舌；叶片无毛。圆锥花序主轴具角棱，粗糙；小穗密集于穗轴的一侧，具极短柄或近无柄；第一颖三角形，基部包卷小穗，长为小穗的1/3～1/2，具5脉，被短硬毛或硬刺疣毛，第二颖先端具小尖头，具5脉，脉上具刺状硬毛，脉间被短硬毛；第一外稃草质，上部具7脉，先端延伸成1粗壮芒，内稃与外稃等长。花果期为7—10月。

主要利用形式：水田常见杂草。饲草及种子产量均高，营养价值也较高，粗蛋白质含量为6.282%～9.419%，粗脂肪含量为1.921%～2.45%。马、羊最喜吃鲜草，牛最喜食干草；用稗草养草鱼，生长速度快，肉味非常鲜美。谷粒可作家畜和家禽的精饲料，亦可酿酒及食用，在湖南有“稗子酒为最好之酒”之说。根及幼苗可药用，能止血，主治创伤出血。茎叶可作造纸原料。

004 半夏

拉丁学名：Pinellia ternata（Thunb.）Breit.；天南星科半夏属。别名：蝎子草、地文、守田、羊眼半夏、麻芋果、三步跳、和姑、三叶半夏、田里心、无心菜、老鸦眼、老鸦芋头、燕子尾、地慈姑、球半夏、尖叶半夏、老黄咀、老和尚扣、野芋头、老鸦头、地星、三步魂、麻芋子、小天老星、药狗丹、三叶头草、三棱草、洋犁头、小天南星、扣子莲、生半夏、土半夏、野半夏、半子、三片叶、三开花、三角草、三兴草、地珠半夏。

形态特征：多年生草本。块茎圆球形，直径1～2厘米，具须根。叶2～5枚，有时1枚；叶柄长15～20厘米，基部具鞘，鞘内、鞘部以上或叶片基部（叶柄顶头）有直径3～5毫米的珠芽，珠芽在母株上萌发或落地后萌发；幼苗叶片卵状心形至戟形，为全缘单叶，长2～3厘米，宽2～2.5厘米；老株叶片3全裂，裂片绿色，背淡，长圆状椭圆形或披针形，两头锐尖，中裂片长3～10厘米，宽1～3厘米，侧裂片稍短，全缘或具不明显的浅波状圆齿，侧脉8～10对，细弱，细脉网状，密集，集合脉2圈。花序柄长25～30（～35）厘米，长于叶柄；佛焰苞绿色或绿白色，管部狭圆柱形，长1.5～2厘米；檐部长圆形，绿色，有时边缘青紫色，长4～5厘米，宽1.5厘米，钝或锐尖；肉穗花序，雌花序长2厘米，雄花序长5～7毫米，其中间隔3毫米；附属器由绿色变青紫色，长6～10厘米，直立，有时呈“S”形弯曲。浆果卵圆形，黄绿色，先端渐狭为明显的花柱。花期为5—7月，果熟期为8月。

主要利用形式：常见野草。块茎入药，有毒，能燥湿化痰、降逆止呕，生用可消疖肿，主治咳嗽痰多、恶

半夏

心呕吐，外用治急性乳腺炎及急慢性化脓性中耳炎。兽医用来治锁喉癀。

005　棒头草

拉丁学名： Polypogon fugax Nees ex Steud.；禾本科棒头草属。别名：棒子草。

形态特征： 一年生草本。秆丛生，基部膝曲，大都光滑，高 10～75 厘米。叶鞘光滑无毛，大都短于或下部者长于节间；叶舌膜质，长圆形，长 3～8 毫米，常 2 裂或顶端具不整齐的裂齿；叶片扁平，微粗糙或下面光滑，长 2.5～15 厘米，宽 3～4 毫米。圆锥花序穗状，长圆形或卵形，较疏松，具缺刻或有间断，分枝长可达 4 厘米；小穗长约 2.5 毫米（包括基盘），灰绿色或部分带紫色；颖长圆形，疏被短纤毛，先端 2 浅裂，芒从裂口处伸出，细直，微粗糙，长 1～3 毫米；外稃光滑，长约 1 毫米，先端具微齿，中脉延伸成长约 2 毫米而易脱落的芒；雄蕊 3，花药长 0.7 毫米。颖果椭圆形，1 面扁平，长约 1 毫米。花果期为 4—9 月。

主要利用形式： 夏熟作物田常见杂草，主要危害小麦、油菜、绿肥和蔬菜等作物。全草入药，用于治疗关节痛。

棒头草

006　荸荠

拉丁学名： Heleocharis dulcis (Burm. f.) Trin. ex Henschel；莎草科荸荠属。别名：马蹄、水栗、乌芋、菩荠、芍、凫茈、地栗、钱葱、土栗、刺龟儿。

形态特征： 多年生草本。有细长的匍匐根状茎，顶

荸荠

端生块茎。秆多数，丛生，直立，圆柱状，有多数横膈膜，干后秆表面现有节，但不明显，灰绿色，光滑无毛。叶缺如，只在秆的基部有 2～3 个叶鞘；鞘近膜质，绿黄色、紫红色或褐色，鞘口斜，顶端急尖。小穗顶生，圆柱状，淡绿色，顶端钝或近急尖，有多数花，在小穗基部有两片鳞片中空无花，抱小穗基部一周；其余鳞片全有花，松散地呈覆瓦状排列，宽长圆形或卵状长圆形，顶端钝圆，背部灰绿色，近革质，边缘为微黄色干膜质，全面有淡棕色细点，具 1 条中脉；下位刚毛 7 条；有倒刺；柱头 3。小坚果宽倒卵形，双凸状，顶端不缢缩，成熟时棕色，光滑，稍黄微绿色，表面细胞呈四至六角形；花柱基从宽的基部急骤变狭变扁而成三角形，不为海绵质，基部具领状的环，环宽与小坚果质地相同。花果期为 5—10 月。

主要利用形式： 全国各地都有栽培。球茎富含淀粉，供生食、熟食或提取淀粉，味甘美。球茎性寒，具有清热解毒、凉血生津、利尿通便、化湿祛痰、消食除胀的功效，可用于消宿食、健肠胃，治疗黄疸、痢疾、小儿麻痹及便秘等疾病。荸荠含有一种抗菌成分，对降低血压有一定效果，也能防癌。荸荠生用有令人感染寄生虫风险。

007　扁穗雀麦

拉丁学名： Bromus catharticus Vahl.；禾本科雀麦属。别名：北美雀麦、野麦子、澳大利亚雀麦。

形态特征： 一年生草本。秆直立，高 60～100 厘米，径约 5 毫米。叶鞘闭合，被柔毛；叶舌长约 2 毫米，具缺刻；叶片长 30～40 厘米，宽 4～6 毫米，散生

扁穗雀麦

柔毛。圆锥花序开展，长约20厘米；分枝长约10厘米，粗糙，具1～3枚大型小穗；小穗两侧极压扁，含6～11朵小花，长15～30毫米，宽8～10毫米；小穗轴节间长约2毫米，粗糙；颖窄披针形，第一颖长10～12毫米，具7脉，第二颖稍长，具7～11脉；外稃长15～20毫米，具11脉，沿脉粗糙，顶端具芒尖，基盘钝圆，无毛；内稃窄小，长约为外稃的1/2，两脊生纤毛；雄蕊3，花药长0.3～0.6毫米。颖果与内稃贴生，长7～8毫米，胚比1/7，顶端具茸毛。花果期为5月和9月。

主要利用形式：常见于疏于管理的农田或者花园，可作为解决冬春饲料的优良牧草。常作为短期牧草种植，产量较高，适口性较好，各种牲畜均喜食。入药可止汗和催产。

008　扁竹兰

拉丁学名：Iris confusa Sealy；鸢尾科鸢尾属。别名：扁竹根、扁竹。

形态特征：多年生草本。根状茎横走，黄褐色，节明显，节间较长；须根多分枝，黄褐色或浅黄色。地上茎直立，扁圆柱形，节明显，节上常残留有老叶的叶鞘。叶10余枚，密集于茎顶，基部鞘状，互相嵌迭，排列成扇状，叶片宽剑形，黄绿色，两面略带白粉，顶端渐尖，无明显的纵脉。花茎长20～30厘米，总状分枝，每个分枝处着生4～6枚膜质的苞片；苞片卵形，钝头，其中包含有3～5朵花；花浅蓝色或白色；花梗与苞片等长或略长；花被管长约1.5厘米，外花被裂片椭圆形，顶端微凹，边缘具波状皱褶，有疏牙齿，爪部楔形，内花被裂片倒宽披针形，顶端微凹；雄蕊长约1.5厘米，花药黄白色；花柱分枝淡蓝色，顶端裂片呈缝状，子房绿色，柱状纺锤形，长约6毫米。蒴果椭圆形，表面有网状的脉纹及6条明显的肋；种子黑褐色，无附属物。花期为4月，果期为5—7月。

扁竹兰

主要利用形式：根状茎供药用，可治急性扁桃腺炎及急性支气管炎。多在园林中丛植，用作花境或在草地、林缘种植，也可点缀于路边或用作林下地被。

009　长芒稗

拉丁学名：Echinochloa caudata Roshev.；禾本科稗属。

形态特征：一年生草本。其幼苗是叶线形，先端尖。茎常带红色。成株秆直立，秆高1～2米。叶鞘无毛或常有疣基毛（或毛脱落仅留疣基），或仅有粗糙毛或仅边缘有毛；叶舌缺；叶片线形，两面无毛，边缘增厚而粗糙。圆锥花序稍下垂；主轴粗糙，具棱，疏被疣基长毛；分枝密集，常再分小枝；小穗卵状椭圆形，常带紫色，脉上具硬刺毛，有时疏生疣基毛；第一颖三角形，长为小穗的1/3～2/5，先端尖，具三脉；第二颖与小穗等长，顶端具长0.1～0.2毫米的芒，具5脉；第一外稃草质，顶端具长1.5～5厘米的芒，具5脉，脉上疏生刺毛，内稃膜质，先端具细毛，边缘具细睫毛；第二外稃革质，光亮，边缘包着同质的内稃；鳞被2，楔形，折叠，具5脉；雄蕊3；花柱基分离。颖果阔椭圆形，头圆，腹面扁平。花果期为7—10月。

主要利用形式：水田常见杂草，对水稻等作物危害大。可作饲草。全草入药，可治金疮、损伤出血及麻疹等。

长芒稗

长芒披碱草

主要利用形式：耐盐碱农田杂草，可作饲草。

010　长芒披碱草

拉丁学名：Elymus dahuricus Turcz. var. dahuricus；禾本科披碱草属。别名：长芒鹅观草。

形态特征：多年生草本。秆疏丛，直立，高 70～140 厘米，基部膝曲。叶鞘光滑无毛；叶片扁平，稀内卷，上面粗糙，下面光滑，有时呈粉绿色，长 15～25 厘米，宽 5～9（～12）毫米。穗状花序直立，较紧密，长 14～18 厘米，宽 5～10 毫米；穗轴边缘具小纤毛，中部各节具 2 小穗，而接近顶端和基部各节只具 1 小穗；小穗绿色，成熟后变为草黄色，长 10～15 毫米，含 3～5 朵小花；颖披针形或线状披针形，长 8～10 毫米，先端有长达 5 毫米的短芒，有 3～5 条明显而粗糙的脉；外稃披针形，上部具 5 条明显的脉，全部密生短小糙毛，第一外稃长 9 毫米，先端延伸成芒，芒粗糙，长 10～20 毫米，成熟后向外展开；内稃与外稃等长，先端截平，脊上具纤毛，至基部渐不明显，脊间被稀少短毛。花果期为 7—9 月。

011　葱

拉丁学名：Allium fistulosum L.；百合科葱属。别名：大葱叶、细香葱、小葱、四季葱、青葱、大葱、叶葱、胡葱、葱仔、菜伯、水葱、和事草。

葱

形态特征：多年生草本。鳞茎单生，圆柱状，稀为基部膨大的卵状圆柱形；鳞茎外皮白色，稀淡红褐色，膜质至薄革质，不破裂。叶圆筒状，中空，向顶端渐狭，约与花葶等长。花葶圆柱状，中空，高 30～50（～100）厘米，中部以下膨大，向顶端渐狭，约在 1/3 以下被叶鞘；总苞膜质，2 裂；伞形花序球状，多花，较疏散；小花梗纤细，与花被片等长，或为其 2～3 倍长，基部无小苞片；花白色；花被片长 6～8.5 毫米，近卵形，先端渐尖，具反折的尖头，外轮的稍短；花丝为花被片长度的 1.5～2 倍，锥形，在基部合生并与花被片贴生；子房倒卵状，腹缝线基部具不明显的蜜穴；花柱细长，伸出花被外。蒴果，成熟时易开裂；种子盾形，黑色，具 6 棱，有不规则密皱纹。花果期为 4—7 月。

主要利用形式：常见调味蔬菜，品种很多。胃肠道疾病患者、表虚多汗者及眼疾患者尽量不要吃葱。葱茎白、叶、葱汁、葱花、葱果实和种子均可入药，可解热、祛痰、促进消化吸收、抗菌、抗病毒、防癌抗癌、降血脂、降血压及降血糖。

012　葱莲

拉丁学名：Zephyranthes candida（Lindl.）Herb.；石蒜科葱莲属。别名：玉帘、白花菖蒲莲、韭菜莲、肝风草、葱兰。

形态特征：多年生草本。鳞茎卵形，具有明显的颈部。叶狭线形，肥厚，亮绿色。花茎中空；花单生于花茎顶端，下有带褐红色的佛焰苞状总苞，总苞片顶端 2 裂；花梗长约 1 厘米；花白色，外面常带淡红色；几无花被管，花被片 6，顶端钝或具短尖头，近喉部常有很小的鳞片；雄蕊 6，长约为花被的 1/2；花柱细长，柱头不明显 3 裂。蒴果近球形，3 瓣开裂；种子黑色，扁平。花期为秋季。

主要利用形式：栽培供观赏，常用作花坛的镶边材料，也宜于绿地丛植，最宜作林下半阴处的地被植物，或于庭园小径旁栽植。其带鳞茎的全草是民间草药，有平肝、宁心、熄风镇静的作用，主治小儿惊风及癫痫。全草含石蒜碱、多花水仙碱及尼润碱等有毒生物碱。

葱莲　张光太

013　大苞萱草

拉丁学名：Hemerocallis middendorfii Trautv. & Mey.；百合科萱草属。别名：大花萱草。

形态特征：多年生草本。根多少呈绳索状，粗 1.5～3 毫米。叶长 50～80 厘米，通常宽 1～2 厘米，柔软，上部下弯。花莛与叶近等长，不分枝，在顶端聚生 2～6 朵花；苞片宽卵形，宽 1～2.5 厘米，先端长渐尖至近尾状，全长 1.8～4 厘米；花近簇生，具很短的花梗；花被金黄色或橘黄色；花被管长 1～1.7 厘米，约 1/3～2/3 为苞片所包（最上部的花除外），花被裂片长 6～7.5 厘米，内 3 片宽 1.5～2.5 厘米。蒴果椭圆形，稍有 3 钝棱，长约 2 厘米。花果期为 6—10 月。

主要利用形式：对碱性土壤具有特别的耐性，可以作油田及滩涂地带不可多得的绿化材料，也可用来布置各式花坛、马路隔离带、疏林草坡等，还可利用其矮生特性作地被植物。根具有清热利尿、凉血止血的功效，常用于治疗膀胱实热、心肾虚火旺盛引起的小便赤热及手心潮热等症。挖取鲜根，洗净泥土，煎煮后即可服用，或与其他药辨证同用以加强疗效。

大苞萱草

大麦

014 大麦

拉丁学名： Hordeum vulgare L.；禾本科大麦属。别名：牟麦、饭麦、赤膊麦。

形态特征： 一年生草本。秆粗壮，光滑无毛，直立，高 50～100 厘米。叶鞘松弛抱茎，多无毛或基部具柔毛；两侧有两披针形叶耳；叶舌膜质，长 1～2 毫米；叶片长 9～20 厘米，宽 6～20 毫米，扁平。穗状花序长 3～8 厘米（芒除外），径约 1.5 厘米，小穗稠密，每节着生 3 枚发育的小穗；小穗均无柄，长 1～1.5 厘米（芒除外）；颖线状披针形，外被短柔毛，先端常延伸为 8～14 毫米的芒；外稃具 5 脉，先端延伸成芒，芒长 8～15 厘米，边棱具细刺；内稃与外稃几等长。颖果熟时粘着于稃内，不脱出。花果期与种植时间和产地密切相关。

主要利用形式： 重要作物，品种很多。麦秆柔软，多用作牲畜铺草，也大量用作粗饲料。果实性味甘咸凉，能和胃、宽肠、利水，主治食滞泄泻、小便淋痛、水肿及烫伤。营养成分较为丰富，每 100 克含水分 13.1 克、蛋白质 10.2 克、脂肪 1.4 克、碳水化合物 63.4 克、膳食纤维 9.9 克、钙 66 毫克、磷 381 毫克、铁 6.4 毫克，还含有维生素、硫胺素、核黄素、烟酸、尿囊素等。大麦胚芽中，维生素 B_1 的含量较小麦更多。本种的枯黄茎秆（大麦秸）、发芽的颖果（麦芽）及幼苗（大麦苗）亦供药用，还可用来酿酒和熬制糖稀。

015 大薸

拉丁学名： Pistia stratiotes L.；天南星科大薸属。别名：水白菜、大叶莲、水莲花、猪乸莲、天浮萍、水浮萍、大萍叶、水荷莲、肥猪草。

形态特征： 水生漂浮草本。有长而悬垂的根多数，须根羽状，密集。叶簇生成莲座状，叶片常因发育阶段不同而异形：倒三角形、倒卵形、扇形至倒卵状长楔形，长 1.3～10 厘米，宽 1.5～6 厘米，先端截头状或浑圆，基部厚，二面被毛，基部尤为浓密；叶脉扇状伸展，背面明显隆起成褶皱状。佛焰苞白色，长 0.5～1.2 厘米，外被茸毛。果为浆果，内含种子 10～15 粒，椭

大薸

圆形，黄褐色。花期为5—11月。

主要利用形式：全株营养较好，为优质的猪饲料。入药外敷治无名肿毒；煮水可洗汗瘢、血热作痒，消跌打肿痛；煎水内服可通经，主治水肿、小便不利、汗皮疹、臁疮以及水蛊。大藻为生态入侵植物，繁殖迅速，生态影响值得关注。

016 稻

拉丁学名：Oryza sativa L.；禾本科稻属。别名：稻谷、水稻、谷子、淡水稻。

形态特征：一年生水生草本。秆直立，高0.5～1.5米，随品种而异。叶鞘松弛，无毛；叶舌披针形，长10～25毫米，两侧基部下延成叶鞘边缘，具2枚镰形抱茎的叶耳；叶片线状披针形，长40厘米左右，宽约1厘米，无毛，粗糙。圆锥花序大型，舒展，长约30厘米，分枝多，棱粗糙，成熟期向下弯垂；小穗含1朵成熟花，两侧甚压扁，长圆状卵形至椭圆形，长约10毫米，宽2～4毫米；颖极小，仅在小穗柄先端留下半月形的痕迹，退化外稃2枚，锥刺状，长2～4毫米；两侧孕性花外稃质厚，具5脉，中脉成脊，表面有方格状小乳状突起，厚纸质，遍布细毛，端毛较密，有芒或无芒；内稃与外稃同质，具3脉，先端尖而无喙；雄蕊6枚，花药长2～3毫米。颖果长约5毫米，宽约2毫米，厚1～1.5毫米；胚比小，约为颖果长的1/4。花果期与种植时间和产地密切相关。

主要利用形式：世界主要食用农作物之一，有许多品种。大米可作为粮食，做成汤或配菜等。米糠可作饲料。碎米可用于酿酒、提取酒精和制造淀粉及米粉。稻壳可作燃料、填料、抛光剂，可用以制造肥料和糠醛。稻草用作饲料、牲畜垫草、覆盖屋顶材料、包装材料，还可制席垫、服装和扫帚等。

017 吊兰

拉丁学名：Chlorophytum comosum (Thunb.) Baker；百合科吊兰属。别名：挂兰、垂盆草、兰草、折鹤兰、蜘蛛草、飞机草、葡萄兰、钓兰、倒吊兰、土洋参、八叶兰、空气卫士。

形态特征：多年生常绿草本。根状茎短，根稍肥厚。叶剑形，绿色或有黄色条纹，长10～30厘米，宽1～2厘米，向两端稍变狭。花葶比叶长，有时长可达50厘米，常变为匍枝而在近顶部具叶簇或幼小植株；花白色，常2～4朵簇生，排成疏散的总状花序或圆锥花序；花梗长7～12毫米，关节位于中部至上部；花被片长7～10毫米，3脉；雄蕊稍短于花被片；花药矩圆形，长1～1.5毫米，明显短于花丝，开裂后常卷曲。蒴果

稻

吊兰

三棱状扁球形，长约5毫米，宽约8毫米，每室具种子3～5颗。花期为5月，果期为8月。

主要利用形式：悬挂绿化植物，有净化空气的作用。全草或根全年均可采收，洗净鲜用，味甘微苦，性凉，能化痰止咳、散瘀消肿、清热解毒，主治痰热咳嗽、跌打损伤、骨折、痈肿、痔疮、烧伤，还可用于治疗小儿高热、肺热咳嗽、吐血及跌打肿痛。

018 吊竹梅

拉丁学名：Tradescantia zebrina Bosse；鸭跖草科紫鸭跖草属。别名：吊竹兰、斑叶鸭跖草、甲由草、水竹草、花叶竹夹菜、红莲等。

形态特征：多年生草本。茎匍匐或外倾，通常形成紧密的垫席或群体，茎叶稍肉质、多汁，具分枝，无毛或被疏毛，节上有根。叶互生，无柄，椭圆状卵圆形或长圆形，先端尖锐，基部钝，全缘，长5～7厘米，宽3～4厘米，表面紫绿色或杂以银白色条纹，中部和边缘有紫色条纹，叶背紫红色；叶鞘长0.8～1.2厘米，宽0.5～0.8厘米，薄，膜质，常在节嘴具缘毛，或无毛或疏生柔毛。花数朵，聚生于小枝顶部的两片叶状苞片内；花瓣玫瑰色或粉红色，卵形，约6毫米，先端钝；萼片3，合生成一圆柱状的管，披针形至长圆状披针形；花冠管白色，长约1厘米；裂片3，玫瑰色，长约3毫米；雄蕊6；子房3室。蒴果；种子微皱。花期为7—8月。

主要利用形式：常用于栽培观赏。植株小巧玲珑，又比较耐阴，适用于美化卧室、书房、客厅等处，可放在花架、橱顶或吊在窗前自然悬垂。全株有清热解毒、凉血止血及利尿的功效。

吊竹梅

019 东方泽泻

拉丁学名：Alisma orientale（Samuel.）Juz.；泽泻科泽泻属。别名：狼尾巴花、野鸡脸、珍珠菜。

形态特征：多年生水生或沼生草本。块茎直径1～2厘米，或更大。叶多数；挺水叶宽披针形、椭圆形，长3.5～11.5厘米，宽1.3～6.8厘米，先端渐尖，基部近圆形或浅心形，叶脉5～7条；叶柄长3.2～34厘米，较粗壮，基部渐宽，边缘窄膜质。花葶高35～90厘米，或更高；花序长20～70厘米，具3～9轮分枝，每轮分枝3～9枚；花两性，直径约6毫米；花梗不等长，（0.5～）1～2.5厘米；外轮花被片卵形，长2～2.5毫米，宽约1.5毫米，边缘窄膜质，具5～7脉，内轮花被片近圆形，比外轮大，白色、淡红色，稀黄绿色，边缘波状；心皮排列不整齐，花柱长约0.5毫米，直立，柱头长约为花柱的1/5；花丝长1～1.2毫米，基部宽约0.3毫米，向上渐窄，花药黄绿色或黄色，长0.5～0.6毫米，宽0.3～0.4毫米；花托在果期呈凹凸状，高约0.4毫米。瘦果椭圆形，长1.5～2毫米，宽1～1.2毫米，背部具1～2条浅沟，腹部自果喙处凸起，具膜质翅；两侧果皮纸质，半透明或否；果喙长约0.5毫米，自腹侧中上部伸出；种子紫红色，长约1.1毫米，宽约0.8毫米。花果期为5—9月。

主要利用形式：在园林浅水区用作水景植物。块茎入药，主治肾炎水肿、肾盂肾炎、肠炎泄泻、小便不利、尿路感染、水肿、痰饮及眩晕等症。

东方泽泻

020 饭包草

拉丁学名： Commelina benghalensis L.；鸭跖草科鸭跖草属。别名：火柴头、竹叶菜、卵叶鸭跖草、圆叶鸭跖草、大号日头舅、千日菜。

形态特征： 多年生披散草本植物。茎大部分匍匐，节上生根，上部及分枝上部上伸，长可达70厘米，被疏柔毛。叶有明显的叶柄；叶片卵形，长3～7厘米，宽1.5～3.5厘米，顶端钝或急尖，近无毛；叶鞘口沿有疏而长的睫毛。总苞片漏斗状，与叶对生，常数个集于枝顶，下部边缘合生，长8～12毫米，被疏毛，顶端短急尖或钝，柄极短；花序下面一枝具细长梗，具1～3朵不孕的花，伸出佛焰苞，上面一枝有花数朵，结实，不伸出佛焰苞；萼片膜质，披针形，长2毫米，无毛；花瓣蓝色，圆形，长3～5毫米，内面2枚具长爪。蒴果椭圆状，长4～6毫米，3室，腹面2室每室具2颗种子，开裂，后面一室仅有1颗种子，或无种子，不裂；种子长近2毫米，多皱并有不规则网纹，黑色。花期为7—10月，果期为11—12月。

主要利用形式： 全草性味苦寒，能清热解毒、利湿消肿，主治小便短赤涩痛、赤痢及疔疮。

饭包草

021 粉黛乱子草

拉丁学名： Muhlenbergia capillaris (Lam.) Trin.；禾本科乱子草属。别名：毛芒乱子草。

形态特征： 多年生丛生草本，株高可达30～90厘米，宽可达60～90厘米。常具被鳞片的匍匐根茎。秆直立或基部倾斜、横卧。在成熟期间，叶片被卷起，平

粉黛乱子草

坦到渐开线，并且在底部具有15～35厘米长、1.3～3.5毫米宽的锥形或丝状尖端。草和花被组合在一起，形成长而通风的簇状物，沿茎从叶子上方升起，长约460毫米，宽250毫米。圆锥花序狭窄或开展；小穗细小，含1朵小花，很少2朵花，脱节于颖之上；颖质薄，宿存，近于相等或第一颖较短，短于或近等于外稃，常具1脉或第一颖无脉；外稃膜质，具铅绿色蛇纹，下部疏生软毛，基部具微小而钝的基盘，先端尖或具2微齿，具3脉，主脉延伸成芒，其芒细弱，糙涩，劲直或稍弯曲；内稃膜质，与外稃等长，具2脉；鳞被2，小。颖果细长，圆柱形或稍压扁。花期为9—11月。

主要利用形式： 本种成片种植可呈现出粉色云雾海洋的壮观景色，景观可由9月份一直持续至11月中旬，观赏效果极佳。无论单种、混种、组团配置，观赏效果均很好。药用可清热解毒、消肿止痛、祛风解表，对于风湿性关节炎及疮疖肿痛有良效。

022 凤尾丝兰

拉丁学名： Yucca gloriosa L.；龙舌兰科丝兰属。别名：菠萝花、白棕、剑麻、厚叶丝兰。

形态特征： 常绿木本植物。具短茎或高达5米的茎，常分枝。叶坚硬，挺直，条状披针形，长40～80厘米或更长，宽4～6厘米，长渐尖，先端坚硬成刺状，边缘幼时具少数疏离的齿，老时全缘，稀具分离的细纤维。大型圆锥花序长1～1.5米，通常无毛；花下垂，白色至淡黄白色，先端常带紫红色；花被片6，卵状菱形，长4～5.5厘米，宽1.5～2厘米；柱头3裂。果实倒卵状长圆形。花期为7—11月。

主要利用形式：常在公园花坛中种植，既可观花，又可赏叶。其叶片尖部为硬刺，易伤人，不宜在家中种植。其花入药名“凤尾兰”，味辛微苦，性平，能止咳平喘，用于治疗支气管哮喘及咳嗽。

023 凤眼莲

拉丁学名：Eichhornia crassipes (Mart.) Solms；雨久花科凤眼莲属。别名：水葫芦、水浮莲、水葫芦苗、布袋莲、浮水莲花。

形态特征：多年生浮水草本，高 30～60 厘米。须根发达，棕黑色，长达 30 厘米。茎极短，具长匍匐枝，匍匐枝淡绿色或带紫色，叶在基部丛生，呈莲座状排列，一般 5～10 片；叶片圆形、宽卵形或宽菱形，长 4.5～14.5 厘米，宽 5～14 厘米，顶端钝圆或微尖，基部宽楔形或在幼时为浅心形，全缘，具弧形脉，表面深绿色，光亮，质地厚实，两边微向上卷，顶部略向下翻卷；叶柄长短不等，中部膨大成囊状或纺锤形，内有许多多边形柱状细胞组成的气室，维管束散布其间，黄绿色至绿色，光滑。叶柄基部有鞘状苞片，长 8～11 厘米，黄绿色，薄而半透明；花葶从叶柄基部的鞘状苞片腋内伸出，长 34～46 厘米，多棱；穗状花序长 17～20 厘米，通常具 9～12 朵花；花被裂片 6 枚，花瓣状，卵形、长圆形或倒卵形，紫蓝色；花冠略呈两侧对称，直径 4～6 厘米，上方 1 枚裂片较大，长约 3.5 厘米，宽约 2.4 厘米，三色即四周淡紫红色、中间蓝色、在蓝色的中央有 1 黄色圆斑；花药箭形，基着，蓝灰色，2 室，纵裂；花粉粒长卵圆形，黄色；子房上位，长梨形，长 6 毫米，3 室，中轴胎座，胚珠多数；花柱 1，长约 2 厘米，伸出花被筒的部分有腺毛；柱头上密生腺毛。蒴果卵形。花期为 7—10 月，果期为 8—11 月

主要利用形式：药食两用。全草入药，味淡，性凉，能清热解暑、利尿消肿、祛风湿，可用于治疗中暑烦渴、水肿、小便不利，外敷治热疮。本种也为良好的污水净化植物，局部地区可能泛滥成灾。

024 甘蔗

拉丁学名：Saccharum officinarum L.；禾本科甘蔗属。别名：秀贵甘蔗、薯蔗、糖蔗、黄皮果蔗、干蔗、接肠草、竿蔗、糖梗。

形态特征：多年生高大实心草本。根状茎粗壮发达。秆高 3～5（～6）米，具 20～40 节，下部节间较短而粗大，被白粉。叶鞘长于其节间，除鞘口具柔毛外余皆无毛；叶舌极短，生纤毛；叶片长达 1 米，宽 4～6 厘米，无毛，中脉粗壮，白色，边缘具锯齿状粗糙。圆锥花序大型，长 50 厘米左右，主轴除节具毛外余皆无

甘蔗

025 高粱

拉丁学名： Sorghum bicolor （L.） Moench；禾本科高粱属。别名：蜀黍、桃黍、木稷、荻粱、乌禾、芦檫、茭子、名禾。

形态特征： 一年生草本。秆较粗壮，直立，基部节上具支撑根。叶鞘无毛或稍有白粉；叶舌硬膜质，先端圆，边缘有纤毛。圆锥花序疏松，主轴裸露，总梗直立或微弯曲；雄蕊3枚，花药长约3毫米；子房倒卵形，花柱分离，柱头帚状。颖果两面平凸，淡红色至红棕色，熟时宽2.5～3毫米，顶端微外露。有柄小穗的柄长约2.5毫米，小穗线形至披针形。花果期为6—9月。

主要利用形式： 常见粮食作物。籽粒加工后即成为高粱米，在中国、朝鲜、印度及非洲等地皆为粮食，也可用作动物精饲料。食用方法主要为炊饭或磨制成粉后再做成其他各种食品，比如面条、面鱼、面卷、煎饼、蒸糕或黏糕等。除食用外，还可制淀粉、制糖、酿酒和制酒精等。高粱米味甘，性温涩，能和胃消积、温中涩

毛，在花序以下部分不具丝状柔毛；总状花序多数轮生，稠密；总状花序轴节间与小穗柄无毛；小穗线状长圆形，长3.5～4毫米；基盘具长于小穗2～3倍的丝状柔毛；第一颖脊间无脉，不具柔毛，顶端尖，边缘膜质；第二颖具3脉，中脉成脊，粗糙，无毛或具纤毛；第一外稃膜质，与颖近等长，无毛；第二外稃微小，无芒或退化；第二内稃披针形；鳞被无毛。花果期为秋季。

主要利用形式： 秆梢与叶片为牛、羊等家畜的好饲料。茎秆为重要制糖原料。茎秆性味甘寒，归肺、脾、胃经，能清热生津、润燥和中、解毒，主要用于治疗烦热、消渴、呕秽反胃、虚热咳嗽、大便燥结及痈疽疮肿。脾胃虚寒者慎食。甘蔗还可制成蔗糖酯、果葡糖浆等。蔗渣、废蜜和滤泥等可制成纸张、纤维板、碎粒板、糠醛、饲料、食用品培养基、酒精、干冰、酵母、柠檬酸、赖氨酸、冰醋酸、味精、甘油、水泥、肥料等。蔗梢、蔗叶、蔗渣糠、废糖蜜或酒精废液可作为牛及羊等反刍动物的饲料。

高粱

肠、止霍平乱，主治脾虚湿困、消化不良、湿热下痢及小便不利等症。

026 高羊茅

拉丁学名： Festuca elata Keng ex E. Alexeev；禾本科羊茅属。别名：羊茅、苇状羊茅。

形态特征： 多年生丛生型草本。秆成疏丛或单生，直立，高 90～120 厘米，径 2～2.5 毫米，具 3～4 节，光滑，上部伸出鞘外的部分长达 30 厘米。叶鞘光滑，具纵条纹，上部者远短于节间，顶生者长 15～23 厘米；叶舌膜质，截平，长 2～4 毫米；叶片线状披针形，先端长渐尖，通常扁平，下面光滑无毛，上面及边缘粗糙，长 10～20 厘米，宽 3～7 毫米；叶横切面具维管束 11～23，具泡状细胞，厚壁组织与维管束相对应，上、下表皮内均有。圆锥花序疏松开展，长 20～28 厘米；分枝单生，长达 15 厘米，自近基部处分出小枝或小穗；侧生小穗柄长 1～2 毫米；小穗长 7～10 毫米，含 2～3 朵花；颖片背部光滑无毛，顶端渐尖，边缘膜质，第一颖具 1 脉，长 2～3 毫米，第二颖具 3 脉，长 4～5 毫米；外稃椭圆状披针形，平滑，具 5 脉，间脉常不明显，先端膜质 2 裂，裂齿间生芒，芒长 7～12 毫米，细弱，先端曲，第一外稃长 7～8 毫米；内稃与外稃近等长，先端 2 裂，两脊近于平滑；花药长约 2 毫米。颖果长约 4 毫米，顶端有茸毛。花果期为 4—8 月。

主要利用形式： 牧草。本种耐践踏，也为家庭花园、公共绿地、公园及足球场等场地的常见冷季型草坪草。

027 狗尾草

拉丁学名： Setaria viridis（L.）Beauv.；禾本科狗尾草属。别名：阿罗汉草、稗子草、毛毛狗。

形态特征： 一年生草本。根为须状，高大植株具支持根。秆直立或基部膝曲。叶鞘松弛，无毛或疏具柔毛或疣毛，边缘具较长的密绵毛状纤毛；叶舌极短；叶片

高羊茅

狗尾草

扁平，长三角状狭披针形或线状披针形，先端长渐尖或渐尖，基部钝圆形，几呈截状或渐窄，通常无毛或疏被疣毛，边缘粗糙。圆锥花序紧密成圆柱状或基部稍疏离，直立或稍弯垂，主轴被较长柔毛，刚毛长 4～12 毫米，粗糙或微粗糙，直或稍扭曲，通常绿色或褐黄色到紫红色或紫色；小穗 2～5 个簇生于主轴上或更多的小穗着生在短小枝上，椭圆形，先端钝，铅绿色；第一颖卵形、宽卵形，长约为小穗的 1/3，先端钝或稍尖，具 3 脉；第二颖几与小穗等长，椭圆形，具 5～7 脉；第一外稃与小穗等长，具 5～7 脉，先端钝，其内稃短小狭窄；第二外稃椭圆形，顶端钝，具细点状皱纹，边缘内卷，狭窄；鳞被楔形，顶端微凹；花柱基分离；叶上下表皮脉间均为微波纹或无波纹的壁较薄的长细胞。颖果灰白色。花果期为 5—10 月。

主要利用形式：常见杂草。其秆、叶可作饲料，也可入药，治痈瘀或面癣。全草加水煮沸 20 分钟后，滤出液可喷杀菜虫。小穗可提炼糠醛。

028 狗牙根

拉丁学名：Cynodon dactylon (L.) Pers.；禾本科狗牙根属。别名：绊根草、爬根草、咸沙草、铁线草、堑头草、马挽手、行仪芝、牛马根、马根子草、铺地草、铜丝金、铁丝草、鸡肠草。

形态特征：低矮多年生草本。具根茎。秆细而坚韧，下部匍匐地面蔓延甚长，节上常生不定根，直立部分高 10～30 厘米，直径 1～1.5 毫米；秆壁厚，光滑无毛，有时略呈两侧压扁。叶鞘微具脊，无毛或有疏柔毛，鞘口常具柔毛；叶舌仅为一轮纤毛；叶片线形，长 1～12 厘米，宽 1～3 毫米，通常两面无毛。穗状花序（2～）3～5（～6）枚，长 2～5（～6）厘米；小穗灰绿色或带紫色，长 2～2.5 毫米，仅含 1 小花；颖长 1.5～2 毫米，第二颖稍长，均具 1 脉，背部成脊而边缘膜质；外稃舟形，具 3 脉，背部明显成脊，脊上被柔毛；内稃与外稃近等长，具 2 脉；鳞被上缘近截平；花药淡紫色；子房无毛，柱头紫红色。颖果长圆柱形。花果期为 5—10 月。

主要利用形式：杂草，可作饲料。其根茎蔓延力很强，为良好的固堤保土植物，常用以铺建狗牙根草坪或球场；唯生长于果园或耕地中时，为难除灭的有害杂草。全草可入药，能祛风活络、凉血止血、解毒，主治风湿痹痛、半身不遂、劳伤吐血、鼻衄、便血、跌打损伤或疮疡肿毒。

029 褐穗莎草

拉丁学名：Cyperus fuscus L.；莎草科莎草属。

形态特征：一年生草本。具须根。秆丛生，细弱，扁锐三棱形，平滑，基部具少数叶。叶短于秆或有时几与秆等长，平张或有时向内折合，边缘不粗糙。苞片 2～3 枚，叶状，长于花序；长侧枝聚伞花序复出或有时为简单，具 3～5 个第一次辐射枝，辐射枝最长达 3 厘米；小穗 5 至 10 几个密聚成近头状花序，线状披针形或线形，稍扁平，具 8～24 朵花；小穗轴无翅；鳞片覆瓦状排列，膜质，宽卵形，顶端钝，背面中间较宽的一条为黄绿色，两侧深紫褐色或褐色，具 3 条不十分明显的脉；雄蕊 2，花药短，椭圆形，药隔不突出于花药顶端；花柱短，柱头 3。小坚果椭圆形、三棱形，长约为

狗牙根

褐穗莎草

鳞片的 2/3，淡黄色。花果期为 7—10 月。

主要利用形式：农田杂草，除危害水稻外，在低洼潮湿地生长的棉花、豆类及薄荷等作物田中也有发生。可用作饲草。药用可发散风寒、退热止咳。

030 红花石蒜

拉丁学名：Lycoris radiata (L' Her.) Herb. var. radiata；石蒜科石蒜属。别名：龙爪花、老鸦蒜、蒜头草、鬼擎火、幽灵花、地狱花、曼珠沙华、彼岸花。

形态特征：多年生草本。鳞茎近球形，外有紫褐色薄膜，直径 1～3 厘米。叶狭带状，长约 15 厘米，宽约 0.5 厘米，顶端钝，深绿色，中间有粉绿色带。伞形花序顶生，花茎高约 30 厘米；总苞片 2 枚，披针形，长约 3.5 厘米，宽约 0.5 厘米；有花 4～7 朵，花鲜红色；花被裂片狭倒披针形，长约 3 厘米，宽约 0.5 厘米，强度皱缩和反卷；花被筒绿色，长约 0.5 厘米；雄蕊显著伸出于花被外，比花被长 1 倍左右。花期为 8—9 月，果期为 10 月。

主要利用形式：此植物先花后叶，花叶两不相见，供观赏。鳞茎有毒，性味辛温，有毒，能祛痰、消肿、止痛、利尿、解毒、催吐，主治喉风、水肿腹水、痈疽肿毒、疔疮、瘰疬、食物中毒、痰涎壅塞及黄疸等症。

红花石蒜

031 忽地笑

拉丁学名：Lycoris aurea（L'Hér.）Herb；石蒜科石蒜属。别名：铁色箭、黄花石蒜。

忽地笑

形态特征：多年生草本。鳞茎卵形，直径约 5 厘米。叶剑形，长约 60 厘米，最宽处达 2.5 厘米，向基部渐狭，宽约 1.7 厘米，顶端渐尖，中间淡色带明显。花茎高约 60 厘米；总苞片 2 枚，披针形，长约 3.5 厘米，宽约 0.8 厘米；伞形花序有花 4～8 朵，花黄色；花被裂片背面具淡绿色中肋，倒披针形，长约 6 厘米，宽约 1 厘米，强度反卷和皱缩；花被筒长 1.2～1.5 厘米；雄蕊略伸出于花被外，比花被长 1/6 左右，花丝黄色；花柱上部玫瑰红色。蒴果具三棱，室背开裂；种子少数，近球形，直径约 0.7 厘米，黑色。花期为 8—9 月，果期为 10 月。

主要利用形式：全草含石蒜碱等用于制药的原料，有祛痰、催吐、消肿止痛、利尿等功效，但有大毒，须慎用。其鳞茎为提取治疗小儿麻痹后遗症的药物加兰他敏的原料，通常在春季、秋季采挖野生或栽培 2～3 年后的石蒜鳞茎，洗净晒干，或切片晒干。使用时，外用，捣烂敷患处即可。在园林中，可作林下地被花卉，花境丛植或山石间自然式栽植。其花葶健壮、花茎长，是理想的切花材料。

032　虎尾草

拉丁学名：Chloris virgata Sw.；禾本科虎尾草属。别名：棒槌草、大屁股草、棒锤草、刷子头、盘草。

形态特征：一年生草本。秆直立或基部膝曲，光滑无毛。叶鞘背部具脊，包卷松弛，无毛；叶舌无毛或具纤毛；叶片线形，两面无毛或边缘及上面粗糙。穗状花序，指状着生于秆顶，常直立且并拢成毛刷状，有时包藏于顶叶的膨胀叶鞘中，成熟时常带紫色小穗，无柄。颖膜质，第二颖等长或略短于小穗。第一小花两性，外稃纸质，两侧压扁，呈倒卵状披针形，沿脉及边缘被疏柔毛或无毛，两侧边缘上部有白色柔毛，顶端尖或有时具 2 微齿，芒自背部顶端稍下方伸出；内稃膜质，略短于外稃，脊上被微毛；基盘具毛。第二小花不孕，长楔形，仅存外稃，顶端截平或略凹，自背部边缘稍下方伸出。颖果纺锤形，淡黄色，光滑无毛而半透明。花果期为 6—10 月。

主要利用形式：杂草。全草味苦辛，性微温，能祛风除湿、解毒杀虫，主治感冒头痛、风湿痹痛、泻痢腹痛、疝气、脚气、痈疮肿毒及刀伤。它也是热带、亚热带地区重要的牧草和水土保持作物，有些地区用它来建植草坪。

虎尾草

033　虎掌

拉丁学名：Pinellia pedatisecta Schott；天南星科半夏属。别名：掌叶半夏、麻芋果、半夏、绿芋子、天南星、狗爪半夏、麻芋子、半夏子、独败家子、南星、真半夏、大三步跳。

形态特征：多年生草本。块茎近圆球形，根密集，

虎掌

肉质；块茎四周常生若干小球茎。叶 1～3 枚或更多，叶柄淡绿色，下部具鞘；叶片鸟足状分裂，裂片 6～11，披针形，渐尖，基部渐狭，楔形，两侧裂片依次渐短小；侧脉 6～7 对，离边缘 3～4 毫米处弧曲，连结为集合脉，网脉不明显。花序柄直立；佛焰苞淡绿色，管部长圆形，向下渐收缩；檐部长披针形，锐尖，基部展平，宽 1.5 厘米；肉穗花序，附属器黄绿色，细线形，直立或略呈 “S” 形弯曲。浆果卵圆形，绿色至黄白色，小，藏于宿存的佛焰苞管部内。花期为 6—7 月，果熟期为 9—11 月。

主要利用形式：块茎长期以来供药用，其味苦辛，性温，有毒，归肺、肝、脾经，能祛风止痉、化痰散结，主治中风痰壅、口眼歪斜、半身不遂、手足麻痹、风痰眩晕、癫痫惊风、破伤风、咳嗽多痰、痈肿瘰疬、跌打麻痹以及毒蛇咬伤。

034　画眉草

拉丁学名：Eragrostis pilosa（L.）Beauv.；禾本科画眉草属。别名：榧子草、星星草、蚊子草。

形态特征：一年生草本。秆丛生，直立或基部膝曲，高 15～60 厘米，径 1.5～2.5 毫米，通常具 4 节，光滑。叶鞘松裹茎，长于或短于节间，扁压，鞘缘近膜质，鞘口有长柔毛；叶舌为一圈纤毛，长约 0.5 毫米；叶片线形扁平或卷缩，长 6～20 厘米，宽 2～3 毫米，无毛。圆锥花序开展或紧缩，长 10～25 厘米，宽 2～10 厘米，分枝单生、簇生或轮生，多直立向上，腋间有长柔毛；小穗具柄，长 3～10 毫米，宽 1～1.5 毫米，含

画眉草

4～14 朵小花；颖为膜质，披针形，先端渐尖，第一颖长约 1 毫米，无脉，第二颖长约 1.5 毫米，具 1 脉；第一外稃长约 1.8 毫米，广卵形，先端尖，具 3 脉；内稃长约 1.5 毫米，稍作弓形弯曲，脊上有纤毛，迟落或宿存；雄蕊 3 枚，花药长约 0.3 毫米。颖果长圆形，长约 0.8 毫米。花果期为 8—11 月。

主要利用形式：杂草，为优良饲草。全草性味甘淡凉，归膀胱经，能利尿通淋、清热活血，用于治疗热淋、石淋、目赤痒痛及跌打损伤。

035 黄菖蒲

拉丁学名：Iris pseudacorus L.；鸢尾科鸢尾属。别名：黄花鸢尾。

形态特征：多年生草本，植株基部有老叶残留的纤维。根状茎粗壮，斜伸；须根黄白色，少分枝，有皱缩的横纹。叶基生，灰绿色，宽条形，顶端渐尖，有 3～5

黄菖蒲

条不明显的纵脉。花茎中空，有 1～2 枚茎生叶；苞片 3 枚，草质，绿色，披针形，顶端长渐尖，中脉明显，内包含有 2 朵花；花黄色，直径 6～7 厘米；花梗细，长 3～11 厘米；花被管长 0.5～1.2 厘米；外花被裂片倒卵形，长 6～6.5 厘米，宽约 1.5 厘米，具紫褐色的条纹及斑点，爪部狭楔形，两侧边缘有紫褐色的耳状突起，中间下陷呈沟状；内花被裂片倒披针形，长 4.5～5 厘米，宽约 7 毫米，花盛开时向外倾斜；雄蕊长约 3.5 厘米，花药与花丝近等长；花柱分枝深黄色，顶端裂片钝三角形或半圆形，有疏牙齿，子房绿色。蒴果椭圆状柱形，6 条肋明显，顶端无喙，成熟时自顶端开裂至中部；种子棕褐色，扁平，半圆形。花期为 5—6 月，果期为 7—8 月。

主要利用形式：少有的水生和陆生兼备的花卉，观赏价值较高。干燥的根茎可缓解牙痛，还可调经、治腹泻，用于治疗咽喉肿痛。也可以用作染料。

036 黄花菜

拉丁学名：Hemerocallis citrina Baroni；百合科萱草属。别名：萱草、忘忧草、金针菜、萱草花、健脑菜、安神菜、绿葱花、紫萱、臭矢菜、羊角草、向天癀、黄花蝴蝶草、蚝猪钻床、宜男草。

形态特征：多年生草本。根状茎粗短，具肉质纤维根，多数膨大成窄长纺锤形。叶基生成丛，条状披针形，长 30～60 厘米，宽约 2.5 厘米，背面被白粉。夏季开橘黄色大花，花葶长于叶，高达 1 米以上；圆锥花序顶生，有花 6～12 朵，花梗长约 1 厘米，有小的披针形苞片；花长 7～12 厘米；花被基部粗短漏斗状，长达

黄花菜 贾凯

姜

2.5 厘米，花被 6 片，开展，向外反卷，外轮 3 片，宽 1～2 厘米，内轮 3 片，宽达 2.5 厘米，边缘稍作波状；雄蕊 6，花丝长，着生于花被喉部；子房上位，花柱细长。蒴果钝三棱状椭圆形，长 3～5 厘米；种子 20 多个，黑色，有棱。花果期为 5—7 月。

主要利用形式：园艺品种繁多，花可作为蔬菜。其草根入药，能清热利尿、凉血止血。全草具有散瘀消肿、祛风止痛、生肌疗疮的功效，可用于治疗跌打肿痛、劳伤腰痛、疝气疼痛、头痛、痢疾、疮疡溃烂、耳尖流脓、眼红痒痛及白带淋浊等。

037 姜

拉丁学名：Zingiber officinale Rosc.；姜科姜属。别名：生姜、白姜、川姜。

形态特征：多年生草本，株高 0.5～1 米。根茎肥厚，多分枝，有芳香及辛辣味。叶片披针形或线状披针形，长 15～30 厘米，宽 2～2.5 厘米，无毛，无柄；叶舌膜质，长 2～4 毫米。总花梗长达 25 厘米；穗状花序球果状，长 4～5 厘米；苞片卵形，长约 2.5 厘米，淡绿色或边缘淡黄色，顶端有小尖头；花萼管长约 1 厘米；花冠黄绿色，管长 2～2.5 厘米，裂片披针形，长不及 2 厘米；唇瓣中央裂片长圆状倒卵形，短于花冠裂片，有紫色条纹及淡黄色斑点，侧裂片卵形，长约 6 毫米；雄蕊暗紫色，花药长约 9 毫米；药隔附属体钻状，长约 7 毫米。花期为秋季。

主要利用形式：常用调味植物。根茎供药用，干姜主治心腹冷痛、吐泻、肢冷脉微、寒饮喘咳、风寒湿痹；生姜主治风寒感冒、呕吐、痰饮、喘咳、胀满，可解半夏、天南星、鱼蟹及鸟兽肉毒。它又可作烹调配料或制成酱菜或糖姜。茎、叶、根均可提取芳香油，用于食品、饮料及化妆品香料中。腐烂的生姜食用可致癌。

038 节节麦

拉丁学名：Aegilops tauschii Coss.；禾本科山羊草属。别名：粗山羊草。

形态特征：一年生草本。秆高 20～40 厘米。叶鞘紧密包茎，平滑无毛而边缘具纤毛；叶舌薄膜质，长 0.5～1 毫米；叶片宽约 3 毫米，微粗糙，上面疏生柔毛。穗状花序圆柱形，含（5～）7～10（～13）个小穗；小穗圆柱形，长约 9 毫米，含 3～4（～5）朵小花；

节节麦

颖革质，长 4～6 毫米，通常具 7～9 脉，或可达 10 脉以上，顶端截平或有微齿；外稃披针形，顶端具长约 1 厘米的芒，穗顶部者长达 4 厘米，具 5 脉，脉仅于顶端显著，第一外稃长约 7 毫米；内稃与外稃等长，脊上具纤毛。颖果暗红色椭圆形至长椭圆形。花果期为 5—6 月。

主要利用形式：其主要物候期与小麦相同。一种恶性麦田杂草，沛县局部麦田发生严重且不易清除。未抽穗时可饲用。

039 金色狗尾草

拉丁学名：Setaria glauca (L.) Beauv.；禾本科狗尾草属。别名：金狗尾、狗尾草、狗尾巴。

形态特征：一年生单生或丛生草本。秆直立或基部倾斜膝曲，近地面节可生根，高 20～90 厘米，光滑无毛，仅花序下面稍粗糙。叶鞘下部扁压具脊，上部圆形，光滑无毛，边缘薄膜质，光滑无纤毛；叶舌具有 1 圈长约 1 毫米的纤毛；叶片线状披针形或狭披针形，长 5～40 厘米，宽 2～10 毫米，先端长渐尖，基部钝圆，上面粗糙，下面光滑，近基部疏被长柔毛。圆锥花序紧密成圆柱状或狭圆锥状，长 3～17 厘米，宽 4～8 毫米（刚毛除外），主轴具短细柔毛；刚毛金黄色，粗糙，长 4～8 毫米，通常在 1 簇中仅具 1 个发育的小穗；第一颖宽卵形或卵形，长为小穗的 1/3 或 1/2，先端尖，具 3 脉；第二颖宽卵形，长为小穗的 1/2～2/3，先端稍钝，具 5～7 脉；第一小花雄性或中性，第一外稃与小穗等长或微短，具 5 脉，其内稃膜质，等长且等宽于第二小花，具 2 脉，通常含 3 枚雄蕊或无；第二小花两性，外稃革质，等长于第一外稃，先端尖，成熟时背部极隆起，具明显的横皱纹；鳞被楔形；花柱基部连合。花果期为 6—10 月。

主要利用形式：杂草。全草性味淡凉，可清热、明目、止泻，用于治疗目赤肿痛、眼弦赤烂、眼睑炎及赤白痢疾。

040 荩草

拉丁学名：Arthraxon hispidus (Thunb.) Makino；禾本科荩草属。别名：绿竹、马耳草、马耳朵草、中亚荩草、菉竹、王刍、黄草、蓐、鸱脚莎、菉蓐草、细叶莠竹、毛竹、戾草、盭草、晋灼、蓐草、细叶秀竹。

形态特征：一年生草本。秆细弱，无毛，基部倾斜，高 30～60 厘米，具多节，常分枝，基部节着地易生根。叶鞘短于节间，生短硬疣毛；叶舌膜质，长 0.5～1 毫米，边缘具纤毛；叶片卵状披针形，长 2～4 厘米，宽 0.8～1.5 厘米，基部心形，抱茎，除下部边缘生疣基毛外余均无毛。总状花序细弱，长 1.5～4 厘米，2～10 枚呈指状排列或簇生于秆顶；总状花序轴节间无毛，长

金色狗尾草

荩草

为小穗的 2/3～3/4；无柄小穗卵状披针形，呈两侧压扁，长 3～5 毫米，灰绿色或带紫色；第一颖草质，边缘膜质，包住第二颖的 2/3，具 7～9 脉，脉上粗糙至生疣基硬毛，尤以顶端及边缘为多，先端锐尖；第二颖近膜质，与第一颖等长，舟形，脊上粗糙，具 3 脉而 2 侧脉不明显，先端尖；第一外稃长圆形，透明膜质，先端尖，长为第一颖的 2/3；第二外稃与第一外稃等长，透明膜质，近基部伸出一膝曲的芒；芒长 6～9 毫米，下部几扭转；雄蕊 2，花药黄色或带紫色，长 0.7～1 毫米。颖果长圆形，与稃体等长。有柄小穗退化仅到针状刺，柄长 0.2～1 毫米。花果期为 9—11 月。

主要利用形式：常见广布型杂草。全草味苦，性平，归肺经，能止咳定喘、解毒杀虫，用于治疗久咳气喘、肝炎、咽喉炎、口腔炎、鼻炎、淋巴结炎、乳腺炎和疮疡疥癣。

041 韭菜

拉丁学名：Allium tuberosum Rottl. ex Spreng.；百合科葱属。别名：韭、山韭、长生韭、壮阳草、丰本、扁菜、懒人菜、草钟乳、起阳草、韭芽。

形态特征：多年生宿根草本。具倾斜的横生根状茎。鳞茎簇生，近圆柱状；鳞茎外皮暗黄色至黄褐色，破裂成纤维状，呈网状或近网状。叶条形，扁平，实心，比花葶短，宽 1.5～8 毫米，边缘平滑。花葶圆柱状，常具 2 纵棱，高 25～60 厘米，下部被叶鞘；总苞单侧开裂，或 2～3 裂，宿存；伞形花序半球状或近球状，具多但较稀疏的花；小花梗近等长，比花被片长 2～4 倍，基部具小苞片，且数枚小花梗的基部又为 1 枚共同的苞片所包围；花白色；花被片常具绿色或黄绿色的中脉，内轮的呈矩圆状倒卵形，稀为矩圆状卵形，先端具短尖头或钝圆，长 4～7（～8）毫米，宽 2.1～3.5 毫米，外轮的常较窄，矩圆状卵形至矩圆状披针形，先端具短尖头，长 4～7（～8）毫米，宽 1.8～3 毫米；花丝等长，为花被片长度的 2/3～4/5，基部合生并与花被片贴生，合生部分高 0.5～1 毫米，分离部分狭三角形，内轮的稍宽；子房倒圆锥状球形，具 3 条圆棱，外壁具细的疣状突起。蒴果，子房 3 室，每室内有胚珠 2 枚；成熟种子黑色，盾形。花果期为 7—9 月。

韭菜

主要利用形式：常见蔬菜。叶、花葶和花均作为蔬菜食用。种子可入药，具有补肾、健胃、提神、止汗、固涩等功效，主治肾虚阳痿、里寒腹痛、噎膈反胃、胸痹疼痛、衄血、吐血、尿血、痢疾、痔疮、痈疮肿毒、漆疮及跌打损伤。阴虚内热、疮疡及目疾患者均忌食。

042 韭葱

拉丁学名：Allium porrum L.；百合科葱属。别名：

韭葱

扁叶葱、洋蒜苗、扁葱。

形态特征：多年生草本。鳞茎单生，矩圆状卵形至近球状，有时基部具少数小鳞茎；鳞茎外皮白色，膜质，不破裂。叶宽条形至条状披针形，实心，略对折，背面呈龙骨状，基部宽 1～5 厘米或更宽，深绿色，常具白粉。花葶圆柱状，实心，高 60～80 厘米或更高，近中部被叶鞘；总苞单侧开裂，具长喙，早落；伞形花序球状，无珠芽，具多而密集的花；小花梗近等长，比花被片长数倍，基部具小苞片；花白色至淡紫色；花被片近矩圆形，长 4.5～5 毫米，宽 2～2.3 毫米，先端钝，具短尖头，中脉绿色，外轮的背面沿中脉具细齿；花丝稍比花被片长，基部合生并与花被片贴生，两侧的下部具细齿，内轮的下部约 2/3 扩大成长方形，扩大部分与花被片近等宽，每侧各具 1 齿，齿端延长成卷曲的丝状，远比中间着药的花丝长，外轮的无齿，下部稍扩大成狭长的条状三角形；子房卵球状，在中下部沿腹缝线具横向隆起的蜜腺；花柱伸出花被外。蒴果，有棱；种子黑色。花果期为 5—7 月。

主要利用形式：嫩苗、鳞茎、假茎和花薹均作为蔬菜食用。本种抗寒、生长势强，能经受 38 摄氏度左右高温和零下 10 摄氏度低温。韭葱能除菌、利尿、助消化、增进食欲和降低血脂。

043　君子兰

拉丁学名：Clivia miniata Regel Gartenfl.；石蒜科君子兰属。别名：大花君子兰、大叶石蒜、剑叶石蒜、达木兰。

形态特征：多年生草本。茎基部宿存的叶基呈鳞茎状。基生叶质厚，深绿色，具光泽，带状，长 30～50 厘米，宽 3～5 厘米，下部渐狭。花茎宽约 2 厘米；伞形花序有花 10～20 朵，有时更多；花梗长 2.5～5 厘米；花直立向上，花被宽漏斗形，鲜红色，内面略带黄色；花被管长约 5 毫米，外轮花被裂片顶端有微凸头，内轮顶端微凹，略长于雄蕊；花柱长，稍伸出于花被外。浆果紫红色，宽卵形。花期为春夏季，有时冬季也可开花。

主要利用形式：本种美观大方又耐阴，宜盆栽室内摆设，可观叶赏花，也是布置会场和装饰宾馆环境的理

君子兰

想盆花。其还有净化空气及吸收尘埃的作用。植株体内含有石蒜碱、君子兰碱，对癌症、肝炎病、肝硬化腹水和脊髓灰质病毒等有一定疗效。

044　兰花美人蕉

拉丁学名：Canna orchioides Bailey；美人蕉科美人蕉属。别名：意大利美人蕉。

形态特征：多年生球根草本，株高 1～1.5 米。茎绿色。叶片椭圆形至椭圆状披针形，长 30～40 厘米，宽 8～16 厘米，顶端具短尖头，基部渐狭，下延，绿色。总状花序通常不分枝；花大，直径 10～15 厘米；花萼长圆形，长约 2 厘米；花冠管长约 2.5 厘米；花冠裂片披针形，长约 6 厘米，宽约 2 厘米，浅紫色，在开花后一日内即反卷向下；外轮退化雄蕊 3 枚，倒卵状披针形，长达 10 厘米，宽达 5 厘米，质薄而柔，似皱纸，鲜黄色至深红色，具红色条纹或溅点，无纯白或粉红色；发育雄蕊与退化雄蕊相似，唯稍小，花药室着生于

兰花美人蕉

中部边缘；子房长圆形，宽约 6 毫米，密被疣状突起，花柱狭带形，分离部分长 4 厘米。蒴果球形，种子较大，黑褐色，果皮坚硬。花期为夏秋季。

主要利用形式：花大色艳、色彩丰富，株形好，栽培容易。优良品种多，观赏价值很高，可盆栽，也可地栽，装饰花坛。它能很高效地吸收二氧化硫、氯化氢以及二氧化碳等有害物质，抗性较好。由于它的叶片易受害，反应敏感，因此被人们称为监视有害气体污染环境的活的监测器，是绿化、美化和净化环境的理想花卉。

045 狼尾草

拉丁学名：Pennisetum alopecuroides（L.）Spreng.；禾本科狼尾草属。别名：狗尾巴草、芮草、老鼠狼、狗仔尾。

形态特征：多年生草本。须根较粗壮。秆直立，丛生，在花序下密生柔毛。叶鞘光滑，两侧压扁，主脉成脊，在基部者跨生状，秆上部者长于节间；叶舌具纤毛；叶片线形，先端长渐尖，基部生疣毛。圆锥花序直立；主轴密生柔毛；总梗长 2~3（~5）毫米；刚毛粗糙，淡绿色或紫色；小穗通常单生，偶有双生，线状披针形；第一颖微小或缺，膜质，先端钝，脉不明显或具 1 脉；第二颖卵状披针形，先端短尖，具 3~5 脉，长为小穗的 1/3~2/3；第一小花中性，第一外稃与小穗等长，具 7~11 脉；第二外稃与小穗等长，披针形，具 5~7 脉，边缘包着同质的内稃；鳞被 2，楔形；雄蕊 3，花药顶端无毫毛；花柱基部连合。颖果长圆形。叶片表皮细胞的上下表皮结构不同，上表皮脉间细胞 2~4 行为长筒状、有波纹、壁薄的长细胞，下表皮脉间细胞 5~9 行为长筒形、有波纹、壁厚的长细胞与短细胞交叉排列。花果期为夏秋季。

主要利用形式：可作饲料，可作编织或造纸的原料，也可作固堤防沙植物或观赏植物。全草入药，可清热解毒、利湿消肿。

狼尾草

046 芦荟

拉丁学名：Aloe vera（L.）Burm. f.；百合科芦荟属。别名：油葱、卢会、讷会、象胆、奴会、劳伟、洋芦荟、库拉索芦荟、美国芦荟、翠叶芦荟、华芦荟。

形态特征：多年生常绿多肉质草本。茎较短。叶近簇生或稍 2 裂（幼小植株），肥厚多汁，条状披针形，粉绿色，长 15~35 厘米，基部宽 4~5 厘米，顶端有几个小齿，边缘疏生刺状小齿。花茎单生或稍分枝；花葶高 60~90 厘米，不分枝或有时稍分枝；总状花序疏散，具几十朵花；苞片近披针形，先端锐尖；花点垂，稀疏

芦荟

排列，淡黄色而有红斑；花被管状，长约 2.5 厘米，6 裂，裂片先端稍外弯；雄蕊 6，与花被近等长或略长，花药丁字形着生；雌蕊 1，3 室，每室有多数胚珠，花柱明显伸出花被外。蒴果，三角形，室背开裂。花期为 2—3 月。

主要利用形式：芦荟凝胶制品已经被广泛应用于饮料、果冻、酸奶及罐头等食品的制作中。芦荟中含有多糖和多种维生素，对人体皮肤有良好的营养、滋润及增白作用。从中医药角度来看，芦荟叶性味苦寒，能泻火解毒、化瘀杀虫，主治目赤、便秘、白浊、尿血、小儿惊痫、疳积、烧烫伤、妇女闭经、痔疮、疥疮、痈疖肿毒以及跌打损伤。孕妇忌服，脾胃虚弱者禁用。

047 芦苇

拉丁学名：Phragmites australis (cav.) Trin. ex Steud.；禾本科芦苇属。别名：苇、芦、芦笋、蒹葭。

形态特征：多年水生或湿生草本。根状茎十分发达。秆直立，基部和上部的节间较短，最长节间位于下部第 4～6 节，节下被蜡粉。叶鞘下部者短于上部者，长于其节间；叶舌边缘密生一圈长约 1 毫米的短纤毛，两侧缘毛 3～5 毫米，易脱落；叶片披针状线形，长 30 厘米，宽 2 厘米，无毛，顶端长渐尖成丝形。圆锥花序大型，长 20～40 厘米，宽约 10 厘米，分枝多数，长 5～20 厘米，着生稠密下垂的小穗；小穗柄长 2～4 毫米，无毛；小穗长约 12 毫米，含 4 花；颖具 3 脉，第一颖长 4 毫米，第二颖长约 7 毫米；第一不孕外稃雄性，长约 12 毫米，第二外稃长 11 毫米，具 3 脉，顶端长渐尖，基盘延长，两侧密生等长于外稃的丝状柔毛，与无毛的小穗轴相连接处具明显关节，成熟后易自关节上脱落；内稃长约 3 毫米，两脊粗糙；雄蕊 3，花药长 1.5～2 毫米，黄色。颖果长约 1.5 毫米。花果期为 7—10 月。

主要利用形式：优良饲料。嫩芽可食用，如做粽子等；其叶子、花絮可做扫帚，以前用于制作冬季保暖的“毛窝子”鞋。经过加工的芦茎还可以做成多种工艺品。芦茎及芦根可用于造纸行业等。根能清胃火、除肺热。花能止血解毒，主治鼻衄和血崩。

048 芦竹

拉丁学名：Arundo donax L.；禾本科芦竹属。别名：荻芦竹、江苇、旱地芦苇、芦竹笋、芦竹根、楼梯杆。

形态特征：多年生草本。具发达根状茎。秆粗大直立，高 3～6 米，坚韧，具多数节，常生分枝。叶鞘长于节间，无毛或颈部具长柔毛；叶舌截平，先端具短纤毛；叶片扁平，上面与边缘微粗糙，基部白色，抱茎。

圆锥花序极大型，分枝稠密，斜伸；小穗长10~12毫米，含2~4朵小花，小穗轴节长约1毫米；外稃中脉延伸成1~2毫米的短芒，背面中部以下密生长柔毛，毛长5~7毫米，基盘长约0.5毫米，两侧上部具短柔毛，第一外稃长约1厘米；内稃长约为外稃之半；雄蕊3。颖果细小，黑色。花果期为9—12月。

主要利用形式：秆可制管乐器中的簧片。茎纤维长，长、宽比值大，纤维素含量高，是制作优质纸浆和人造丝的原料。幼嫩枝叶的粗蛋白质含量达12%，是牲畜的良好青饲料。以根状茎及嫩笋芽入药，四季可采，将根头砍下，洗净，除去须根，切片晒干，其味苦，性甘寒，能清热泻火、养阴止渴，用于治疗热病烦渴、风火牙痛、虚劳骨蒸、淋证及小便不利。

049 绿萝

拉丁学名：Epipremnum aureum (Linden & Andre) Bunting；天南星科麒麟叶属。别名：魔鬼藤、黄金葛、黄金藤、桑叶。

形态特征：高大藤本。茎攀缘，节间具纵槽；多分枝，枝悬垂。幼枝鞭状，细长，粗3~4毫米，节间长15~20厘米。叶柄长8~10厘米，两侧具鞘达顶部；鞘革质，宿存，下部每侧宽近1厘米，向上渐狭；下部叶片大，上部的长6~8厘米，纸质，宽卵形，短渐尖，基部心形。成熟枝上的叶柄粗壮，基部稍扩大，上部关节长2.5~3厘米，稍肥厚，腹面具宽槽；叶鞘长；叶片薄革质，翠绿色，通常（特别是叶面）有多数不规则的纯黄色斑块，全缘，不等侧的卵形或卵状长圆形，先端短渐尖，基部深心形；Ⅰ级侧脉8~9对，稍粗，两面略隆起，与强劲的中肋成70°~80°（~90°）锐角，其间Ⅱ级侧脉较纤细，细脉微弱，与Ⅰ、Ⅱ级侧脉网结。

绿萝

主要利用形式：为喜阴绿植花卉。本种不易开花，但易于无性繁殖，附生于墙壁或山石上极为美丽，亦作荫棚悬挂植物，折枝插瓶可经久不萎。但栽植于过于阴暗的场所时，叶片上美艳的斑块易于消失。其吸收空气中的苯、三氯乙烯及甲醛等有毒气体的能力很强。绿萝有毒，误食会出现喉咙肿痛的现象。

050 马蔺

拉丁学名：Iris lactea Pall. var. chinensis (Fisch.) Koidz.；鸢尾科鸢尾属。别名：马莲、马兰、马兰花、旱蒲、马韭等。

形态特征：多年生密丛草本。根状茎粗壮，木质，斜伸，外包有大量致密的红紫色折断的老叶残留叶鞘及毛发状的纤维；须根粗而长，黄白色，少分枝。叶基生，坚韧，灰绿色，条形或狭剑形，长约50厘米，宽4~6毫米，顶端渐尖，基部鞘状，带红紫色，无明显的中脉。花茎光滑，高5~10厘米；苞片3~5枚，草质，绿色，边缘白色，披针形，长4.5~10厘米，宽0.8~1.6厘米，顶端渐尖或长渐尖，内包含有2~4朵花；花蓝色，直径5~6厘米；花梗长4~7厘米；花被管甚短，长约3毫米，外花被裂片倒披针形，长4.5~6.5

马蔺

厘米，宽0.8～1.2厘米，顶端钝或急尖，爪部楔形，内花被裂片狭倒披针形，长4.2～4.5厘米，宽5～7毫米，爪部狭楔形；雄蕊长2.5～3.2厘米，花药黄色，花丝白色；子房纺锤形，长3～4.5厘米。蒴果长椭圆状柱形，长4～6厘米，直径1～1.4厘米，有6条明显的肋，顶端有短喙；种子为不规则的多面体，棕褐色，略有光泽。花期为5—6月，果期为6—9月。

主要利用形式： 园林绿化植物。其性耐盐碱、耐践踏，根系发达，可用于水土保持和改良盐碱土。叶在冬季可作为牛、羊、骆驼的饲料，并可供造纸及编织用。根的木质部坚韧而细长，可制刷子。花、种子、根均可入药。花晒干后服用可利尿通便；种子和根可除湿热、止血、解毒；种子有退热、解毒、驱虫的功效；种子中含有马蔺子甲素，可作口服避孕药。马蔺产草量高，营养成分丰富，各类牲畜尤其是绵羊喜食。

051 马唐

拉丁学名： Digitaria sanguinalis (L.) Scop.；禾本科马唐属。别名：谷莠子、羊麻、羊粟、马饭、抓根草、鸡爪草、指草、蟋蟀草、抓地龙、天线草。

形态特征： 一年生草本。秆直立或下部倾斜，膝曲上伸，无毛或节生柔毛。叶鞘短于节间，无毛或散生疣基柔毛；叶舌长1～3毫米；叶片线状披针形，基部圆形，边缘较厚，微粗糙，具柔毛或无毛。总状花序长5～18厘米，4～12枚呈指状着生于长1～2厘米的主轴上；穗轴直伸或开展，两侧具宽翼，边缘粗糙；小穗椭圆状披针形；第一颖小，短三角形，无脉；第二颖具3脉，披针形，长为小穗的1/2左右，脉间及边缘大多具柔毛；第一外稃等长于小穗，具7脉，中脉平滑，两侧的脉间距离较宽，无毛，边脉上具小刺状粗糙，脉间及边缘生柔毛；第二外稃近革质，灰绿色，顶端渐尖，等长于第一外稃；花药长约1毫米。颖果，透明椭圆形；种子淡黄色或灰白色。花果期为6—9月。

主要利用形式： 优良牧草，但又是危害农田、果园的杂草。全草性味甘寒，入肝、脾二经，可明目、聪耳、润肺，主治目暗不明或肺热咳嗽。

052 麦冬

拉丁学名： Ophiopogon japonicus (L. f.) Ker-Gawl.；百合科沿阶草属。别名：麦门冬、沿阶草、不死药、禹余粮、皇帝草。

形态特征： 多年生草本。根较粗，中间或近末端常膨大成椭圆形或纺锤形的小块根；小块根长1～1.5厘米，或更长些，宽5～10毫米，淡褐黄色。地下走茎细长，直径1～2毫米，节上具膜质的鞘；茎很短。叶基生成丛，禾叶状，长10～50厘米，少数更长些，宽1.5～3.5毫米，具3～7条脉，边缘具细锯齿。花葶长6～15（～27）厘米，通常比叶短得多；总状花序长2～5厘米，或有时更长些，具几朵至十几朵花；花单生或成对着生于苞片腋内；苞片披针形，先端渐尖，最下面的长可达7～8毫米；花梗长3～4毫米，关节位于中部以上或近中部；花被片常稍下垂而不展开，披针形，长约5毫米，白色或淡紫色；花药三角状披针形，长2.5～3毫米；花柱长约4毫米，较粗，宽约1毫米，基部宽阔，向上渐狭。种子球形，直径7～8毫米。花期为5—8月，果期为8—9月。

马唐

麦冬

主要利用形式：园林植物、经济作物，小块根也可入药。《神农本草经》将其列为养阴润肺的上品，言其“久服轻身，不老不饥”。其味甘微苦，性微寒，归胃、肺、心经，有养阴润肺、益胃生津、清心除烦的功效，用于治疗肺燥干咳、阴虚痨嗽、喉痹咽痛、津伤口渴、内热消渴、心烦失眠或肠燥便秘等症。研究表明，麦冬具有抗疲劳、清除自由基、提高细胞免疫功能、降血糖、镇静、催眠、抗心肌缺血、抗心律失常、抗肿瘤等作用，尤其对老年保健有效。麦冬不宜长期服用，尤其在没有医生指导的情况下，否则可能生痰生湿；脾胃虚寒、感冒的人服用，易于加重病情。

053　美人蕉

拉丁学名：Canna indica L.；美人蕉科美人蕉属。别名：红艳蕉、小花美人蕉、小芭蕉。

形态特征：多年生草本，全株绿色无毛，被蜡质白粉，高可达 1.5 米。具块状根茎。地上枝丛生。单叶互生，具鞘状的叶柄，叶片卵状长圆形。总状花序疏花，略超出于叶片之上；花红色，单生；苞片卵形，绿色；萼片 3，披针形，绿色而有时染红；花冠管长不及 1 厘米，花冠裂片披针形，绿色或红色；外轮退化雄蕊 2～3 枚，鲜红色，其中 2 枚倒披针形，另一枚如存在则特别小，长 1.5 厘米，宽仅 1 毫米；唇瓣披针形，弯曲；发育雄蕊长 2.5 厘米，花药室长 6 毫米；花柱扁平，一半和发育雄蕊的花丝连合。蒴果绿色，长卵形，有软刺。花果期为 3—12 月。

主要利用形式：常见园林草花，品种很多。本种能吸收二氧化硫、氯化氢、二氧化碳等气体，抗性较好；叶片虽易受害，但在受害后又重新长出新叶，很快恢复生长，为监视有害气体污染环境的活的监测器，是绿化、美化和净化环境的理想花卉。根茎能清热利湿、舒筋活络，可治黄疸肝炎、风湿麻木、外伤出血、跌打损伤、子宫下垂或心气痛等。茎叶纤维可制作人造棉、织麻袋、搓绳。其叶提取芳香油后的残渣还可作造纸原料。

054　牛筋草

拉丁学名：Eleusine indica (L.) Gaertn.；禾本科䅟属。别名：老驴拽、千千踏、忝仔草、粟仔越、野鸡爪、粟牛茄草、蟋蟀草。

形态特征：一年生草本。根系极发达。秆丛生，基部倾斜。叶鞘两侧压扁而具脊，松弛，无毛或疏生疣毛；叶舌长约 1 毫米；叶片平展，线形，无毛或上面被疣基柔毛。穗状花序 2～7 个呈指状着生于秆顶，很少单生；小穗含 3～6 朵小花；颖披针形，具脊，脊粗糙；第一外稃卵形，膜质，具脊，脊上有狭翼；内稃短于外稃，具 2 脊，脊上具狭翼。囊果卵形，长约 1.5 毫米，基部下凹，具明显的波状皱纹。鳞被 2，折叠，具 5 脉。花果期为 6—10 月。

主要利用形式：杂草。根系极发达，秆叶强韧，全株可作饲料，又为优良保土植物。全草性味甘淡平，可祛风利湿、清热解毒、散瘀止血，用于治疗伤暑发热、小儿急惊、黄疸、风湿关节痛、黄疸、小儿消化不良、泄泻、痢疾、小便淋痛、跌打损伤、外伤出血、犬咬伤，也可防治乙脑或流脑。

美人蕉

牛筋草

055 披碱草

拉丁学名： Elymus dahuricus Turcz.；禾本科披碱草属。别名：直穗大麦草、野麦草。

形态特征： 多年生丛生草本，丛疏。须根状，根深可达100厘米。秆直立，高70～140厘米，基部膝曲。叶鞘光滑无毛；叶片长8～32厘米，宽0.5～1.4厘米，扁平，稀内卷，上面粗糙，下面光滑，有时呈粉绿色，叶缘被疏纤毛。穗状花序直立，一般具有23～28个穗节；穗轴边缘具小纤毛，中部各节具2小穗，而接近顶端和基部各节只具1小穗；小穗绿色，成熟后变为草黄色，含3～5朵小花；颖披针形或线状披针形，先端为长达5毫米的短芒，有3～5条明显而粗糙的脉；外稃披针形，上部具5条明显的脉，全部密生短小糙毛，第一外稃长9毫米，先端延伸成芒，芒粗糙，长10～20毫米，成熟后向外展开；内稃与外稃等长，先端截平，脊上具纤毛，至基部渐不明显，脊间被稀少短毛。颖果长椭圆形，长约6毫米，顶端钝圆，具淡黄色茸毛，腹面具宽而深的腹沟，沿沟底有一隆起的深褐色线；胚椭圆形，长约为颖果长的1/5，凸起，尖端伸出。花果期为7—9月。

主要利用形式： 本种为优质高产的饲草，又是很好的护坡、水土保持和固沙的植物，也是山地草甸、草甸草原或河漫滩等天然草地补播的主要草种。药用全草，可清热解毒、利湿退黄、止血生肌及利尿通便。

披碱草

056 千金子

拉丁学名： Leptochloa chinensis (L.) Nees；禾本科千金子属。

形态特征： 一年生草本。秆直立，基部膝曲或倾

千金子

斜，高30～90厘米，平滑无毛。叶鞘无毛，大多短于节间；叶舌膜质，长1～2毫米，常撕裂具小纤毛；叶片扁平或多少卷折，先端渐尖，两面微粗糙或下面平滑，长5～25厘米，宽2～6毫米。圆锥花序长10～30厘米，分枝及主轴均微粗糙；小穗多带紫色，长2～4毫米，含3～7朵小花；颖具1脉，脊上粗糙，第一颖较短而狭窄，长1～1.5毫米，第二颖长1.2～1.8毫米；外稃顶端钝，无毛或下部被微毛，第一外稃长约1.5毫米；花药长约0.5毫米。颖果长圆球形，长约1毫米。花果期为8—11月。

主要利用形式： 农田杂草，可作牧草。本种分枝很多，本名“千茎子”因此得名。

057 日本看麦娘

拉丁学名： Alopecurus japonicus Steud.；禾本科看麦娘属。别名：稍草、大花看麦娘、麦娘娘、麦陀陀草。

形态特征： 一年生或二年生草本。秆少数丛生，直立或基部膝曲，具3～4节，高20～50厘米。叶鞘松弛；叶舌膜质，长2～5毫米；叶片上面粗糙，下面光滑，长3～12毫米，宽3～7毫米。圆锥花序圆柱状，长3～10厘米，宽4～10毫米；小穗长圆状卵形，长5～6毫米；颖仅基部互相连合，具3脉，脊上具纤毛；外稃略长于颖，厚膜质，下部边缘互相连合，芒长8～12毫米，近稃体基部伸出，上部粗糙，中部稍膝曲；花药色淡或呈白色，长约1毫米。颖果半椭圆形，长2～2.5毫米。花果期为2—5月。

主要利用形式： 分布较广，为夏熟作物田杂草，对麦类、油菜和蔬菜危害较大，防除较为困难。药用可利湿消肿、清热解毒。

日本看麦娘

058 箬竹

拉丁学名： Indocalamus tessellatus (Munro) Keng f.；禾本科箬竹属。别名：辽叶、辽竹、篛竹、篛叶竹、眉竹、楣竹、粽粑叶、若竹、箁竹。

形态特征： 多年生灌木状或小灌木状草本。竿高0.75～2米，直径4～7.5毫米；节间长约25厘米，最长者可达32厘米，圆筒形；节较平坦；竿环较箨环略隆起，节下方有红棕色贴竿的毛环。箨鞘长于节间，上部宽松抱竿，无毛，下部紧密抱竿，密被紫褐色伏贴疣基刺毛，具纵肋；箨耳无；箨舌厚膜质，截形，背部有棕色伏贴微毛；箨片大小多变化，窄披针形，易落。小枝具2～4叶；叶鞘紧密抱竿，有纵肋，背面无毛或被微毛；无叶耳；叶舌高1～4毫米，截形；叶片宽披针形或长圆状披针形，密被贴伏的短柔毛或无毛，中脉两侧或仅一侧生有一条毡毛，次脉8～16对，小横脉明显，叶缘生有细锯齿。圆锥花序（未成熟者），花序主轴和分枝均密被棕色短柔毛；小穗绿色带紫色，长2.3～2.5厘米，几呈圆柱形，含5或6朵小花；小穗柄长5.5～5.8毫米；小穗轴节间被白色茸毛；颖3片，纸质，脉上具微毛，第一颖有5脉，第二颖具7脉，第三颖具9脉；第一外稃背部具微毛，有11～13脉，基盘具白色髯毛；第一内稃长约为外稃的1/3，背部有2脊，脊间生有白色微毛，先端有2齿和白色柔毛；花药黄色；子房和鳞被未见。笋期为4—5月，花期为6—7月。

主要利用形式： 本种生长快，叶大，资源丰富，用途广泛。其秆可制作竹筷、毛笔秆、扫帚柄等；其叶可用作食品包装物，亦可作粽叶、茶叶、斗笠、船篷衬垫等，还可用来加工制造箬竹酒、作饲料、造纸及提取多糖等；其笋可作为蔬菜（笋干）或制罐头；其植株可用于园林绿化。叶甘、寒，可清热解毒、止血、消肿，用于治疗吐衄、衄血、尿血、小便淋痛不利、喉痹及痈肿。叶、笋药用价值高，对癌症特有的恶病质具有防治功效。本种也是地被绿化、河边护岸及公园绿化的良好材料。

箬竹

059 散穗高粱

拉丁学名： Sorghum nervosum Bess. ex Schult. var. flexibile Snowden；禾本科高粱属。别名：粘秫秫。

形态特征： 一年生草本。植株往往比较高。叶片较窄，叶片有毛，节间长。圆锥花序主轴较长（以前农村常用来制作锅盖），花序分枝开展而较疏松，微下垂；每一总状花序下部3～10厘米裸露，上部着生小穗。颖果成熟时为乳白色、暗黄色、红色至暗棕色。花果期为6—10月。

主要利用形式： 我国东北曾作为主要谷物栽培。秆

散穗高粱

可作农舍建筑材料，或制作农家厨房用具。谷粒可酿酒。果壳脱粒困难，食用口感不佳且不易消化。

060　石刁柏

拉丁学名：Asparagus officinalis L.；百合科天门冬属。别名：南荻笋、荻笋、芦笋、露笋。

形态特征：多年生直立草本，高可达 1 米。茎平滑，上部在后期常俯垂，分枝较柔弱。叶状枝每 3～6 枚成簇，近扁的圆柱形，略有钝棱，纤细，常稍弧曲；鳞片状叶基部有刺状短距或近无距。花每 1～4 朵腋生，绿黄色；花梗长 8～12（～14）毫米，关节位于上部或近中部；雄花花被长 5～6 毫米；花丝中部以下贴生于花被片上；雌花较小，花被长约 3 毫米。浆果直径 7～8 毫米，熟时红色；有 2～3 颗种子。花期为 5—6 月，果期为 9—10 月。

主要利用形式：特种蔬菜。以幼茎为食，幼茎在出土前采收的，色白柔嫩，称白芦笋；幼茎出土后见光呈

石刁柏

绿色，称绿芦笋。幼茎中含有蛋白质、维生素、脂肪、钙、铁等营养物质，并且对高血压、癌症以及心脏病有一定的预防作用。

061　薯蓣

拉丁学名：Dioscorea opposita Thunb.；薯蓣科薯蓣属。别名：野山豆、野脚板薯、面山药。

形态特征：一年生缠绕草质藤本。块茎长圆柱形，垂直生长，断面干时白色。茎通常带紫红色，右旋。单

薯蓣

叶，在茎下部的互生，中部以上的对生，很少3叶轮生；叶片卵状三角形至宽卵形或戟形，边缘常3浅裂至3深裂，中裂片卵状椭圆形至披针形，侧裂片耳状，圆形、近方形至长圆形；幼苗时一般叶片为宽卵形或卵圆形，基部深心形；叶腋内常有珠芽。雌雄异株；雄花序为穗状花序，近直立，2～8个着生于叶腋，偶尔呈圆锥状排列；花序轴明显地呈“之”字状曲折；苞片和花被片有紫褐色斑点；雄花的外轮花被片为宽卵形，内轮卵形，较小；雄蕊6；雌花序为穗状花序，1～3个着生于叶腋。蒴果不反折，三棱状扁圆形或三棱状圆形；种子着生于每室中轴中部，四周有膜质翅。花期为6—9月，果期为7—11月。

主要利用形式：常见蔬菜和经济作物。块茎为常用中药“山药”，有强壮和祛痰功效。

062 双穗雀稗

拉丁学名：Paspalum paspaloides（Michx.）Scribn.；禾本科雀稗属。

双穗雀稗

形态特征：多年生草本。匍匐茎横走、粗壮，长达1米，向上直立部分高20～40厘米，节生柔毛。叶鞘短于节间，背部具脊，边缘或上部被柔毛；叶舌长2～3毫米，无毛；叶片披针形，长5～15厘米，宽3～7毫米，无毛。总状花序2枚对连，长2～6厘米；穗轴宽1.5～2毫米；小穗倒卵状长圆形，长约3毫米，顶端尖，疏生微柔毛；第一颖退化或微小；第二颖贴生柔毛，具明显的中脉；第一外稃具3～5脉，通常无毛，顶端尖；第二外稃草质，等长于小穗，黄绿色，顶端尖，被毛。花果期为5—9月。

主要利用形式：曾经作为优良牧草引种栽培，但在局部地区可成为恶性杂草。叶片葱绿而大，茎粗、肥嫩、多汁，质地疏松可口，略有甜味，品质优良，营养价值高，是草食动物如牛、羊、兔、鹅、草鱼及鳊鱼等的良好饲草。

063 水鳖

拉丁学名：Hydrocharis dubia（Bl.）Backer；水鳖科水鳖属。别名：水白、水苏、芣菜、马尿花、水旋覆、油灼灼、白苹。

形态特征：多年生（稀一年生）浮水草本。须根可长达30厘米。匍匐茎发达，节间长3～15厘米，直径约4毫米，顶端生芽，并可产生越冬芽。叶簇生，多漂浮，有时伸出水面；叶片心形或圆形，长4.5～5厘米，宽5～5.5厘米，先端圆，基部心形，全缘，远轴面有蜂窝状贮气组织，并具气孔；叶脉5条，稀7条，中脉明显，与第一对侧生主脉所成夹角呈锐角。雄花花序腋生；雄蕊12枚，成4轮排列，最内轮3枚退化，最外

水鳖

轮3枚与花瓣互生，基部与第3轮雄蕊连合，第2轮雄蕊与最内轮退化雄蕊基部连合，最外轮与第2轮雄蕊长约3毫米，花药长约1.5毫米，第3轮雄蕊长约3.5毫米，花药较小，花丝近轴面具乳突，退化雄蕊顶端具乳突，基部有毛；花粉圆球形，表面具凸起纹饰；子房下位，不完全6室。果实浆果状，球形至倒卵形，长0.8~1厘米，直径约7毫米，具数条沟纹；种子多数，椭圆形，顶端渐尖，种皮上有许多毛状突起。花果期为8—10月。

主要利用形式：中国传统中药材，全草入药，有清热利湿的功效。还可在水族箱中栽培供观赏，可作饲料及用于沤绿肥，幼叶柄作蔬菜。

064　水葱

拉丁学名：Scirpus validus Vahl；莎草科藨草属。别名：葱蒲、莞草、蒲苹、水丈葱、冲天草、莞、苻蓠、蒲蒻、莞蒲、夫蓠、翠管草、管子草、席子草。

形态特征：多年生水生草本。匍匐根状茎粗壮，具许多须根。秆高大，圆柱状，平滑，基部具3~4个叶鞘，管状，膜质，最上面一个叶鞘具叶片。叶片线形。苞片1枚，为秆的延长，直立，钻状，常短于花序，极少数稍长于花序；长侧枝聚伞花序简单或复出，假侧生，具4~13或更多个辐射枝；一面凸，一面凹，边缘有锯齿；小穗单生或2~3个簇生于辐射枝顶端，卵形或长圆形，顶端急尖或钝圆，具多数花；鳞片椭圆形或宽卵形，顶端稍凹，具短尖，膜质，棕色或紫褐色，有时基部色淡，背面有铁锈色凸起小点，脉1条，边缘具缘毛；下位刚毛6条，与小坚果等长，红棕色，有倒刺；雄蕊3，花药线形，药隔突出；花柱中等长，柱头2，罕3，长于花柱。小坚果倒卵形或椭圆形，双凸状，少有三棱形。花果期为6—9月。

水葱

主要利用形式：本种对污水中的有机物、氨氮、磷酸盐及重金属有较高的去除率。地上部分味甘淡，性平，归膀胱经，能利水消肿，主治水肿胀满和小便不利。

065　水蜈蚣

拉丁学名：Kyllinga brevifolia Rottb.；莎草科水蜈蚣属。别名：三荚草、金钮草、姜虫草、露水草、水牛草、三步跳等。

形态特征：多年生丛生草本，全株光滑无毛，鲜时有如菖蒲的香气。根状茎柔弱，匍匐平卧于地上，形似蜈蚣，节多数，节下生须根多数，每节上有一小苗。秆成列地散生，细弱，扁三棱形，平滑，基部不膨大，具4~5个圆筒状叶鞘，最下面2个叶鞘常为干膜质，棕色，鞘口斜截形，顶端渐尖，上面2~3个叶鞘顶端具

水蜈蚣

叶片。叶柔弱，短于或稍长于秆，平张，上部边缘和背面中肋上具细刺。叶状苞片3枚，极展开，后期常向下反折；穗状花序单个，极少2或3个，球形或卵球形，极多数密生小穗；小穗长圆状披针形或披针形，压扁，具1朵花；鳞片膜质，下面的鳞片短于上面的鳞片，白色，具锈斑，少为麦秆黄色，背面的龙骨状突起绿色，具刺，顶端延伸成外弯的短尖，脉5～7条；雄蕊1～3个，花药线形；花柱细长，柱头2，长不及花柱的1/2。小坚果倒卵状长圆形，扁双凸状，长约为鳞片的1/2，表面具稠密的细点。花果期为5—9月。

主要利用形式：湿生杂草。全草或根入药，用于治疗风寒感冒、寒热头痛、筋骨疼痛、咳嗽、疟疾、黄疸、痢疾、疮疡肿毒及跌打刀伤等症。

066　水仙

拉丁学名：Narcissus tazetta L. var. chinensis Roem.；石蒜科水仙属。别名：凌波仙子、金盏银台、落神香妃、玉玲珑、金银台、雪中花、天蒜。

形态特征：多年生草本。鳞茎卵球形。叶宽线形，扁平，长20～40厘米，宽8～15毫米，钝头，全缘，粉绿色。花茎几与叶等长；伞形花序有花4～8朵；佛焰苞状总苞膜质；花梗长短不一；花被管细，灰绿色，近三棱形，长约2厘米，花被裂片6，卵圆形至阔椭圆形，顶端具短尖头，扩展，白色，芳香；副花冠浅杯状，淡黄色，不皱缩，长不及花被的一半；雄蕊6，着生于花被管内，花药基着；子房3室，每室有胚珠多数，花柱细长，柱头3裂。蒴果室背开裂。花期为1—2月。

主要利用形式：水培观赏植物。鳞茎入药，有小毒，具有清热解毒、散结消肿等功效，用于治疗腮腺炎、痈疖疔毒及初起红肿热痛等症。其花香清郁，经提炼可调制香精、香料，可配制香水、香皂及高级化妆品。其鲜花窨茶，可制成高档水仙花茶或水仙乌龙茶等。

水仙　郭泓

067　水烛香蒲

拉丁学名：Typha angustifolia L.；香蒲科香蒲属。别名：蒲草、水蜡烛、狭叶香蒲。

形态特征：多年生水生或沼生高大草本。地下茎直立，粗壮，乳黄色或者灰黄色；地上茎直立，粗壮，高可达3米。叶片较长，条形，长1米左右，宽0.8厘米，光滑无毛，上部扁平，中部以下腹面微凹，背面向下逐渐隆起呈凸形；叶鞘抱茎。雄花序轴具褐色扁柔毛，单出，叶状苞片，花后脱落；雌花通常比叶片宽，花后脱落；花药长距圆形，花粉粒单体，近球形、卵形或三角形，花丝短，细弱；雌花具小苞片，子房纺锤形，具褐色斑点，子房柄纤细，不孕雌花子房倒圆锥形，不育柱头短尖，白色丝状毛着生于子房柄基部。小

水烛香蒲

坚果长椭圆形，具褐色斑点，纵裂；种子深褐色。花果期为6—9月。

主要利用形式：水生杂草。其假茎白嫩部分（蒲菜）和地下匍匐茎尖端的幼嫩部分（草芽）可以食用，味道清爽可口。花粉入药，称“蒲黄”，能消炎、止血、利尿。雌花当作“蒲绒”，可填床枕。花序可作切花或干花。叶片可作编织材料。茎叶纤维可造纸。

068　蒜

拉丁学名：Allium sativum L.；百合科葱属。别名：大蒜、大蒜头、蒜头、葫、独蒜、荤菜、独头蒜、胡蒜。

形态特征：多年生草本，全体具强烈臭辣味。浅根性作物，无主根；发根部位为短缩茎周围，外侧最多，内侧较少；根最长可达50厘米以上，但主要根群分布在5～25厘米土层，横展范围30厘米；成株发根数70～110条。鳞茎大型，具6～10瓣，外包灰白色或淡紫色膜质鳞被。叶基生，实心，扁平，线状披针形，宽约2.5厘米，基部呈鞘状；叶鞘管状，叶身未展出前呈折叠状，展出后扁平而狭长，为平行叶脉；叶互生，为1/2叶序，排列对称；叶鞘相互套合形成假茎，具有支撑和营养运输的功能。佛焰苞有长喙，长7～10厘米；伞形花序，小而稠密，具苞片1～3枚，苞片长8～10厘米，膜质，浅绿色；花小型，花间多杂以淡红色珠芽，长4毫米，或完全无珠芽；花柄细，长于花；花被6，粉红色，椭圆状披针形；雄蕊6，白色，花药突出；雌蕊1，花柱突出，白色，子房上位，长椭圆状卵形，先端凹入，3室。蒴果，1室开裂；种子黑色。花期为夏季。

蒜

主要利用形式：重要调料作物和经济作物。有刺激性气味，可食用或供调味。鳞茎（以独头紫皮者为好）性温，味辛甘，能温中健胃、消食理气，具有强力杀菌、防治肿瘤和癌症、排毒清肠、预防肠胃疾病、降低血糖、预防糖尿病、防治心脑血管疾病、预防感冒、抗疲劳、抗衰老、保护肝功能、旺盛精力、治疗阳痿、抗过敏、预防女性霉菌性阴道炎、改善糖代谢的作用，用于治疗痈疽肿毒、白秃癣疮、痢疾泄泻、肺痨顿咳、蛔虫蛲虫、饮食积滞、脘腹冷痛及水肿胀满。蒜薹是良好蔬菜，有杀菌、通便及降血脂之功效。

069　梭鱼草

拉丁学名：Pontederia cordata L.；雨久花科梭鱼草属。别名：北美梭鱼草、海寿花。

形态特征：多年生挺水或湿生草本。根茎为须状不定根，具多数根毛。地下茎粗壮，黄褐色，有芽眼，地上茎叶丛生。叶柄绿色，圆筒形，横切断面具膜质物；叶片光滑，呈橄榄色，倒卵状披针形；叶基生，广心形，端部渐尖。穗状花序顶生，小花密集在200朵以上，蓝紫色带黄色斑点；花被裂片6枚，近圆形，裂片基部连接为筒状。果实初期绿色，成熟后褐色；果皮坚硬；种子椭圆形。花果期为5—10月。

主要利用形式：可用于家庭盆栽、池栽，也可广泛用于园林美化、湿地护坡和湿地绿化，是一种较好的水生观赏植物。本种可分解水中有机污染物，可吸收重金属。药用全草，可清热解毒、降血压、改善血糖及增强免疫力。

梭鱼草

头状穗莎草

070 头状穗莎草

拉丁学名： Cyperus glomeratus L.；莎草科莎草属。别名：三轮草、状元花、喂香壶。

形态特征： 一年生草本。具须根。秆散生，粗壮，高 50～95 厘米，钝三棱形，平滑，基部稍膨大，具少数叶。叶短于秆，宽 4～8 毫米，边缘不粗糙；叶鞘长，红棕色。叶状苞片 3～4 枚，较花序长，边缘粗糙；复出长侧枝聚伞花序具 3～8 个辐射枝，辐射枝长短不等，最长达 12 厘米；穗状花序无总花梗，近于圆形、椭圆形或长圆形，长 1～3 厘米，宽 6～17 毫米，具极多数小穗；小穗多列，排列极密，线状披针形或线形，稍扁平，长 5～10 毫米，宽 1.5～2 毫米，具 8～16 朵花；小穗轴具白色透明的翅；鳞片排列疏松，膜质，近长圆形，顶端钝，长约 2 毫米，棕红色，背面无龙骨状突起，脉极不明显，边缘内卷；雄蕊 3，花药短，长圆形，暗血红色，药隔突出于花药顶端；花柱长，柱头 3，较短。小坚果长圆形、三棱形，长为鳞片的 1/2，灰色，具明显的网纹。花果期为 6—10 月。

主要利用形式： 湿生植物，植株高大，可作饲草。

071 䓫草

拉丁学名： Beckmannia syzigachne (Steud.) Fern.；禾本科䓫草属。别名：䓫米、水稗子。

形态特征： 一年生草本。秆直立，高 15～90 厘米，具 2～4 节。叶鞘无毛，多长于节间；叶舌透明膜质，长 3～8 毫米；叶片扁平，长 5～20 厘米，宽 3～10 毫米，粗糙或下面平滑。圆锥花序长 10～30 厘米，分枝稀疏，直立或斜伸；小穗扁平，圆形，灰绿色，常含 1 朵小花，长约 3 毫米；颖草质，边缘质薄，白色，背部灰绿色，具淡色的横纹；外稃披针形，具 5 脉，常具伸出颖外之短尖头；花药黄色，长约 1 毫米。颖果黄褐色，长圆形，长约 1.5 毫米，先端具丛生短毛。花果期为 4—10 月。

主要利用形式： 湿生杂草，部分田块恶性发生。可

菵草

作优质饲草。果实可作为精料，亦可食用，入药可清热、利胃肠、益气，主治感冒发热、食滞胃肠和身体乏力。

072　文竹

拉丁学名： Asparagus setaceus（Kunth）Jessop；百合科天门冬属。别名：云片松、刺天冬、云竹、云片竹、鸡绒芝、山草、芦笋山草。

形态特征： 多年生攀缘草本，高可达 3～6 米。根稍肉质，细长。茎的分枝极多，分枝近平滑。叶状枝通常每 10～13 枚成簇，刚毛状，略具三棱，长 4～5 毫米；鳞片状叶基部稍具刺状距或距不明显。花通常每 1～3（～4）朵腋生，白色，有短梗；花被片长约 7 毫米。浆果直径 6～7 毫米，熟时紫黑色，有 1～3 颗种子。花期为 9—10 月，果期为冬季至翌年春季。

主要利用形式： 本种具有极高的观赏价值，体态轻盈，姿态潇洒，文雅娴静，可放置在客厅、书房，增添书香气息。其根能润肺止咳，可用于治疗肺痨咳嗽、痰喘或痢疾。全草能凉血解毒、利尿通淋，可用于治疗郁热咳血及小便淋漓等。

073　香附子

拉丁学名： Cyperus rotundus L.；莎草科莎草属。别名：香头草、回头青、雀头香、莎草、香附、雷公头。

形态特征： 多年生草本。匍匐根状茎长，具椭圆形块茎。秆稍细弱，高 15～95 厘米，锐三棱形，平滑，基部呈块茎状。叶较多，短于秆，宽 2～5 毫米，平张；鞘棕色，常裂成纤维状。叶状苞片 2～3（～5）枚，常长于花序，或有时短于花序；长侧枝聚伞花序简单或复出，具（2～）3～10 个辐射枝；辐射枝最长达 12 厘米；穗状花序轮廓为陀螺形，稍疏松，具 3～10 个小穗；小穗斜展开，线形，长 1～3 厘米，宽约 1.5 毫米，具 8～28 朵花；小穗轴具较宽的、白色透明的翅；鳞片稍密地呈覆瓦状排列，膜质，卵形或长圆状卵形，长约 3 毫米，顶端急尖或钝，无短尖，中间绿色，两侧紫红色或红棕色，具 5～7 条脉；雄蕊 3，花药长，线形，暗血红色，药隔突出于花药顶端；花柱长，柱头 3，细长，伸出鳞片外。小坚果长圆状倒卵形、三棱形，长为鳞片的 1/3～2/5，具细点。花果期为 5—11 月。

主要利用形式： 杂草，优质饲草和常用中药。干燥根茎味辛微苦甘，性平，归肝、脾、三焦经，能疏肝解郁、理气宽中、调经止痛，主治肝郁气滞、胸胁胀痛、疝气疼痛、乳房胀痛、脾胃气滞、脘腹痞闷、胀满疼痛、月经不调及经闭痛经。

香附子

074　小麦

拉丁学名： Triticum aestivum L.；禾本科小麦属。别名：麸麦、浮麦、浮小麦、空空麦、麦子软粒、淮小麦。

形态特征： 一年生草本。叶鞘无毛；叶舌膜质，短

小麦

小香蒲

小；叶片平展，条状披针形。穗状花序圆柱形，直立，穗轴每节着生1枚小穗；小穗含3～5朵小花，两侧压扁，侧面向穗轴，无柄；颖卵形，近革质，中部具脊，顶端延伸成短尖头或芒；外稃扁圆形，顶端无芒或具芒；内稃与外稃近等长，具2脊。颖果卵圆形或矩圆形，顶端具短毛，腹具纵沟，易与稃片分离。花果期为7—9月。

主要利用形式：主要粮食作物之一。其颖果几乎全部可食用，仅有约1/6作为饲料使用。其颖果磨成面粉后可制作面包、馒头、饼干、面条等食物，发酵后可制成啤酒、酒精、白酒（如伏特加）或生质燃料等。浮小麦能养心安神、除烦、益气、除热止汗，主治心神不宁、失眠、烦躁不安、精神抑郁；其皮可治疗脚气病。小麦可作为切花在花束中充当装饰，也是插花的配材。

075　小香蒲

拉丁学名：Typha minima Funck；香蒲科香蒲属。别名：拉氏香蒲。

形态特征：多年生沼生或水生草本。根状茎姜黄色或黄褐色，先端乳白色；地上茎直立，细弱，矮小，高16～65厘米。叶通常基生，鞘状，无叶片，如存在叶片，则短于花葶；叶鞘边缘膜质，叶耳向上伸展，长0.5～1厘米。雌雄花序远离；雄花序长3～8厘米，花序轴无毛，基部具1枚叶状苞片，花后脱落；雌花序长1.6～4.5厘米，叶状苞片明显宽于叶片；雄花无被，雄蕊通常1枚单生，有时2～3枚合生，基部具短柄，向下渐宽，花药长1.5毫米，花粉粒呈四合体，纹饰颗粒状；雌花具小苞片；孕性雌花柱头条形，花柱长约0.5毫米，子房长0.8～1毫米，纺锤形，子房柄长约4毫米，纤细；不孕雌花子房长1～1.3毫米，倒圆锥形；白色丝状毛先端膨大成圆形，着生于子房柄基部，或向上延伸，与不孕雌花及小苞片近等长，均短于柱头。小坚果椭圆形，纵裂，果皮膜质；种子黄褐色，椭圆形。花果期为5—8月。

主要利用形式：宜作为花境或水景的背景材料。其茎富含较多的粗纤维，可用于造纸；其叶称蒲草，可用于编织。其适口性较差，家畜很少采食。一般在抽穗前刈割调制干草，和其他优良牧草混合饲喂，适口性可以提高。

076　薤白

拉丁学名：Allium macrostemon Bunge.；百合科葱属。别名：小根蒜、山蒜、苦蒜、小么蒜、小根菜、大脑瓜儿、野蒜、野葱、野藠、密花小根蒜、团葱。

形态特征：广布型荫生多年生小草本。鳞茎近球状，粗0.7～1.5（～2）厘米，基部常具小鳞茎（因其

薤白

易脱落，故在标本上不常见）；外皮带黑色，纸质或膜质，不破裂，但在标本上多因脱落而仅存白色的内皮。叶 3～5 枚，半圆柱状，或因背部纵棱发达而为三棱状半圆柱形，中空，上面具沟槽，比花葶短。花葶圆柱状，高 30 ～ 70 厘米，1/4～1/3 被叶鞘；总苞 2 裂，比花序短；伞形花序半球状至球状，具多而密集的花，或间具珠芽或有时全为珠芽；小花梗近等长，比花被片长 3～5 倍，基部具小苞片；珠芽暗紫色，基部亦具小苞片；花淡紫色或淡红色；花被片矩圆状卵形至矩圆状披针形，长 4～5.5 毫米，宽 1.2～2 毫米，内轮的常较狭；花丝等长，比花被片稍长直到比其长 1/3，在基部合生并与花被片贴生，分离部分的基部呈狭三角形扩大，向上收狭成锥形，内轮的基部约为外轮基部宽的 1.5 倍；子房近球状，腹缝线基部具有帘的凹陷蜜穴；花柱伸出花被外。花果期为 5—7 月。

主要利用形式：可作蔬菜食用，在少数地区栽培，有时也为野生。其鳞茎入药历史悠久，性味辛苦温，具理气、宽胸、通阳、散结的功效，主治胸痹心痛、脘腹痞痛不舒、泻痢后重、肺气喘急或疮疖等。

洋葱

077　洋葱

拉丁学名：Allium cepa L.；百合科葱属。别名：球葱、圆葱、玉葱、葱头、荷兰葱、皮牙子、番葱。

形态特征：二年生草本。鳞茎粗大，近球状至扁球状；外皮紫红色、褐红色、淡褐红色、黄色至淡黄色，纸质至薄革质，内皮肥厚，肉质，均不破裂。叶圆筒状，中空，中部以下最粗，向上渐狭，比花葶短，径在 0.5 厘米以上。花葶粗壮，高可达 1 米，中空的圆筒状，在中部以下膨大，向上渐狭，下部被叶鞘；总苞 2～3 裂；伞形花序球状，具多而密集的花；小花梗长约 2.5 厘米；花粉白色；花被片具绿色中脉，矩圆状卵形，长 4～5 毫米，宽约 2 毫米；花丝等长，稍长于花被片，约在基部 1/5 处合生，合生部分下部的 1/2 与花被片贴生，内轮花丝的基部极为扩大，扩大部分每侧各具 1 齿，外轮的为锥形；子房近球状，腹缝线基部具有帘的凹陷蜜穴；花柱长约 4 毫米。花果期为 5—7 月。

主要利用形式：常见蔬菜，主要食用其鳞茎。洋葱含有前列腺素 A，能降低外周血管的阻力，降低血黏度，可用于降低血压、提神醒脑、缓解压力和预防感冒。此外，洋葱还能清除体内的氧自由基、增强新陈代谢、抗衰老、预防骨质疏松，是适合中老年人的保健食物。有皮肤病、眼病、肠胃疾病的人不能吃洋葱，容易导致病情加重。

078　野慈姑

拉丁学名：Sagittaria trifolia L.；泽泻科慈姑属。别名：慈姑、水慈姑、狭叶慈姑、剪刀草、慈姑苗、燕尾草、三脚剪、水芋。

形态特征：多年生水生或沼生草本。根状茎横走，较粗壮，末端膨大或否。挺水叶箭形，叶片长短、宽窄变异很大，通常顶裂片短于侧裂片，比值为 1∶1.2～1∶1.5，有时侧裂片更长，顶裂片与侧裂片之间缢缩，或否；叶柄基部渐宽，鞘状，边缘膜质，具横脉，或不明显。花葶直立，挺水，或更高，通常粗壮；花序总状或圆锥状，有时更长，具分枝 1～2 枚，具花多轮，每轮 2～3

朵花；苞片3枚，基部多少合生，先端尖；花单性；花被片反折，外轮花被片椭圆形或广卵形，内轮花被片白色或淡黄色，基部收缩，雌花通常1～3轮，花梗短粗，心皮多数，两侧压扁，花柱自腹侧斜上；雄花多轮，花梗斜举，雄蕊多数，花药黄色，花丝长短不一，通常外轮短，向里渐长。瘦果两侧压扁，倒卵形，具翅，背翅多少不整齐；果喙短，自腹侧斜上；种子褐色。花果期为5—10月。

主要利用形式：水稻田、湿地常见杂草，北方部分水稻种植区有时生长较多。全草味辛甘，性寒，归肺、肝、胆经，能清热解毒、凉血消肿，主治黄疸、瘰疬及蛇咬伤。

079　野燕麦

拉丁学名：Avena fatua L.；禾本科燕麦属。别名：乌麦、铃铛麦、燕麦草。

形态特征：一年生草本。须根较坚韧。秆直立，光滑无毛，高60～120厘米，具2～4节。叶鞘松弛，光滑或基部者被微毛；叶舌透明膜质，长1～5毫米；叶片扁平，长10～30厘米，宽4～12毫米，微粗糙，或上面和边缘疏生柔毛。圆锥花序开展，金字塔形，长10～25厘米，分枝具棱角，粗糙；小穗长18～25毫米，含2～3朵小花，其柄弯曲下垂，顶端膨胀；小穗轴密生淡棕色或白色硬毛，其节脆硬易断落，第一节间长约3毫米；颖草质，几相等，通常具9脉；外稃质地坚硬，第一外稃长15～20毫米，背面中部以下具淡棕色或白色硬毛；芒自稃体中部稍下处伸出，长2～4厘米，膝曲，芒柱棕色，扭转。颖果被淡棕色柔毛，腹面具纵

沟，长6～8毫米。花果期为4—9月。

主要利用形式：小麦田间杂草。可作为粮食代用品，也可作牛、马的青饲料。果实、全草药用，可收敛止血、固表止汗、补虚损，用于治疗吐血、虚汗及崩漏等症。

080　薏苡

拉丁学名：Coix lacryma-jobi L.；禾本科薏苡属。别名：药玉米、水玉米、晚念珠、六谷迷、石粟子、苡米。

形态特征：一年生粗壮草本。须根黄白色，海绵质，直径约3毫米。秆直立丛生，高1～2米，具10多节，节多分枝。叶鞘短于其节间，无毛；叶舌干膜质，长约1毫米；叶片扁平宽大，开展，基部圆形或近心形，中脉粗厚，在下面隆起，边缘粗糙，通常无毛。总状花序腋生成束，长4～10厘米，直立或下垂，具长梗。雌小穗位于花序下部，外面包以骨质念珠状总苞；总苞卵圆形，长7～10毫米，直径6～8毫米，珐琅质，坚硬，有光泽；雄蕊常退化；雌蕊具细长柱头，从总苞顶端伸出。雄小穗2～3对，着生于总状花序上部，长1～2厘米；无柄雄小穗长6～7毫米，第一颖草质，边缘内折成脊，具有不等宽之翼，顶端钝，具多数脉，第二颖舟形；外稃与内稃膜质；第一及第二小花常具雄蕊3枚，花药橘黄色，长4～5毫米；有柄雄小穗与无柄者相似。颖果小，含淀粉少，常不饱满。花果期为6—12月。

主要利用形式：杂粮作物。种仁用于治疗扁平疣、癌肿、脾虚腹泻、肌肉酸重、关节疼痛、水肿、白带、肺脓疡、阑尾炎；根用于治淋病、黄疸、水肿、白带、

薏苡

虫积腹痛；果实用于治难产、胎衣不下、淋病、腹泻；种子用于治肝硬化腹水。薏苡仁还是一味美容价值较高的药用食品。其种仁是中国传统的食品资源之一，可做成粥、饭等各种面食供人们食用，尤其对老弱病者更为适宜。

081　玉蜀黍

拉丁学名： Zea mays L.；禾本科玉蜀黍属。别名：玉米、棒子、包谷、包米、包粟、玉茭、苞米、珍珠米、苞芦、大芦粟。

形态特征： 一年生高大草本。茎上被倒向的短柔毛，杂有倒向或开展的长硬毛。秆直立，通常不分枝，高1～4米，基部各节具气生支柱根。叶鞘具横脉；叶舌膜质，长约2毫米；叶片扁平宽大，线状披针形，基部圆形呈耳状，无毛或具疵柔毛，中脉粗壮，边缘微粗糙。雌雄同株异花；花腋生，单一或2～5朵着生于花序梗顶端成伞形聚伞花序；花序梗比叶柄短或近等长，长4～12厘米，毛被与茎相同；苞片线形，长6～7毫米，被开展的长硬毛；花梗长1.2～1.5厘米，被倒向短柔毛及长硬毛；萼片近等长，长1.1～1.6厘米，外面3片长椭圆形，渐尖，内面2片线状披针形，外面均被开展的硬毛，基部更密；花冠漏斗状，长4～6厘米，紫红色、红色或白色，花冠管通常呈白色，瓣中带于内面色深，外面色淡；雄蕊与花柱内藏；雄蕊不等长，花丝基部被柔毛；子房无毛，3室，每室2胚珠，柱头头状；花盘环状。颖果球形或扁球形，成熟后露出颖片和稃片之外，其大小随生长条件不同产生差异；种子卵状三棱形，长约5毫米，黑褐色或米黄色，被极短的糠秕状毛。花果期为秋季。

主要利用形式： 本种原产美洲。常见粮食作物，品种很多。味道香甜，可做成各式菜肴，如玉米烙或玉米汁等。它也是工业酒精和烧酒的主要原料，也用于造纸和纺织等行业。种子有利尿降压、利胆、降血糖、防止动脉硬化、预防脚气病及预防肿瘤等功效。

玉蜀黍

082 芋

拉丁学名： Colocasia esculenta (L.) Schott；天南星科芋属。别名：芋头、青芋、芋艿、毛芋头、蹲鸱、芋魁、芋根、土芝、芋奶。

形态特征： 多年生湿生草本，常作一年生作物栽培。块茎通常呈卵形，常生多数小球茎，均富含淀粉。叶 2～3 枚或更多；叶柄长于叶片，长 20～90 厘米，绿色；叶片卵状，长 20～50 厘米，先端短尖或短渐尖，侧脉 4 对，斜伸达叶缘，后裂片浑圆，合生长度达 1/3～1/2，弯缺较钝，深 3～5 厘米，与基脉相交成 30 度角，外侧脉 2～3 条，内侧 1～2 条，不显。花序柄常单生，短于叶柄。佛焰苞长短不一，一般为 20 厘米左右：管部绿色，长约 4 厘米，粗 2.2 厘米，长卵形；檐部披针形或椭圆形，长约 17 厘米，展开成舟状，边缘内卷，淡黄色至绿白色。肉穗花序长约 10 厘米，短于佛焰苞；雌花序长圆锥状，长 3～3.5 厘米，下部粗 1.2 厘米；中性花序长 3～3.3 厘米，细圆柱状；雄花序圆柱形，长 4～4.5 厘米，粗 7 毫米，顶端骤狭；附属器钻形，长约 1 厘米，粗不及 1 毫米。花期为 2—4 月（云南）或 8—9 月（秦岭）。

主要利用形式： 本种的地下球茎是很好的碱性食物，可蒸食或煮食。芋头性平，味甘辛，有小毒，归肠、胃经，能益脾胃、调中气、化痰散结，可治少食乏力、瘰疬结核、久痢便血、痈毒等病症。芋头中氟的含量较高，具有洁齿防龋、保护牙齿的作用；含有多种微量元素，能增强人体的免疫功能，可作为防治癌瘤的常用药膳主食。芋头生食有小毒，热食不宜过多，易引起闷气或胃肠积滞。生芋汁易引起局部皮肤过敏。有痰、过敏体质（荨麻疹、湿疹、哮喘、过敏性鼻炎）、小儿食滞、胃纳欠佳及糖尿病患者应少食；食滞胃痛或肠胃湿热者尽量不要吃。

芋

083 郁金香

拉丁学名： Tulipa gesneriana L.；百合科郁金香属。别名：洋荷花、草麝香、郁香、荷兰花。

形态特征： 多年生草本，高 15～60 厘米。地下具肉质层状鳞茎，扁圆锥形，内有肉质鳞片 2～5 枚，外被淡黄色至棕褐色皮膜。茎叶光滑，被白粉。叶 3～5 枚，带状披针形至卵状披针形，全缘并呈波状，基部 2～3 片叶较大，呈阔卵形，余者生茎上，长披针形，较小。花单生茎顶，大型，直立杯状；花被片 6，离生，白天开放，傍晚或阴雨天闭合；花色有白、黄、橙、红、紫及复色，有重瓣种，长 5～7 厘米，宽 2～4 厘米；雄蕊 6 枚，等长，花丝无毛；无花柱，柱头增大成鸡冠状，雌蕊 1 枚。蒴果 3 室，内有 200～300 粒扁平种子。花期为 4—5 月。

主要利用形式： 常见球根花卉和重要切花品种，栽培品种很多，有小毒。地上部分入药，性味苦辛平，能化湿辟秽，主治脾胃湿浊、胸脘满闷、呕逆腹痛及口臭苔腻等症。

郁金香　刘瑞红

084　鸢尾

拉丁学名：Iris tectorum Maxim.；鸢尾科鸢尾属。别名：屋顶鸢尾、蓝蝴蝶、紫蝴蝶、扁竹花、蛤蟆七。

形态特征：多年生草本，植株基部围有老叶残留的膜质叶鞘及纤维。根状茎粗壮，二歧分枝，直径约1厘米，斜伸；须根较细而短。叶基生，黄绿色，稍弯曲，中部略宽，宽剑形，长15～50厘米，宽1.5～3.5厘米，顶端渐尖或短渐尖，基部鞘状，有数条不明显的纵脉。花茎光滑，高20～40厘米，顶部常有1～2个短侧枝，中、下部有1～2枚茎生叶。苞片2～3枚，绿色，草质，边缘膜质，色淡，披针形或长卵圆形，长5～7.5厘米，宽2～2.5厘米，顶端渐尖或长渐尖，内包含有1～2朵花。花蓝紫色，直径约10厘米。花梗甚短。花被管细长，长约3厘米，上端膨大成喇叭形，外花被裂片圆形或宽卵形，长5～6厘米，宽约4厘米，顶端微凹，爪部狭楔形，中脉上有不规则的鸡冠状附属物，呈不整齐的缝状裂；内花被裂片椭圆形，长4.5～5厘米，宽约3厘米，花盛开时向外平展，爪部突然变细；雄蕊长约2.5厘米，花药鲜黄色，花丝细长，白色；花柱分枝扁平，淡蓝色，长约3.5厘米，顶端裂片近四方形，有疏齿，子房纺锤状圆柱形，长1.8～2厘米。蒴果长椭圆形或倒卵形，长4.5～6厘米，直径2～2.5厘米，有6条明显的肋，成熟时自上而下3瓣裂；种子黑褐色，梨形，无附属物。花期为4—5月，果期为6—8月。

主要利用形式：常见地被花卉，品种很多。根状茎可治关节炎、跌打损伤、食积及肝炎等症。本种对氟化物敏感，可用以监测环境污染。

鸢尾

085　再力花

拉丁学名：Thalia dealbata Fraser；竹芋科塔利亚属。别名：水竹芋、水莲蕉、塔利亚。

形态特征：多年生挺水草本，高1～2.5米（植株中等大小，植株叶面高0.6～1.5米，但总花梗细长，常高出叶面50～100厘米）。具块状根茎，根茎上密布不定根，可着生70～90根，不定根长50～90厘米；根上有侧根，上层根侧根尤其发达。叶基生，4～6片；叶柄较长，40～80厘米，下部鞘状，基部略膨大，叶柄顶端和基部呈红褐色或淡黄褐色；叶片卵状披针形至长椭圆形，长20～50厘米，宽10～20厘米，硬纸质，浅灰绿色，边缘紫色，全缘；叶背表面被白粉，叶腹面具稀疏柔毛；叶基圆钝，叶尖锐尖，横出平行叶脉。复穗状花序，生于由叶鞘内抽出的总花梗顶端；总苞片多数，半闭合，花时易脱落；小花紫红色，2～3朵小花由两个小苞片包被，紧密着生于花轴；小苞片0.8～1.5厘米，凹形，革质，背面无毛，表面具蜡质层，腹面具白色柔毛；萼片1.5～2.5毫米，紫色；侧生退化雄蕊

再力花

呈花瓣状，基部白色至淡紫色，先端及边缘暗紫色，长1.2～1.5厘米，宽约0.6厘米；花冠筒短柱状，淡紫色，唇瓣兜形，上部暗紫色，下部淡紫色。蒴果近圆球形或倒卵状球形，长、宽分别为0.9～1.2厘米、0.8～1.1厘米，果皮浅绿色，成熟时顶端开裂；成熟种子棕褐色，表面粗糙，具假种皮，种脐较明显。花果期为2—6月。

主要利用形式：其叶、花有很高的观赏价值，植株一年有2/3以上的时间翠绿而充满生机；花期长，花和花茎形态优雅飘逸。其净化水质的效果很好。药用可和解肝气、平肝清热、解毒消肿。其花可安神、抗感染和美容。

086 早熟禾

拉丁学名：Poa annua L.；禾本科早熟禾属。别名：稍草、小青草、小鸡草、冷草、绒球草。

形态特征：一年生或冬性草本。秆直立或倾斜，质软，高6～30厘米，全体平滑无毛。叶鞘稍压扁，中部以下闭合；叶舌长1～3（～5）毫米，圆头；叶片扁平或对折，长2～12厘米，宽1～4毫米，质地柔软，常有横脉纹，顶端急尖成船形，边缘微粗糙。圆锥花序宽卵形，长3～7厘米，开展；分枝1～3枚着生于各节，平滑；小穗卵形，含3～5朵小花，长3～6毫米，绿色；颖质薄，具宽膜质边缘，顶端钝，第一颖披针形，长1.5～2（～3）毫米，具1脉，第二颖长2～3（～4）毫米，具3脉；外稃卵圆形，顶端与边缘宽膜质，具明显的5脉，脊与边脉下部具柔毛，间脉近基部有柔毛，基盘无绵毛，第一外稃长3～4毫米；内稃与外稃近等长，两脊密生丝状毛；花药黄色，长0.6～0.8毫米。颖果纺锤形，长约2毫米。花期为4—5月，果期为6—7月。

主要利用形式：杂草。可作为草坪栽培，生长速度快，竞争力强，一旦成坪，杂草很难侵入；再生力强，抗修剪，耐践踏，草姿优美，具有良好的均匀性、密度和平滑度，适于建造各类草坪。该草是重要的放牧型禾本科牧草，也可以给小型鸟类如虎皮鹦鹉或牡丹鹦鹉等吃。全草药用，可治疗糖尿病。

087 早园竹

拉丁学名：Phyllostachys propinqua McClure；禾本科刚竹属。别名：沙竹、桂竹、雷竹。

形态特征：多年生草本。竿高6米，粗3～4厘米，幼竿绿色（基部数节间常为暗紫色带绿色）被以渐变厚的白粉；中部节间长约20厘米，壁厚4毫米；竿环微隆起与箨环同高。箨鞘背面淡红褐色或黄褐色，另有颜色深浅不同的纵条纹，上部两侧常先变干枯而呈草黄色，被紫褐色小斑点和斑块，尤以上部较密；无箨耳及鞘口縫毛；箨舌淡褐色，拱形，有时中部微隆起，边缘生短纤毛；箨片披针形或线状披针形，绿色，背面带紫褐色，平直，外翻。末级小枝具2或3叶；常无叶耳，鞘口縫毛；叶舌强烈隆起，先端拱形；叶片披针形或带状披针形。笋期4月上旬开始，出笋持续时间较长。

主要利用形式：常见园林竹类。笋味较好，可作蔬菜。竹材可劈篾供编织，整竿宜作柄材和晒衣竿等。地下鞭根系发达，纵横交错，具有良好的保土和涵水功能。竹林四季常青，挺拔秀丽，既可防风遮阴，又可点缀庭园，美化环境。

早熟禾

早园竹

088　朱顶红

拉丁学名：Hippeastrum rutilum（Ker-Gawl.）Herb.；石蒜科朱顶红属。别名：红花莲（《海南植物志》）、华胄兰（《华北经济植物志要》）、线缟华胄、柱顶红、朱顶兰、孤挺花、百子莲、百枝莲、对红、对对红等。

形态特征：多年生草本。鳞茎近球形，直径5～7.5厘米，并有匍匐枝。叶6～8枚，花后抽出，鲜绿色，带形，长约30厘米，基部宽约2.5厘米。花茎中空，稍扁，高约40厘米，宽约2厘米，具有白粉；花2～4朵；佛焰苞状总苞片披针形，长约3.5厘米；花梗纤细，长约3.5厘米；花被管绿色，圆筒状，长约2厘米；花被裂片长圆形，顶端尖，长约12厘米，宽约5厘米，洋红色，略带绿色，喉部有小鳞片；雄蕊6，长约8厘米，花丝红色，花药线状长圆形，长约6毫米，宽约2毫米；子房长约1.5厘米，花柱长约10厘米，柱头3裂。蒴果，较大；种子黑色。花期为夏季。

主要利用形式：适于盆栽装点居室、客厅、过道和走廊；也可于庭园栽培，或配植花坛；亦可作为鲜切花使用。外用可解毒消肿，用于治疗痈疮肿毒。

朱顶红

089　竹节菜

拉丁学名：Commelina diffusa N. L. Burm.；鸭跖草科鸭跖草属。别名：竹节草、竹蒿草、节节草。

形态特征：一年生披散草本。茎匍匐。节上生根（极少有不匍匐的），长可达1米余，多分枝，有的每节有分枝，无毛或有一列短硬毛，或全面被短硬毛。叶披针形或在分枝下部的为长圆形，长3～12厘米，宽0.8～3厘米，顶端通常渐尖，少急尖的，无毛或被刚毛；叶鞘上常有红色小斑点，仅口沿及一侧有刚毛，或全面被刚毛。蝎尾状聚伞花序通常单生于分枝上部叶腋，有时呈假顶生，每个分枝一般仅有一个花序。总苞片具长2～4厘米的柄，折叠状，平展后为卵状披针形，顶端渐尖或短渐尖，基部心形或浑圆，外面无毛或被短硬毛。花序自基部开始呈2叉分枝：一枝具长1.5～2厘米的花序梗，与总苞垂直，而与总苞的柄成一直线，其上有花1～4朵，远远伸出总苞片，但都不育；另一枝具短得多的梗，与之成直角，而与总苞的方向一致，其上有花3～5朵，可育，藏于总苞片内。苞片极小，几乎不可见。花梗长约3毫米，果期伸长达5厘米，粗壮而弯曲。萼片椭圆形，浅舟状，长3～4毫米，宿存，无毛。花瓣蓝色。蒴果矩圆状三棱形，长约5毫米，3室，其中腹面2室每室具2颗种子，开裂，背面1室仅含1颗种子，不裂；种子黑色，卵状长圆形，长2毫米，具粗网状纹饰，在粗网纹中又有细网纹。花果期为5—11月。

竹节菜

主要利用形式：喜生肥沃水湿处，繁殖极快，每年可连割多次。为猪、兔或鹅等禽畜的良好饲料。全草药用，能消热、散毒和利尿。花汁可作为青碧色颜料，用于绘画。

090　紫萍

拉丁学名：Spirodela polyrrhiza（L.）Schleid.；浮萍科紫萍属。

形态特征：一年生浮水草本。叶状体扁平，阔倒卵形，长5～8毫米，宽4～6毫米，先端钝圆，表面绿色，背面紫色，具掌状脉5～11条，背面中央生5～11

条根。根长3～5厘米，白绿色，根冠尖，脱落；根基附近的一侧囊内形成圆形新芽，萌发后，幼小叶状体渐从囊内浮出，由一细弱的柄与母体相连。花单性，雌花1与雄花2同生于袋状的佛焰苞内；雄花花药2室；雌花子房1室，具2个直立胚珠。果实圆形，有翅缘。花期为6—7月。

主要利用形式：可作猪饲料，鸭也喜食，为放养草鱼的良好饵料。全草入药，可发汗、利尿，主治感冒发热无汗、斑疹不透、水肿、小便不利及皮肤湿热。

091 紫玉簪

拉丁学名：Hosta albo-marginata （Hook.） Ohwi；百合科玉簪属。

形态特征：多年生草本。通常具粗短的根状茎，有时有走茎。叶狭椭圆形或卵状椭圆形，长6～13厘米，宽2～6厘米，先端渐尖或急尖，基部钝圆或近楔形，具4～5对侧脉；叶柄长10～22厘米，最上部由于叶片稍下延而多少具狭翅，翅每侧宽1～2毫米。花葶高33～60厘米，具几朵至十几朵花；苞片近宽披针形，长7～10毫米，膜质；花单生，长约4厘米，盛开时从花被管向上逐渐扩大，紫色；雄蕊稍伸出于花被管之外，完全离生。蒴果圆柱状，有三棱，长2.5～4.5厘米，直径6～7毫米。花期为6—7月，果期为7—9月。

主要利用形式：全草味甘微苦，性凉，能凉血、止血、解毒，可治疗胃痛、跌打损伤、蛇咬伤、吐血、崩漏、湿热带下及咽喉肿痛等。叶片翠绿青秀、富有光泽，花色淡雅、亭亭玉立，散发芳香，又具有较强的适应环境的能力，适于树下或建筑物周围荫蔽处或岩

石园栽植，既可地栽，又可盆栽，或作切花切叶，是优良的耐阴花卉。

092 棕榈

拉丁学名：Trachycarpus fortunei （Hook.） H. Wendl.；棕榈科棕榈属。别名：唐棕、拼棕、中国扇棕、棕树、山棕。

形态特征：常绿乔木，高3～10米或更高。树干圆柱形，被不易脱落的老叶柄基部和密集的网状纤维，除非人工剥除，否则不能自行脱落，裸露树干直径10～15厘米甚至更粗。叶片呈3/4圆形或者近圆形，深裂成30～50片具皱褶的线状剑形，宽2.5～4厘米，长60～70厘米的裂片，裂片先端具2短裂或2齿，硬挺或顶端下垂；叶柄长75～80厘米或更长，两侧具细圆齿，顶端有明显的戟突。花序粗壮，多次分枝，从叶腋抽出，通常是雌雄异株；雄花序长约40厘米，具有2～3个分枝花序，下部的分枝花序长15～17厘米，一般为二回分

枝；雄花无梗，每2～3朵密集着生于小穗轴上，也有单生的，黄绿色，卵球形，钝三棱；花萼3片，卵状急尖，几分离，花冠约2倍长于花萼，花瓣阔卵形，雄蕊6枚，花药卵状箭头形；雌花序长80～90厘米，花序梗长约40厘米，其上有3个佛焰苞包着，具4～5个圆锥状的分枝花序，下部的分枝花序长约35厘米，2～3回分枝；雌花淡绿色，通常2～3朵聚生；花无梗，球形，着生于短瘤突上，萼片阔卵形，3裂，基部合生，花瓣卵状近圆形，长于萼片1/3，退化雄蕊6枚，心皮被银色毛。果实阔肾形，有脐，宽11～12毫米，高7～9毫米，成熟时由黄色变为淡蓝色，有白粉，柱头残留在侧面附近；种子胚乳均匀，角质，胚侧生。花期为4月，果期为12月。

主要利用形式：本种适于四季观赏。老茎可以制器具。叶鞘为扇形，有棕纤维，叶可制扇或者帽子等工艺品。棕皮及叶柄（棕板）煅炭入药有止血安胎作用，果实、叶、花及根等亦入药。本种树形优美，也是庭园绿化的优良树种。

093 菹草

拉丁学名：Potamogeton crispus L.；眼子菜科眼子菜属。别名：虾藻、虾草、麦黄草。

形态特征：多年生沉水草本。具近圆柱形的根茎。茎稍扁，多分枝，近基部常匍匐地面，于节处生出疏或稍密的须根。叶条形，无柄，长3～8厘米，宽3～10毫米，先端钝圆，基部约1毫米与托叶合生，但不形成叶鞘，叶缘多少呈浅波状，具疏或稍密的细锯齿；叶脉3～5条，平行，顶端连接，中脉近基部两侧伴有通气组织形成的细纹，次级叶脉疏而明显可见；托叶薄膜质，长5～10毫米，早落；休眠芽腋生，略似松果，长1～3厘米；革质叶左右二列密生，基部扩张，肥厚，坚硬，边缘具有细锯齿。穗状花序顶生，具花2～4轮，初时每轮2朵对生，穗轴伸长后常稍不对称；花序梗棒状，较茎细；花小，被片4，淡绿色，雌蕊4枚，基部合生。果实卵形，长约3.5毫米，果喙长可达2毫米，向后稍弯曲，背脊约1/2以下具齿牙。花果期为4—7月。

主要利用形式：可作绿肥，亦可用于湿地净化水质。种群密度过大时也可恶化水质。可入药，幼嫩时可作野菜，可作鱼类饲料。本种也是湖泊、池沼以及小水景中的良好绿化材料。

附录1 中文学名索引

附录2 拉丁学名索引

主要参考文献

[1] 董元火，胡文中，廖廓．赤龙湖国家湿地公园植物彩色图谱 [M]．武汉：华中科技大学出版社，2015.

[2] 中国湿地植被编辑委员会．中国湿地植被 [M]．北京：科学出版社，1999.

[3] 中国科学院武汉植物研究所．中国水生维管束植物图谱 [M]．武汉：湖北人民出版社，1983.

[4] 郑州黄河湿地自然保护区管理中心．郑州黄河湿地野生植物图谱 [M]．郑州：河南科学技术出版社，2015.

[5] 颜素珠．中国水生高等植物图说 [M]．北京：科学出版社，1983.

[6] 吴惠敏．安徽湿地植物图说 [M]．合肥：黄山书社，2014.

[7] 田自强，张树仁．中国湿地高等植物图志（上下册）[M]．北京：中国环境科学出版社，2012.

[8] 彭华．云南常见湿地植物图鉴 [M]．昆明：云南科技出版集团，2014.

[9] 颜玉树．杂草幼苗识别图谱 [M]．南京：江苏科学技术出版社，1989.

[10] 中国科学院植物研究所．中国高等植物科属检索表 [M]．北京：科学出版社，1979.

[11] 陈俊愉，刘师汉．园林花卉 [M]．上海：上海科学技术出版社，1980.

[12] 江苏省植物研究所．江苏植物志（上下册）[M]．南京：江苏人民出版社，1977.

[13] 李思健．枣庄野生植物资源 [M]．济南：山东大学出版社，2007.